河合塾
SERIES

理論物理への道標（みちしるべ）

上 力学／熱学／力学的波動 三訂版

河合塾講師 **杉山忠男** 著

河合出版

はしがき

本書は，初等的な物理学(高校レベルの物理)の理論的な側面を明確に記述することにより，物理学の本質的な理解をはかると同時に，内容豊富な問題演習を通して確実な実力を養成することを目的としている。読者としては次のような人を想定している。

1. 高校物理に飽き足らない人

物理は数少ない原理から自然の本質を理解しようとする学問であると思っていたのに，高校で習う物理が天下り的で面白くないと不満をもっている高校生も多いだろう。高校物理の教科書は，分量的な制約と数学的な制約のために，自然の本質について必ずしも十分な説明がなされていない。本書では，物理学が数少ない基本原理からどのように論理的に構成され，自然現象の神秘を解き明かしていくかを，わかりやすく説明する。その際，高校で習う微積分はどしどし使う。高校で習わない微積分についても，必要なものは，簡単な説明を付けた上で使うつもりである。本来物理学と微積分は切っても切り離せない関係にある。古典力学の基礎を築いたニュートンは，力学法則の発見と同時に微積分法を創造したのである。とはいっても，物理にとって数学はあくまで道具であり，物理現象の本質が数学にあるのではない。**自然現象を物理として理解してもらうことが本書の目的**である。本書を読むことによって，物理に対する興味を倍加し，その虜になってもらえればと思う。

2. 東大等最難関大学に合格する物理の実力をつけたいと考えている人

物理の実力は，どんなによく書かれた解説を読んだりあるいは講義を聞いても，それだけでは身につかない。自ら自然現象を考察し，その本質を解き明かそうと努力することによって実力はつくのである。この現象はどういうことなのかと，昼夜を問わず考えを巡らせ奮闘することが重要である。このようなプロセスなしにどのような創造も発見も生まれない。初等物理学におけるこうした訓練用の問題は，大学入試問題などの中に多く見出すことができる。本書では，そのような目的でこれらの問題を扱う。

以上のような物理学の論理的(理論的)な理解とその問題演習を通して，物理の虜になると同時に，確かな実力をつけ，その結果として東大等の難関大学に合格することを願っている。

2014 年 4 月

杉山忠男

「三訂版」の特徴と本書の構成

『理論物理への道標 三訂版』では，「改訂版」の方針を受け継ぎながらも，理論編に例題を多くし，読者が理解しやすくなるように努めた。さらに，演習編に，興味深い問題の追加などを行った。

◎理論編

本文では，それぞれの分野の基礎理論を解説している。そこには，高校物理で普通に習う内容は当然含まれるが，それだけではなく，物理学の本質にかかわる部分について，掘り下げた説明をしている。特に，**「理論物理セミナー」**は本書の特徴をなすものの1つであり，物理的に興味深い内容を，高校生にわかるように噛み砕いて説明したつもりである。ここで説明されている事柄は，高校生向けの他の参考書などにはほとんど見られないものであり，また，大学生向けの書籍においても丁寧には説明されていないものが多いと思う。じっくりと読み，理解を深めて欲しい。その際，必ず紙と鉛筆をもち，式などをチェックしながら読み進めてもらいたい。単に文や式を目で追うだけでは，その内容を理解したことにはならない。

「Topics」では，物理学の話題を解説した。ここでは，数式的あるいは論理的な厳密さは必ずしも追求していない。物理の面白さを実感してもらえればよい。

◎演習編

一部に創作問題を含むが，問題はほとんど難関大学の入試問題の過去問である。思考力を要するものばかりであり，公式を当てはめるだけで解けるような問題は除かれている。また，入試としての重要問題であっても，問題集などに典型問題としてしばしば取り上げられている問題は少なくした。代わりに，入試にはそれ程多く登場するわけではないが，物理学の本質に根ざした問題をなるべく取り上げた。

最後に，「Appendix(付録) A」で，ベクトル積(ベクトルの外積)や微積分について簡単な解説をした。これらの数学は，高校課程で必ずしも習うものではないが，理論編では，いろいろなところで使われている。本書を読む中で，必要に応じて参照してもらいたい。

本書で用いる記号法

本書では，いろいろなところで，時間微分とベクトルについて，簡略化した次の記号法を用いる。

ある物理量 q の時間 t での1階微分および2階微分を，それぞれ，

$$\dot{q} = \frac{dq}{dt}, \quad \ddot{q} = \frac{d^2q}{dt^2}$$

のように，**上にドット(・)あるいは2ドット(・・)を付けて表す**。例えば，位置 x，速度 v，加速度 a の間の関係式を，

$$v = \dot{x}, \quad a = \dot{v} = \ddot{x}$$

と書く。

また，ベクトル $\vec{a}$ を $\boldsymbol{a}$ のように，**太字**で表す。したがって，位置ベクトル $\vec{x}$ は $\boldsymbol{x}$，速度ベクトル $\vec{v}$ は $\boldsymbol{v}$，加速度ベクトル $\vec{a}$ は $\boldsymbol{a}$ などと表す。

ただし，入試問題ではこれらの記号法は使われないので，本書でも，問題の中では，これらの記号法を多用することはしない。これらの記号法は，通常大学課程でよく使われるものである。

目　次

第2章 熱　学

理論編

演習編

第3章 力学的波動

理論編

演習編

Contents

理論物理セミナー

●Topics

●One Point Break

●Appendix A

[写真提供]
ユニフォトプレス

下巻目次

◎さらに進んで物理学を勉強したい諸君のために

最近初等レベルの物理学の本は，数多く出版されるようになった。以下に挙げる本はそのほんの一部である。これらの本は大学１～２年生向けに書かれているといってよい。そこで大学入試を前にした諸君は，読み物としてその内容を楽しむ程度にしておくのがよい。

1.「バークレー物理学コース」全５巻(10冊)，丸善

アメリカの大学初年級の物理の教科書として編纂されたもので，話題は身近なところだけでなく現代物理学からも多く取り上げられ，興味深く書かれた名著。

2.「ファインマン物理学」全５巻，岩波書店

ノーベル賞受賞の理論物理学者 R. P. Feynman による，大学１，２年生向けの物理の講義録である。独特な工夫が随所になされ，若い学生を引きつけて止まない名著。

序　物理学の考え方

物理学とは，一言でいうと，自然現象をより少ない基本原理をもとに論理的に説明し，自然の本質を明らかにしようとする学問である。

1. 自然科学における物理学の役割

自然を対象とする科学には，物理学の他に，化学，生物学，地学(地球物理学)，天文学などがある。それらの中で，物理学はどのような役割をはたしているのであろうか。

高校課程で学ぶ物理学の分野は，**力学**(ニュートン力学)，**熱学**，**電磁気学**と**原子物理学の初歩**である。その他，波動についても学ぶが，光以外の波は力学の，光は電磁気学の応用分野とみなすこともできる。力学，電磁気学，熱学といった各分野の物理学によって，目に見える自然現象はほとんど理解できるであろう。

自然科学の各分野の中で，地球物理学と天文学は，物理学から直接派生した学問分野と考えられる。

では，化学はどうであろうか。化学を原子に基づいた化学反応を扱う学問と考えると，原子の性質(運動法則や電磁気的な性質)を知らなければならない。原子レベルの性質は量子力学によって理解できる。量子力学は現代物理学の最も重要な1分野である。こう考えると，化学の基礎は物理学であるということができるであろう。

生物学はどうか。生命科学やバイオテクノロジーなどの発展は目覚ましく，いまや自然科学の中で生物学はその花形のように見える。最近の生物学の発展の基礎は，分子生物学にある。この学問は生命現象を分子論(化学)的に理解しようとするものである。先に述べたように，化学の基礎は物理学であったのであるから，生物学もさらに基本へ戻って考察すれば，物理学へたどりつくであろう。実際，直接物理学を生物学に当てはめて考えようとする生物物理学といった学問分野も，広く認知され始めている。また，物理学の成果をそのまま生物学に適用するというのではないが，物理学の考え方を生物学に用いた研究が，最近多く見られるようになった。例えば，最近話題になった研究分野に，人間の記憶のメカニズム(神経回路網の性質)などを，理論物理学で発展した手法を用いて解明しようとするものがある。

こう見てくると，**物理学はあらゆる自然科学の基礎**になっていることがわかるであろう。

2. 物理学の論理性

物理学は単にいろいろな自然現象をあるがままに見て，個々の現象をばらばらに扱う学問ではない。いろいろな現象に共通する基本的な原理は何かを見出(**帰納**)し，その原理をもとに，多くの現象を説明(**演繹**)しようとする学問である。つね日頃，物理学者は，自然の本質は何かということにいつも考えを巡らせている。**わずかの基本原理からすべての自然現象が説明できるはずだ**と考えている。自然はシンプルで美しいものである。どんなに複雑そうに見える現象でも，少数の基本原理から論理的に説明できるはずである。

⑴　**力学**

まず力学について考えてみよう。力学の基本原理はニュートンの**運動の3法則**(1. 慣性の法則，2. 運動方程式，3. 作用・反作用の法則)である。これらの基本原理を議論の出発点におき，なぜ成り立つのかは問わない。これらは自然界のもつ基本的な性質であると考えるわけである。これらから，**エネルギー保存則**，**運動量保存則**，**角運動量保存則**(この法則は，高校課程では，面積速度一定の法則として顔を出している)が導かれる(左図)。

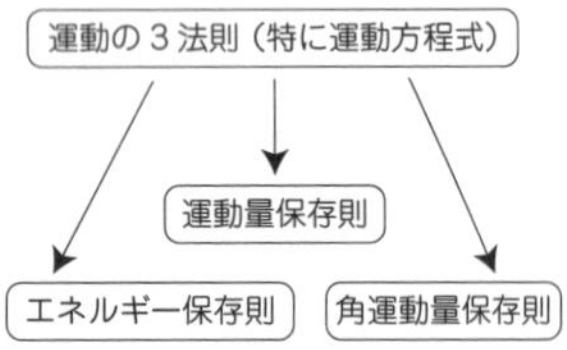

図　ニュートン力学の骨組み

これらの3つの保存則を用いて自然現象を説明しようというのが，力学，特にニュートン力学ということになる。さらに，力学の基本法則には**万有引力の法則**がある。万有引力の法則は，惑星の観測結果としてのケプラーの法則から導かれたものである。

⑵　**電磁気学**

次に電磁気学はどうか。電磁気学ではいろいろな関係式がたくさん現れてきて，何が基本原理なのかさっぱりわからないという諸君が多いのではないだろうか。電磁気学の基本原理は，**ガウスの法則**，**ファラデーの電磁誘導の法則**，そして**アンペールの法則**の3つ(電場と磁場に関するガウスの法則を区別すれば4つ)である。これら3つ(4つ)の法則から電磁気的な性質はすべて導かれる。ガウスの法則は2つの点電荷(および点磁荷)の間にはたらく力に関するクーロンの法則を一般化したものであり，アンペールの法則は，電流が流れたとき，その周囲にできる磁場を与える法則である。これら3つの基本原理は，もとをたどればすべて実験的に得られた法則であり，**物理学の基本原理は，すべて実験法則**ということができる。これは，自然の性質を明らかにする学問が物理学であることから当然のことであろう。

⑶　**熱学**

熱学は，熱的な自然現象を扱う学問で，その基本法則は，**熱力学第1法則**(エネルギー保存則)と**熱力学第2法則**である。熱力学第2法則は，何も外から作用がはたらかなければ(このような系を**孤立系**あるいは**断熱系**という)，自然界は乱雑な方向へ動くという法則であり，これは，例えばニュートンの運動方程式といった力学や電磁気学の基本原理から導かれるのではなく，数学的な確率法則である。

⑷　**波動**

波動現象は，物理学として考えると2つに分けられる。力学の運動方程式を用いて説明される波動，すなわち，水波，弦の波，音波などの**力学的波動**と，電磁気的な波動，すなわち**光波**に分かれる。力学的波動の性質はすべて運動の法則，特に運動方程式から導かれるものであり，これは力学の応用分野といえる。光波は電磁波であるから，そのいろいろな性質は電磁気学の基本法則によって説明される。したがって，光学は電磁気学の応用分野ということもできる。

ここまでは古典物理学であり，19 世紀末までにほぼ完成した学問である。

⑸　原子

高校物理の最後に登場する原子分野は，現代物理学の入門編となる。現代物理学の 2 本柱は，**量子力学**と**相対性理論**(相対論)である。量子力学は，原子レベルのミクロ(微視的)な粒子の性質を議論するのに必要な理論であり，相対論は，光速に近いような非常に速い速度を問題にするとき必要な理論である。ミクロの世界や光速に近い現象では，古典的なニュートン力学をそのまま適用することはできない。しかし，通常我々が目にしているマクロ(巨視的)の世界や電車や飛行機などの速度を問題にするかぎり，量子力学や相対論はニュートン力学に一致する。したがって，量子力学や相対論は，古典論を含むより普遍的な理論ということができる。

以上のように，物理学はいろいろな自然現象をわずかな基本原理から統一的に理解しようとする学問なのである。

3.　物理学における理論の役割と実験

物理学は自然を対象としている以上，自然現象を説明できるものでなければならない。したがって，物理学の理論は，すべて実験や観測などによって確認されることを必要とする。論理的にどんなに優れた理論であっても，**自然現象を説明できない理論は，物理学ではない**。ここが数学との大きな違いである。数学であれば，論理性だけで理論を展開できるが，物理学の理論では，論理性以外に自然をどのように説明するのかが重要となる。自然の本質を明らかにしようとする学問である物理学は，本来実験や観測に基づかれたものである。実験などからかけ離れた理論は，単なる空理空論であり，真摯な考察の対象とはならない。この点が物理学の醍醐味でもあり難しさでもある。また，古来多くの優れた科学者を物理学に引きつけて止まない点でもある。

例えば，アインシュタインが相対性理論(相対論)を創出した経緯を考えてみよう。彼は実験事実の説明にこだわることなく相対論を考えたと言われている。確かに，19 世紀の末，マイケルソンとモーリーによる実験が提出され，物理学の根底が疑われたとき，アインシュタインは，電場と磁場そして光とは何かを考え，マイケルソンとモーリーの実験にはあまりこだわらずに相対論を考案したと言われている。多くの著名な理論物理学者たちが，こぞって彼らの実験を説明する理論を考えようとしていたときにである。アインシュタインは，実際の実験ではなく，思考実験という頭の中だけの実験をやって見せ，多くの物理学者を説得していった。そうはいっても相対論が受け入れられたのは，それがマイケルソンとモーリーの実験を説明することができ，かつ多くの事実を予言し，それらが実験や観測によって確かめられたからである。さらに，相対論と矛盾する実験や観測が現れないこともある。

このように物理学の理論は，実験や観測を説明したり，また，未だ見つかっていない事実を予言したりする。理論が未知の事実を予言した場合，その予言が新たな実験などによって確かめられると受け入れられ，理論に反する実験などが出てくると捨て去られる。したがって，**確かな理論を提出するには，自然現象に対する深い洞察力が必要なのである。**

この洞察力は，単に理論を考えるときに必要なだけではない。実験や観測をする場合でも，ただ単に実験などをすればよいというものではない。空気抵抗のある中で，単にボールを投げる実験をしても，それだけで「一様な重力場中で投げられた物体は放物運動する」という性質を明らかにすることはできない。**実験や観測をする場合でも，**どのようなことをすれば自然の本質が明らかになるか，**深い洞察力を必要とする。**

4. 物理学における演習の重要性

上に述べたことから，物理学の研究における，自然現象に対する洞察力の重要性が理解できたであろう。このような洞察力はどのようにして身につけられるのであろうか。ただ単に，物理学の講義を受けたり，その理論を本で読むだけではなかなか身につかない。そこで重要なのが演習である。演習とは，実際に個々の自然現象に関する問題を考察することである。例えば，現代物理学の中核をなす量子力学における「不確定性原理」を提出したハイゼンベルクは，講義を聞くだけでは後に何も残らないと考え，演習として問題を解くことを好んだと言われている。このときの問題演習とは，問題集に書かれている，答がきちんと決まった問題を解くということではない。論文などに述べられていることを参考に，答が未だ知られていない問題を自ら考えて解くということである。ハイゼンベルクはこのような演習すなわち研究をしなければ満足が得られなかったのである。

諸君にも，何らかの形で，このような演習(研究)を行う態度を身につけてもらいたい。それには1つに，身近な自然現象を考察し理論的に説明しようとすることであり，いま1つは，身近な現象にかぎらず，答のわかっている問題を解くことである。前者を実行することは本来最も重要なことと考えられるが，身近なところを考えるかぎり物理的に面白い問題は限定されてしまい，かつ，大学入学前という現時点では，解決不可能な問題が多い。そのため，これだけでは真の問題解決能力を身につけられるとはいえない。それに対し後者を行うことは本来の最終目的ではないが，問題解決能力の訓練になる。問題を解く能力が身についていなければ，本来の目的である未解決の問題を理論的に考察することは不可能である。

諸君も良質の問題演習を通して，地に足のついた実力をつけ，物理学を自らのものにして欲しい。そのような演習用に，本書の問題が役立つことを期待している。

第1章

力　学

17 世紀にはじまる近代物理学の中で，最も早く確立し，物理学全体の基礎になっているのが力学である。それは，ニュートンによって集大成されたものであるから，ニュートン力学と呼ばれている。ニュートンによって与えられた基本法則は，運動の 3 法則であり，これからエネルギー保存則，運動量保存則，角運動量保存則(面積速度一定の法則)が導かれる。これらの法則の導出に際し微積分法が用いられる。さらに，ニュートンによって打ち立てられた重要な力学法則に，万有引力の法則がある。万有引力の法則は，惑星が太陽のまわりを楕円運動しているという観測結果から導かれる。また，力学の重要な応用としては，単振動にはじまる振動論がある。

理論編

§1　運動を表現しよう

日常我々は，人間の歩く速さは時速 4 km であるとか，新幹線は時速 300 km で走るなどという。しかし，このような言い方をするためには，時間を計り，人間あるいは新幹線の各時刻における位置を測定しなければならない。

このように，物体の速度を決めるには，時間と位置を求める必要がある。時間はストップウォッチで計ることにしても，位置はどのように決めたらよいであろうか。位置を決めるには，まず座標系を定める必要がある。よく知られた座標系には，(x, y, z) で表される**直交座標系**と (r, θ, ϕ) で表される**極座標系**がある(図 1.1)。ただし，ここでは話を簡単にするため，2 次元(平面上)の運動のみを考えることにしよう。したがって，点 O を原点とする (x, y) 直交座標系および (r, θ) 極座標系を用いる。

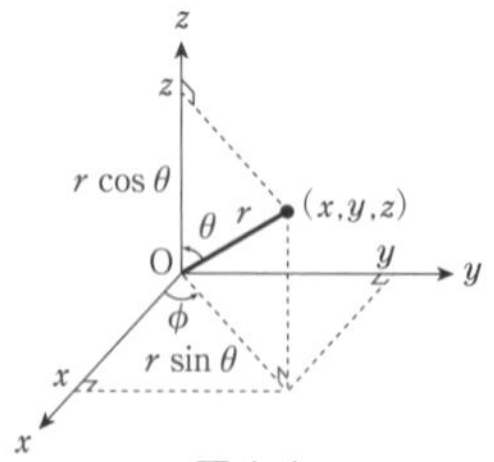

図 1.1

1.1　直交座標系で速度，加速度を表現しよう

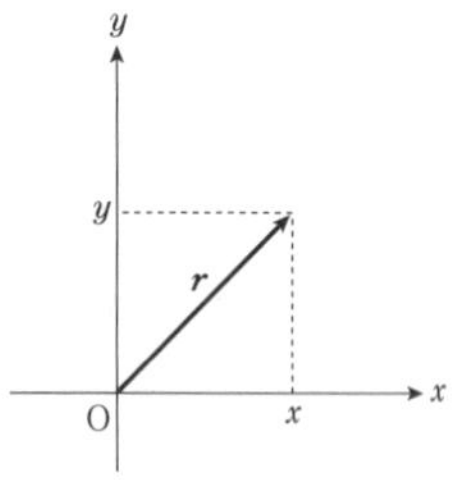

図 1.2

2 次元の直交座標系において，物体の位置は，位置ベクトル $\boldsymbol{r} = (x, y)$ で表される(図 1.2)。

物体の速度 $\boldsymbol{v} = (v_x, v_y)$ は位置の時間的変化であり，位置ベクトル $\boldsymbol{r}$ の時刻 t での微分で表される。

$$\boldsymbol{v} = \frac{d\boldsymbol{r}}{dt} = \left(\frac{dx}{dt}, \frac{dy}{dt} \right) \qquad \cdots\cdots(1.1)$$

ここで，物理量の時間微分を物理量の上にドット(・)を付けて表すことにしよう。そうすると，(1.1)式の各成分は，

$$v_x = \dot{x}, \quad v_y = \dot{y}$$

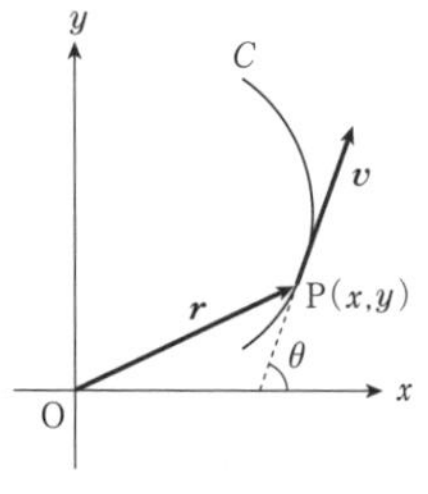

図 1.3

いま，物体が平面上で曲線 C 上を運動する場合，物体の速度ベクトルは C の接線方向を向く。したがって，点 P(x, y) における物体の速度 $\boldsymbol{v}$ は，図 1.3 のように表される。

速度 $\boldsymbol{v}$ が C の接線方向を向くことは，媒介変数で表された関数の微分を思い出せば，次のように考えても理解できる。

$\dfrac{dy}{dx}$ は，点 P における接線の傾きを表す。ここで，$\tan\theta = \dfrac{v_y}{v_x}$ とおくと，θ は速度 $\boldsymbol{v}$ が x 軸となす角度を表す。いま，

$$\frac{dy}{dx} = \frac{\dfrac{dy}{dt}}{\dfrac{dx}{dt}} = \frac{v_y}{v_x} = \tan\theta$$

と書けるから，$\boldsymbol{v}$ は C の接線方向を向いていることがわかる。

物体の加速度 $\boldsymbol{a} = (a_x, a_y)$ は，速度 $\boldsymbol{v} = (v_x, v_y)$ の時間変化であり，速度の時間微分

$$a_x = \dot{v}_x, \quad a_y = \dot{v}_y$$

で表される。

このように，速度が位置の時間微分，加速度が速度の時間微分で表されるということは，逆に，速度は加速度を時間で積分すればよく，位置は速度を時間で積分すればよいことを示している。実際，時刻 $t=0$ での物体の位置座標を (x_0, y_0)，速度成分を (v_{x0}, v_{y0}) とすると，時刻 t における速度成分 (v_x, v_y) と位置座標 (x, y) は，加速度成分 (a_x, a_y) を用いて，それぞれ，

$$v_x = v_{x0}+\int_0^t a_x dt,\quad v_y = v_{y0}+\int_0^t a_y dt \qquad \cdots\cdots(1.2)$$

および，

$$x = x_0+\int_0^t v_x dt,\quad y = y_0+\int_0^t v_y dt \qquad \cdots\cdots(1.3)$$

と表される。

1.1.1　等加速度直線運動を考える

加速度 $\boldsymbol{a}$ が一定の運動を**等加速度運動**という。特に，初速度と加速度の方向が一致するとき，その運動は直線的な**1次元運動**となる。

物体が時刻 $t=0$ に原点Oを初速度 $\boldsymbol{v}_0$ で出発し，一定の加速度 $\boldsymbol{a}$ で運動する場合を考えよう。

図1.4のように，初速度の向きに x 軸をとり，$|\boldsymbol{v}_0| = v_0$，加速度を $|\boldsymbol{a}| = a$ とすると，時刻 t における物体の速度 v と位置 x は，(1.2)，(1.3)式より，

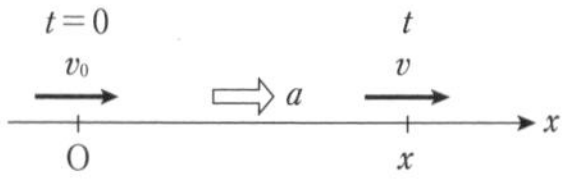

図1.4

$$v = v_0+\int_0^t a dt$$

$$\therefore\quad v = v_0+at \qquad \cdots\cdots(1.4)$$

$$x = x_0+\int_0^t v dt = x_0+\int_0^t (v_0+at)dt$$

$$\therefore\quad x = x_0+v_0 t+\frac{1}{2}at^2 \qquad \cdots\cdots(1.5)$$

となる。(1.4)，(1.5)式は，等加速度運動の最も基本的な式として，諸君らには馴染み深いものであろう。これらより，時間 t を消去すれば，

$$v^2-v_0^2 = 2a(x-x_0)$$

を得る。ここで，$x-x_0$ が位置の変位であり，物体が移動した道のりではないことに注意しよう。

1.1.2　放物運動を考える

図1.5のように，ボールを地上の点Oから地面と角 θ をなす向きに初速 v_0 で投げる。このとき空気抵抗を無視すると，ボールは水平方向へ等速運動をし，鉛直方向へ $-g$（g は重力加速度の大きさであり，鉛直上向きを正とする）の等加速度運動をする。その結果，ボールは放物線の軌道を描く。

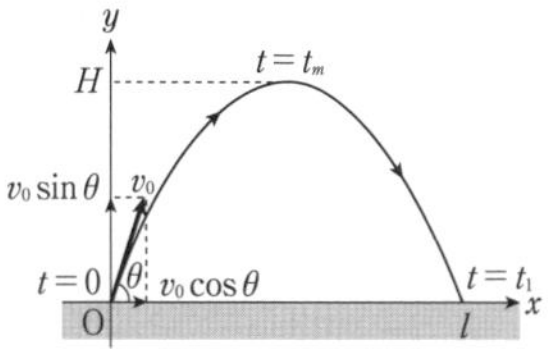

図1.5

点Oを原点に，地面に沿って x 軸，鉛直上向きに y 軸をとる。初速

度は，$(v_0\cos\theta,\ v_0\sin\theta)$であるから，時刻$t$におけるボールの速度$(v_x,\ v_y)$と位置$(x,\ y)$は，

$$\begin{cases} v_x = v_0\cos\theta \\ v_y = v_0\sin\theta - gt, \end{cases} \quad \begin{cases} x = v_0\cos\theta\cdot t \\ y = v_0\sin\theta\cdot t - \dfrac{1}{2}gt^2 \end{cases} \qquad \cdots\cdots(1.6)$$

となる。(1.6)式からtを消去すると，ボールの位置$(x,\ y)$が放物線の軌道を描くことがわかる。

また，ボールを投げ上げてから最高点に達するまでの時間t_mと，最高点の高さHは，最高点で$v_y = 0$となることから，

$$t_m = \frac{v_0\sin\theta}{g},\quad H = v_0\sin\theta\cdot t_m - \frac{1}{2}gt_m{}^2 = \frac{v_0{}^2\sin^2\theta}{2g}$$

さらに，ボールが地面に落下するまでの時間t_1は，

$$y = v_0\sin\theta\cdot t_1 - \frac{1}{2}gt_1{}^2 = 0 \qquad \therefore\quad t_1 = \frac{2v_0\sin\theta}{g} = 2t_m$$

ボールの到達距離lは，

$$l = v_0\cos\theta\cdot t_1 = \frac{2v_0{}^2\sin\theta\cos\theta}{g} = \frac{v_0{}^2\sin 2\theta}{g}$$

となる。ここで，次のことに注意しよう。

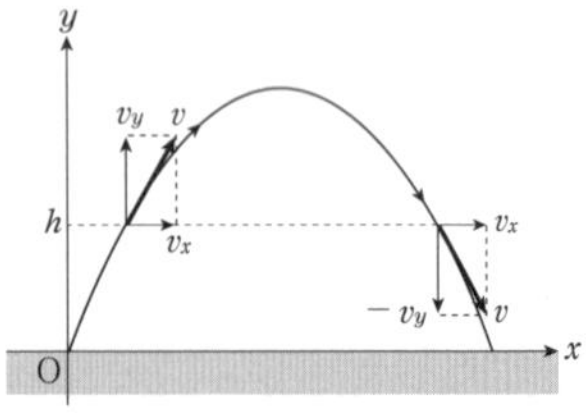

図1.6

放物運動は，軌道が放物線の軸に関して対称であるだけでなく，ボールを投げ上げてから最高点に達するまでの時間と，最高点から元の高さに落下するまでの時間は等しく，かつ，同じ高さでのボールの速さも等しい(図1.6)。

例題1.1　投げ出されたボールの衝突

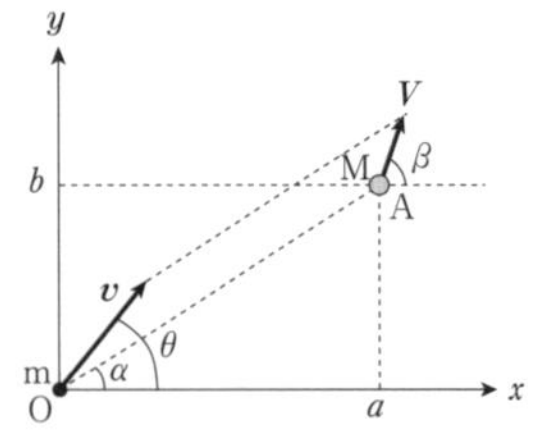

図1.7

図1.7のように，原点Oから水平右向きにx軸，鉛直上向きにy軸をとる。時刻$t = 0$にOから小球mを初速度$\boldsymbol{v} = (v\cos\theta,\ v\sin\theta)$で投げ出すと同時に，点A$(a,\ b)$　$(a > 0,\ b > 0)$から小物体Mを初速度$\boldsymbol{V} = (V\cos\beta,\ V\sin\beta)$　$(V < v)$で投射する。このとき，小物体Mに対する小球mの相対速度を考えることにより，mとMが衝突する条件式を，$\tan\alpha = b/a$を満たす角αを用いて求めよ。ただし，鉛直下向き(y軸負の向き)の重力加速度の大きさをgとして空気抵抗を無視する。また，地面の影響は無視する。

解答

小球mと小物体Mの加速度は，共に$(0,\ -g)$であるから，Mに対するmの相対加速度は$\boldsymbol{a}_r = (0,\ 0)$となり，相対速度は一定値

$$\boldsymbol{v}_r = \boldsymbol{v} - \boldsymbol{V} = (v_{rx},\ v_{ry}) = (v\cos\theta - V\cos\beta,\ v\sin\theta - V\sin\beta)$$

である。

相対速度$\boldsymbol{v}_r$がO→Aの向きであればmはMに衝突する。よって，衝突する条件は，

$$\tan\alpha = \frac{v_{ry}}{v_{rx}} = \frac{v\sin\theta - V\sin\beta}{v\cos\theta - V\cos\beta}$$

これより，

$$(v\cos\theta - V\cos\beta)\sin\alpha = (v\sin\theta - V\sin\beta)\cos\alpha$$
$$\Leftrightarrow \quad v(\sin\theta\cos\alpha - \cos\theta\sin\alpha) = V(\sin\beta\cos\alpha - \cos\beta\sin\alpha)$$
$$\therefore \quad \underline{v\sin(\theta-\alpha) = V\sin(\beta-\alpha)}$$

となる。この条件を満たすとき，相対速度 $\boldsymbol{v}_r$ がO→Aの向きとなることは，図1.7より明らかであろう。

理論物理セミナー 1 極座標で速度，加速度を表現しよう

2次元の極座標系を考えよう。この座標系では，物体の位置Pは，原点Oからの距離 r と線分OPが x 軸となす角度 θ で表される(図1)。ここで，線分OPを**動径**，角度 θ を**偏角**，原点Oから x 軸正方向の半直線を**始線**という。直交座標系での物体の位置座標 (x, y) は，

$$x = r\cos\theta, \quad y = r\sin\theta \qquad \cdots\cdots①$$

と表される。

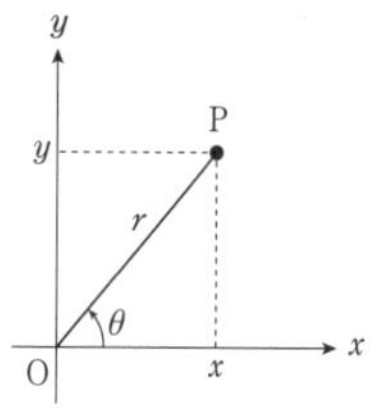

図1

1. 速度について

極座標系で，物体の速度はどのように表されるのであろうか。それは，動径方向と動径に垂直な方向に分けて表される。動径方向の速度成分 v_r は，OP間の距離 r が増加する方向を正とし，動径に垂直な方向の成分 v_θ は，偏角 θ が増加する方向を正とする。そうすると，速度ベクトル $\boldsymbol{v}$ の極座標成分 (v_r, v_θ) は，点Oを中心に直交座標系を角度 θ だけ回転した座標系での成分に等しい。したがって，図2より (v_r, v_θ) は，(v_x, v_y) を用いて，

$$\begin{cases} v_r = v_x\cos\theta + v_y\sin\theta \\ v_\theta = -v_x\sin\theta + v_y\cos\theta \end{cases} \qquad \cdots\cdots②$$

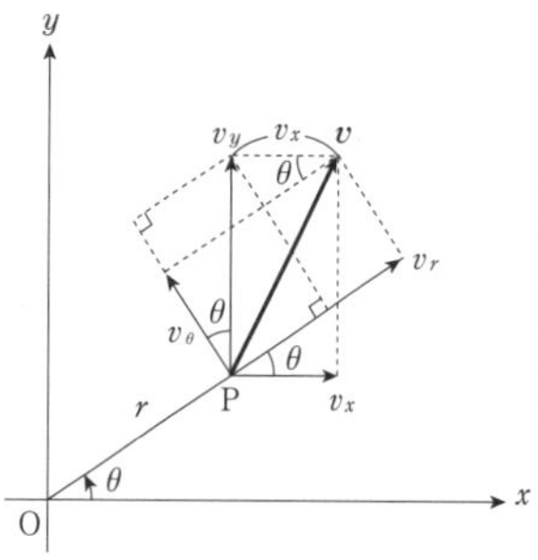

図2

さて，$(v_x, v_y) = (\dot{x}, \dot{y})$ は，①式を用いるとどのように表されるのであろうか。いま，物体の位置Pを表す変数 r と θ は時間 t と共に変化するから，t の関数である。そうすると，v_x と v_y は，合成関数の微分を用いて次のように計算できることがわかるであろう。

$$v_x = \dot{x} = \frac{d}{dt}(r\cos\theta) = \frac{dr}{dt}\cos\theta + r(-\sin\theta)\frac{d\theta}{dt} = \dot{r}\cos\theta - r\sin\theta\cdot\dot{\theta} \qquad \cdots\cdots③$$

$$v_y = \dot{y} = \frac{d}{dt}(r\sin\theta) = \dot{r}\sin\theta + r\cos\theta\cdot\dot{\theta} \qquad \cdots\cdots④$$

③，④式を②式へ代入すると，結果は簡単になって，

$$v_r = (\dot{r}\cos\theta - r\sin\theta\cdot\dot{\theta})\cos\theta + (\dot{r}\sin\theta + r\cos\theta\cdot\dot{\theta})\sin\theta$$

$$\therefore \quad v_r = \dot{r} \qquad \cdots\cdots⑤$$

$$v_\theta = -(\dot{r}\cos\theta - r\sin\theta\cdot\dot{\theta})\sin\theta + (\dot{r}\sin\theta + r\cos\theta\cdot\dot{\theta})\cos\theta$$

$$\therefore \quad v_\theta = r\dot{\theta} \qquad \cdots\cdots⑥$$

ここでは，⑤，⑥式を座標系の回転によって導いたが，この結果は計算しなくてもわかる。まず v_r は，速度の動径方向の成分であるから，

動径の長さの増加する割合に等しく，$\dot{r}$で表される。次にv_θは，動径に垂直な速度成分であるから，原点Oを中心とした半径r(＝一定)の円周方向の速さである。よってv_θは，半径r，中心角θの扇形の弧の長さ$s = r\theta$の増加する割合に等しい(図3)。したがって，

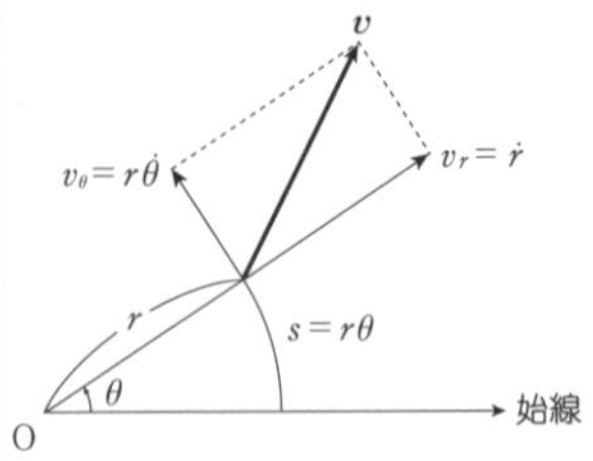

図3

$$v_\theta = \frac{d}{dt}(r\theta) = r\frac{d\theta}{dt} = r\dot{\theta}$$

となる。ここで，rは時間tによらない定数であることを用いた。また，$\dot{\theta}$は，後に説明するように，円運動の角速度ωであるから，$v_\theta = r\dot{\theta} = r\omega$は，半径$r$，角速度$\omega$の円運動している物体の速さに等しい。

2. 加速度について

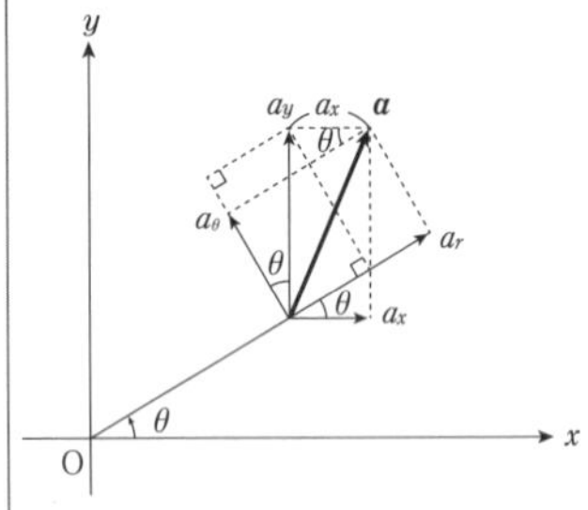

図4

加速度の極座標成分も，速度の場合と同様に表される。図4のように，加速度の動径方向の成分をa_r，動径に垂直な方向の成分をa_θとすると，これらは，直交座標系での加速度成分a_x，a_yを用いて，

$$\begin{cases} a_r = a_x\cos\theta + a_y\sin\theta \\ a_\theta = -a_x\sin\theta + a_y\cos\theta \end{cases} \quad \cdots\cdots⑦$$

となる。③，④式を用いると，a_x，a_yは次のように表される。

$$a_x = \dot{v}_x = \frac{d}{dt}(\dot{r}\cos\theta - r\sin\theta\cdot\dot{\theta}) = \ddot{r}\cos\theta - 2\dot{r}\dot{\theta}\sin\theta - r\cos\theta\cdot\dot{\theta}^2 - r\sin\theta\cdot\ddot{\theta}$$

$$a_y = \dot{v}_y = \frac{d}{dt}(\dot{r}\sin\theta + r\cos\theta\cdot\dot{\theta}) = \ddot{r}\sin\theta + 2\dot{r}\dot{\theta}\cos\theta - r\sin\theta\cdot\dot{\theta}^2 + r\cos\theta\cdot\ddot{\theta}$$

これらを，⑦式へ代入して，

$$\begin{cases} a_r = \ddot{r} - r\dot{\theta}^2 \\ a_\theta = 2\dot{r}\dot{\theta} + r\ddot{\theta} = \dfrac{1}{r}\cdot\dfrac{d}{dt}(r^2\dot{\theta}) \end{cases} \quad \cdots\cdots⑧$$

加速度の極座標成分⑧は，速度の場合のように計算せずに簡単に理解することは難しい。

例題 1.2　等速円運動

等速円運動において，速度の極座標成分(v_r, v_θ)，および，加速度の極座標成分(a_r, a_θ)を求めよ。

解答

等速円運動では，半径rと角速度$\omega = \dot{\theta}$は共に一定であるから，速度の極座標成分(v_r, v_θ)は，⑤，⑥式より，

$$v_r = \dot{r} = \underline{0},\quad v_\theta = r\dot{\theta} = \underline{r\omega}$$

また，加速度の極座標成分(a_r, a_θ)は，⑧式より，

$$a_r = \ddot{r} - r\dot{\theta}^2 = \underline{-r\omega^2},\quad a_\theta = \frac{1}{r}\cdot\frac{d}{dt}(r^2\dot{\theta}) = \underline{0}$$

となる。すなわち，等速円運動では，加速度は半径の方向で中心を向き(動径rが減少する向き)，その大きさは，$v = v_\theta = r\omega$を用いて，$a = r\omega^2 = \dfrac{v^2}{r}$と表されることがわかる。

§2 力について

我々は普段，「あの人には実力がある」とか，「勉強に力を入れる」などと，何気なく「力」という言葉を使っているが，これらは物理でいう「力」とは同じものではない。では，物理でいう力にはどんなものがあるのであろうか。

2.1 重　力

地球上の物体にはすべて重力がはたらく。空気抵抗が無視できる場合，物体を地球上で落下させると，物体はその種類によらず，すべて等しい加速度 $g \fallingdotseq 9.8$〔$\mathrm{m/s^2}$〕で落下する。この加速度 g を**重力加速度**という。また，物体にはたらく重力に比例し，地球上や月の上などという場所によって変化しない量を**質量**[1]という。ちなみに，月の上での重力の大きさは，地球上の 0.17 倍であり，火星の上では，0.38 倍である。

1) このように定義される質量を正確には**重力質量**という。質量には，この他に**慣性質量**と呼ばれるものがあるが，ここでは，これらを区別しないことにする。慣性質量については，3.2 で，質量全般に関しては，Topics「**質量とは何か**」(p.74) で再び詳しく説明する。

2.2 電磁気力

電磁気力には，電気を帯びた(帯電した)物体間にはたらく静電気力(クーロン力)と，電流間にはたらく力などがある。

2.3 ばねの弾性力

ばねが自然の状態から伸び縮みすると，ばねの一端に付けた小物体 P (大きさは無視できる)には，ばねの弾性力がはたらく。図 2.1 のように，ばねの自然長の位置を原点に，ばねの伸びる方向へ x 軸をとる。小物体 P の位置が x のとき，P には，ばねの弾性力

$$F = -kx$$

がはたらく。ここで，k はばねによって決まる**ばね定数**である。

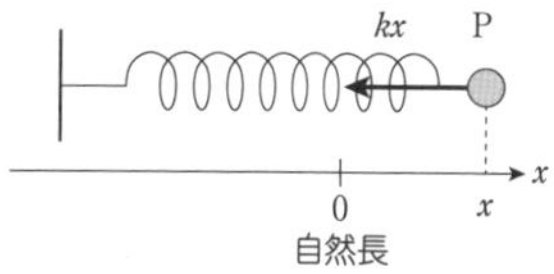

図 2.1

2.4 摩擦力

物体が床上を滑ろうとすると，物体には床から滑りを妨げる向きに摩擦力がはたらく。摩擦力には，2 つの物体が互いに動いていないときにはたらく**静止摩擦力**と，滑っているときにはたらく(運)**動摩擦力**がある。

静止摩擦力

図 2.2 のように，粗い床上に置かれた物体 P に水平右向きに外力 F がはたらき，P が力 F の向きに滑り出そうとするとき，P には床からこれを妨げる向きに静止摩擦力 f がはたらく。P が滑り出さないとき，P にはたらく力はつり合うはずだから，

$$f = F$$

が成り立つ。

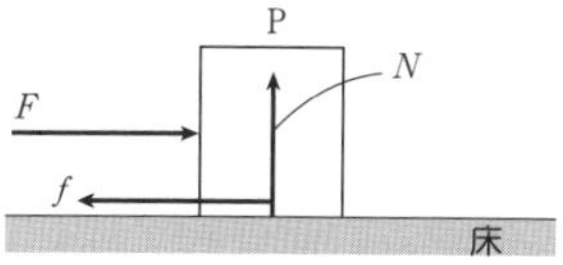

図 2.2

ここで，外力 F を次第に大きくしていくと，F がある大きさ f_{max} を超えると物体 P は滑り出す。このときの f_{max} を最大摩擦力といい，f_{max} は P にはた

らく垂直抗力の大きさ N に比例することが知られている。その比例定数を μ とすると，

$$f_{\max} = \mu N$$

と表される。μ は**静止摩擦係数**と呼ばれ，物体と床の間で決まる定数である。これらより，静止摩擦力 f は，つねに最大摩擦力 $f_{\max}$ より小さく，Pにはたらく力がつり合うようにはたらくことがわかる。

$$f \leqq f_{\max} = \mu N$$

さて，物体Pが滑り出すと，Pにはどんな力がはたらくのであろうか。

動摩擦力

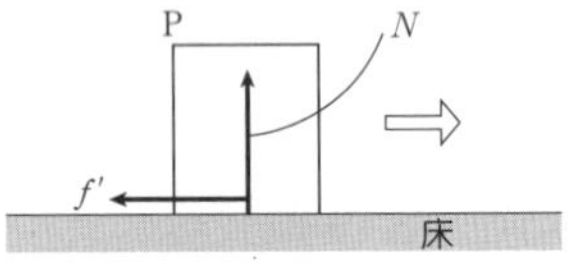

図2.3

図2.3のように，物体Pが床上を滑っているとき，Pには，床からPの滑りを妨げる向きに動摩擦力 f' がはたらく。f' は床からPにはたらく垂直抗力の大きさ N に比例し，最大摩擦力 $f_{\max}$ より小さいことが知られている。f' は比例定数を μ' とすると，

$$f' = \mu' N < f_{\max}$$

と表され，μ' は**動摩擦係数**と呼ばれる。また，μ' は物体の速度によらず一定である。

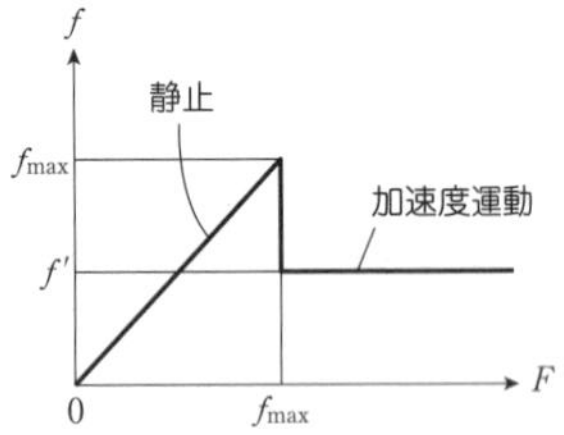

図2.4

以上の結果をまとめると，物体Pにはたらく摩擦力 f は，横軸にPにはたらく外力 F をとって，図2.4のように表される。$F > f_{\max}$ のとき，Pは加速度運動をする。

このような**摩擦力の性質はすべて実験結果から得られたもの**である。

摩擦力の原因

物体が粗い水平な床上に置かれ，右向きに手で力 F が加えられたために床上を滑り出そうとしている場合を考えてみよう（図2.2）。物体が床上に置かれているとき，物体を構成している原子と床を構成している原子の間には，原子間をつり合いの位置に保とうとする力がはたらく。物体が滑り出そうとすると，これらの原子が遠く離れようとするから，原子間に引力がはたらく。これが摩擦力を引き起こす。原子間にはたらく力は，主に静電気力である。したがって，摩擦力も元をたどれば電磁気力であることがわかる。

Topics …… 摩擦について

2.4で述べた静止摩擦力および動摩擦力の性質は，適当な条件下で実験的に確かめられている。それは，クーロンの法則として，次のようにまとめられている。

(1) 摩擦力は摩擦面にはたらく垂直抗力に比例し，見かけ上の接触面積によらない。

(2) 動摩擦力は滑りの速度によらない。

(3) 動摩擦力は静止摩擦力より小さい。

このような摩擦力がはたらく原因について，現在の有力な考え方の1つ(この考えは**凝着説**と呼ばれている)に次のようなものがある。

物体の表面はなめらかに見えても，実際にはかなり凹凸がある。**物体Aの上に物体Bが静止してのっている場合**，図1のように，A，Bが**実際に接触している面積(真実接触面積)は非常に小さい**。その小さな面積に物体Bを支える大きな力(垂直抗力)Nがかかるため，そこでの圧力は非常に大きくなる。そのため接触部分は融かされつながってしまい(図2)，接触する2つの物体は分子間力で結合する。この結合を引きちぎって切り離そうとする力が最大摩擦力$F_{\rm max}$である。ここで，真実接触面の単位面積あたり，この結合を切る力の大きさをfとすれば，$F_{\rm max}$は，真実接触面積をsとして，

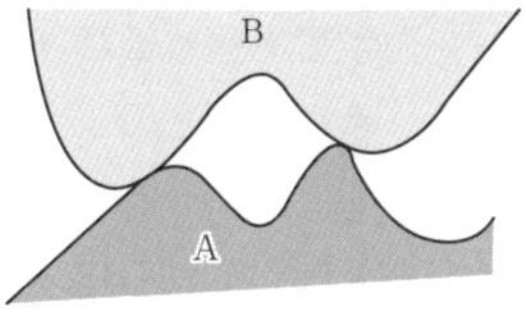

図1

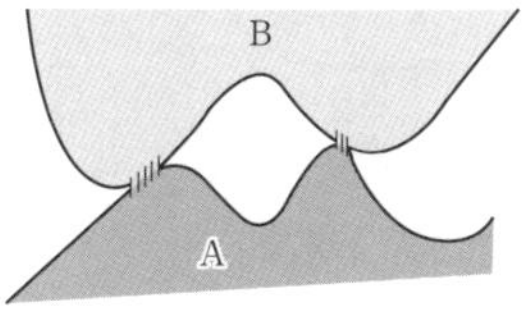

図2

$$F_{\rm max} = fs \qquad \cdots\cdots ①$$

と書ける。また，真実接触面で上の物体Bを上下方向に支える力は，単位面積あたりnで歪みの大きさによらない一定値である。垂直抗力Nが大きくなると，それを支える接触面積sも，

$$N = ns \qquad \cdots\cdots ②$$

となって，Nに比例して大きくなる。したがって，①，②式よりsを消去して，

$$F_{\rm max} = \frac{f}{n}N = \mu N$$

となる。ここで，比例定数(静止摩擦係数)を$\mu = \dfrac{f}{n}$とおいた。

物体Bが物体A上を滑っているとき，接触部分は，瞬間的につながりまた切り離されるということが繰り返されているであろう。大きな圧力のため融けてAとBの分子間力で結合した真実接触部分の面積は，静止しているときと同様，垂直抗力Nに比例するから，接触部分のつながりを切る力(動摩擦力)F'も，Nに比例する。よって，μ'を比例定数(動摩擦係数)として，$F' = \mu' N$と書ける。しかし，2物体が相対的に動いている場合，分子間力で結合する真実接触面の間に吸着物質による膜などがくさびのようにはさまり，それが潤滑油の役割をして摩擦力が低下すると考えられている。したがって，動摩擦力の大きさF'は，静止したときの最大摩擦力$F_{\rm max}$より小さくなる。よって，$\mu' < \mu$となる。また，吸着物質の膜などがはさまる割合は，その速さによらないため，**F'は，ほとんどその速さによらず，一定となる**。

以上のように，この考え方で摩擦力についてうまく説明できそうに思えるかもしれないが，さらに動摩擦力に関する説明には，疑問が残る。

物体AとBの接触部分ではたらく分子間力は，接触部分がつながるときも離れるときも同じようにはたらくはずである。物体BがA上を滑っているとき，接触部分の吸着と切断は同時にいろいろな場所で起こっているであろう。そうすると，真実接触部分の切断と吸着の力はほぼ打ち消し合ってしまい**動摩擦力は0になってしまう**。これは実験事実に反する。このことは，いまのところ次のように説明されている。

吸着と切断に際し，表面分子に振動が起こり，それが熱として周囲に逃げてしまう結果，力学的エネルギーが失われる[1)]。それが動摩擦力の仕事に等しく，このことから動摩擦力が定まる。

こう考えてくると，これらは分子レベルの話であり，詳しい考察には量子力学を必要とするであろう。それは，現代物理学の最先端の話になってくる。

日常的に身近なものである摩擦については，昔からいろいろと考えられてきたが，**現在でも十分に解明されているとはいえない**。

1) いったん，物体を構成している分子の振動エネルギーになったエネルギーは，物体の重心の運動エネルギーに戻ることはできない(不可逆変化，「理論物理セミナー10」参照)。

§3 運動の法則と力のつり合い

物体の運動については，古くギリシャ時代から考察されていたが，近代的な運動の法則は，ガリレオとニュートンによって打ち立てられた。ギリシャ時代のアリストテレスは，運動には，自然運動と強制運動の2種類があり，物体がその本性にしたがってひとりでに行う運動が自然運動であり，本性に逆らって外部からの作用で行う運動が強制運動であると主張した。また，自然現象の考察に数学を適用することを否定し，実験を行わなかった。このようなアリストテレス流の考えは，ギリシャ時代から中世まで2000年近く人々の観念を支配した。このような考えからの脱却は，コペルニクスに始まり，ガリレオに引き継がれ，ニュートンによって運動の3法則として確立された。

以下に述べる運動の3法則は，力学現象を考察するとき出発点にとる法則であり，**基本原理**と呼ばれる。そして，これらの法則がなぜ成り立つのかは問わない。これらの法則が妥当性をもつかどうかは，これらを用いて自然現象がどの程度説明できるかによって判断される。運動の3法則を用いて考察する力学を**ニュートン力学**という。もし，これらの法則を用いてどうしても説明できない力学現象が見出されたら，新たな基本原理を探すことになり，ニュートン力学とは異なる新たな力学がつくられる。そのようなものとして，**相対論**や**量子力学**がある。光速に近いような速い速度で動く物体の運動は，ニュートン力学で考察することはできず，相対論が必要になる。また，原子のようなミクロな現象を考察する場合にも，ニュートン力学を用いることはできず，量子力学を用いなければならない。相対論や量子論では，運動の3法則を基本原理とはしていない。

3.1 慣性の法則(運動の第1法則)

「外部から力がはたらかないか，はたらいてもその合力が0であれば，静止している物体はいつまでも静止し続け，運動している物体はいつまでも等速直線運動を続ける」

これが**慣性の法則**であり，ニュートンの運動の第1法則である。しかしこの法則には注釈が必要である。なぜなら，次第に速さが増している電車に乗っている人が見れば，力のはたらいていない物体の速さは遅くなり，逆に，速さの遅くなっている電車に乗っている人が見れば，その物体の速さは速くなる。すなわち，見ている人(座標系)によって物体の運動形態は異なる。そこで，慣性の法則が成り立つ座標系を**慣性系**と呼ぶことにする。

慣性系とは

それでは，どのような座標系が慣性系とみなされるのであろうか。

地面は慣性系のよい近似になっている。実際，地面に固定された水平かつなめらかな机上でビリヤードのボールをはじいた場合，ボールはどこまでも等速直線運動をするように見える。しかし，地面は厳密には慣性系ではない。地球は自転しながら太陽のまわりを公転している。したがって，ビリヤードのボールは外部からはたらく力の合力が0であるように見えても，回転系ではたらく遠心力やコリオリの力(§4参照)が作用し，ボールは等速直線運動をしない。このような遠心力やコリオリの力を無視できるような狭い範囲で短時間の運動を見ているかぎり，地面を慣性系とみなすことができるだけである。

では，太陽に固定された座標系をとれば，それは慣性系であろうか。これも否である。太陽は銀河系内をその中心のまわりに約 250 km/s の速さで回っている。したがって，太陽に固定された座標系でも，物体には，遠心力やコリオリの力がはたらく。こうなると，厳密な意味での慣性系を見出すことは大変難しいことがわかる。しかし以下では，特に断らないかぎり，運動は理想的な慣性系で考えることにする。

3.2　運動方程式（運動の第 2 法則）

実験によれば，物体に力 $\boldsymbol{F}$ を加えると，物体には力の向きに，力の大きさに比例した加速度 $\boldsymbol{a}$ が生じる（図 3.1）という。そこで，その比例定数を $\frac{1}{m}$ とおくと，

$$\boldsymbol{a} = \frac{1}{m}\boldsymbol{F} \qquad \therefore \quad m\boldsymbol{a} = \boldsymbol{F} \qquad \cdots\cdots(3.1)$$

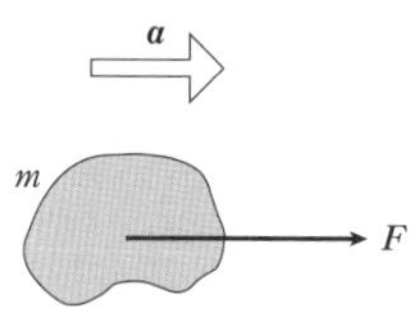

図 3.1

が成り立つ。(3.1) 式を**運動方程式**といい，m をその物体の**質量**と呼ぶ。したがって，同じ大きさの力を加えても，生じる加速度が小さいとき，その物体の質量は大きいといい，生じる加速度が大きいとき，その質量は小さいという。加速度は物体の運動状態すなわち速度の変化の大きさを表す量であるから，質量が小さい程小さな力で運動状態を大きく変化させることができる。そこでこの質量を**慣性質量**と呼ぶ。慣性質量は §2 で述べた重力に比例する質量すなわち**重力質量**にほぼ一致することが，実験的に確かめられている[1)]。そこで本書では，特に断らないかぎり，慣性質量と重力質量を区別することなく，単に質量と呼ぶことにする。

1)　Topics「**質量とは何か**」参照。

◗ 基本的仮定としての運動方程式

ここでもう 1 つはっきりさせておかなければならないことがある。それは**力**である。運動方程式 (3.1) において，物体の加速度は，時刻と位置を測定すれば実験によって求められる。しかし力はどうであろうか。力は何から決められるのであろう。実は，質量のみならず，力も運動方程式によって与えられる。

いまある物体に力 $\boldsymbol{F}$ を加えたとき，物体が加速度 $\boldsymbol{a}$ で運動したとする。次に，同じ物体に加える力を変化させていったら，加速度が順次 $2\boldsymbol{a}$，$3\boldsymbol{a}$，… になったとする。このとき加えた力は，(3.1) 式を仮定すると，2 倍，3 倍，… であることがわかる。すなわち，ある物体に $1\,\mathrm{m/s^2}$ の加速度を生じさせる力を 1 N（ニュートン）と決めておけば，その物体に $2\,\mathrm{m/s^2}$，$3\,\mathrm{m/s^2}$，… の加速度を生じさせる力が，2 N，3 N，… ということになる。

こうなると，運動方程式は単なる実験結果とはいえなくなる。**運動方程式は，物体の運動を考える上で出発点にとるべき基本的な仮定である**。運動方程式が成り立つと考えることにより，力と（慣性）質量を決め（定義し）ているのである。

一般的に，物体の運動は運動方程式 (3.1) によって完全に決まる。また，加

速度は位置の時間に関する2階微分で与えられ，力は位置の関数で与えられるから，(3.1)式は，2階微分を含む方程式，すなわち，**2階の微分方程式**ということになる。

3.2.1 2次元直交座標系での運動方程式

位置 $\boldsymbol{r}=(x,\ y)$ にある質量 m の物体に，力 $\boldsymbol{f}(\boldsymbol{r})=(f_x(x,\ y),\ f_y(x,\ y))$ [$f_x(x,\ y),\ f_y(x,\ y)$ は，それぞれ力の x 軸および y 軸方向の成分] がはたらくとき，その運動方程式は，

$$m\ddot{\boldsymbol{r}}=\boldsymbol{f}(\boldsymbol{r})$$

すなわち，

$$m\ddot{x}=f_x(x,\ y),\quad m\ddot{y}=f_y(x,\ y)$$

と表される。

3.2.2 2次元極座標系での運動方程式

位置 $\boldsymbol{r}=(r,\ \theta)$ にある質量 m の物体に，力 $\boldsymbol{f}(\boldsymbol{r})=(f_r(r,\ \theta),\ f_\theta(r,\ \theta))$ [$f_r(r,\ \theta),\ f_\theta(r,\ \theta)$ は，それぞれ力の動径 r 方向およびそれに垂直な方向の成分] がはたらくとき，その運動方程式は，加速度の極座標表示(「理論物理セミナー1」の⑧式)を用いて，

$$m(\ddot{r}-r\dot{\theta}^2)=f_r(r,\ \theta),\quad m(2\dot{r}\dot{\theta}+r\ddot{\theta})=f_\theta(r,\ \theta)$$

と表される。

これらの運動方程式を用いた具体的な考察は,「理論物理セミナー4, 6」で行う。

3.3 作用・反作用の法則(運動の第3法則)

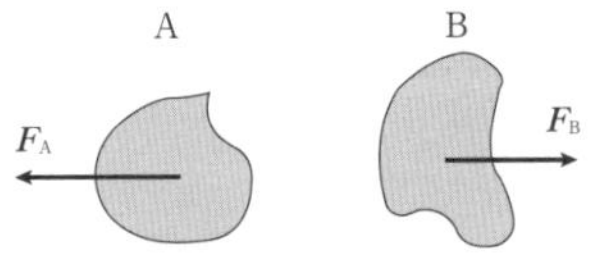

図3.2

図3.2のように，物体Bが物体Aに力 $\boldsymbol{F}_A$ を及ぼすと，AはBに同じ大きさで逆向きの力 $\boldsymbol{F}_B$ を及ぼす。

$$\boldsymbol{F}_B=-\boldsymbol{F}_A$$

これを，**作用・反作用の法則**という。

これから，上に述べた運動の法則を使って具体的な力学現象を考察しよう。まず最初は，運動方程式で加速度が0になる特別な場合，すなわち，物体にはたらく力がつり合う場合を考える。ただし，はじめは物体の大きさが無視できる質点のつり合いを考え，その後，大きさのある物体すなわち剛体のつり合いを考える。

3.4 質点のつり合いを考える

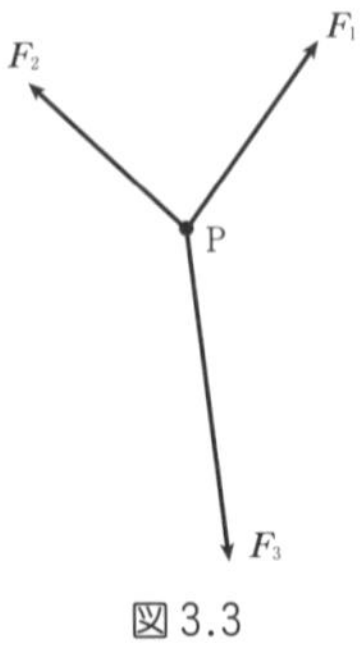

図3.3

質量をもつが大きさの無視できる物体を**質点**という。実際には，ある程度の大きさをもっている物体でも，物体自体の回転の可能性を考えないとき，それを質点と同様に扱う。

図3.3のように，力 $\boldsymbol{F}_1$, $\boldsymbol{F}_2$, $\boldsymbol{F}_3$ がはたらいているにもかかわらず，質点Pが静止したまま動かないとき，あるいは，等速直線運動をして

いるとき，加速度は0であるから，Pにはたらく合力は0になっている。このとき，**Pにはたらく力はつり合っている**という。すなわち，

$$\boldsymbol{F}_1+\boldsymbol{F}_2+\boldsymbol{F}_3=\boldsymbol{0}$$

が成り立つ。

摩擦力を受けた物体のつり合いと作用・反作用

図3.4のように，小物体Pが固定された板Aの上に置かれている。いま，Pに水平右向きに大きさFの外力$\boldsymbol{F}$を加えたが，Pは動かなかった。このとき，PにはAから水平左向きに大きさ$f=F$の静止摩擦力$\boldsymbol{f}$がはたらくと同時に，AにはPからその反作用として，同じ大きさの摩擦力$\boldsymbol{f}_1$が右向きにはたらいている。ここで，小物体Pにはたらく外力$\boldsymbol{F}$と板Aからはたらく摩擦力$\boldsymbol{f}$は**力のつり合い**の関係にあり，PにAからはたらく摩擦力$\boldsymbol{f}$とAにPからはたらく摩擦力$\boldsymbol{f}_1$は，**作用・反作用の関係**にある。

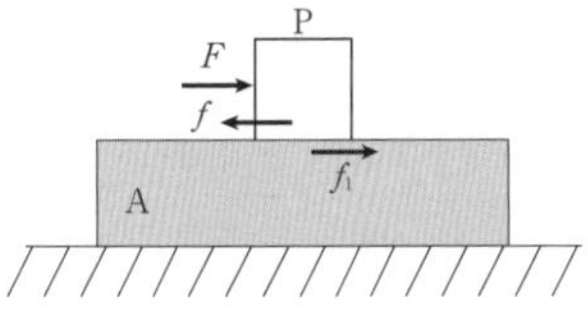

図3.4

次に，小物体Pに加える外力$\boldsymbol{F}$が大きくなり，Pが固定された板A上を滑っている場合を考えよう(図3.5)。このとき小物体Pには外力$\boldsymbol{F}$の他に，Aから左向きに動摩擦力$\boldsymbol{f}'$がはたらいているが，力はつり合っておらず，Pは加速度運動をしているとする。この場合，PからAに右向きに摩擦力$\boldsymbol{f}_1'$がはたらく。このとき，PにAからはたらく摩擦力$\boldsymbol{f}'$とPからAにはたらく摩擦力$\boldsymbol{f}_1'$は作用・反作用の関係にあり，つねに大きさは等しく逆向きである。

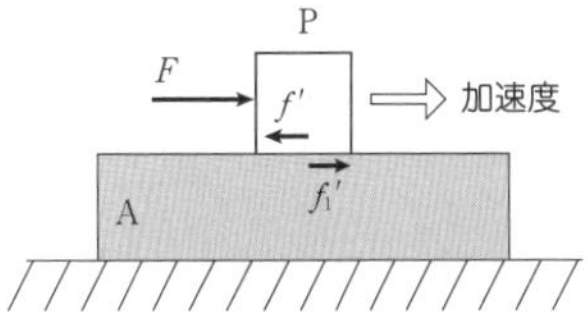

図3.5

ここで，「力のつり合い」と「作用・反作用」をはっきりと区別しておかなければならない。上の例でいえば，力のつり合いの関係は，1つの小物体Pにはたらく力について成り立つ関係であり，作用・反作用の関係は，2つの物体PとAの間ではたらく2力の間の関係である。力のつり合いの関係は，Pが静止したままであるか，等速直線運動をしているときには成り立つが，Pが加速度運動をしているときには成り立たない。一方，作用・反作用の関係は，PあるいはAが静止していようが，加速度運動をしていようがそのようなことに関係なく，つねに成り立つ。

力のつり合いは，1つの物体にはたらく力であれば，2つの力である必要はなく，3つ以上の力についても成り立つ。しかし，作用・反作用の関係は，必ず2つの力の間の関係である。

3.5　剛体のつり合いを考える

大きさがあり，力が加わっても変形しない理想的な物体を**剛体**という。この項では，剛体のつり合い，すなわち，剛体が全く動かない条件を考えよう。その準備として，まず，重心と力のモーメントの理解を深めておこう。ここでは，3次元直交座標系を用いて，空間図形を考える。

3.5.1　重　心(質量中心)

剛体を1点で支えてつり合うとき，その点を剛体の**重心**または**質量中心**という。

重心は剛体だけでなく，質点系(いくつかの質点の集合系)にも存在する。質量m_1，m_2，…，m_nのn個の質点が，位置$\boldsymbol{r}_1=(x_1, y_1, z_1)$，$\boldsymbol{r}_2=(x_2, y_2, z_2)$，…，$\boldsymbol{r}_n=(x_n, y_n, z_n)$にあるとき，重心の位置$\boldsymbol{r}_G=(x_G, y_G, z_G)$は，

$$\boldsymbol{r}_{\mathrm{G}} = \frac{\sum_{i=1}^{n} m_i \boldsymbol{r}_i}{\sum_{i=1}^{n} m_i} \qquad \cdots\cdots(3.2)$$

で定義される。あらわに書けば，

$$x_{\mathrm{G}} = \frac{m_1x_1+m_2x_2+\cdots+m_nx_n}{m_1+m_2+\cdots+m_n}$$

$$y_{\mathrm{G}} = \frac{m_1y_1+m_2y_2+\cdots+m_ny_n}{m_1+m_2+\cdots+m_n}$$

$$z_{\mathrm{G}} = \frac{m_1z_1+m_2z_2+\cdots+m_nz_n}{m_1+m_2+\cdots+m_n}$$

となる。

剛体の重心

図3.6

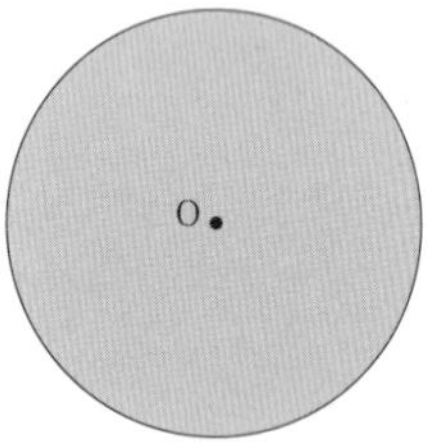

図3.7

剛体とは，無数の質点が連続的に並び，力を加えてもそれら質点の位置関係が変化しない物体である。よって，剛体の重心の位置$(x_{\mathrm{G}}, y_{\mathrm{G}}, z_{\mathrm{G}})$は，(3.2)式で，各質点の質量を質量密度に置き換えて，和を空間座標に関する積分に直せばよいのであるが，その一般的な計算は体積積分と呼ばれる積分になり面倒である。しかし，質量分布が一様(質量密度が一定)で，対称性のある剛体の重心は比較的簡単に求められる。例えば，一様な棒の重心はその中心Mであり(図3.6)，質量分布が球対称な剛体(例えば一様な球)の重心はその中心Oである(図3.7)。

3.5.2 力のモーメント

剛体に力が加わるとき，力の加わった点を**作用点**，作用点を通り，力の方向の直線を**作用線**という。

ある剛体に力$\boldsymbol{F}$がはたらくとき，点Oを原点とし，$\boldsymbol{F}$の作用点Pの位置ベクトルを$\boldsymbol{r}$とする。このとき，次式で与えられる$\boldsymbol{N}$を点Oのまわりの力のモーメントという(図3.8)。

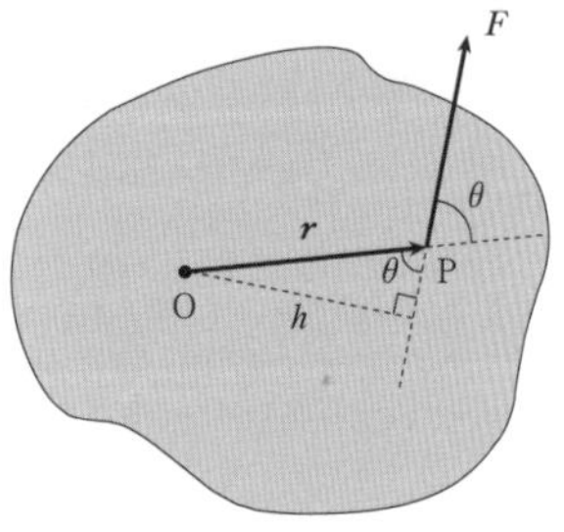

図3.8

$$\boldsymbol{N} = \boldsymbol{r} \times \boldsymbol{F}$$

ここで，$\boldsymbol{r}\times\boldsymbol{F}$はベクトル$\boldsymbol{r}$と$\boldsymbol{F}$の**ベクトル積(外積)**を表している。

ベクトル積

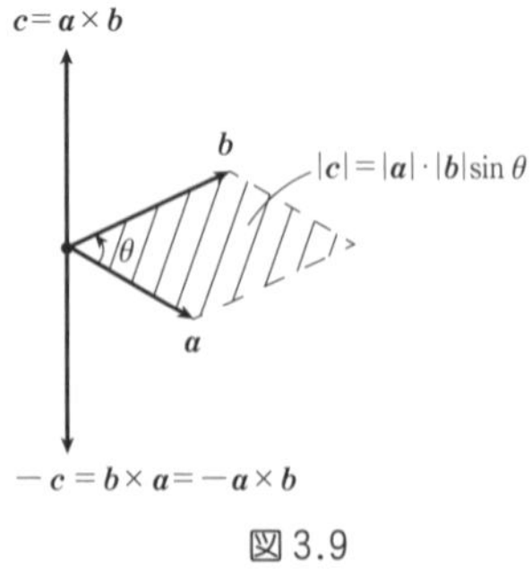

図3.9

ベクトル積(外積)とは，ベクトル$\boldsymbol{a}$とベクトル$\boldsymbol{b}$をかけてベクトル$\boldsymbol{c}$になるというかけ算の仕方(図3.9)で，

$$\boldsymbol{c} = \boldsymbol{a} \times \boldsymbol{b}$$

と書く。ベクトル$\boldsymbol{c}$の向きは，$\boldsymbol{a}$と$\boldsymbol{b}$を含む平面に垂直で，$\boldsymbol{a}$から$\boldsymbol{b}$へ右ねじを回したとき，ねじの進む向きである。したがって，かけ算の順序を逆にすると，向きが逆になる。また，ベクトル$\boldsymbol{a}$と$\boldsymbol{b}$のなす角をθとすると，ベクトル$\boldsymbol{c}$の大きさは，$\boldsymbol{a}$，$\boldsymbol{b}$を隣り合う2辺とする平行四辺形の面積

$$|\boldsymbol{c}| = |\boldsymbol{a}|\cdot|\boldsymbol{b}|\sin\theta$$

で与えられる[1)]。

1) 巻末の「Appendix A」参照。

点Oから$\boldsymbol{F}$の作用線へ引いた垂線の長さをh，$\boldsymbol{r}$と$\boldsymbol{F}$のなす角をθとすると，力のモーメントの大きさ$N = |\boldsymbol{N}|$は，$F = |\boldsymbol{F}|$として，

$$N = |\boldsymbol{N}| = |\boldsymbol{r}|\cdot|\boldsymbol{F}|\sin\theta = Fh$$

と表される。

力のモーメントは，剛体を点Oのまわりに回転させようとするはたらきを表している(「理論物理セミナー4」参照)。

モーメントのつり合い

図3.10のように，ある剛体に力$\boldsymbol{F}_1$と$\boldsymbol{F}_2$($|\boldsymbol{F}_1| = F_1$, $|\boldsymbol{F}_2| = F_2$)がはたらいている場合，点Oを押さえたとき，この剛体が点Oのまわりに回転するかどうかを考えよう。点Oから$\boldsymbol{F}_1$, $\boldsymbol{F}_2$の作用線へ引いた垂線の長さを，それぞれh_1, h_2とする。剛体を左回り(反時計回り)に回転させようとするモーメントを正とすると，点OのまわりのモーメントNは，

$$N = F_1h_1 - F_2h_2$$

となる。$N > 0$のとき，剛体は左回りに回転し，$N < 0$のとき，右回りに回転する。$N = 0$のとき，回転しない。

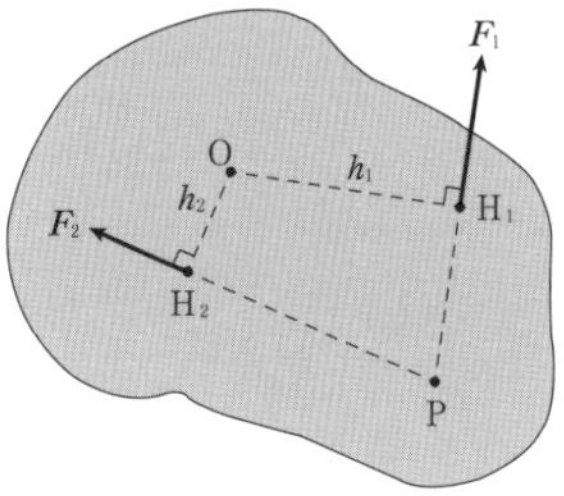

図3.10

しかし，力$\boldsymbol{F}_1$と$\boldsymbol{F}_2$の作用線の交点Pを押さえたときはどうであろうか。点Pから$\boldsymbol{F}_1$と$\boldsymbol{F}_2$の作用線へ引いた垂線の長さは共に0であるから，点Pのまわりのモーメントは0である。よって回転しない。次に，点Oから$\boldsymbol{F}_1$, $\boldsymbol{F}_2$の作用線への垂線をそれぞれ，OH_1，OH_2とする。点H_1から$\boldsymbol{F}_1$の作用線へ引いた垂線の長さは0であるから，点H_1のまわりの$\boldsymbol{F}_1$によるモーメントは0であるが，点H_1から$\boldsymbol{F}_2$へ引いた垂線の長さは正となるから，$\boldsymbol{F}_2$によるモーメントは0ではない。よって，点H_1のまわりのモーメントは負となり，点H_1を押さえると，剛体は右回りに回転する。同様に，点H_2のまわりのモーメントは正となり，点H_2を押さえると，剛体は左回りに回転する。

このことは，**力のモーメントの値は，どの点のまわりを考えるかによって異なり**，したがって，剛体が回転するかどうかも，押さえる点によって異なることを意味している。

3.5.3　剛体のつり合い

剛体の重心が加速度運動することなく，かつ，回転しないとき，剛体にはたらく力はつり合っているという。重心が加速度運動をしないという条件は質点のつり合いと同じであるが，回転しない条件が新たに加わる。したがって，剛体のつり合いは，

Ⅰ　合力は0である。
Ⅱ　力のモーメントは0である。

となる。

ここで，剛体が回転しないとは，どの点のまわりにも回転しないのであるから，Ⅱの条件は，任意の点のまわりのモーメントが0という条件である。そうすると，任意の点のまわりのモーメントを計算するのは大変なことだと思うかも知れないが，次のことが成り立つため，議論は簡単になる。

> 合力＝0の条件が成り立つとき，
> ある1点のまわりのモーメント＝0
> ⇨ 任意の点のまわりのモーメント＝0 ……(3.3)

(3.3)を簡単な例題で確かめておこう。

例題 1.3 軽い棒のつり合い

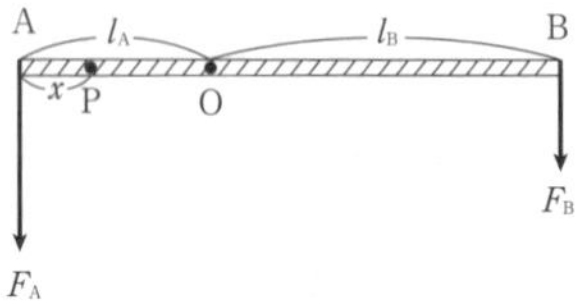

図 3.11

図3.11のように，質量の無視できる軽い棒の両端A，Bに，それぞれ鉛直下向きに大きさF_A, F_Bの力を加え，点Oを支えたら棒は水平を保った。ここで，$OA = l_A$，$OB = l_B$とする。

(1) 点Oの代わりに端Aから距離$x\ (\neq l_A)$の点Pを支えたら棒は回転することを示せ。

(2) 点Oに鉛直上向きに大きさF_A+F_Bの力を加えた上で点Pを支えると，棒はどうなるか答えよ。

解答

(1) 点Oを支えると棒は水平を保つから，Oのまわりの力のモーメントは0である。したがって，

$$F_A l_A = F_B l_B$$

が成り立っている。このとき，点Pのまわりの力のモーメントNは，左回りを正として，

$$N = F_A x - F_B(l_A + l_B - x)$$
$$= -(F_A + F_B)(l_A - x)$$

となるから，$l_A > x$のとき，$N < 0$となり棒は右回りに，$l_A < x$のとき，$N > 0$となり棒は左回りに回転する。

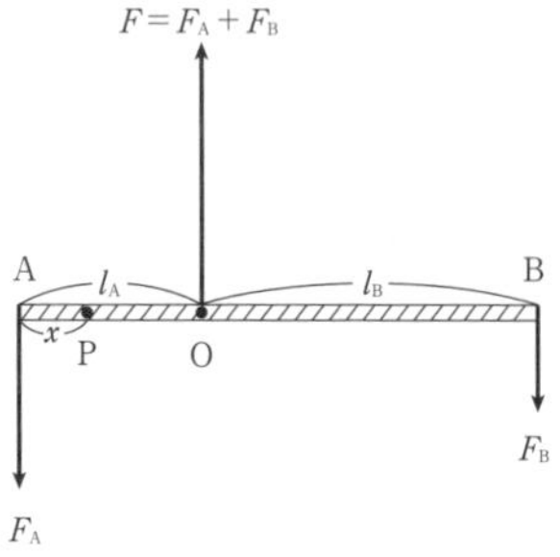

図 3.12

(2) 点Pのまわりの力のモーメントNは，左回りを正として(図3.12)，

$$N = F_A x + (F_A + F_B)(l_A - x) - F_B(l_A + l_B - x)$$
$$= F_A l_A - F_B l_B = 0$$

となるから，点Pを支えると，棒は水平を保つことがわかる。

Nは，棒にはたらくO，P間の距離xによらないから，任意の点Pのまわりのモーメントが0となり，どの点のまわりにも回転しない。

こうして，例題1.3の場合，(3.3)が成り立つことが確かめられた。したがって，剛体がつり合っている場合，つねに合力＝0が成り立つから，モーメント＝0の条件は，自分の好きな点のまわりで考えればよい。ただし，好きな点といっても，それはなるべく計算が簡単になる点を選ぶのがよい。

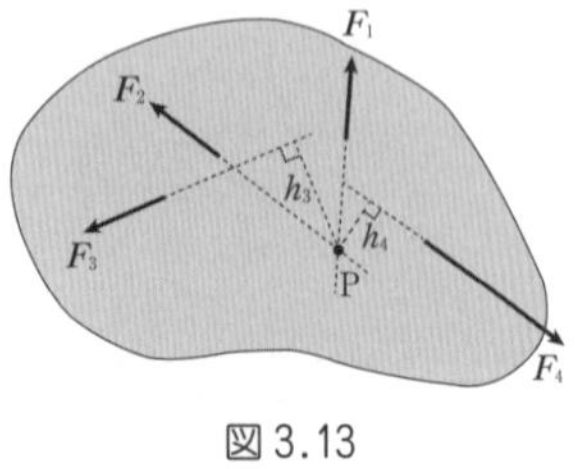

図 3.13

例えば，図3.13のように，剛体に4つの力$\boldsymbol{F}_1$，$\boldsymbol{F}_2$，$\boldsymbol{F}_3$，$\boldsymbol{F}_4$$(\boldsymbol{F}_1+\boldsymbol{F}_2+\boldsymbol{F}_3+\boldsymbol{F}_4 = \boldsymbol{0})$がはたらいており，$\boldsymbol{F}_1$と$\boldsymbol{F}_2$が未知の力であったとする。このとき，$\boldsymbol{F}_1$と$\boldsymbol{F}_2$の交点Pのまわりのモーメントを考えれば，点Pから$\boldsymbol{F}_1$，$\boldsymbol{F}_2$の作用線へ引いた垂線の長さは0であるから，$\boldsymbol{F}_1$と$\boldsymbol{F}_2$によるモーメントは自動的に0であり，考える必要がない。そうすれば，点P

から F_3，F_4 へ引いた垂線の長さをそれぞれ h_3，h_4，$|\boldsymbol{F}_3| = F_3$，$|\boldsymbol{F}_4| = F_4$ とすると，モーメントのつり合いの式は，

$$F_3h_3 - F_4h_4 = 0$$

と簡単になる。

理論物理セミナー 2　力のモーメントの性質 —関係(3.3)のベクトルを用いた証明—

本来，力のモーメントの値は，回転軸をどこにとるかで異なるが，剛体のつり合いを考えるとき，どの点でも，自分の好きな点のまわりのモーメントを考えればよい。これは(3.3)の関係が成り立つからであった。

力のモーメントのベクトル積による定義を用いると，(3.3)の関係は厳密に，簡潔に示される。

ある剛体に，いろいろな力 $\boldsymbol{F}_i (i = 1, 2, \cdots)$ がはたらき，その合力が0で力がつり合っており，ある1点Oのまわりのモーメントが0であるとする(図1)。すなわち，

$$\sum_i \boldsymbol{F}_i = \boldsymbol{0}, \quad \sum_i \boldsymbol{r}_i \times \boldsymbol{F}_i = \boldsymbol{0}$$

ここでベクトル $\boldsymbol{r}_i$ は，点Oから力 $\boldsymbol{F}_i$ の作用点へ至るベクトルである。いま，点Pをとり，$\overrightarrow{\mathrm{PO}} = \boldsymbol{r}_\mathrm{P}$ とおく。巻末の「Appendix A」の§1で説明するベクトル積の「分配法則」を用いると，点Pのまわりの力のモーメント $\boldsymbol{N}_\mathrm{P}$ は，

$$\boldsymbol{N}_\mathrm{P} = \sum_i (\boldsymbol{r}_\mathrm{P} + \boldsymbol{r}_i) \times \boldsymbol{F}_i = \boldsymbol{r}_\mathrm{P} \times \sum_i \boldsymbol{F}_i + \sum_i \boldsymbol{r}_i \times \boldsymbol{F}_i = \boldsymbol{0}$$

となる。ここで，上式は，任意のベクトル $\boldsymbol{r}_\mathrm{P}$ に対して成立するから，任意の点Pのまわりのモーメントはすべて0であることがわかる。

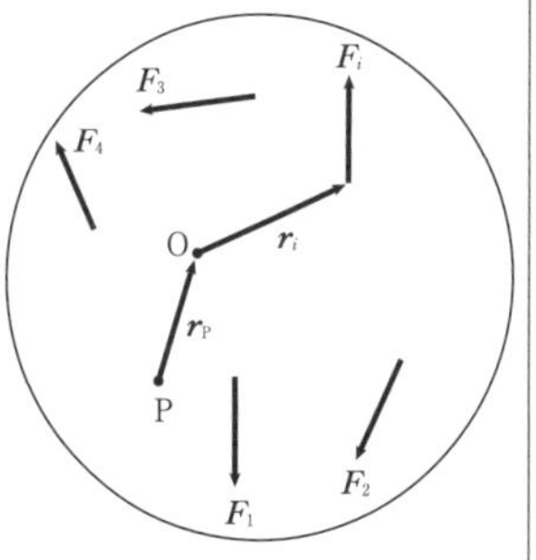

図1

Topics ……………………………… 相対性原理って何だろう

1. ガリレイの相対性原理

1つの慣性系(S系)(x, y, z) に対し，もう1つの慣性系(S′系)(x', y', z') が x 軸と x' 軸を一致させ，各座標軸を平行に保ったまま一定の相対速度 u で，x 軸の正方向へ動いている場合(図1)を考えよう。時刻 $t = 0$ において，S系とS′系の原点O，O′が一致したとき，時刻 t におけるS系とS′系の座標の間に，

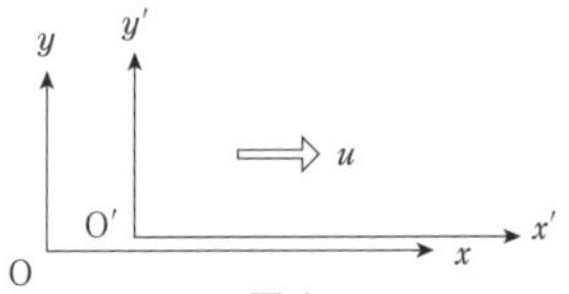

図1

$$x' = x - ut, \quad y' = y, \quad z' = z \qquad \cdots\cdots①$$

の関係が成り立つ。関係式①を**ガリレイ変換**という。

物体Pの時刻 t におけるS系での速度，加速度をそれぞれ，

$$\boldsymbol{v} = (v_x, v_y, v_z), \quad \boldsymbol{a} = (a_x, a_y, a_z)$$

S′系での速度，加速度をそれぞれ，

$$\boldsymbol{v}' = (v_x', v_y', v_z'), \quad \boldsymbol{a}' = (a_x', a_y', a_z')$$

とすると，$v_x' = \dot{x}' = \dot{x} - u = v_x - u$，$v_y' = v_y$，$v_z' = v_z$ となるから，

$$a_x' = \dot{v}_x' = \dot{v}_x = a_x, \quad a_y' = a_y, \quad a_z' = a_z \qquad \cdots\cdots②$$

が成り立つ。

S系で物体Pにはたらく力を $\boldsymbol{F} = (F_x, F_y, F_z)$ とすると，運動方程式は，

$$ma_x = F_x, \quad ma_y = F_y, \quad ma_z = F_z \qquad \cdots\cdots③$$

である。物体の質量 m は物体に固有なものであり，S系とS′系で同じものであると考えられる。S′系でPにはたらく力 $\boldsymbol{F}' = (F_x', F_y', F_z')$ がS系での力 $\boldsymbol{F}$ に等しい，すなわち，$(F_x', F_y', F_z') = (F_x, F_y, F_z)$ とす

ると，②，③式より，S′系での運動方程式は，

$$ma_x' = F_x',\ ma_y' = F_y',\ ma_z' = F_z' \quad \cdots\cdots④$$

と書ける。③，④式は全く同形であり，速さ u は任意であるから，ニュートン力学では，

力学法則は，あらゆる慣性系において同形である

これを，**ガリレイの相対性原理**という。

2. 特殊相対性原理と一般相対性原理

アインシュタインは相対性原理が力学だけではなく，光学や電磁気学においても成り立っていると考えた。実際，電磁気学の法則は，等速度運動をしている観測者の速度によらない。すなわち，電磁気学の法則は，任意の慣性系で同じ形に表される。これをガリレイの相対性原理と一緒にすると，

自然法則はあらゆる慣性系において，同じ形で表される

となる。これを**特殊相対性原理**（下巻巻末の「Appendix B」参照）という。

そうなると，どのようなことが起こるのであろうか。電磁気学の基本法則である（ファラデーの）電磁誘導の法則とマクスウェル-アンペールの法則（電流がそのまわりにつくる磁場に関する法則を一般化したもの）から，電磁波の速度が $c = \dfrac{1}{\sqrt{\varepsilon_0\mu_0}}$（$\varepsilon_0$：真空の誘電率，$\mu_0$：真空の透磁率）と求められる。光は電磁波の一種であり，電磁波の速さ c で伝わる。電磁気学の法則が観測者の速度によらないのであれば，光速 c も観測者の速度によらない。すなわち，

真空中における光の速さは，どんな慣性系においても，光源の速度に関係なく一定である

これが，**光速不変の原理**である。

特殊相対性原理と光速不変の原理を用いると，**時間の遅れや長さの短縮**などが導かれる。こうしてアインシュタインは特殊相対性理論を構築することに成功した。

さらにアインシュタインは，加速度運動している観測者にはたらく慣性力が重力と区別できない（Topics**「質量とは何か」**参照）ことに注目して，加速度系も慣性系と本質的に区別できないはずだと考えた。そうならば，相対性原理は慣性系だけでなく任意の加速度系でも成立するはずである。そこで，アインシュタインは，

自然法則はあらゆる加速度系で同じ形で表される

という**一般相対性原理**を採用し，この原理の下に**一般相対性理論**をつくった。一般相対性理論は，宇宙の構造や起源を考えるとき，なくてはならないものになっている（下巻の「理論物理セミナー32，33」参照）。

§4　運動方程式から出発する

ニュートンの運動の法則によれば，物体に力がはたらけば物体は加速度運動をし，はたらかなければ等速運動を続けるという。実際にどのような力がはたらけばどんな運動をするのかを考えるには，運動方程式を解かなければならない。

§1で運動の表現を調べたときは，天下り的に物体の運動を与えた上で，その運動をどのように表したらよいかを考えたが，本節ではいろいろな力がはたらいている場合の物体の運動を，運動方程式から出発して力学現象として考察しよう。

4.1　一様な重力場中の運動

地球上での重力加速度の大きさを g とすれば，地上では，質量 m の物体には重力 mg がはたらく。

空気抵抗がない場合の一様な重力場中での運動は，§1で考えたので，ここでは，空気抵抗がある場合を考察しよう。

ボールを空気中で投げると，ボールには必ず空気抵抗がはたらく。空気抵抗がはたらくとボールは放物線の軌道を描かない。したがって，野球でバッターが打ったホームランのボールの軌道は放物線からずれている。

それでは，ボールにはたらく空気抵抗はどのように表されるのであろうか。空気抵抗はボールの速度が遅いとき，速度に比例し，速度が速くなると速度の2乗に比例する。

ここでは，速度に比例する抵抗力がはたらくとして，ボールの運動を考察しよう。

斜め投射されたボールの運動

図4.1のように，点Oから水平線と角 θ_0 をなす方向へ，初速 v_0 で投げられた質量 m のボールに，その速さに比例する抵抗力 f が速度と逆向きにはたらくとする。ここで，点Oを原点に水平右向きに x 軸，鉛直上向きに y 軸をとり，ボールの x 軸方向と y 軸方向の運動方程式を考察する。

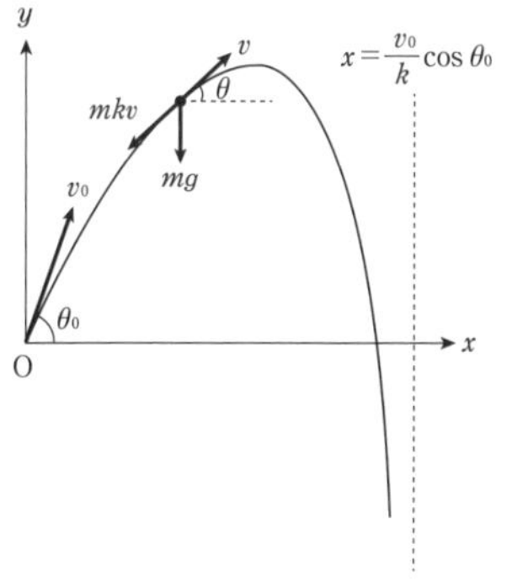

図4.1

ボールの速度を $\boldsymbol{v}=(v_x, v_y)$ $(v=|\boldsymbol{v}|)$ とすると，k を比例定数として，抵抗力 $\boldsymbol{f}=(f_x, f_y)$ は，

$$f_x=-mkv\cos\theta=-mkv_x,\quad f_y=-mkv\sin\theta=-mkv_y$$

と表される。ここで，質量 m は計算の便宜上導入したものである。これより，ボールの運動方程式は，加速度 $\left(\frac{dv_x}{dt}, \frac{dv_y}{dt}\right)$ を用いて，

$$m\frac{dv_x}{dt}=-mkv_x \qquad \cdots\cdots(4.1)$$

$$m\frac{dv_y}{dt}=-mkv_y-mg=-mk\left(v_y+\frac{g}{k}\right) \qquad \cdots\cdots(4.2)$$

となる。これらは，v_x, v_y に関する変数分離型の微分方程式であるから，巻末の「Appendix A」3.2の方法で解くことができる。

(4.1)式の両辺を v_x で割り，t で積分する。

$$\int \frac{1}{v_x} \cdot \frac{dv_x}{dt} dt = -\int k dt$$

ここで，$\dfrac{dv_x}{dt} dt \to dv_x$ となるから，

$$\log|v_x| = -kt + C \quad (C：積分定数) \qquad \therefore \quad v_x = C_0 e^{-kt} \quad (C_0 = \pm e^c)$$

初期条件「$t = 0$ のとき，$v_x = v_0 \cos\theta_0$」を用いると，$C_0 = v_0 \cos\theta_0$ となるから，

$$v_x = v_0 \cos\theta_0 \cdot e^{-kt} \qquad \cdots\cdots(4.3)$$

を得る。

(4.2)式も同様にして解くことができる。すなわち，両辺を $v_y + \dfrac{g}{k}$ で割り，t で積分して初期条件「$t = 0$ のとき，$v_y = v_0 \sin\theta_0$」を用いると，

$$v_y = -\frac{g}{k} + \left(v_0 \sin\theta_0 + \frac{g}{k} \right) e^{-kt} \qquad \cdots\cdots(4.4)$$

となる。

いま，$v_x = \dfrac{dx}{dt}$，$v_y = \dfrac{dy}{dt}$ であるから，(4.3)，(4.4)式を t で積分すれば時刻 t におけるボールの位置が求められ，媒介変数 t で表されたボールの軌道の方程式が得られる。

$$x = \int_0^t v_x dt = \int_0^t v_0 \cos\theta_0 \cdot e^{-kt} dt$$

$$= \frac{v_0}{k} \cos\theta_0 (1 - e^{-kt})$$

$$y = \int_0^t v_y dt = \int_0^t \left\{ -\frac{g}{k} + \left(v_0 \sin\theta_0 + \frac{g}{k} \right) e^{-kt} \right\} dt$$

$$= -\frac{g}{k} t + \frac{1}{k} \left(v_0 \sin\theta_0 + \frac{g}{k} \right) (1 - e^{-kt})$$

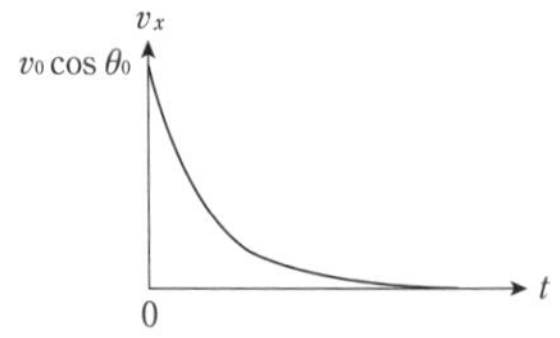

図 4.2(a)

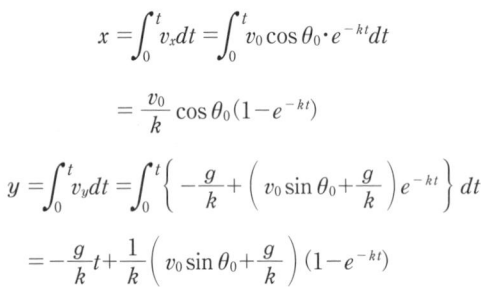

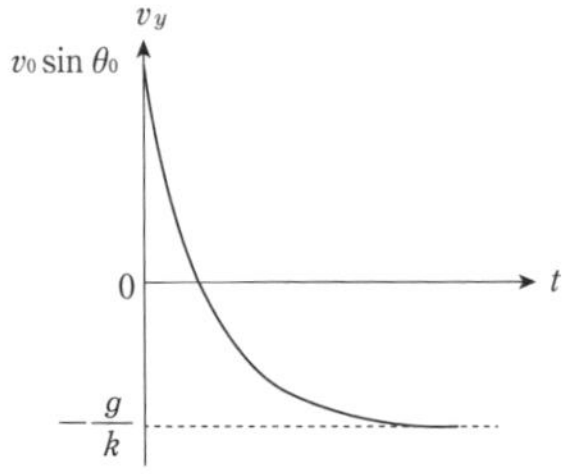

図 4.2(b)

ここで，初期条件「$t = 0$ のとき，$x = y = 0$」を用いた。

これより，$t \to \infty$ のとき，各速度成分は，$v_x \to 0$，$v_y \to -\dfrac{g}{k}$ に近づくことがわかる(図 4.2(a)，(b))。このとき，v_y の近づく速度 $-\dfrac{g}{k}$ を**終端速度**という。また，$x = \dfrac{v_0}{k} \cos\theta_0$ は軌道の漸近線である(図 4.1)。

4.2 慣性力って何だろう

これまでは，慣性系に乗った観測者が見た物体のつり合い，あるいはその運動を考えてきたが，ここでは，観測者が加速度をもつ場合，すなわち，加速度系での物体のつり合い，あるいはその運動を考えよう。

観測者が加速度 $\boldsymbol{a}$ をもつとき，見ている質量 m の物体には，実際にはたらく力の他に，加速度 $\boldsymbol{a}$ と逆向きに，大きさ ma($|\boldsymbol{a}| = a$)の力がはたらく。この力は，静止している観測者から見るとはたらかない力であるから，見かけ上のものであり，**慣性力**と呼ばれる。では，この慣性力はなぜはたらくのであろうか。次のような場合を考えてみよう。

例　電車内の床上に置かれた物体の運動

右向きに加速度 α で進んでいる電車の床上に置かれた質量 m の物体の運動方程式を，電車内の人(加速度系)と電車の外で静止している人(静止系)で見た場合について立ててみよう。

(1)　**電車内の人が見た運動方程式**(図 4.3)

物体には，電車の加速度と逆向き(左向き)に，大きさ $m\alpha$ の慣性力がはたらき，物体は電車の床上を左向きに加速度 β で運動していたとする。このとき，物体には右向きに滑りを止めようとして床から動摩擦力 $\mu N = \mu mg$ (μ：物体と床の間の動摩擦係数，$N = mg$：床から物体にはたらく垂直抗力の大きさ)がはたらく。したがって，物体の運動方程式は，

$$m\beta = m\alpha - \mu mg \qquad \cdots\cdots(4.5)$$

となる。

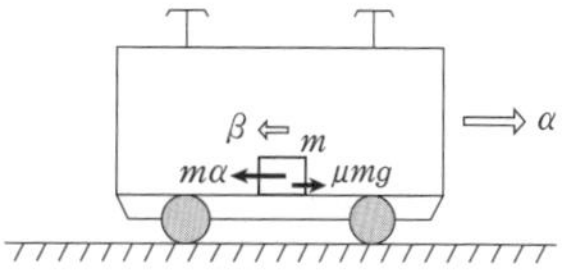

図 4.3

(2)　**電車の外で静止した人が見た場合**(図 4.4)

電車にはたらく水平方向の力は，床からの動摩擦力だけである。したがって，物体は電車の進行方向(右向き)に加速度 $\alpha - \beta$ で運動する。これより物体の運動方程式は，

$$m(\alpha - \beta) = \mu mg \qquad \cdots\cdots(4.6)$$

となる。ここで，静止した人が見た場合，**物体は電車の進行方向へ動いている**ことに注意しておこう。電車内で見たとき，物体が後方(左向き)に動くからといって，静止系に対して左向きに動くことはない。物体は電車の進行方向へ動くのであり，その方向へ動かしている力は，動摩擦力である。

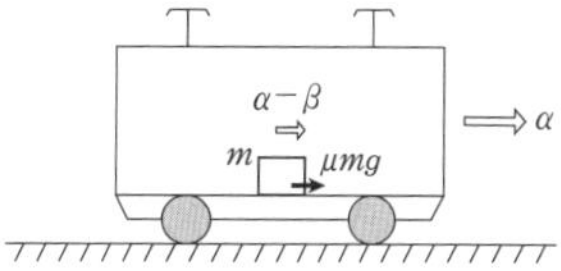

図 4.4

さて，(4.5)式と(4.6)式は数学的に全く同じ式であることは明らかであろう。加速度系で見たとき用いられる慣性力は，静止系で見たときの運動方程式と同じ式を得るように導入された量なのである。加速度系で慣性力を導入しなければ，(4.5)式は，

$$m\beta = -\mu mg \qquad \cdots\cdots(4.5\text{a})$$

となり，(4.6)式と異なってしまう。もし(4.6)式が正しいのであれば，(4.5a)式は成り立たないはずである。すなわち，**加速度系で静止系と同じ運動方程式を得ることができるように導入する量が慣性力**なのである。ということは，慣性力を用いなくても，すべての運動は，静止系で運動方程式を立てて解くことができることを意味している。では，静止系で解けるものを，なぜ加速度系で慣性力を導入して解く必要があるのか。それは，そのようにした方が考えやすい場合があるからである。これが，ニュートン力学における慣性力の意味である。

4.3　円運動

物体が円形軌道に沿って運動するとき，その運動を**円運動**という。円運動はこれまでも扱われてきたが，ここで，円運動についてまとめておこう。

4.3.1 速度と加速度

◗ 速度

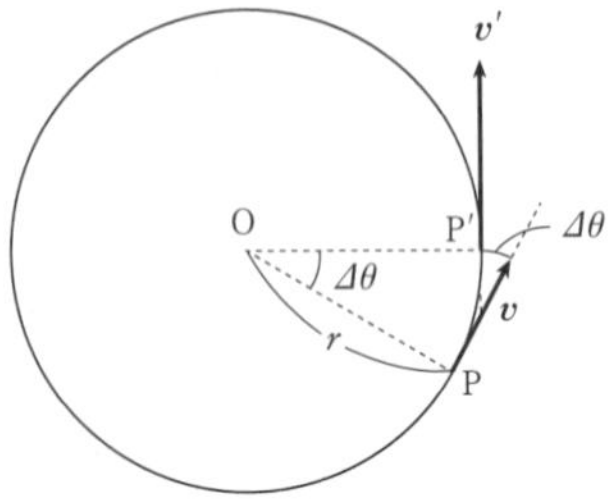

図 4.5

図 4.5 のように，質点が点 O を中心とした半径 r の円軌道上を運動している。時刻 t における質点の位置を P，速度を $\boldsymbol{v}$，時刻 $t+\Delta t$(Δt：微小時間)における位置を P′，速度を $\boldsymbol{v}'$ とし，$|\boldsymbol{v}|=v$，$|\boldsymbol{v}'|=v'$ とおく。また，$\angle \mathrm{POP}'=\Delta\theta$ とおく。

角度をラジアンの単位で表せば，弧 $\overset{\frown}{\mathrm{PP}'}=r\Delta\theta$ と書ける。一方，Δt は，微小時間であり，その間の速さの変化はわずかであるから，$\overset{\frown}{\mathrm{PP}'}\fallingdotseq v\Delta t$ となる。したがって，

$$v\Delta t \fallingdotseq r\Delta\theta \qquad \therefore\quad v \fallingdotseq r\frac{\Delta\theta}{\Delta t}$$

そこで，$\Delta t \to 0$ とすると，

$$v = r\dot{\theta} = r\omega$$

ここで，$\dot{\theta}=\dfrac{d\theta}{dt}$ であり，$\omega=\dot{\theta}$ は点 P における質点の**角速度**である。

◗ 加速度

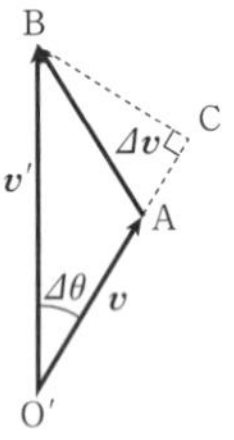

図 4.6

図 4.5 より，速度 $\boldsymbol{v}$ と $\boldsymbol{v}'$ のなす角は $\Delta\theta$ であるから，図 4.6 のように $\boldsymbol{v}$ と $\boldsymbol{v}'$ の始点を一致させ，$\boldsymbol{v}$ を $\overrightarrow{\mathrm{O'A}}$，$\boldsymbol{v}'$ を $\overrightarrow{\mathrm{O'B}}$ とし，Δt の間の速度の変化 $\Delta\boldsymbol{v}=\overrightarrow{\mathrm{AB}}$ を $\boldsymbol{v}$ に平行な方向と垂直な方向に分け，

$$\Delta\boldsymbol{v}=\overrightarrow{\mathrm{AC}}+\overrightarrow{\mathrm{CB}}$$

とする。

いま，Δt は微小時間であるから，$\Delta\theta$ は微小な角となり，かつ，AC も微小な長さになる。したがって，近似公式

「$|\Delta\theta|\ll 1$ のとき，$\sin\Delta\theta\fallingdotseq\Delta\theta$，$\cos\Delta\theta\fallingdotseq 1$」

を用いて，$\overline{\mathrm{AC}}=v'\cos\Delta\theta-v\fallingdotseq v'-v$，$\overline{\mathrm{BC}}=v'\sin\Delta\theta\fallingdotseq v'\Delta\theta\fallingdotseq v\Delta\theta$ と近似できる。ここで，$v'\fallingdotseq v$ を用いた。

点 P における接線方向の加速度(**接線加速度**)は，

$$a_t=\lim_{\Delta t\to 0}\frac{\overline{\mathrm{AC}}}{\Delta t}=\lim_{\Delta t\to 0}\frac{v'-v}{\Delta t}=\frac{dv}{dt}=r\ddot{\theta}=r\dot{\omega}$$

法線方向(点 O に向かう向き)の加速度(**法線加速度**あるいは，**向心加速度**)は，

$$a_n=\lim_{\Delta t\to 0}\frac{\overline{\mathrm{BC}}}{\Delta t}=\lim_{\Delta t\to 0}\frac{v\Delta\theta}{\Delta t}=v\frac{d\theta}{dt}$$

$$\therefore\quad a_n=v\omega=r\omega^2=\frac{v^2}{r} \qquad \cdots\cdots(4.7)$$

となる。

等速円運動では，$\dfrac{dv}{dt}=0$ であるから，接線加速度は $a_t=0$ である。一方，速さの変化する円運動では，$a_t\neq 0$ である。また，**法線(向心)加速度 a_n は，速さ v が変化しているかどうかによらず，**その瞬間の速さ v，角速度 ω を用いて，**(4.7)式で与えられる。**

4.3.2 円運動における遠心力

図4.7のように，長さlの糸に付けられた質量mの小球が，鉛直面内で点Oを中心に円運動をしているとする。糸の鉛直方向からの振れの角がθ $(0<\theta<\pi)$のときの小球の速さをvとすると，小球に乗って見たとき，小球には大きさ$m\dfrac{v^2}{l}$の遠心力が中心Oから外向きにはたらく。この遠心力は，円運動している小球の向心加速度$a_n=\dfrac{v^2}{l}$に対する慣性力である。したがって，遠心力を用いると，中心方向の力はつり合う。すなわち，糸の張力の大きさをT，重力加速度の大きさをgとすると，中心方向のつり合いは，

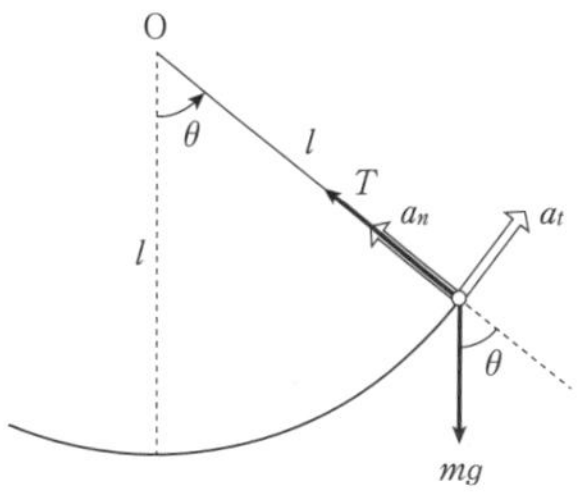

図4.7

$$T=mg\cos\theta+m\frac{v^2}{l}$$

となる。しかしこの場合，接線方向の力はつり合っていない。よって，接線加速度をa_tとすると，接線方向の運動方程式

$$ma_t=-mg\sin\theta$$

が成り立つ。小球が円軌道上を上昇しているとき，接線加速度は$a_t=\dfrac{dv}{dt}$と書けるから，小球の速さvは次第に減少する。

「理論物理セミナー3」で述べるように，一般に遠心力は，回転座標系における慣性力の1つであり，回転座標系で見たとき，物体が座標系に対して動いているかどうかによらずはたらく慣性力である。

理論物理セミナー 3 回転座標系ではたらく慣性力

4.2では，慣性系に対して並進運動する加速度系で生じる慣性力について考えた。それでは，慣性系に対して回転運動している座標系(以後，これを**回転系**と呼ぶ)ではどんな慣性力が生じるのであろうか。回転運動をしていれば中心方向へ加速度をもつ。加速度をもてば慣性力が生じるはずである。ここでは，一般的な3次元空間座標を用いることにしよう。

1. 座標変換と慣性力

原点Oを一致させ，慣性系(x, y, z)のz軸のまわりに一定の角速度ωで反時計回りに回転している座標系(回転系)を(x', y', z') $(z'=z)$とする。

質量mの質点が$x-y$平面上で運動する場合を考える。慣性系での座標を(x, y)，回転系での座標を(x', y')とし，時刻tにおいて，x'軸がx軸とωtの角をなしているとする。このとき，

$$\begin{cases} x=x'\cos\omega t-y'\sin\omega t \\ y=x'\sin\omega t+y'\cos\omega t \end{cases} \quad \cdots\cdots ①$$

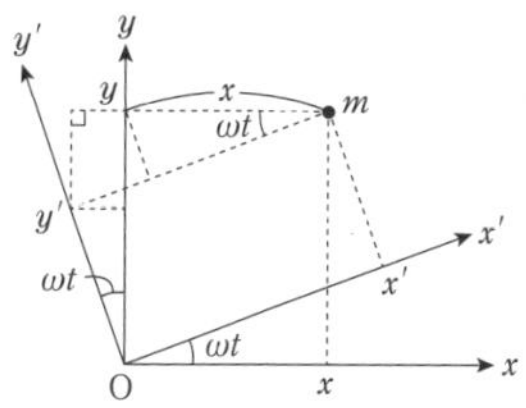

図1

が成り立つ(図1)。

いま，慣性系で質点に真の力$\boldsymbol{f}=(f_x, f_y)$がはたらくとすると，慣性

系で質点の運動方程式は，

$$\begin{cases} m\ddot{x} = f_x \\ m\ddot{y} = f_y \end{cases} \quad \cdots\cdots②$$

であり，回転系で真の力 $\boldsymbol{f}$ の x', y' 成分は，座標系の回転と同様に考えて(図 2)，

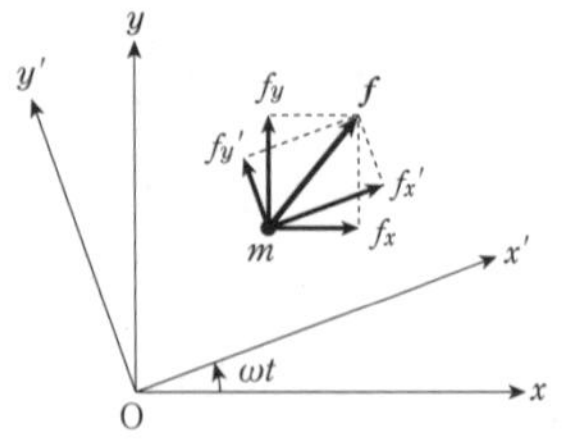

図2

$$\begin{cases} f_x' = f_x \cos\omega t + f_y \sin\omega t \\ f_y' = -f_x \sin\omega t + f_y \cos\omega t \end{cases} \quad \cdots\cdots③$$

となる。ここで，①式の両辺を t で 2 回微分すると，

$$\ddot{x} = \ddot{x}'\cos\omega t - \ddot{y}'\sin\omega t - 2\omega\dot{x}'\sin\omega t$$
$$-2\omega\dot{y}'\cos\omega t - \omega^2 x'\cos\omega t + \omega^2 y'\sin\omega t$$

となるから，$\ddot{y}$ も同様に計算し，②式へ代入して③式を用いると，

$$\begin{cases} f_x' = m(\ddot{x}' - \omega^2 x' - 2\omega\dot{y}') \\ f_y' = m(\ddot{y}' - \omega^2 y' + 2\omega\dot{x}') \end{cases}$$

よって，

$$\begin{cases} m\ddot{x}' = f_x' + m\omega^2 x' + 2m\omega\dot{y}' \\ m\ddot{y}' = f_y' + m\omega^2 y' - 2m\omega\dot{x}' \end{cases} \quad \cdots\cdots④$$

を得る。

④式は，回転座標系では，真の力 $\boldsymbol{f} = (f_x', f_y')$ の他に，慣性力として遠心力 $(m\omega^2 x', m\omega^2 y')$ とコリオリの力 $(2m\omega\dot{y}', -2m\omega\dot{x}')$ がはたらくことを示している。

いま，回転系が z 軸のまわりに反時計回りに角速度 ω で回転しているとき，回転ベクトル $\boldsymbol{\omega}$ を，z 軸正方向のベクトルとして，

$$\boldsymbol{\omega} = (0, 0, \omega)$$

で定義しよう。また，回転系での質点の位置ベクトルを $\boldsymbol{r}' = (x', y')$，速度ベクトルを $\boldsymbol{v}' = \dot{\boldsymbol{r}}' = (\dot{x}', \dot{y}')$ とすると，この表式から，遠心力は，$\boldsymbol{f}_s' = m\omega^2\boldsymbol{r}'$，コリオリの力は，$\boldsymbol{f}_c' = 2m\boldsymbol{v}' \times \boldsymbol{\omega}$ と表されることがわかる[1)]。すなわち，**遠心力は，回転軸から離れる向きに**大きさ $mr'\omega^2$ $(r' = |\boldsymbol{r}'|)$ をもつ力であり，**コリオリの力は，座標系が反時計回りに回転しているとき，質点の速度に垂直で，進行方向に向かって右向きに**はたらく力であることがわかる(図 3)。

1) 巻末の「Appendix A」1.2「外積の成分表示」参照。

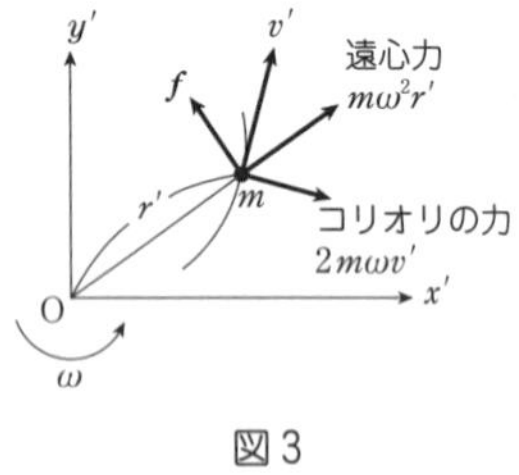

図3

2. 回転系での慣性力—その具体例—

回転系で生じる慣性力すなわち遠心力とコリオリの力が現れる現象にはどんなものがあるのであろうか。具体的に考えてみよう。

▶ 円運動する質点にはたらく力

質量 m の質点が半径 r の円軌道上を角速度 ω，速さ $v = r\omega$ で運動しているとき，角速度 ω で回転する回転系で見れば，質点は静止しているから，$\boldsymbol{v}' = \boldsymbol{0}$ であり，コリオリの力ははたらかない。大きさ

$$mr\omega^2 = m\frac{v^2}{r}$$

の遠心力のみが外向きにはたらく。

▶ 地球上での風向き

地球上で吹いている風には，コリオリの力がはたらいているということは，地学で習って知っているかもしれない。地球上で高気圧から低気圧へ向かって吹く風は，何の慣性力もはたらかなければ，等圧線に垂直に吹くはずである。しかし，北半球では，高気圧の中心から時計回りの向きに等圧線と 30° の角をなして吹き出し，低気圧の中心へ反時計回りにやはり 30° の角をなして吹き込む。これは，北半球の地表面に固定された座標系は，地球の自転と共に，上空(北極側)から見て反時計回りに回転しているためである。そこで，北半球では，空気の流れ(風)に対し，その進行方向に向かって垂直右向きにコリオリの力がはたらき，風向きは，上記のように等圧線に対して 30° 傾くことになる(図 4)。

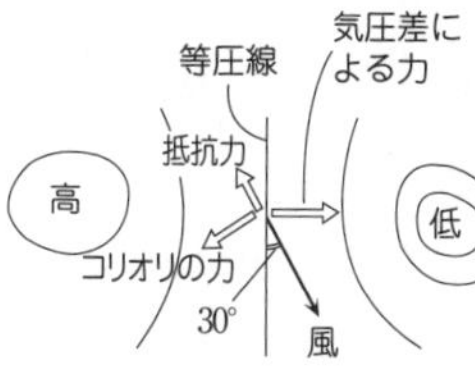

気圧差による力，コリオリの力，抵抗力がつり合い，風は等圧線に対し，ほぼ 30° 傾いて吹く

図 4

▶ 回転円板上に静止した小物体

一定の角速度 ω で水平面上を反時計回りに回転しているなめらかな円板がある。円板の中心 O から距離 r だけ離れた点 P に質量 m の小物体を置く。静止した観測者 A(静止系)から見れば，小物体に水平方向の力ははたらかないから，小物体は点 P に静止したままである(図 5)。

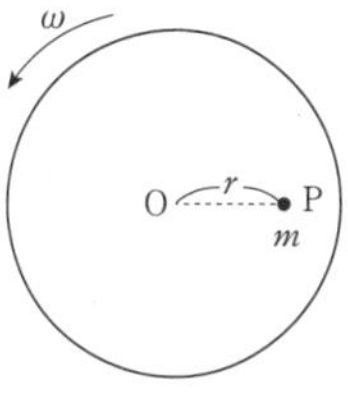

図 5　静止系（観測者 A）

一方，円板上で円板と共に回転している観測者 B(回転系)からこの小物体を見ると，小物体は時計回りに角速度 ω で等速円運動をしている。よって，小物体には中心 O に向かう力(これを**向心力**という) $mr\omega^2 = mv\omega$ がはたらいているはずである。ここで，$v = r\omega$ は，B から見た小物体の速さである。しかし，このとき小物体には外向きに遠心力 $mr\omega^2$ がはたらくから，小物体には中心方向へさらに $2mr\omega^2 = 2mv\omega$ の慣性力がはたらかねばならない(図 6)。この力がコリオリの力である。コリオリの力は小物体の速度に垂直で，進行方向に向かって右向きにはたらくこともわかる。

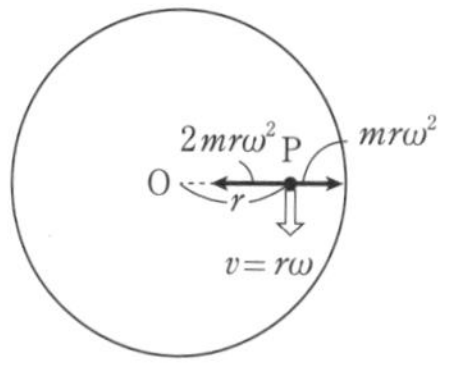

図 6　回転系（観測者 B）

§5 運動の保存則—運動方程式の積分—

自然界の力学現象は，すべて運動方程式を解くことによって完全に理解することができる。しかし，運動方程式は２階の微分方程式であり，ごく単純なものを除けば，実際に解くことは大変難しいことが多い。そこであらかじめ運動方程式を積分(変形)して利用しやすい形にしておくと便利である。

運動方程式を時間に関して積分すると，積分定数として時間によらない一定値が得られる。こうしてある物理量が一定になるという**保存則**が求められる。このような保存則に，運動量保存則，エネルギー保存則，角運動量保存則の３つがある。以下，これらの保存則を順次考えていこう。

5.1 運動量保存則

運動量保存則を考えるに際し，まず，運動方程式の最も単純な積分を考察し，運動量と力積の関係を求めよう。

5.1.1 運動量と力積

まず，言葉の定義から始めよう。質量 m の物体が速度 $\boldsymbol{v}$ で運動しているとき，

$$\boldsymbol{p} = m\boldsymbol{v}$$

を**運動量**と呼ぶ。また，物体に力 $\boldsymbol{f}$ が時刻 t_1 から t_2 まで作用したとき，

$$\boldsymbol{I} = \int_{t_1}^{t_2} \boldsymbol{f}\,dt$$

を**力積**と呼ぶ。これら運動量と力積はベクトル量である。

さてそれでは本論に入る。

時刻 t において，速度 $\boldsymbol{v}$ で運動している質量 m の質点Pに力 $\boldsymbol{f}$ がはたらくとき，Pの運動方程式は，

$$m\frac{d\boldsymbol{v}}{dt} = \boldsymbol{f} \qquad \cdots\cdots(5.1)$$

となる。(5.1)式は成分ごとの式をまとめて書いたもので，$\boldsymbol{v} = (v_x, v_y)$，$\boldsymbol{f} = (f_x, f_y)$ として２次元運動の場合にあらわに書けば，

$$m\frac{dv_x}{dt} = f_x,\quad m\frac{dv_y}{dt} = f_y$$

である。

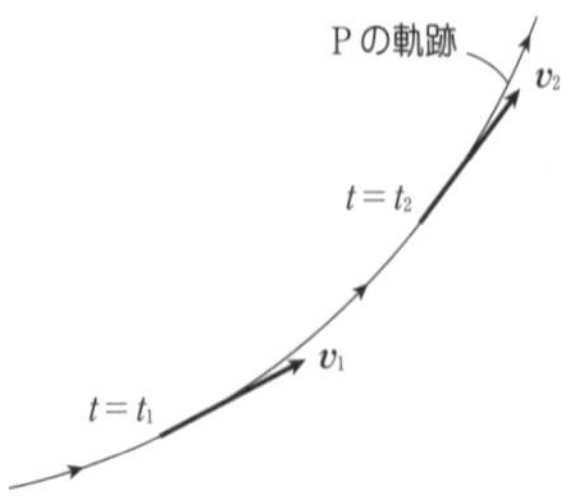

図5.1

図5.1のように，質点Pの時刻 $t = t_1$ における速度を $\boldsymbol{v}_1 = (v_{x1}, v_{y1})$，時刻 $t = t_2$ における速度を $\boldsymbol{v}_2 = (v_{x2}, v_{y2})$ とし，運動方程式(5.1)の両辺を t_1 から t_2 まで積分する。x 成分について書くと，

$$\int_{t_1}^{t_2} m\frac{dv_x}{dt}dt = \int_{t_1}^{t_2} f_x\,dt$$

となる。ここで，v_x や f_x は時刻 t の関数であるから，置換積分を思い出すと，左辺は積分変数が t から v_x にかわり，$\dfrac{dv_x}{dt}dt \to dv_x$，定積分の下

限値 t_1 と上限値 t_2 も，それぞれ時刻 t_1 における v_x の値 v_{x1}，t_2 における v_x の値 v_{x2} へ置き換わる。よって左辺は，

$$\int_{t_1}^{t_2} m\frac{dv_x}{dt}dt = \int_{v_{x1}}^{v_{x2}} m dv_x = m(v_{x2} - v_{x1})$$

となる。

右辺は，質点に作用した力 $\boldsymbol{f}$ の x 成分の力積 I_x の定義そのままであり，

$$\int_{t_1}^{t_2} f_x dt = I_x$$

であるから，

$$m(v_{x2} - v_{x1}) = I_x$$

となる。y 成分についても同様であり，一般に，

$$m(\boldsymbol{v}_2 - \boldsymbol{v}_1) = \boldsymbol{I}$$

の関係が導かれる。こうして，

運動量変化＝力積

の関係が成立することがわかる。

5.1.2　運動量保存則

2つの質点が互いに力を及ぼし合いながら運動する場合を考えよう。

時刻 t において，質量 m_A，m_B の質点 A，B がそれぞれ，速度 $\boldsymbol{v}_A$，$\boldsymbol{v}_B$ で運動しながら，質点 A が B に力 $\boldsymbol{f}$ を及ぼしているとする（図 5.2）。このとき，作用・反作用の法則より，質点 B は A に力 $-\boldsymbol{f}$ を及ぼしている。

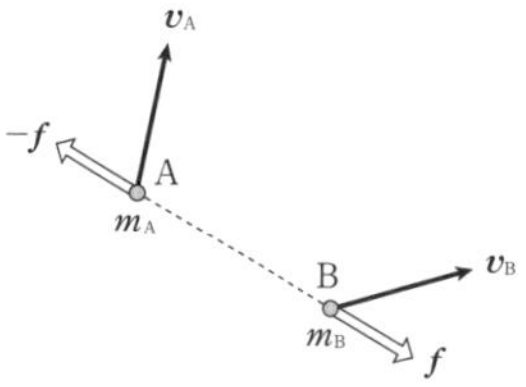

図 5.2

いま，時刻 t_1 から t_2 までの間に質点 B が A から受ける力積を，

$$\boldsymbol{I} = \int_{t_1}^{t_2} \boldsymbol{f} dt$$

と書くと，A が B から受ける力積は，

$$\int_{t_1}^{t_2} (-\boldsymbol{f}) dt = -\int_{t_1}^{t_2} \boldsymbol{f} dt = -\boldsymbol{I}$$

となる。

時刻 $t = t_1$ における質点 A，B の速度をそれぞれ $\boldsymbol{v}_{A1}$，$\boldsymbol{v}_{B1}$，$t = t_2$ における速度を $\boldsymbol{v}_{A2}$，$\boldsymbol{v}_{B2}$ とすると，「運動量変化＝力積」の関係式は，それぞれ

$$m_A(\boldsymbol{v}_{A2} - \boldsymbol{v}_{A1}) = -\boldsymbol{I} \quad \cdots\cdots(5.2)$$

$$m_B(\boldsymbol{v}_{B2} - \boldsymbol{v}_{B1}) = \boldsymbol{I} \quad \cdots\cdots(5.3)$$

となる。(5.2)，(5.3) 式の辺々和をとると，

$$m_A\boldsymbol{v}_{A2} + m_B\boldsymbol{v}_{B2} - m_A\boldsymbol{v}_{A1} - m_B\boldsymbol{v}_{B1} = \boldsymbol{0}$$

$$\therefore \quad m_A\boldsymbol{v}_{A2} + m_B\boldsymbol{v}_{B2} = m_A\boldsymbol{v}_{A1} + m_B\boldsymbol{v}_{B1} \quad \cdots\cdots(5.4)$$

を得る（図 5.3）。

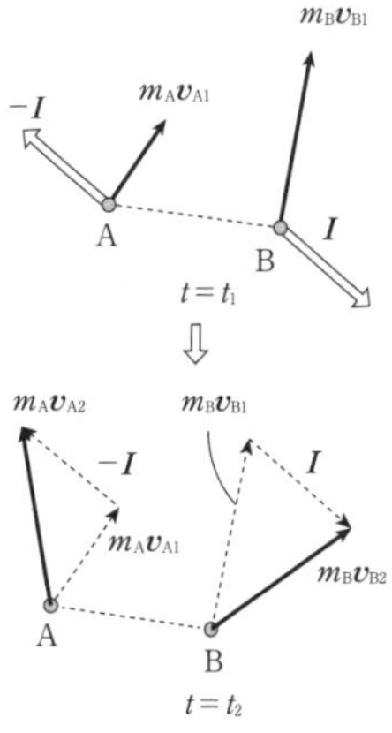

図 5.3

(5.4) 式の左辺は時刻 $t = t_2$ における質点 A と B の運動量の和であり，右辺は $t = t_1$ における運動量の和であるから，この式は，両時刻における運動量の合計が等しいこと，すなわち，運動量保存則を表している。

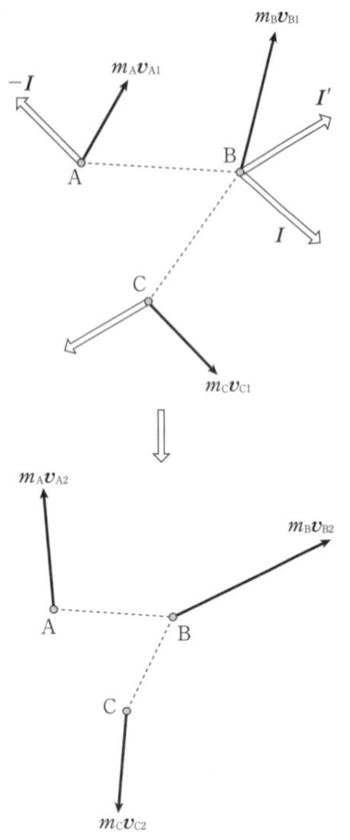

図 5.4

ここで，時刻 $t = t_1$ から $t = t_2$ の間に，質点Bに質点Cから力 $\boldsymbol{f}'$ がはたらいたとし，その力積を，

$$\boldsymbol{I}' = \int_{t_1}^{t_2} \boldsymbol{f}' dt$$

とすると(図 5.4)，質点Bの「運動量変化＝力積」の関係式は，(5.3)式の代わりに，

$$m_B(\boldsymbol{v}_{B2} - \boldsymbol{v}_{B1}) = \boldsymbol{I} + \boldsymbol{I}' \quad \cdots\cdots(5.5)$$

となる。ここで，(5.2)式と(5.5)式の辺々和をとると，

$$m_A\boldsymbol{v}_{A2} + m_B\boldsymbol{v}_{B2} - (m_A\boldsymbol{v}_{A1} + m_B\boldsymbol{v}_{B1}) = \boldsymbol{I}' \quad \cdots\cdots(5.6)$$

となり，運動量は保存されない。すなわち，質点AとBの運動量の和は，力積 $\boldsymbol{I}'$ だけ変化する。力積 $\boldsymbol{I}'$ は，質点系A，Bの外部の質点Cからはたらく外力の力積であるから，(5.6)式は，一般的に，

質点系の運動量変化＝外力の力積 ……(5.7)

が成り立つことを表している。もちろん，外力の力積が **0** であれば，質点系の運動量変化は 0 であり，運動量は保存する。

運動量保存則と外力

さて，我々は(5.6)式を得る際，質点AとBの運動量のみを考えた。ここで，質点Cの運動量まで考えるとどうなるのであろうか。

質点Cの質量を m_C，時刻 $t = t_1$ におけるCの速度を $\boldsymbol{v}_{C1}$，$t = t_2$ における速度を $\boldsymbol{v}_{C2}$ とする。CがBに力 $\boldsymbol{f}'$ を及ぼせば，Cはその反作用 $-\boldsymbol{f}'$ を受けるから，Cの受ける力積は，$-\boldsymbol{I}'$ となる。よって，Cの「運動量変化＝力積」の関係式は，

$$m_C\boldsymbol{v}_{C2} - m_C\boldsymbol{v}_{C1} = -\boldsymbol{I}' \quad \cdots\cdots(5.8)$$

となる。(5.2)，(5.5)，(5.8)式の辺々和をとれば，力積はすべて消え，

$$m_A\boldsymbol{v}_{A2} + m_B\boldsymbol{v}_{B2} + m_C\boldsymbol{v}_{C2} = m_A\boldsymbol{v}_{A1} + m_B\boldsymbol{v}_{B1} + m_C\boldsymbol{v}_{C1}$$

となり，質点系A，B，Cの運動量は保存する。

このことは，次のことを意味している。

運動量保存則が成り立つかどうかは考えている物体系の範囲による。考えている範囲の外から力がはたらき，その力積が 0 でなければ，その力積の分だけ物体系の運動量は変化するが，考える範囲を広げ，考える範囲の外からの力積が 0 であれば，その範囲の物体系の運動量は保存される。

例えば，図 5.5 のように，水平な机の上にのっている質量 m の小物体に初速 v_0 を与えて机上を滑らせたとする。小物体と机の間に摩擦がなければ，小物体に外から水平方向に力ははたらかないから，小物体の運動量は保存され，小物体は速度 v_0 で等速直線運動をする。しかし，摩擦があり，机から小物体に動摩擦力 f がはたらくと，f の力積の分だけ小物体の運動量は減少(変化)し，速度は遅くなる。しかし，小物体と机全体を考えると，机には小物体から反作用 $-f$ がはたらくから，机と床の間に摩擦がなく机に水平方向の外力がはたらかなければ，小物体と机の物体系の運動量は保存される。しかし，机が床に固定されていれば，小物体から机にはたらいた反作用 $-f$ は，床を介して地球にはたらくことになり，小物体と地球の物体系の運動量を考えれば運

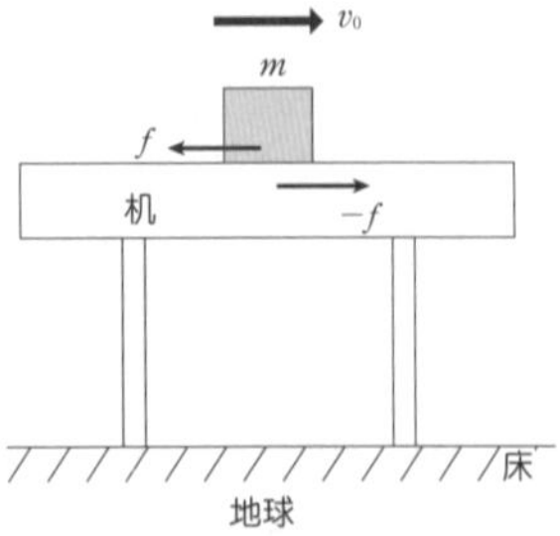

図 5.5

動量保存則は成り立つ。しかし，動摩擦力の反作用$-f$による地球の速度変化は大変小さく測定できないから，この場合，実際には運動量保存則を用いることはない。

考える範囲を広げていけば運動量保存則は成り立つようになるのだから，最終的に，全宇宙を考えれば必ず運動量は保存されることになる。

5.1.3　物体の衝突とはね返り係数

物体どうしが衝突すると，その瞬間，物体間に非常に大きな力(この瞬間的な強い力を**撃力**という)がはたらき物体の速度が変化する。衝突の瞬間にはたらく外力が無視できる場合，物体系の運動量は保存される。こうして物体間の衝突では運動量保存則が用いられる。それと同時に，衝突前後での物体間の相対速度の比として**はね返り係数**を定義してこれを用いることが多い[1)]。

1)　はね返り係数は，通常1次元的な衝突において用いられる。固定面への衝突(以下の「ボールの壁への衝突」参照)および エネルギーを考える場合(5.3.3「はね返り係数と運動エネルギー」参照)を除いて，2次元あるいは3次元での衝突で用いられることはない。

直線上での2つのボールの衝突

図5.6のように，質量m_A，m_Bの2個のボールA，Bが一直線上で衝突する場合を考えよう。速度はすべて右向きを正としよう。

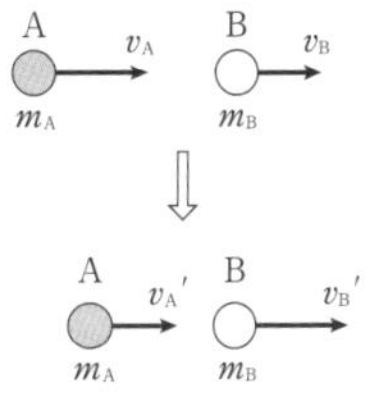

図5.6

速度v_AのボールAが速度v_BのボールBに追突し，それぞれの速度がv_A'，v_B'になったとする。この場合，運動量保存則は，

$$m_Av_A+m_Bv_B = m_Av_A'+m_Bv_B'$$

となる。また，はね返り係数eは，衝突後の相対速度を衝突前の相対速度で割った量として，

$$e=-\frac{v_A'-v_B'}{v_A-v_B} \qquad \cdots\cdots(5.9)$$

で定義される。右辺の負号は，eの値を正にするために付けられる。例えば，衝突前，ボールAはBより速いはずであるから，$v_A > v_B$であるが，衝突後Bの方が速くなる。よって，$v_A' < v_B'$となり，相対速度の比は必ず負になる。そこで負号を付けて$e>0$とするわけである。

はね返り係数は，一般的に，

$$0 \leqq e \leqq 1$$

である。$e=1$のとき，(完全)**弾性衝突**，$0 \leqq e < 1$のとき，**非弾性衝突**という。特に$e=0$のときを**完全非弾性衝突**といい，この場合，2個のボールは衝突後一体になってしまう。後に説明するように，弾性衝突($e=1$)のとき力学的エネルギーが保存され，非弾性衝突($0 \leqq e < 1$)のとき力学的エネルギーは失われる(5.3.3参照)。

ボールの壁への衝突

ボールが固定された壁などに衝突すると，ボールの進行方向が変化し，速度が変わる。図5.7のように，質量mのボールが壁に垂直に速さvで衝突し，速さv'ではね返ったとする。ボールが壁に衝突した瞬間，ボールには壁から力fが微小時間$\varDelta t$だけはたらいて運動量が変化する。左向きを正とすると，「運動量変化＝力積」の関係式は，

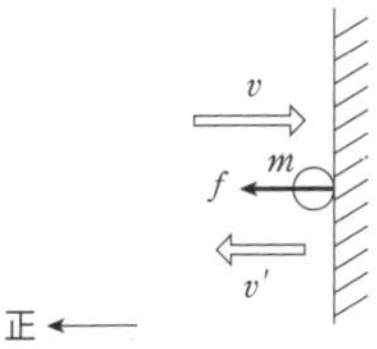

図5.7

$$mv'-m(-v)=f\varDelta t$$

と書ける。ここで，時間$\varDelta t$の間，力fが一定であるとした。一般的には，f

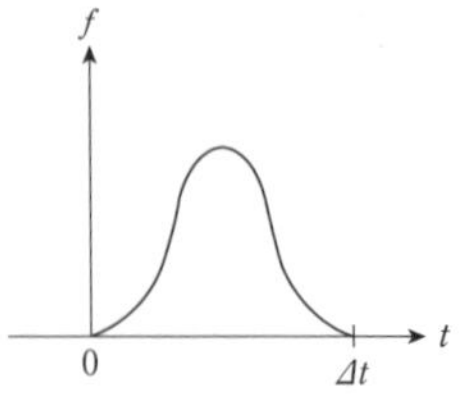

図5.8

は時間と共に図5.8のように変化するから，上式の右辺は，

$$\int_0^{\Delta t} f\,dt$$

となる。

この場合，図5.7の左向きを正として，ボールの衝突前の速度を $v_A = -v$，衝突後の速度を $v_A{}' = v'$，壁は動かないから，$v_B = v_B{}' = 0$ として(5.9)式へ代入すると，はね返り係数 e は，

$$e = -\frac{v_A{}' - 0}{v_A - 0} = \frac{v'}{v} \qquad \cdots\cdots(5.10)$$

となる。この場合，はね返り係数は衝突前後でのボールの速さの比になる。

一般に，固定面への斜め衝突では，はね返り係数は，衝突面に垂直な速度成分について定義される。

5.2 エネルギー保存則

さて，運動方程式の第2番目の変形(積分)によって得られるエネルギー保存則を考えよう。そこでまず，運動エネルギーと仕事の関係を明らかにすることから始める。

5.2.1 運動エネルギーと仕事

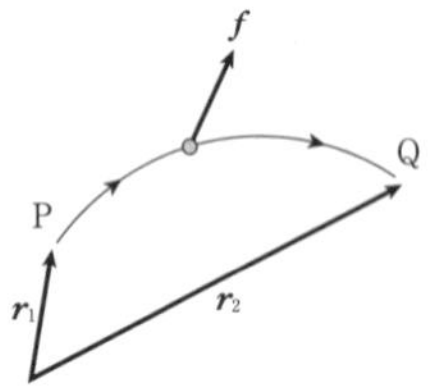

図5.9

図5.9のように，物体に力 $\boldsymbol{f} = (f_x, f_y, f_z)$ がはたらき，位置ベクトル $\boldsymbol{r}_1 = (x_1, y_1, z_1)$ の位置Pから $\boldsymbol{r}_2 = (x_2, y_2, z_2)$ の位置Qまで物体が動いたとき，

$$W = \int_{\boldsymbol{r}_1}^{\boldsymbol{r}_2} \boldsymbol{f} \cdot d\boldsymbol{r} = \int_{x_1}^{x_2} f_x\,dx + \int_{y_1}^{y_2} f_y\,dy + \int_{z_1}^{z_2} f_z\,dz \qquad \cdots\cdots(5.11)$$

を，力 $\boldsymbol{f}$ が物体にした仕事という。ここで，$\boldsymbol{f} \cdot d\boldsymbol{r}$ は，力のベクトル $\boldsymbol{f}$ と微小な変位ベクトル $d\boldsymbol{r}$ の内積である。

力 $\boldsymbol{f}$ が一定であり，物体の変位が $\boldsymbol{r} = (x, y, z)$ であれば，(5.11)式の計算は簡単になり，

$$W = \boldsymbol{f} \cdot \boldsymbol{r} = f_x x + f_y y + f_z z \qquad \cdots\cdots(5.12)$$

となる。

(5.11)，(5.12)式からわかるように，仕事は力のベクトルと変位ベクトルの内積で与えられるから**スカラー量**であり，向きをもたない。

(5.11)式の積分は，これら微小量の内積の和を表しており，力 $\boldsymbol{f}$ の各成分を x，y，z で積分したものの和になる。このような積分を**線積分**という。

◗ 線積分

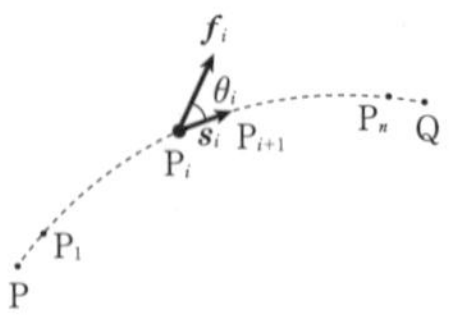

図5.10

このような線積分は，図形的に表現してみるとわかりやすい。図5.10のように，点Pと点Qの間を経路に沿って$(n+1)$等分した点をP_1，P_2，…，P_nとし，点PからP_1への変位ベクトルを$\boldsymbol{s}_0$，P_1からP_2への変位ベクトルを$\boldsymbol{s}_1$，…，P_nからQへの変位ベクトルを$\boldsymbol{s}_n$，点Pで受ける力を$\boldsymbol{f}_0$，P_1からP_nの各点で受ける力を$\boldsymbol{f}_1$，$\boldsymbol{f}_2$，…，$\boldsymbol{f}_n$とする。このとき，力 $\boldsymbol{f}$ が物体にする仕事は，

$$W = \boldsymbol{f}_0 \cdot \boldsymbol{s}_0 + \boldsymbol{f}_1 \cdot \boldsymbol{s}_1 + \cdots + \boldsymbol{f}_n \cdot \boldsymbol{s}_n$$

$$= \sum_{i=0}^{n} \boldsymbol{f}_i \cdot \boldsymbol{s}_i \qquad \cdots\cdots(5.13)$$

となる。ここで，力 $\boldsymbol{f}_i$ と変位 $\boldsymbol{s}_i$ のなす角を θ_i とすると，

$$\boldsymbol{f}_i \cdot \boldsymbol{s}_i = |\boldsymbol{f}_i||\boldsymbol{s}_i|\cos\theta_i$$

である。このように書いてみると，W が力 $\boldsymbol{f}$ のする仕事であることの意味が直観的に理解できるであろう。

仕事とエネルギー

時刻 $t = t_1$ において，点 P(位置 $\boldsymbol{r}_1$)で速度 $\boldsymbol{v}_1 = (v_{x1}, v_{y1}, v_{z1})$ をもっていた質量 m の物体に力 $\boldsymbol{f}$ がはたらいて，時刻 $t = t_2$ において，点 Q(位置 $\boldsymbol{r}_2$)で速度 $\boldsymbol{v}_2 = (v_{x2}, v_{y2}, v_{z2})$ になったとする(図 5.11)。この間，物体の運動方程式は，

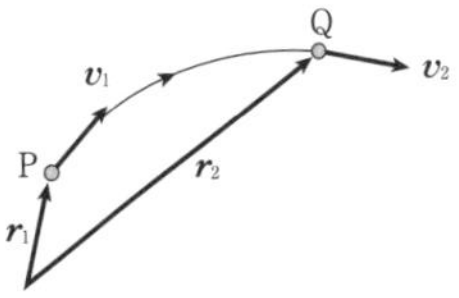

図 5.11

$$m\frac{d\boldsymbol{v}}{dt} = \boldsymbol{f}$$

であるから，その両辺に速度 $\boldsymbol{v} = \dot{\boldsymbol{r}} = \left(\dfrac{dx}{dt}, \dfrac{dy}{dt}, \dfrac{dz}{dt}\right)$ をかけて(ベクトルの内積をつくり)時間 t に関して $t = t_1$ から $t = t_2$ まで積分する。まず，内積の x 成分の項について書くと，

$$\text{左辺} = \int_{t_1}^{t_2} mv_x \frac{dv_x}{dt} dt = \int_{v_{x1}}^{v_{x2}} mv_x \, dv_x$$

$$= \frac{1}{2}m{v_{x2}}^2 - \frac{1}{2}m{v_{x1}}^2$$

$$\text{右辺} = \int_{t_1}^{t_2} f_x \frac{dx}{dt} dt = \int_{x_1}^{x_2} f_x \, dx$$

y 成分，z 成分の項についても同様な計算を行い，

$$\left(\frac{1}{2}m{v_{x2}}^2 + \frac{1}{2}m{v_{y2}}^2 + \frac{1}{2}m{v_{z2}}^2\right) - \left(\frac{1}{2}m{v_{x1}}^2 + \frac{1}{2}m{v_{y1}}^2 + \frac{1}{2}m{v_{z1}}^2\right)$$

$$= \int_{x_1}^{x_2} f_x \, dx + \int_{y_1}^{y_2} f_y \, dy + \int_{z_1}^{z_2} f_z \, dz$$

$$\therefore \quad \frac{1}{2}m{\boldsymbol{v}_2}^2 - \frac{1}{2}m{\boldsymbol{v}_1}^2 = \int_{\boldsymbol{r}_1}^{\boldsymbol{r}_2} \boldsymbol{f} \cdot d\boldsymbol{r} \qquad \cdots\cdots(5.14)$$

$$= W(\mathrm{P} \to \mathrm{Q})$$

ここで，上式の右辺において，点 P から Q にいたる間に物体が受けた仕事を $W(\mathrm{P} \to \mathrm{Q})$ と書いた。

いま，質量 m の物体が速度 $\boldsymbol{v}$ で運動しているとき，

$$\frac{1}{2}m\boldsymbol{v}^2$$

をその物体の**運動エネルギー**と呼ぶことにすると，(5.14)式は，

$$\text{運動エネルギー変化} = \text{仕事} \qquad \cdots\cdots(5.15)$$

の関係式が成り立つことを示している。

5.2.2　保存力と位置エネルギー(ポテンシャル)

高いところに静止している物体は，より低い位置に落下すると速度をもつ結果，他に仕事をすることができる。したがって，高い位置にある物体は，低い位置にある物体より，仕事をする能力(エネルギー)を余分

にもつと考えられる。このように，物体がある位置にいるだけでもつエネルギーを**位置エネルギー(ポテンシャル)**という。位置エネルギーは，物体にはたらく力に対して定義される。しかし，物体にはたらく力といっても，力には，位置エネルギーを定義することのできる力と定義することのできない力の２種類がある。前者を**保存力**，後者を**非保存力**という。

保存力と非保存力

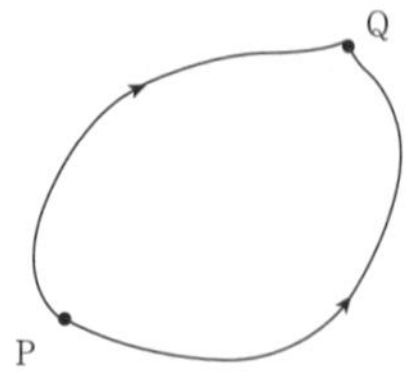

図 5.12

図 5.12 のように，ある点 P から別の点 Q へ物体を移動させる間，物体にはたらく力のする仕事量が，移動する経路によらないとき，その力を保存力といい，経路によって仕事量が異なるとき，その力を非保存力という。

図 5.13 のように，一様な重力のはたらいている空間内で，点 A から点 B まで任意の経路 α に沿って質量 m の物体を移動させてみよう。物体には一定の重力 $\boldsymbol{f}$ (大きさ mg，g：重力加速度)がはたらくから，α 上の任意の点 C から微小な変位 $\boldsymbol{s}$ をする間，重力のする仕事は，$\boldsymbol{f}$ と $\boldsymbol{s}$ のなす角を θ とすると，

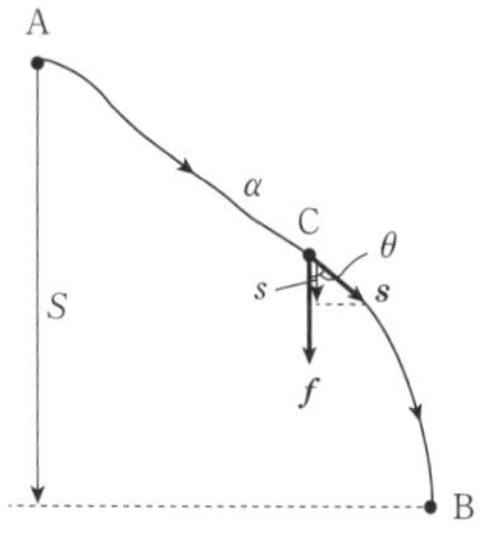

図 5.13

$$\boldsymbol{f}\cdot\boldsymbol{s} = |\boldsymbol{f}||\boldsymbol{s}|\cos\theta = mgs$$

と書ける。ここで，s は，変位 $\boldsymbol{s}$ の重力方向の成分である。したがって，点 A から B までの変位の重力方向の成分を S とすると，物体が A から B まで動く間，重力のなす仕事は，

$$W = mgS$$

となり，点 A と B の高さの差だけで決まる。こうして仕事 W は，2 点 A，B 間の途中の経路によらず，**重力は保存力**であることがわかる。

保存力には，重力の他に，**ばねの弾性力**，**静電気力**などがある。

それに対し，非保存力には，摩擦力，各種の抵抗力，磁気力などがある。例えば，動摩擦力が非保存力であることは，次のように考えれば容易にわかる。

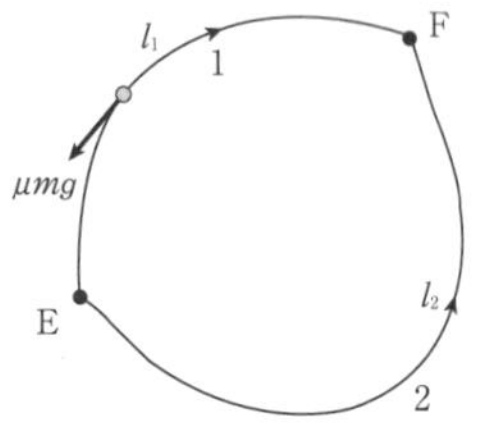

図 5.14

図 5.14 のように，粗い水平面上の点 E から F まで，水平方向へのみ外力を加え(鉛直方向へは重力と垂直抗力のみがはたらく)，質量 m の物体を滑らせて移動させることを考えよう。物体と水平面の間の動摩擦係数は μ でどこでも一定であるとする。いま，物体を点 E から長さ l_1 の経路 1 に沿って点 F まで動かそう。物体に水平面から垂直抗力 mg がはたらくから，つねに物体の進行方向と逆向きに大きさ μmg の動摩擦力が作用する。そうすると，この間に動摩擦力が物体にする仕事は，

$$W_1 = \mu mg\cdot l_1\cos\pi = -\mu mgl_1$$

となる。

次に，同じ物体を 1 とは異なる長さ l_2 の経路 2 に沿って，点 E から F まで動かしてみよう。このときも先程と同様な動摩擦力がはたらくから，その仕事は，

$$W_2 = -\mu mg\cdot l_2$$

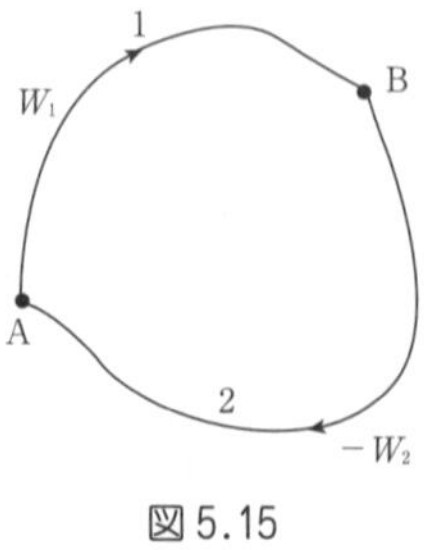

図 5.15

となる。$l_1 \neq l_2$ のとき，$W_1 \neq W_2$ であるから，2 点間を移動させる間の動摩擦力の仕事は異なる。よって，動摩擦力は非保存力である。

物理量が各点の位置によって決まる空間を**場**(field)といい，保存力のはたらく場を**保存力場**という。

保存力場では，**物体を任意の経路に沿って一周させ元の点に戻すと，その間に保存力のする仕事は 0** になる。これはなぜであろう。

図 5.15 のように，点 A から B まで経路 1 に沿って動かすときの保存力の

仕事 W_1 は，1 とは異なる経路 2 に沿って動かすときの仕事 W_2 とつねに等しい($W_1 = W_2$)。そこで，物体を点 A から 1 に沿って点 B まで動かし，さらに 2 に沿って点 B から A に戻してみる。B から A まで動かすのは，A から B まで動かすときと物体の動く向きが逆になるから，その間の仕事は $-W_2$ となる。よって，点 A から 1 と 2 に沿って物体を一周させるときの仕事は，

$$W_1 + (-W_1) = 0$$

となる。

位置エネルギー

位置エネルギーは，ある位置にいる物体のもつエネルギーであるから，それは相対的なものである。ある点と別の点での位置エネルギーの差だけが重要であり，ある 1 点での位置エネルギーの大きさは重要ではない。したがって，位置エネルギーを決めるには，まず位置エネルギーを 0 と考える基準点を決めねばならない。

保存力 $\boldsymbol{f}$ のはたらく場において，点 O を基準点とすると，点 P の位置エネルギー $U(\mathrm{P})$ は，点 P から点 O まで物体を動かす間に，力 $\boldsymbol{f}$ のする仕事 $W(\mathrm{P} \to \mathrm{O})$ として定義される。

$$U(\mathrm{P}) = W(\mathrm{P} \to \mathrm{O})$$

したがって，仕事 $W(\mathrm{P} \to \mathrm{O})$ が P から O までの経路によらず一定でなければ(経路によって仕事が異なってしまえば)，位置で決まる位置エネルギーは定義することはできない。よって，動摩擦力や磁気力に対して位置エネルギーは定義されない。

例 1　重力の位置エネルギー

一様な重力場での位置エネルギーを考えよう。

位置エネルギーの基準点を床面にとり，床面から高さ h の点 P に質量 m の小物体を置いたときの重力の位置エネルギー $U(\mathrm{P})$ を求めるには，点 P から床面上の点 O まで物体を動かすときの重力の仕事 $W(\mathrm{P} \to \mathrm{O})$ を計算すればよい(図 5.16)。よって，点 O を原点に鉛直上向きに y 軸をとると，小物体にはたらく重力は，$+y$ 方向の力を正として一定値 $-mg$ であるから，

$$U(\mathrm{P}) = W(\mathrm{P} \to \mathrm{O}) = \int_h^0 (-mg)\,dy = mgh$$

となる。

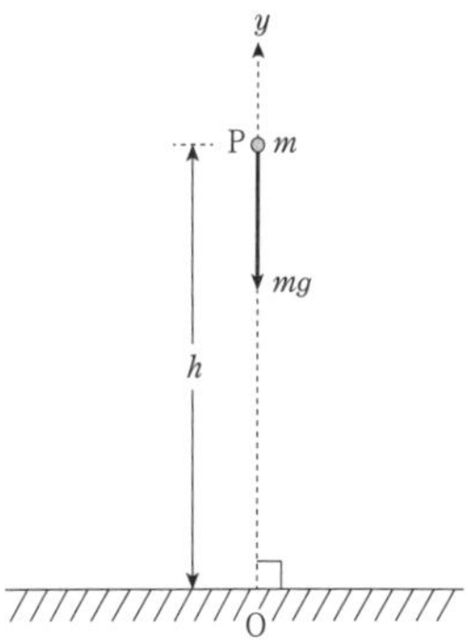

図 5.16

例 2　弾性力の位置エネルギー

ばねの弾性エネルギー，すなわち，弾性力の位置エネルギーを考えよう。

ばねの自然長の位置を基準点にとり，ばね定数 k のばねが x_0 だけ伸びたときの弾性力の位置エネルギー $U(x_0)$ を求めるには，ばねに付けられた小物体を x_0 だけ伸びた点 P から自然長の基準点 O まで動かす間に，弾性力のする仕事 $W(\mathrm{P} \to \mathrm{O})$ を計算すればよい(図 5.17)。よって，点 O を原点にばねに沿って x 軸をとると，位置 x で小物体にはたらく弾性力は，$+x$ 方向の力を正として $-kx$ であるから，

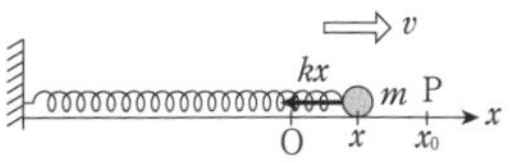

図 5.17

$$U(x_0) = W(\mathrm{P} \to \mathrm{O})$$

$$= \int_{x_0}^{0} (-kx)\,dx = \int_{0}^{x_0} kx dx = \frac{1}{2}kx_0{}^2$$

となる。

5.2.3 力学的エネルギー保存則

さて，位置エネルギーが上のように定義されると，いよいよ力学的エネルギー保存則を導くことができる。力学的エネルギーとは，

(運動エネルギー)＋(位置エネルギー)＝(力学的エネルギー)

で定義される。ここで，1次元的な x 軸に沿った運動を考えて力学的エネルギー保存則を求めてみよう。3次元的な運動においても全く同様である。

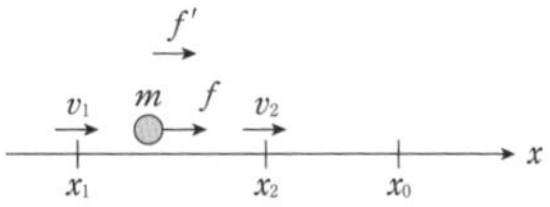

図 5.18

図5.18のように，位置 x_1 を速度 v_1 で通過した質量 m の小物体が保存力 f を受けながら運動をして位置 x_2 を速度 v_2 で通過したとする。保存力に対する位置エネルギーの基準点を x_0 とすると，(5.14)の関係より，

$$\begin{aligned} \frac{1}{2}mv_2{}^2 - \frac{1}{2}mv_1{}^2 &= W(x_1 \to x_2) \\ &= W(x_1 \to x_2 \to x_0) - W(x_2 \to x_0) \\ &= U(x_1) - U(x_2) \end{aligned}$$

$$\therefore \quad \frac{1}{2}mv_2{}^2 + U(x_2) = \frac{1}{2}mv_1{}^2 + U(x_1)$$

この関係式は，小物体が位置 x_1 にいるときと x_2 にいるときで力学的エネルギーが一定になること，すなわち，**力学的エネルギー保存則**が成り立つことを示している。

非保存力の仕事

ここでもし，小物体が位置 x_1 から x_2 へ動く間に，保存力の他に，摩擦力のような非保存力 f' がはたらき，仕事 W' をしたらどうなるであろうか(図5.18)。保存力のする仕事も非保存力のする仕事も仕事には変わりがないから，関係(5.15)は，

$$\begin{aligned} \frac{1}{2}mv_2{}^2 - \frac{1}{2}mv_1{}^2 &= W(x_1 \to x_2) + W' \\ &= W(x_1 \to x_2 \to x_0) - W(x_2 \to x_0) + W' \\ &= U(x_1) - U(x_2) + W' \end{aligned}$$

$$\therefore \quad \left\{ \frac{1}{2}mv_2{}^2 + U(x_2) \right\} - \left\{ \frac{1}{2}mv_1{}^2 + U(x_1) \right\} = W' \qquad \cdots\cdots(5.16)$$

となる。この式の左辺は，小物体の位置が x_1 から x_2 まで動く間の力学的エネルギーの変化を表しているから，(5.16)式は一般的に，

力学的エネルギー変化＝非保存力の仕事 …… (5.17)

が成り立つことを示している。

(5.17)の関係は，5.1.2で述べた運動量保存則における関係(5.7)に相当するであろう。しかし，関係(5.7)と(5.17)の間には以下に述べるような大きな違いがある。

関係(5.7)の右辺の「外力」は,「運動量」を考慮する範囲を広げると「内力」に変えることができるが，(5.17)の右辺の「非保存力」は，どのように見方を変えても「保存力」に変えることはできない。したがって，非保存力がはたらくと，その仕事の分だけ必ず力学的エネルギーは変化する。

5.3　物体系の運動とエネルギー

ここまでは，主に1物体の運動を考えてきたが，この項では，いくつかの物体が互いに力を及ぼし合いながら運動する物体系の運動を，系統的に考えてみよう。

5.3.1　物体系の重心の運動

図5.19のように，質量m_1，m_2，…，m_nの物体P_1，P_2，…，P_nが，位置$\boldsymbol{r}_1$，$\boldsymbol{r}_2$，…，$\boldsymbol{r}_n$を速度$\boldsymbol{v}_1=\dot{\boldsymbol{r}}_1$，$\boldsymbol{v}_2=\dot{\boldsymbol{r}}_2$，…，$\boldsymbol{v}_n=\dot{\boldsymbol{r}}_n$で運動しているとき，$\mathrm{P}_1$，$\mathrm{P}_2$，…，$\mathrm{P}_n$の重心Gの位置$\boldsymbol{r}_\mathrm{G}$を，

$$\boldsymbol{r}_\mathrm{G}=\frac{m_1\boldsymbol{r}_1+m_2\boldsymbol{r}_2+\cdots+m_n\boldsymbol{r}_n}{m_1+m_2+\cdots+m_n} \quad \cdots\cdots(5.18)$$

と定義すると，(5.18)式の両辺を時間tで微分して，重心Gの速度$\boldsymbol{v}_\mathrm{G}=\dot{\boldsymbol{r}}_\mathrm{G}$は，

$$\boldsymbol{v}_\mathrm{G}=\frac{m_1\boldsymbol{v}_1+m_2\boldsymbol{v}_2+\cdots+m_n\boldsymbol{v}_n}{m_1+m_2+\cdots+m_n} \quad \cdots\cdots(5.19)$$

となる。さらに，質点P_1，P_2，…，P_nの加速度を，$\boldsymbol{a}_1=\dot{\boldsymbol{v}}_1$，$\boldsymbol{a}_2=\dot{\boldsymbol{v}}_2$，…，$\boldsymbol{a}_n=\dot{\boldsymbol{v}}_n$とすると，(5.19)式の両辺をもう1度時間$t$で微分して，重心Gの加速度$\boldsymbol{a}_\mathrm{G}=\dot{\boldsymbol{v}}_\mathrm{G}$は，

$$\boldsymbol{a}_\mathrm{G}=\frac{m_1\boldsymbol{a}_1+m_2\boldsymbol{a}_2+\cdots+m_n\boldsymbol{a}_n}{m_1+m_2+\cdots+m_n}$$

となる。

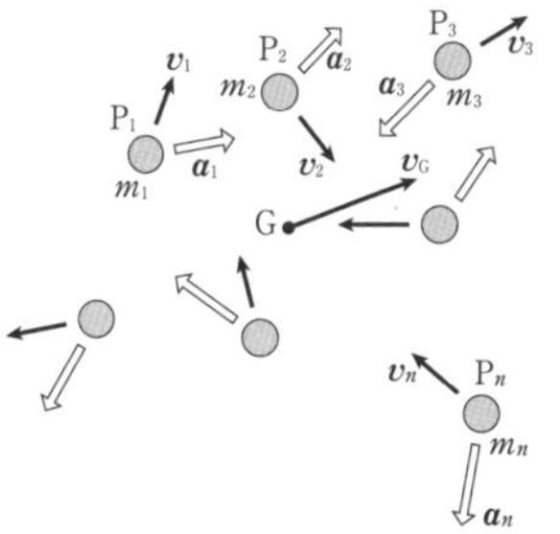

図5.19

いま，質点P_1，P_2，…，P_nが互いに力を及ぼし合い，それぞれの速度が変化しているが，質点に外力がはたらいていない場合を考えよう。このとき，P_1，P_2，…，P_nの運動量の和は一定に保たれるから，(5.19)式より，

$$\boldsymbol{v}_\mathrm{G}=\text{一定}$$

となる。すなわち，

物体系に外力がはたらかないとき，物体系の重心の速度は一定である

例題1.4　三角柱台上の物体の運動

水平面と角θをなすなめらかな斜面をもつ質量Mの三角柱台Aがなめらかな水平面上に置かれ，その斜面上に質量mの小物体Bがはじめ固定されている。小物体Bの固定をとると，Bが斜面上を右向きに滑

ると同時に，三角柱台Aは水平面上を左向きに滑り出す。Bが斜面上を距離lだけ滑り降りる間に，Aが左向きに滑る距離を求めよ。

解答

水平面はなめらかで，三角柱台Aに摩擦力は作用しないから，Aと小物体Bに水平方向の外力は作用しない。よって，それらの運動量の和は保存される。また，はじめAとBは静止していたから全運動量は0であり，それらの重心Gは動かない。

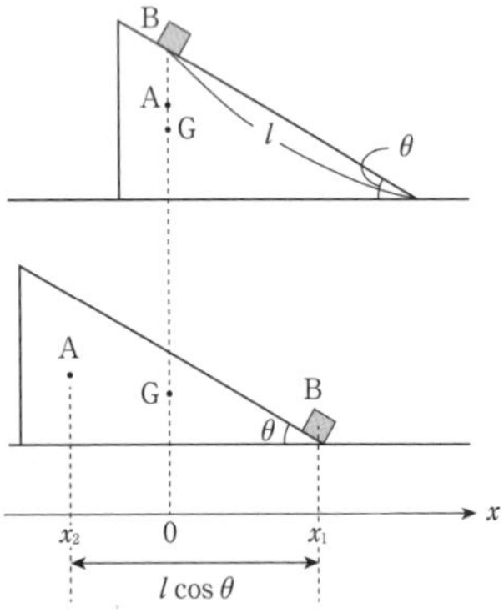

図5.20

そこで，図5.20のように，重心Gの位置を原点に，水平右向きにx軸をとる。簡単化のため，三角柱台Aのx座標は，はじめの小物体Bのx座標に一致させて置く（x方向の変位だけを考えるので，台Aの位置を表すx座標はどこにとってもよい）。このとき，小物体Bと台Aの重心の座標x_Gは，BとAの座標に一致し，$x_G=0$である。小物体Bが斜面上を右下向きに距離 l だけ滑り降りた後のBとAのx座標をそれぞれx_1, x_2とすると，(5.18)式より，

$$0=mx_1+Mx_2 \qquad \cdots\cdots(5.20)$$

となる。小物体Bの台Aに対するx方向の相対的変位は，

$$l\cos\theta=x_1-x_2 \qquad \cdots\cdots(5.21)$$

と表されるから，(5.20)，(5.21)式より，台Aのx方向への変位は，

$$x_2=-\frac{m}{m+M}l\cos\theta$$

となり，左向きに滑る距離は，

$$|x_2|=\frac{m}{m+M}l\cos\theta$$

例題1.5　重心系で見た1次元衝突

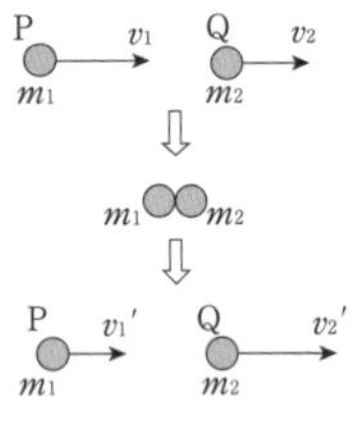

図5.21

図5.21のように，速度v_1で運動している質量m_1の小球Pと，速度v_2で運動している質量m_2の小球Qが，はね返り係数eの衝突をする。衝突前後の速度は，すべてx軸に沿った直線的な運動であり，衝突の際，外力は作用しない。衝突後のP, Qそれぞれの速度v_1', v_2'を，重心を原点にした座標系（これを**重心系**という）で考察して求めよ。

解答

衝突前の小球P, Qの重心の速度v_Gは，

$$m_1v_1+m_2v_2=(m_1+m_2)v_G$$

で与えられ，重心から見たP, Qの速度はそれぞれ，

$$v_{1G}=v_1-v_G,\quad v_{2G}=v_2-v_G$$

と書ける。これより，重心系で見たP, Qの全運動量は，

$$m_1v_{1G}+m_2v_{2G}=m_1(v_1-v_G)+m_2(v_2-v_G)=0$$

となる。衝突の際のはね返り係数は，衝突後の速度を，ダッシュを付けて表すことにすると，

$$e=-\frac{v_1'-v_2'}{v_1-v_2}=-\frac{(v_1'-v_G)-(v_2'-v_G)}{(v_1-v_G)-(v_2-v_G)}=-\frac{v_{1G}'-v_{2G}'}{v_{1G}-v_{2G}} \qquad \cdots\cdots(5.22)$$

と書ける。

衝突の際，外力は作用せず，運動量は保存するから，

$$0 = m_1 v_{1G} + m_2 v_{2G} = m_1 v_{1G}' + m_2 v_{2G}' \qquad \cdots\cdots(5.23)$$

となる。

(5.23)式より，$v_{2G} = -\dfrac{m_1}{m_2}v_{1G}$，$v_{2G}' = -\dfrac{m_1}{m_2}v_{1G}'$を(5.22)式に代入して，

$$v_{1G}' = -ev_{1G} \qquad \cdots\cdots(5.24)$$

を得る。同様に，$v_{1G} = -\dfrac{m_2}{m_1}v_{2G}$，$v_{1G}' = -\dfrac{m_2}{m_1}v_{2G}'$を(5.22)式に代入して，

$$v_{2G}' = -ev_{2G} \qquad \cdots\cdots(5.25)$$

を得る。

(5.24)，(5.25)式は，小物体が固定面に衝突した場合の，小物体の速度変化を与える(5.10)式と同じ形になることに注意しよう。

以上より，

$$v_1' = v_G - e(v_1 - v_G) = (1+e)v_G - ev_1 = \underline{\underline{\frac{(m_1 - em_2)v_1 + (1+e)m_2 v_2}{m_1+m_2}}}$$

$$v_2' = v_G - e(v_2 - v_G) = (1+e)v_G - ev_2 = \underline{\underline{\frac{(1+e)m_1 v_1 + (m_2 - em_1)v_2}{m_1+m_2}}}$$

5.3.2　重心運動エネルギーと相対運動エネルギー

壁への衝突でも，壁に垂直な方向の衝突と考えれば，直線的な衝突とみなすことができる。そのため，これまではね返り係数について，1次元的(直線的)な衝突についてのみ考慮してきたといえる。ここでは，一般的に3次元空間内を運動している2物体系の運動を考えてみよう。ただし，以下では，同じベクトル $\boldsymbol{a}$ の内積 $\boldsymbol{a}\cdot\boldsymbol{a}$ は，簡略化して，$\boldsymbol{a}^2$ と表すことにする。すなわち，

$$\boldsymbol{a}^2 = \boldsymbol{a}\cdot\boldsymbol{a} = |\boldsymbol{a}|^2$$

と表す。

図5.22のように，3次元空間内で質量 m_1 と m_2 の2つの物体1と2が，それぞれ速度 $\boldsymbol{v}_1$ と $\boldsymbol{v}_2$ で運動しているとき，(5.19)式で与えられる速度 $\boldsymbol{v}_G$ を用いて，

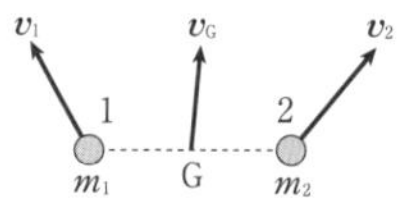

図5.22

$$K_G = \frac{1}{2}(m_1+m_2)\boldsymbol{v}_G^{\,2}$$

を定義する。K_G は全質量に対する運動エネルギーと考えられるから，これを**重心の運動エネルギー**と呼ぶ。ここで，2物体の全運動エネルギー

$$K = \frac{1}{2}m_1\boldsymbol{v}_1^{\,2} + \frac{1}{2}m_2\boldsymbol{v}_2^{\,2}$$

と K_G の差 K_R を計算すると，

$$\begin{aligned} K_R &= K - K_G \\ &= \left(\frac{1}{2}m_1\boldsymbol{v}_1^{\,2} + \frac{1}{2}m_2\boldsymbol{v}_2^{\,2}\right) - \frac{1}{2}(m_1+m_2)\boldsymbol{v}_G^{\,2} \\ &= \frac{1}{2}\frac{m_1 m_2}{m_1+m_2}(\boldsymbol{v}_2 - \boldsymbol{v}_1)^2 \end{aligned}$$

となる。さて，K_R は何を表しているのであろうか。$\boldsymbol{v}_r = \boldsymbol{v}_2 - \boldsymbol{v}_1$ は，物体1に対する物体2の相対速度であり，$\dfrac{m_1 m_2}{m_1+m_2}$ は換算質量 μ に等しいから，

$$K_R = \frac{1}{2}\mu \boldsymbol{v}_r{}^2$$

となる。そこで，K_R を物体1と2の**相対運動エネルギー**と呼ぶ。すなわち，物体1と2の運動エネルギー K は，重心運動エネルギー K_G と相対運動エネルギー K_R の和に等しく，

$$K = K_G + K_R$$

と表される。

重心系で見た運動エネルギー

次に，上で考えた物体1，2の運動を，重心Gを原点にした重心系で見てみよう。

物体1と2の重心系での速度は，それぞれ $\boldsymbol{v}_1' = \boldsymbol{v}_1 - \boldsymbol{v}_G$，$\boldsymbol{v}_2' = \boldsymbol{v}_2 - \boldsymbol{v}_G$ となるから(図5.23)，重心系での全運動量は，

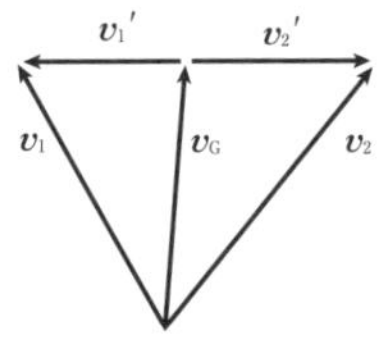

図5.23

$$m_1\boldsymbol{v}_1' + m_2\boldsymbol{v}_2' = m_1\boldsymbol{v}_1 + m_2\boldsymbol{v}_2 - (m_1+m_2)\boldsymbol{v}_G = 0$$

である。したがって，物体1と2の全運動エネルギー K は，

$$\begin{aligned}
K &= \frac{1}{2}m_1\boldsymbol{v}_1{}^2 + \frac{1}{2}m_2\boldsymbol{v}_2{}^2 \\
&= \frac{1}{2}m_1(\boldsymbol{v}_G + \boldsymbol{v}_1')^2 + \frac{1}{2}m_2(\boldsymbol{v}_G + \boldsymbol{v}_2')^2 \\
&= \frac{1}{2}m_1(\boldsymbol{v}_G{}^2 + 2\boldsymbol{v}_G\cdot\boldsymbol{v}_1' + \boldsymbol{v}_1'^2) + \frac{1}{2}m_2(\boldsymbol{v}_G{}^2 + 2\boldsymbol{v}_G\cdot\boldsymbol{v}_2' + \boldsymbol{v}_2'^2) \\
&= \frac{1}{2}(m_1+m_2)\boldsymbol{v}_G{}^2 + \boldsymbol{v}_G\cdot(m_1\boldsymbol{v}_1' + m_2\boldsymbol{v}_2') + \frac{1}{2}m_1\boldsymbol{v}_1'^2 + \frac{1}{2}m_2\boldsymbol{v}_2'^2 \\
&= K_G + K_R
\end{aligned}$$

となり，相対運動エネルギー K_R は，

$$K_R = \frac{1}{2}m_1\boldsymbol{v}_1'^2 + \frac{1}{2}m_2\boldsymbol{v}_2'^2$$

とも表されることがわかる。すなわち，相対運動エネルギー K_R は，重心系で見た物体1と2の運動エネルギーの和でもある。

5.3.3 はね返り係数と運動エネルギー

5.1.3では，1次元衝突の場合について，はね返り係数を定義したが，ここでは，はね返り係数をエネルギー保存則と関連させて，もう少し一般的に考えておこう。こうすると，いろいろな物体系の運動に対する見通しがよくなる。

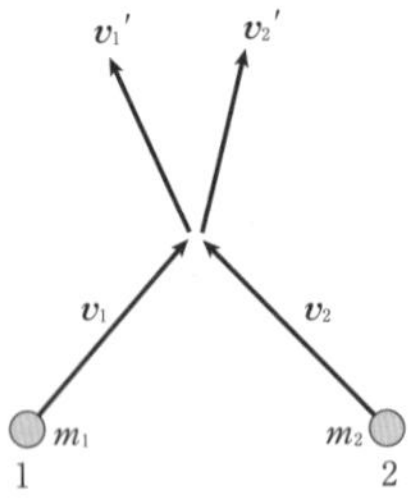

図5.24

さて，図5.24のように，2物体1，2が衝突する前後での2物体の運動エネルギーを考えよう。衝突前の物体1，2の速度をそれぞれ $\boldsymbol{v}_1$，$\boldsymbol{v}_2$，

衝突後の速度をそれぞれ $\boldsymbol{v}_1'$，$\boldsymbol{v}_2'$ とする。衝突の瞬間，互いに大きさ f の力を及ぼし合うだけで外力がはたらかないから，物体 1，2 の運動量の和は保存し，重心の速度 $\boldsymbol{v}_G$ は不変である。したがって，衝突後の重心運動エネルギーは，衝突前の重心運動エネルギー K_G に等しい。よって，衝突後の物体 1，2 の運動エネルギーの和 K' は，

$$K' = \frac{1}{2}m_1\boldsymbol{v}_1'^2 + \frac{1}{2}m_2\boldsymbol{v}_2'^2 = K_G + K_R'$$

$$K_R' = \frac{1}{2}\mu\boldsymbol{v}_r'^2 \qquad \cdots\cdots(5.26)$$

となる。ここで，$\boldsymbol{v}_r' = \boldsymbol{v}_2' - \boldsymbol{v}_1'$ である。

いま，衝突前後の相対速度の大きさの比を

$$e = \frac{|\boldsymbol{v}_r'|}{|\boldsymbol{v}_r|} = \frac{|\boldsymbol{v}_2' - \boldsymbol{v}_1'|}{|\boldsymbol{v}_2 - \boldsymbol{v}_1|}$$

とおき，e を**一般的なはね返り係数**と呼ぶことにする。このとき，衝突後の相対運動エネルギー K_R' は，(5.26)式より，

$$K_R' = \frac{1}{2}\mu\cdot e^2\boldsymbol{v}_r^2 = e^2 K_R$$

と表され，

$$K' = K_G + e^2 K_R$$

となる。すなわち，**衝突によって重心運動エネルギーは変化せず，相対運動エネルギーのみが $e^2(<1)$ 倍に減少する**ことになる。

特に，はじめの物体 1 と 2 の運動量の和が $\boldsymbol{0}$ のとき，重心の速度は $\boldsymbol{v}_G = \boldsymbol{0}$ で，重心運動エネルギーも $K_G = 0$ である。そのとき，全運動エネルギー K は相対運動エネルギー K_R に等しく，衝突後の全運動エネルギー K' は，

$$K' = K_R' = e^2 K_R = e^2 K$$

となる。すなわち，衝突後の全運動エネルギー K' は，衝突前の全運動エネルギー K の e^2 倍になる。

例題 1.6　台上での小物体の衝突

図 5.25 のように，なめらかな水平な床上に，なめらかな斜面 AB と水平面 BC および壁 W をもつ質量 M の台が置かれている。斜面と水平面は点 B でなめらかに接続されている。台の斜面上，水平面 BC から高さ h の点 P に質量 m の小物体を置く。

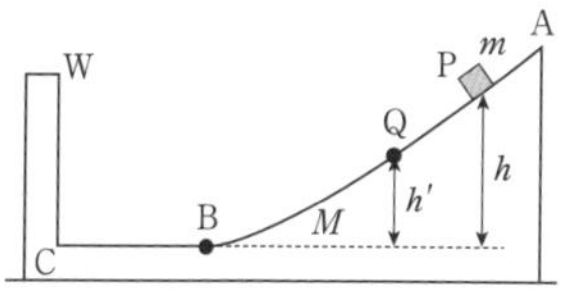

図 5.25

はじめ台と小物体を静止させておいて静かに放すと，小物体は斜面上を滑り降りると同時に，台は水平右向きに動き出した。小物体は面 ABC を滑り壁 W に衝突した後，点 B を通過して斜面上で最高点 Q まで達した。このとき，最高点 Q の水平面 BC からの高さ h' を求めよ。ただし，小物体と壁 W の衝突におけるはね返り係数を e $(0 < e < 1)$ とし，重力加速度の大きさを g とする。

解答

小物体が台上を滑るとき，および，壁 W に衝突するとき，小物体と

台に水平方向の外力は作用しないから，水平方向の運動量は保存される。小物体が最高点 Q に達する瞬間，台に対する小物体の相対速度は 0 であるから，小物体と台の床に対する速度(重心の速度)を V_0 とすると，

$$(m+M)V_0 = 0 \qquad \therefore \quad V_0 = 0$$

小物体と台の重心運動エネルギーは 0 であるから，小物体と壁の衝突により，全運動エネルギーは e^2 倍になる。また，小物体と台の間に摩擦はないので，力学的エネルギーは保存されるから，最高点で小物体がもつ水平面 BC に対する重力の位置エネルギー mgh' は，はじめに小物体がもっていた重力の位置エネルギー mgh の e^2 倍になる。よって，

$$mgh' = e^2 \cdot mgh \qquad \therefore \quad h' = \underline{e^2 h}$$

別解

小物体が水平面 BC 上に達したとき，小物体と台の床に対する速度をそれぞれ v，V，小物体が壁 W に衝突した後の水平面 BC 上での速度を，それぞれ v'，V' とする。このとき，速度は水平右向きを正とする。水平方向の運動量保存則と力学的エネルギー保存則は，

$$0 = mv + MV = mv' + MV' \qquad \cdots\cdots(5.27)$$

$$mgh = \frac{1}{2}mv^2 + \frac{1}{2}MV^2,\quad mgh' = \frac{1}{2}mv'^2 + \frac{1}{2}MV'^2 \qquad \cdots\cdots(5.28)$$

また，小物体と壁 W の衝突におけるはね返り係数の式は，

$$e = -\frac{v' - V'}{v - V} \qquad \cdots\cdots(5.29)$$

と書ける。

(5.27)，(5.29)式より，例題 1.5 と同様に，

$$v' = -ev,\quad V' = -eV$$

を得る。これらと(5.28)式から，

$$mgh' = \frac{1}{2}mv'^2 + \frac{1}{2}MV'^2 = e^2 \cdot \left(\frac{1}{2}mv^2 + \frac{1}{2}MV^2\right) = e^2 \cdot mgh$$

$$\therefore \quad h' = \underline{e^2 h}$$

5.4 面積速度一定の法則と角運動量保存則

ある 1 点 O の方向の力(これを**中心力**という)のみがはたらいて物体 P が運動するとき，面積速度と呼ばれる量，および，角運動量と呼ばれる量が一定に保たれる。

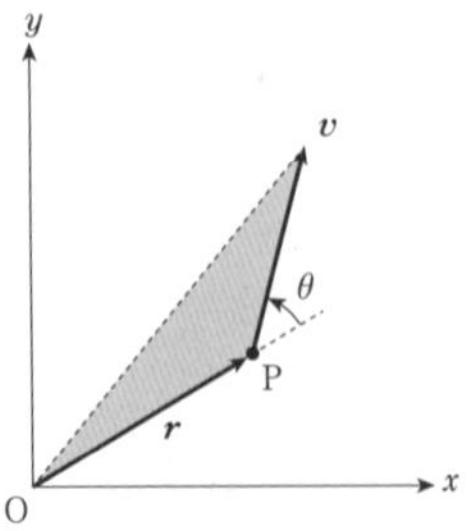

図 5.26

5.4.1 面積速度一定の法則(ケプラーの第 2 法則)

図 5.26 のように，原点 O と質点 P を結ぶ線分(これを**動径**という)が単位時間に掃く面積 S を，質点 P の点 O のまわりの**面積速度**という。したがって，面積速度 S は，質点 P の位置ベクトルを $\boldsymbol{r}$，速度を $\boldsymbol{v}$ とするとき，$\boldsymbol{r}$ と $\boldsymbol{v}$ を隣り合う 2 辺とする三角形の面積に等しく，$\boldsymbol{r}$ と $\boldsymbol{v}$ の

なす角を θ として，

$$S=\frac{1}{2}rv\sin\theta \quad (r=|\boldsymbol{r}|,\ v=|\boldsymbol{v}|)$$

と表される。

面積速度一定の法則は，またの名をケプラーの第2法則といい，万有引力を受けた人工衛星や天体の運動を考えるときに用いられることが多い。しかし，以下で簡単に示すように，**中心力を受けた質点の運動において，面積速度は一定に保たれる**。

図5.27のように，ある質点が点Pで速度 $\boldsymbol{v}$ をもって運動していた瞬間，点Oの向きに力を受けて速度が $\boldsymbol{v}'$ になったとする。速度 $\boldsymbol{v}$，$\boldsymbol{v}'$ の終点をQ，Q′とするとき，速度 $\boldsymbol{v}$ で運動しているときの，点Oのまわりの面積速度は△OPQの面積で与えられ，速度 $\boldsymbol{v}'$ で運動しているときの面積速度は△OPQ′で与えられる。速度変化 $\boldsymbol{v}'-\boldsymbol{v}$ は力の向きに生じるから，QQ′∥OPとなり，

$$\triangle\mathrm{OPQ}=\triangle\mathrm{OPQ}'$$

となる。よって，点Oの向きの力(点Oに関する中心力)を受けて速度が変化する前後で質点の面積速度が変化しないことがわかる(一般的な証明は「理論物理セミナー4」の1.を参照)。これは中心力が点Oに向かう引力の場合であるが，中心力が点Oから離れる向きの斥力であっても面積速度が一定に保たれることはすぐにわかる。斥力を受けて質点の速度が $\boldsymbol{v}$ から $\boldsymbol{v}''$ に変化したとし，$\boldsymbol{v}''$ の終点をQ″とすると，QQ″∥OPであるから，

$$\triangle\mathrm{OPQ}=\triangle\mathrm{OPQ}''$$

となり，面積速度は一定に保たれる。

以上より，**引力であっても斥力であっても，また，その力が時間的に連続ではなく不連続に変化しても，中心力のみがはたらくかぎり面積速度は一定に保たれる**ことがわかる。

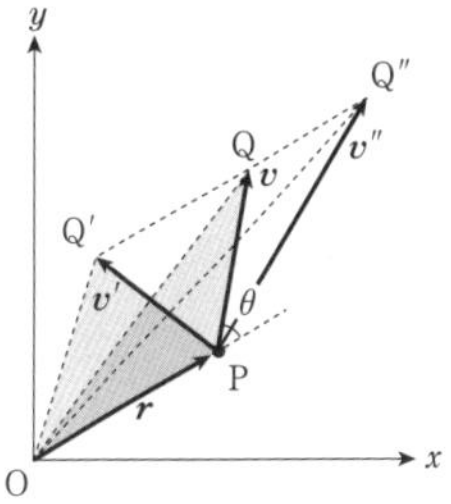

図5.27

5.4.2　角運動量保存則

面積速度と関係の深い物理量に角運動量がある[1)]。

図5.28のように，点Oから $\boldsymbol{r}(|\boldsymbol{r}|=r)$ の点Pにおいて，質点が運動量 $\boldsymbol{p}(|\boldsymbol{p}|=p)$ をもって運動しているとき，質点の点Oのまわりの角運動量の大きさ L を，$\boldsymbol{r}$ と $\boldsymbol{p}$ を隣り合う2辺とする平行四辺形の面積 $(L=rp\sin\theta)$ で定義する。ここで，$p=mv$ だから，面積速度を S として，

$$L=2mS$$

となる。したがって，**質点が中心力を受けて運動しているとき**，面積速度 S が一定に保たれ，**角運動量 L も一定に保たれる**。これを**角運動量保存則**という。

1)　現在の高校物理の教科書では，角運動量を扱ってはいない。したがって，高校の範囲外である。しかし，角運動量は面積速度を少し一般化した量であり，力学の中では大変重要な物理量なので，ここでは，簡単に触れておこう。より詳しくは，「理論物理セミナー4」を参照せよ。

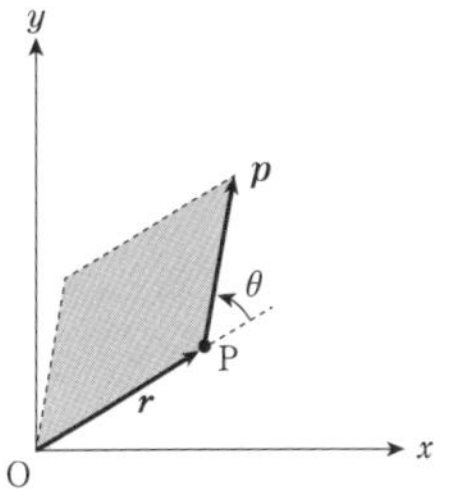

図5.28

理論物理セミナー 4 角運動量保存則と剛体の回転運動 ―力のモーメントの意味―

「力のモーメント」は，3.5.2で考え，この量を，剛体が回転するかどうかの判定に用いたが，何故，「力のモーメント」をこの判定に使うことができるのであろうか。力学の「基本原理」である運動方程式を用いて考察してみよう。

そこで，2次元平面内の質点の運動を極座標を用いて考えることから始めよう。

1．面積速度一定と角運動量保存則

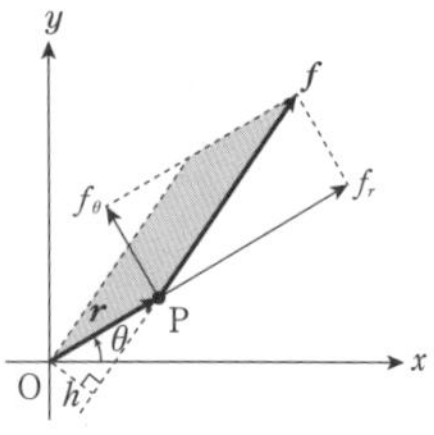

図1

質点Pの質量を m とし，Pにはたらく力 $\boldsymbol{f}$ の極座標成分を $(f_r,\ f_\theta)$ とすると(図1)，3.2.2で述べたように，運動方程式は，

$$m(\ddot{r}-r\dot{\theta}^2)=f_r,\ \ m\frac{1}{r}\cdot\frac{d}{dt}(r^2\dot{\theta})=f_\theta \qquad \cdots\cdots①$$

となる。

ここで，質点Pにはたらく力が中心力のとき，その力はOP方向を向くので，中心力は，成分 f_r のみをもち，$f_\theta=0$ である。したがって，質点Pに中心力がはたらくとき，①式より，

$$\frac{d}{dt}(r^2\dot{\theta})=0 \qquad \therefore\ \ r^2\dot{\theta}=\text{一定} \qquad \cdots\cdots②$$

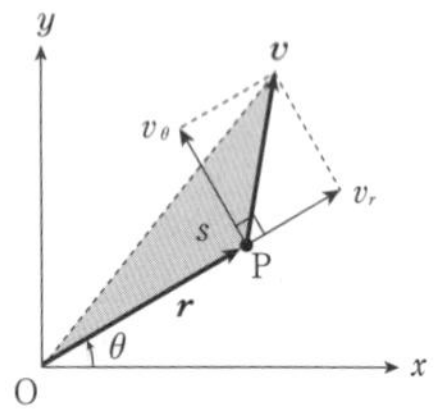

図2

となる。$s=\dfrac{1}{2}r^2\dot{\theta}=\dfrac{1}{2}rv_\theta$ は質点Pの位置ベクトル $\boldsymbol{r}(|\boldsymbol{r}|=r)$ と速度ベクトル $\boldsymbol{v}$ を隣り合う2辺とする三角形の面積に等しく(図2)，質点Pの原点Oのまわりの面積速度を表すから，②式は，**中心力がはたらくとき，面積速度が一定**であることを示している。

いま，$l=mr^2\dot{\theta}=mv_\theta r$ は，質点Pの位置ベクトル $\boldsymbol{r}$ と運動量ベクトル $\boldsymbol{p}=m\boldsymbol{v}$ を隣り合う2辺とする平行四辺形の面積を表し，l は**角運動量**と呼ばれている。ここで，l は，偏角 θ が増加するとき正であり，減少するとき負となる。質量 m は時刻 t によらない一定値であるから，②式は中心力がはたらくとき，角運動量が一定となることも示している。これを**角運動量保存則**という。

また，①式の両辺に r をかけると，

$$\frac{d}{dt}(mr^2\dot{\theta})=f_\theta\cdot r \qquad \cdots\cdots③$$

となる。図1より，$n=f_\theta\cdot r$ は，動径ベクトル $\boldsymbol{r}$ と力のベクトル $\boldsymbol{f}$ を隣り合う2辺とする平行四辺形の面積，すなわち，力 $\boldsymbol{f}$ の大きさ f と原点から $\boldsymbol{f}$ の作用線に引いた垂線の長さ h との積に等しく，n は $\boldsymbol{f}$ の原点Oのまわりの力のモーメント $\boldsymbol{n}=\boldsymbol{r}\times\boldsymbol{f}$ の大きさに符号を付けたものを表している。その符号は，偏角 θ が増加するとき正であり，減少するとき負とする。

これより，

$$\frac{dl}{dt} = n$$

となり，**角運動量の時間的な変化は力のモーメントに等しい**ことがわかる。

2. 剛体の回転運動方程式と剛体の回転条件

角運動量と力のモーメントの関係を用いると，剛体の回転運動を考えることができ，そこから，剛体の回転条件が導かれる。

剛体は，質点間の位置関係が互いに変化しない微小な質量 $m_i (i = 1, 2, 3, \cdots)$ をもつ質点の集合体とみなすことができる。いま，剛体が軸 O のまわりに回転する場合を考える。各質点には力 $\boldsymbol{f}_i$ がはたらき，各質点は互いの位置関係を変えず，軸 O のまわりに半径 r_i(＝時間的に一定)，角速度 ω の円運動をする(図 3)。このとき，力 $\boldsymbol{f}_i$ の軸 O のまわりのモーメントを $n_i = f_{i\theta} \cdot r_i$($f_{i\theta}$：力 $\boldsymbol{f}_i$ の偏角 θ を増加させる成分)とおくと，③の関係式を剛体全体で和をとって，

$$\sum_i m_i r_i^2 \ddot{\theta}_i = \sum_i n_i \quad \cdots\cdots ④$$

となる。ここで，$\ddot{\theta}_i = \dfrac{d\omega}{dt}$ はすべての i に共通の値であるから，$\sum_i$ の外に出し，$\sum_i m_i r_i^2 = I$，$\sum_i n_i = N$ とおくと，④式より，

$$I \frac{d\omega}{dt} = N \quad \cdots\cdots ⑤$$

を得る。このとき，I は剛体固有の量で**慣性モーメント**と呼ばれる。また，N は剛体にはたらく軸 O のまわりのモーメントの和である。⑤式を剛体の**回転運動方程式**という。

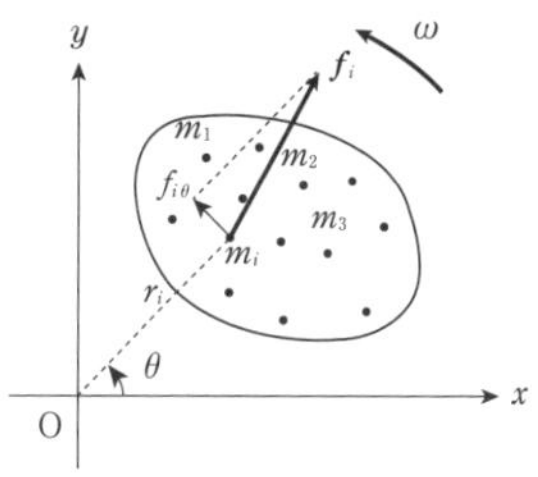

図 3

▶ 慣性モーメント

慣性モーメントの値は，剛体をどのような軸のまわりに回転させるかによって異なるが，ここでは，1 つの例として，半径 R で質量 M の薄い円板が円板の中心 O を通り，円板に垂直な軸のまわりに回転する場合の慣性モーメントを求めてみよう。

円板の単位面積あたりの質量(面積密度)を σ とすると，半径 r_i と $r_i + \varDelta r_i$ の円ではさまれた微小な幅 $\varDelta r_i (i = 1, 2, 3 \cdots)$ の円輪部分 M_i の質量 $\varDelta M_i$ は，

$$\varDelta M_i = \sigma \cdot 2\pi r_i \varDelta r_i$$

となる(図 4)。円輪部分 M_i は同じ半径 r_i の円運動をするから，M_i の慣性モーメント $\varDelta I_i$ は，

$$\varDelta I_i = \varDelta M_i r_i^2$$

であり，円板全体の慣性モーメント I は，

$$I = \sum_i \varDelta I_i = \sum_i \varDelta M_i r_i^2$$
$$= \int_0^R r^2 (\sigma \cdot 2\pi r \cdot dr) = 2\pi\sigma \frac{R^4}{4} = \frac{1}{2} M R^2$$

と求められる。ここで，$M = \sigma\pi R^2$ であることを用いた。

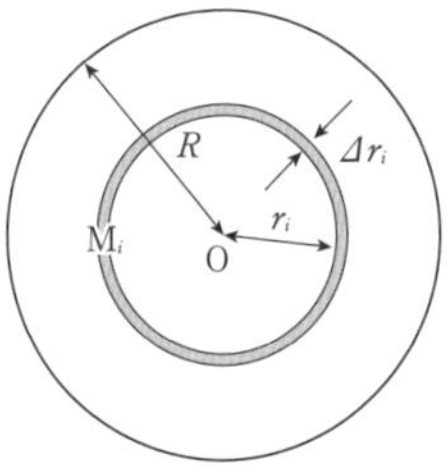

図 4

▶ **剛体の回転条件**

⑤式より，剛体にはたらく力のモーメント N が 0 でないとき $(N \neq 0)$，回転の角速度 ω は変化し $\left(\dfrac{d\omega}{dt} \neq 0\right)$，はじめ剛体が回転していなくても $(\omega = 0)$，回転を始める。モーメント N が 0 のとき，剛体の回転の角速度 ω は一定であり，はじめ $\omega = 0$ のとき，剛体は回転しない。したがって，回転運動方程式⑤より，**剛体が回転しない条件は，力のモーメントが 0 であることがわかる。**

One Point Break モーメント一般

モーメント(moment)は日本語で能率ともいい，一般的に，点Pにあるベクトル量を $\boldsymbol{G}$，点Pの位置ベクトルを $\boldsymbol{r}$ とすると(図1)，モーメント $\boldsymbol{M}$ はベクトル積を用いて，

$$\boldsymbol{M} = \boldsymbol{r} \times \boldsymbol{G}$$

で定義される。$\boldsymbol{G}$ が力のとき，$\boldsymbol{M}$ は力のモーメントであり，$\boldsymbol{G}$ が運動量のとき，$\boldsymbol{M}$ は運動量のモーメントすなわち角運動量である。

さらに質量分布についてもモーメントを定義することができる。

x 軸上の質量線密度を $\rho(x)$ とすると，質量分布に関する n 次のモーメント p_n は，

$$p_n = \int_{-\infty}^{+\infty} x^n \rho(x)\,dx$$

と定義される。$n = 1$ のとき，$\dfrac{p_1}{M}$(M は全質量)は君たちもよく知っている重心の位置を表す。例えば，位置 x_1 から x_2 まで質量 M で一様な棒が横たわっているとき(図2)，$\rho(x) = \dfrac{M}{x_2 - x_1}$ であるから，1次のモーメント p_1 は

$$p_1 = \int_{x_1}^{x_2} x \frac{M}{x_2 - x_1}\,dx = M \cdot \frac{x_2 + x_1}{2}$$

となり，$\dfrac{p_1}{M}$ はこの棒の重心Gの位置を表す。また，質量分布の2次のモーメントは，剛体の回転などを考えるときに現れる慣性モーメントと呼ばれる量を与える。

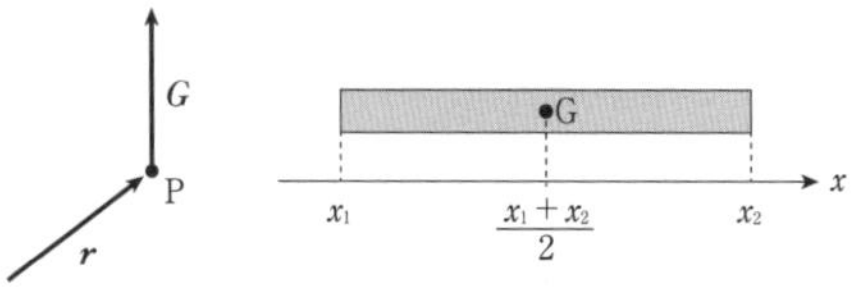

図1　図2

§6 万有引力の法則

図 6.1 のように，距離が r だけ離れた質量 m_1 と m_2 の 2 つの質点間には，その質量の積に比例し，距離の 2 乗に反比例する引力 F がはたらく。これを**万有引力の法則**という。

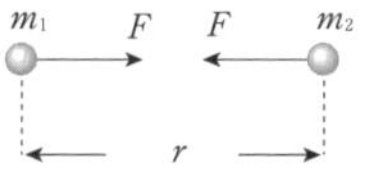

図 6.1

$$F = G\frac{m_1 m_2}{r^2}$$

ここで，G は**万有引力定数**と呼ばれ，$G = 6.67 \times 10^{-11}$〔$\mathrm{N \cdot m^2/kg^2}$〕である。

上の万有引力の法則は，**質点間にはたらく力に関する法則**であることに注意しよう。物体に大きさがあると，物体を無数の質点に分け，それぞれの質点にはたらく力の総和を求めなければならない。しかし，**物体の質量が球対称に分布していれば，物体の中心に全質量が集まっているとみなして万有引力の法則を用いることができる**（「理論物理セミナー5」参照）。

物体の質量が球対称に分布するとは，物体は球形であり，球形物体内各点での質量密度（単位体積あたりの質量）ρ は球の中心 O からの距離 r のみに依存し（図 6.2），$\rho(r)$ と表されることである。

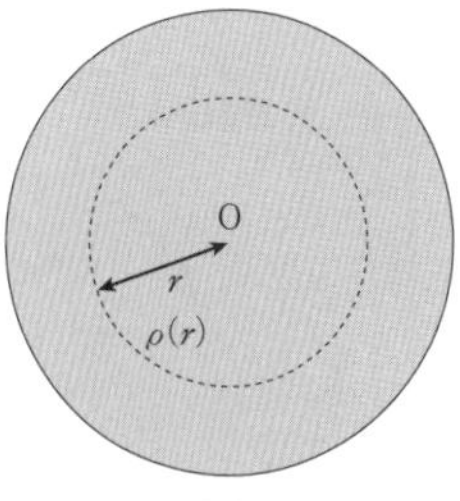

図 6.2

実際，地球の質量密度は一様ではなく，中心には鉄などの密度の高い物質が集中し，質量密度が高いことが知られている。それでも地球の質量分布はほぼ球対称とみなすことができ，地球から地球外部にある質点にはたらく万有引力は，地球の全質量がその中心に集まっているとして万有引力の法則を用いることができる。

6.1 地球による万有引力

地球による万有引力がどのように表されるか調べてみよう。

地上での重力

地上で質量 m の物体にはたらく重力 mg（g：重力加速度）は，主に，物体に地球からはたらく万有引力である。なぜ「主に」かというと，地上の物体には，万有引力の他に，地球が自転していることによる遠心力がはたらくからである（図 6.3）。北緯 ϕ で，質量 m の物体に作用する遠心力の大きさ f は，地球を完全な球形とみなし，その半径を R，自転の角速度を ω とすると，$f = m(R\cos\phi)\omega^2$ と表される。したがって，重力 mg は，地球の質量を M とした万有引力 $F = G\dfrac{Mm}{R^2}$ と遠心力 f の合力であり，その向きは，中心 O の方向からわずかにずれている。しかし，f は F より十分に小さいためほとんど無視することができ，重力加速度 g はほぼ以下に等しい。

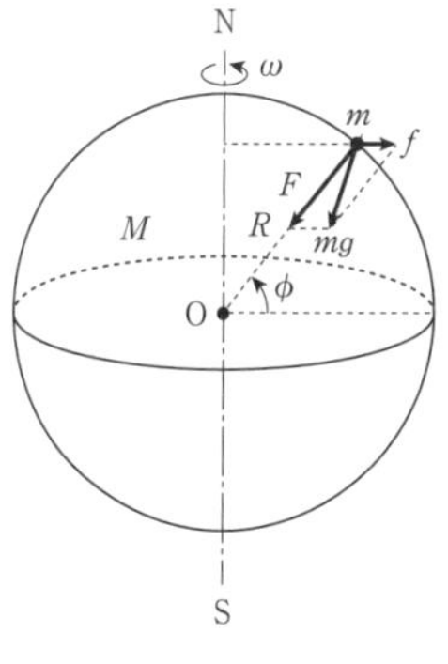

図 6.3

$$mg = G\frac{Mm}{R^2} \qquad \therefore \quad g = \frac{GM}{R^2}$$

ただし，地球は自転しているので，地上の物体には遠心力がはたらくため，地球上の緯度によって g の大きさはわずかに異なる。北極や南極では自転による回転半径がほとんど 0 であるため遠心力ははたらかず，g の値は最も大きくなるが，赤道上では，回転半径が最も大きく g の値は最も小さくなる。実際，極近くでは，g の値は，$\sim 9.83\ \mathrm{m/s^2}$ であり，赤道付近では，$\sim 9.78\ \mathrm{m/s^2}$ である。

6.2 万有引力による位置エネルギー

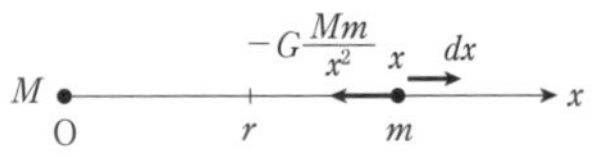

図 6.4

万有引力は保存力であるから，位置エネルギーが定義される。質量Mの質点から距離rだけ離れた点にある質量mの質点のもつ万有引力による位置エネルギー$U(r)$は，無限遠を基準とすると，位置エネルギーの定義(5.2.2 参照)にしたがって(図 6.4),

$$U(r)=\int_r^{\infty}\left(-G\frac{Mm}{x^2}\right)dx$$

$$=\left[\frac{GMm}{x}\right]_r^{\infty}=-\frac{GMm}{r}$$

理論物理セミナー 5 地球内外ではたらく万有引力

地球内部に質点があるとき，質点の外側の地球の質量は，質点に力を及ぼさないことは，演習編の問題 1.25 の解説で示す。ここでは，地球の外部に質点があるときの質点にはたらく万有引力を求め，地球内外の万有引力が，地球の中心からの距離rと共にどのように変化するか調べよう。その際，地球の質量は球対称に分布すると仮定する。ここでは，万有引力はすべて外向きを正とする。

1. 球形物体の及ぼす万有引力

本来，万有引力の法則は，質点間にはたらく力に関するものであるが，2 物体間にはたらく万有引力は，物体の質量が球対称に分布していれば，それぞれの物体の中心にその全質量が集まっているとみなして，万有引力の法則を用いて求めることができる。このような簡便な計算が可能となるのも，万有引力が距離の 2 乗に反比例するという逆 2 乗則が成り立つためである。

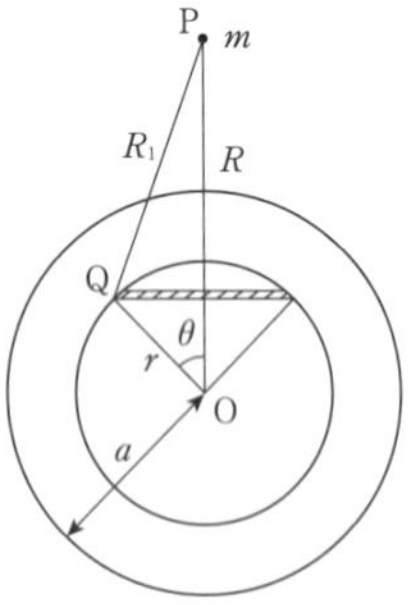

図 1

このことを，図 1 のように，半径a，密度$\rho(r)$（中心からの距離rの関数)の球の中心 O から距離Rにある質量mの質点 P にはたらく万有引力を求めることにより示そう。

ここでは，距離rに反比例する万有引力の位置エネルギーの表式(これは万有引力の逆 2 乗則の結果である！)を用いる。

(1) 半径rと$r+\Delta r$の間の球殻部分が質点 P に及ぼす万有引力の位置エネルギー

OP と角θをなす球殻上の 1 点を Q とし, P, Q 間の距離をR_1とする。角θと$\theta+\Delta\theta$の間にある球殻の一部のリング(図 1 の斜線部分)の周の長さは$2\pi r\sin\theta$だから, 図 2 より，リングの体積は$2\pi r\sin\theta\cdot r\Delta\theta\cdot\Delta r$であり，その質量$\Delta M$は,

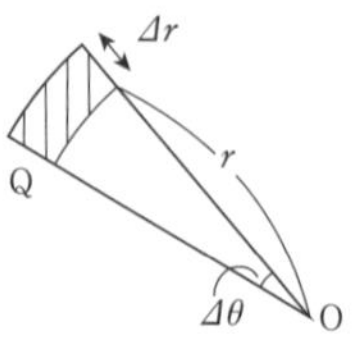

図 2

$$\Delta M=2\pi r^2\sin\theta\cdot\Delta\theta\cdot\Delta r\cdot\rho(r)$$

ΔMによる点 P の万有引力の位置エネルギーΔUは，万有引力定数をGとして,

$$\Delta U = -G\frac{m\cdot\Delta M}{R_1}$$
$$= -G\frac{2\pi r^2\sin\theta\cdot m\rho(r)\Delta\theta\Delta r}{R_1} \quad \cdots\cdots ①$$

(2)　**ΔU は R_1 に依存しない**

△OPQ に余弦定理を用いる。

$$R_1{}^2 = R^2+r^2-2Rr\cos\theta$$

の両辺を θ で微分して，

$$2R_1\frac{dR_1}{d\theta} = 2Rr\sin\theta \qquad \therefore\quad r\sin\theta\cdot\Delta\theta = \frac{R_1}{R}\Delta R_1$$

これを①式へ代入して，

$$\Delta U = -\frac{Gm2\pi r\rho(r)\Delta R_1\Delta r}{R}$$

ここで，**ΔU が R_1 に依存しなくなったために**，以下のように，位置エネルギーを簡単な形に書き表すことができる。もし，万有引力の位置エネルギーが距離 r の -1 乗に比例することからわずかでもずれていたら，ΔU は R_1 に依存してしまう。

(3)　**球殻が質点 P に及ぼす万有引力**

(i)　質点 P が球殻の外部にある $(R \geqq r)$ とき

θ が $0 \to \pi$ と変化するとき，R_1 は $R-r \to R+r$ と変化する（図1）。よって，$\Delta R_1 = (R+r)-(R-r) = 2r$ となるから，P の万有引力の位置エネルギー ΔU_1 は，

$$\Delta U_1 = -\frac{Gm4\pi r^2\rho(r)\Delta r}{R} = -\frac{Gm\Delta M}{R}$$

ここで，$\Delta M = 4\pi r^2\rho(r)\Delta r$ とおいた。これより，球殻による万有引力 ΔF_1 は，

$$\Delta F_1 = -\frac{d}{dR}(\Delta U_1) = -\frac{Gm\Delta M}{R^2}$$

(ii)　質点 P が球殻の内部にある $(R < r)$ とき

θ が $0 \to \pi$ と変化するとき，R_1 は $r-R \to r+R$ と変化する（図3）。よって，$\Delta R_1 = (r+R)-(r-R) = 2R$ となるから，P の万有引力の位置エネルギー ΔU_2 は，

$$\Delta U_2 = -\frac{Gm4\pi r^2\rho(r)\Delta r}{r} = -\frac{Gm\Delta M}{r}$$

すなわち，ΔU_2 は R によらず一定になる。よって球殻による万有引力 ΔF_2 は，

$$\Delta F_2 = 0$$

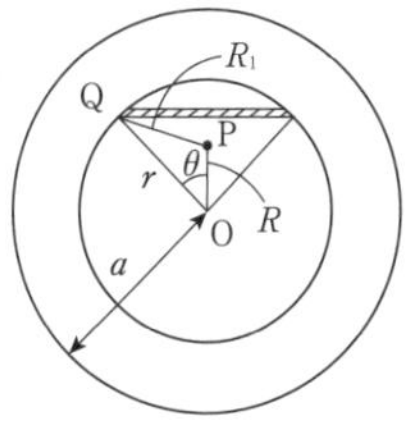

図 3

(4)　**球形物体全体が質点 P に及ぼす万有引力**

点 P が外部にある $(R \geqq a)$ とき，その位置エネルギー U_1 は，

$$U_1 = \int_{r=0}^{r=a} dU_1 = \underline{-\frac{GmM}{R}}$$

ここで，

$$M=\int_{r=0}^{r=a}dM=\int_0^a 4\pi r^2\rho(r)\,dr$$

である。

万有引力 F は,

$$F=-\frac{dU_1}{dR}=-\frac{GmM}{R^2} \quad \cdots\cdots②$$

点Pが内部にあるとき，Pにはたらく万有引力 F は，領域 $R\leqq r\leqq a$ にある質量は力を及ぼさないから(演習編の問題1.25の解説参照),

$$F=\int_{r=0}^{r=R}dF_1=-\frac{GmM_1}{R^2}$$

ここで, M_1 は質点Pより内部の質量で,

$$M_1=\int_{r=0}^{r=R}dM=\int_0^R 4\pi r^2\rho(r)\,dr$$

2. 密度が一定のとき，地球内外での万有引力

密度 ρ が一定($\rho(r)=\rho=$ 一定)のとき, M_1 は,

$$M_1=\rho\frac{4}{3}\pi R^3$$

であるから，地球内部での万有引力 F は,

$$F=-\rho\frac{4}{3}\pi GmR$$

となる。

以上より，密度が一定のとき，地球内外での万有引力 F は，その中心Oからの距離 R と共に図4のように変化する。ここで, $M=\rho\frac{4}{3}\pi a^3$ より,

$$-\frac{GmM}{a^2}=-\rho\frac{4}{3}\pi Gma$$

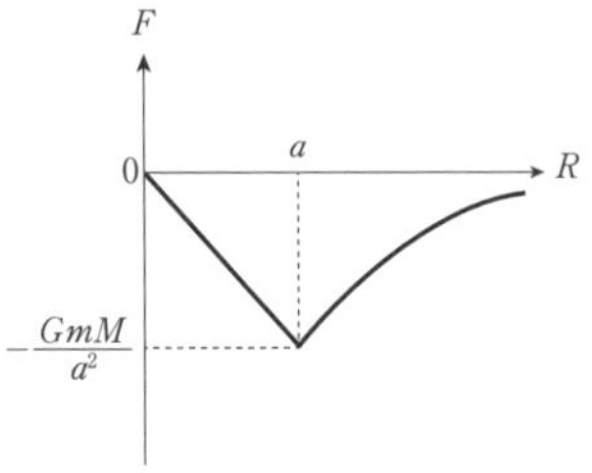

図4

6.3 万有引力を受けた質点の運動

いろいろなエネルギーをもった質点が，万有引力を受けて運動するとき，それはどのような運動をするのであろうか。図6.5のように，2質点間にはたらく万有引力 F は，つねに2質点の重心Gの方向を向いている。そこで，重心Gを中心と考えると，2質点にはたらく万有引力は中心力とみなすことができる。中心力を受けた物体の運動の考察には,「理論物理セミナー1」で求めた速度の極座標成分(v_r, v_θ)を用いるのが便利である。

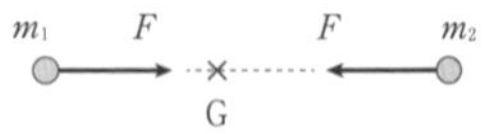

図6.5

6.3.1 極座標を用いた力学的エネルギーの表現

図6.6のように，大きな質量 M をもった質点Oのまわりに，小さな質量 m をもった質点PがOの向きに万有引力 F を受けながら運動して

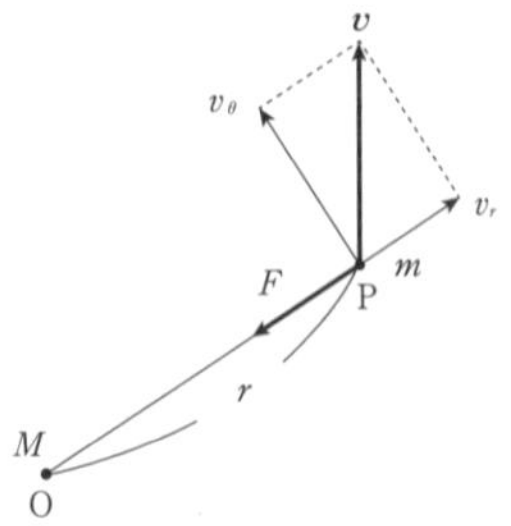

図6.6

いる場合を考えよう。ただし，万有引力定数を G とする。

質点Pの全力学的エネルギー E は，万有引力の位置エネルギー $U=-\dfrac{GMm}{r}$ および極座標での速度成分 (v_r, v_θ) を用いて，

$$E=\frac{1}{2}mv^2-\frac{GMm}{r}$$
$$=\frac{1}{2}m(v_r{}^2+v_\theta{}^2)-\frac{GMm}{r} \qquad \cdots\cdots(6.1)$$

いま質点の角運動量の大きさ $L=|\boldsymbol{L}|$ は，動径 $\boldsymbol{r}$ $(r=|\boldsymbol{r}|)$ と運動量 $m\boldsymbol{v}$ を隣り合う2辺とする平行四辺形の面積であるから，

$$L=mrv_\theta \qquad \cdots\cdots(6.2)$$

となり，L は万有引力(中心力)を受けて運動するとき一定である。そこで，(6.2)式を用いて(6.1)式から v_θ を消去すると，

$$E=\frac{1}{2}mv_r{}^2+U_0(r) \qquad \cdots\cdots(6.3)$$

$$U_0(r)=\frac{L^2}{2mr^2}-\frac{GMm}{r}$$

となる。このとき，$U_0(r)$ を**有効ポテンシャル**という。

質点の角運動量 L が一定のとき，(6.3)式の右辺は，動径 $\boldsymbol{r}$ 方向の（運動エネルギー）+（位置エネルギー）と同形である。したがってその運動は，**$\boldsymbol{r}$ 方向に関して1次元運動とみなす**ことができる。

6.3.2 円運動

万有引力を受けて円運動している質点を考える。円運動では半径 $r=r_0=$ 一定であるから，r 方向の1次元運動を考えると，$r=r_0$ で質点にはたらく力はつり合って静止していなければならない。すなわち，$r=r_0$ の点は，有効ポテンシャル $U_0(r)$ の極小点であるはずである。そこで L が一定であることに注意し，$U_0(r)$ を r で微分して0とおき，$r=r_0$ とおく。

$$\frac{dU_0}{dr}=-\frac{L^2}{mr^3}+\frac{GMm}{r^2}=0 \qquad \therefore \quad \frac{L^2}{mr_0}=GMm=\text{一定}$$

これより，円運動の半径 r_0 は，質点の角運動量 L の2乗に比例することがわかる。すなわち，角運動量が大きいほどその2乗に比例して円運動の半径は大きくなり，角運動量が小さいほど，半径は小さくなる。

6.3.3 一般の運動

$U_0(r)$ のグラフは図6.7のようになるから，質点の力学的エネルギー E が $E=\dfrac{1}{2}mv_r{}^2+U_0(r)<0$ のとき，質点の運動は有限の範囲 $(r_1\leqq r\leqq r_2)$ にとどまり，楕円 ($r_1=r_2=r_0$ のとき円) 軌道を描く。$E\geqq 0$ のとき，無限遠 $(r=\infty)$ に達し，放物線軌道あるいは双曲線軌道を描くことがわかる。

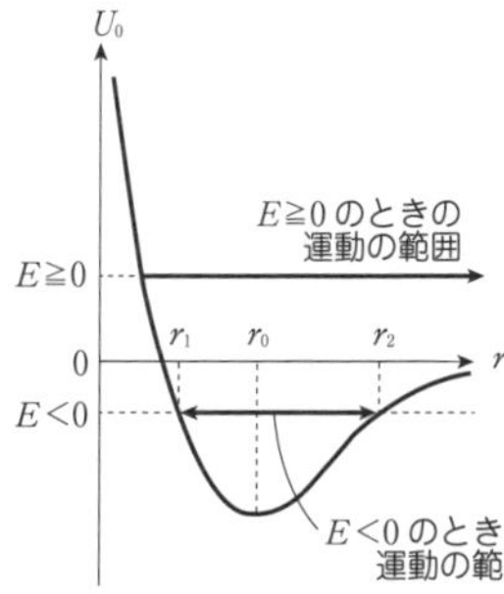

図6.7

§7 ケプラーの法則

ケプラーの３法則は，ケプラーが観測結果をまとめることによって得られた法則である。その後，ニュートンによって，ケプラーの法則から万有引力の法則が導かれた。

7.1 ケプラーの３法則

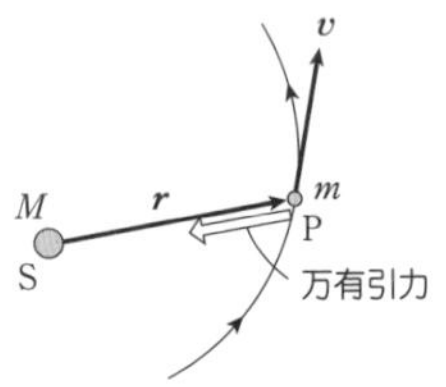

図 7.1

図 7.1 のように，質量 M の天体 S（全質量が１点に集中した質点）を原点にした位置ベクトル（これを**動径ベクトル**ともいう）$\boldsymbol{r}$（$|\boldsymbol{r}| = r$）の点を，質量 m の物体（質点とみなす）P が，S から万有引力だけを受けて速度 $\boldsymbol{v}$（$|\boldsymbol{v}| = v$）で運動している場合を考えよう。このとき，質量 M は m に比べて十分に大きく，天体（太陽）S は動かないものとする。

ケプラーの第１法則

惑星は太陽を１つの焦点とする楕円軌道上を運動する。

物体 P の力学的エネルギー E は，運動エネルギーと位置エネルギーの和であるから，無限遠を位置エネルギーの基準として，

$$E = \frac{1}{2}mv^2 - \frac{GMm}{r}$$

と表される。ここで，物体 P がどのような軌跡を描いて運動するかは，力学的エネルギー E の値により，次のように分類されることが知られている（「理論物理セミナー６」参照）。

$E < 0$：楕円軌道
$E = 0$：放物線軌道
$E > 0$：双曲線軌道

楕円は閉じた２次曲線であるから，物体 P の力学的エネルギーが $E < 0$ のとき，P は天体 S から有限の距離の範囲に留まり，いつかは必ず元の位置に戻ってくる。ところが，放物線と双曲線は開いた２次曲線であるから，$E \geqq 0$ のとき，物体 P はいつかは天体 S から無限に遠くに離れてしまう。こうして，**物体 P が無限遠に達する条件は，$E \geqq 0$** であることがわかる。

ケプラーの第２法則

太陽のまわりを回る惑星の面積速度は一定である。

面積速度一定の法則は，物体 P が楕円軌道など**１つの２次曲線の軌道を描いて運動しているときに成り立ち，**一般的に軌道が変化すると面積速度は一定でなくなる。中心力の一種である万有引力のみを受けて運動すれば，物体 P は１つの２次曲線上を運動し，面積速度は一定に保たれる。また，万有引力以外の中心力がはたらくと，運動は１つの２次曲線上から他の曲線上へ移るが，この場合でも面積速度は一定に保たれる。しかし，中心力以外の力がはたらくと他の曲線上に移ると同時に，面積速度は変化する。

ケプラーの第 3 法則

惑星の公転周期 T の 2 乗は，楕円の長半径(長軸の長さの $\frac{1}{2}$) a の 3 乗に比例する。

$$\frac{T^2}{a^3} = 一定$$

惑星の軌道が半径 r の円軌道のとき，$a \to r$ となる。ケプラーの第 3 法則は，ケプラーの第 2 法則と違い，**同一天体のまわりを回る異なる軌道間で成り立つ法則である。**例えば，地球のまわりの異なる楕円軌道を回る，同一のあるいは異なる人工衛星の間では成り立つが，地球のまわりを回る人工衛星と太陽のまわりを回る宇宙船の間には成り立たない。

なお，ケプラーの第 3 法則は，演習編の問題 1.18 で，万有引力の法則を用いて導かれる。

7.2　ケプラーの法則から万有引力の法則を導く(円軌道を描く場合)

図 7.2 のように，地球は太陽のまわりを角速度 ω で等速円運動をしているとする。このとき万有引力の法則は，ケプラーの第 3 法則を用いて導かれる。

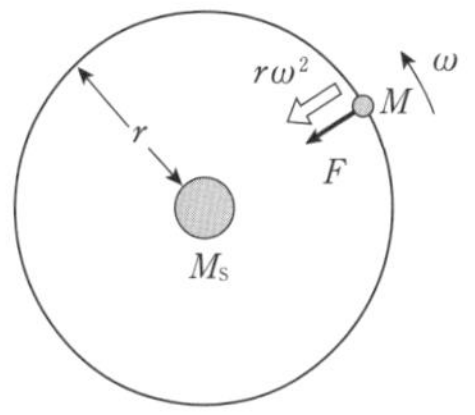

図 7.2

太陽の質量を M_s，地球の質量を M，太陽と地球の距離を r とする。地球に太陽からはたらく万有引力の大きさを F とすると，地球の円運動の運動方程式は，

$$Mr\omega^2 = F \qquad \cdots\cdots(7.1)$$

円運動の周期を T，ケプラーの第 3 法則の比例定数を k とすると，

$$T^2 = \left(\frac{2\pi}{\omega}\right)^2 = kr^3 \qquad \cdots\cdots(7.2)$$

(7.1)，(7.2)式より ω を消去して，

$$F = \frac{4\pi^2}{k} \cdot \frac{M}{r^2}$$

作用・反作用の法則より，太陽にも同じ大きさの引力 F がはたらく。地球にはたらく力 F が地球の質量 M に比例するのであれば，太陽にはたらく同じ大きさの力 F は，太陽の質量 M_s にも比例するはずである。そこで，定数 G を $G = \frac{4\pi^2}{kM_s}$ とおいて，

$$F = G\frac{M_s M}{r^2}$$

を得る。こうして万有引力の法則は導かれた。

理論物理セミナー 6　万有引力を受けた質点は 2 次曲線を描く

7.1 で述べたように，万有引力を受けて運動をする質点は，2 次曲線すなわち楕円，放物線，双曲線のいずれかを描く。ここでは，このことを証明しよう。そのための数学的準備として，まず一般的な 2 次曲線の極座標表示から説明しよう。

1. 2次曲線の極座標表示

ここでは，焦点と準線を用いた2次曲線の定義からはじめ，その極座標表示を求める。

一般的に2次曲線は，1点(焦点)と1直線を用いて定義される。すなわち，図1のように，点$(c,\ 0)$を通りx軸に垂直な直線をgとし，原点Oと直線gまでの距離の比が$e:1$(eを**離心率**という)の点Pの軌跡として定義される。

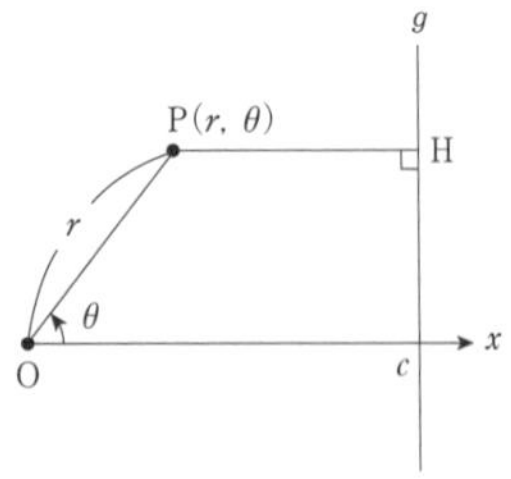

図1

0 < e < 1のとき楕円，e = 1のとき放物線，e > 1のとき双曲線

である。

求める軌跡上の任意の点Pの極座標を(r, θ)とし，Pから直線gへ引いた垂線をPHとすると，

$$\mathrm{OP}:\mathrm{PH} = e:1$$

$\mathrm{OP} = r$，$\mathrm{PH} = c - r\cos\theta$を代入すると，

$$r = e(c - r\cos\theta) \qquad \therefore \quad \frac{ec}{r} = 1 + e\cos\theta \qquad \cdots\cdots①$$

ここで，$ec = l$とおくと，

$$\frac{l}{r} = 1 + e\cos\theta \qquad \cdots\cdots②$$

となる。これが2次曲線の極座標表示である。

$e = 1$のとき，①式は，

$$r^2 = (c - r\cos\theta)^2$$

と書ける。ここで，(x, y)座標を用いて$r^2 = x^2 + y^2$，$r\cos\theta = x$とおくと，

$$y^2 = c^2 - 2cx$$

となる。これは(x, y)座標系での放物線の方程式である。

$e \neq 1$のとき，①式を上と同様に(x, y)座標で表すと，

$$(e^2 - 1)x^2 - 2e^2cx - y^2 + e^2c^2 = 0 \qquad \cdots\cdots③$$

となる。$0 < e < 1$のとき，③式は楕円の方程式を表し，$e > 1$のとき，③式は双曲線の方程式を表す。

2. 万有引力を受けて運動する質点の軌道の形

万有引力を受けた質点の軌跡を求めるのに，運動方程式から出発する方法は次項3で扱うこととし，ここでは，エネルギー保存則を用いて考察する。

図2のように，質量Mの質点から距離rだけ離れた質量mの質点の力学的エネルギーEは，無限遠での位置エネルギーを0，万有引力定数をGとして，

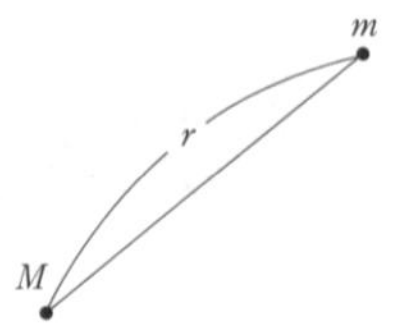

図2

$$E = \frac{1}{2}mv^2 - \frac{GMm}{r}$$

ここで，「理論物理セミナー1」の⑤，⑥式を用いて，

$$E = \frac{1}{2}m(\dot{r}^2 + r^2\dot{\theta}^2) - \frac{GMm}{r} \qquad \cdots\cdots④$$

となる。

万有引力は中心力であるから，面積速度(角運動量)

$$S = \frac{1}{2}r^2\dot{\theta} \quad (L = mrv_\theta = mr^2\dot{\theta})$$

は一定になる。いま計算の便を考えて $r = \dfrac{1}{u}$ とおくと，

$$\dot{\theta} = \frac{2S}{r^2} = 2Su^2$$

$$\dot{r} = -\frac{1}{u^2}\cdot\frac{du}{dt} = -\frac{1}{u^2}\cdot\frac{du}{d\theta}\cdot\dot{\theta} = -2S\frac{du}{d\theta} \qquad \cdots\cdots⑤$$

これらを④式へ代入し，$2mS^2$ で両辺を割ると，

$$\left(\frac{du}{d\theta}\right)^2 + u^2 - \frac{GM}{2S^2}u = \frac{E}{2mS^2}$$

これより，

$$\frac{du}{d\theta} = \pm\sqrt{\frac{E}{2mS^2} + \frac{GM}{2S^2}u - u^2}$$

$$= \pm\sqrt{\left(\frac{E}{2mS^2} + \frac{G^2M^2}{16S^4}\right) - \left(u - \frac{GM}{4S^2}\right)^2}$$

となる。さらに，

$$l = \frac{4S^2}{GM},\quad e = \sqrt{1 + \frac{8ES^2}{G^2M^2m}} \qquad \cdots\cdots⑥$$

とおくと，

$$\frac{du}{d\theta} = \pm\sqrt{\frac{e^2}{l^2} - \left(u - \frac{1}{l}\right)^2}$$

と書ける。これより，

$$\theta = \int\frac{d\theta}{du}du = \pm\int\frac{du}{\sqrt{\dfrac{e^2}{l^2} - \left(u - \dfrac{1}{l}\right)^2}} \qquad \cdots\cdots⑦$$

ここで，a を任意定数としたときの積分 $I = \displaystyle\int\frac{dz}{\sqrt{a^2 - z^2}}$ は，$z = a\cos\phi$ とおくことにより，次のように計算できることを思い出しておこう。

$$I = \int\frac{-a\sin\phi\, d\phi}{a\sqrt{1-\cos^2\phi}} = -\int d\phi = -\phi - \theta_0 \quad (\theta_0 : \text{積分定数})$$

これより，$u - \dfrac{1}{l} = \dfrac{e}{l}\cos\psi$ とおくと，⑦式の積分は，

$$\theta = \mp\psi - \theta_0 \qquad \therefore\ \cos(\theta + \theta_0) = \cos\psi = \frac{l}{e}\left(u - \frac{1}{l}\right)$$

となる。最後に $r = \dfrac{1}{u}$ を代入して，

$$\frac{l}{r} = 1 + e\cos(\theta + \theta_0) \qquad \cdots\cdots⑧$$

⑧式の積分定数 θ_0 を変えることは，x 軸の向きを変えるだけであり，曲線の形に変化はない。そこで，$\theta_0 = 0$ とおけば②式となる。

いまの場合，離心率 e が⑥式で与えられることを考慮すると，質点の力学的エネルギー E の符号により軌道の形が，

$E<0$ のとき	$e<1$ で	楕 円
$E=0$ のとき	$e=1$ で	放物線
$E>0$ のとき	$e>1$ で	双曲線

となることがわかる。

3. 中心力を受けた質点の運動

この項では，万有引力を含め，一般的な中心力を受けた質点の運動を，極座標で表示された運動方程式を用いて考察してみよう。

極座標を用いたとき，質量 m の質点の一般的な運動方程式は，「理論物理セミナー4」の①式で与えられるから，中心力 $mf(r)=f_r$，$f_\theta=0$ がはたらくとき，それらは，

$$m(\ddot{r}-r\dot{\theta}^2)=mf(r) \qquad \cdots\cdots⑨$$

$$\frac{m}{r}\cdot\frac{d}{dt}(r^2\dot{\theta})=0 \qquad \cdots\cdots⑩$$

となる。⑩式より，$r^2\dot{\theta}=h=$一定となる。面積速度は，$S=\frac{1}{2}h$ であるが，ここでは，S の代わりに，定数 h を用いて議論を進めてみよう。前項2と同様に，$r=\frac{1}{u}$ とおくと，

$$\dot{\theta}=\frac{d\theta}{dt}=\frac{h}{r^2}=hu^2$$

また，⑤式を用いて，

$$\ddot{r}=\frac{d}{dt}(\dot{r})=\frac{d}{dt}\left(-h\frac{du}{d\theta}\right)=\frac{d\theta}{dt}\cdot\frac{d}{d\theta}\left(-h\frac{du}{d\theta}\right)$$

$$=-h^2u^2\frac{d^2u}{d\theta^2}$$

これらを⑨式へ代入して，

$$\frac{d^2u}{d\theta^2}+u=-\frac{f\left(\frac{1}{u}\right)}{h^2u^2} \qquad \cdots\cdots⑪$$

いま，中心力が万有引力の場合，すなわち，$mf(r)=-G\frac{Mm}{r^2}$ と表されるとき，$f\left(\frac{1}{u}\right)=-GMu^2$ となるから，⑪式は，

$$\frac{d^2u}{d\theta^2}+u=\frac{GM}{h^2} \qquad \cdots\cdots⑫$$

となる。⑫式の右辺は一定値であるから，⑫式の一般解（巻末の「Appendix A」§3参照）は，A，B を任意定数として，

$$u=A\cos\theta+B\sin\theta+\frac{GM}{h^2}$$

と表される。これが⑫式の解であることは，代入してみれば⑫式を満た

していることからわかる。また，一般解であることは，2つの任意定数を含むことから保証される。定数 A，B は，$\theta = 0$ のとき，r が極小すなわち u が極大になるように始線（x 軸）を決めることから定まる。これより，

$$\left.\frac{du}{d\theta}\right|_{\theta=0} = B = 0, \quad \left.\frac{d^2u}{d\theta^2}\right|_{\theta=0} = -A < 0 \quad (A > 0)$$

となる。ここで，$\left.\dfrac{du}{d\theta}\right|_{\theta=0}$ は，$\theta = 0$ での微分係数を表す。さらに，$\dfrac{h^2}{GM} = l$，$A = \dfrac{e}{l}$ とおくと，②式が得られる。

One Point Break ニュートン（1643〜1727）

ニュートン

アイザック・ニュートン（I. Newton）は，1643年，イギリスのケンブリッジ北方の田舎町ウールスソープで自作農の息子として生まれた。彼は中等学校に入学後も，一旦は学校を退学して農業を手伝ったりしたが，農夫には向かないことがわかり，学校に復学した。1661年にケンブリッジ大学のトリニティー・カレッジに入学したが，当時の大学では，神学や哲学が中心で自然科学はほとんど講義されていなかった。そこではじめアリストテレスの運動学を習った。アリストテレスによれば，運動には自然運動と強制運動の2種類があるという。自然運動とは，物体がその本性にしたがってひとりでに行う運動であり，例えば，火は上に上昇するという本性をもち，水と土は落下する本性をもつ。強制運動とは，外部からの作用で物体の本性に逆らって行う運動である。また，自然現象への数学の適用を否定していた。

ニュートンはこのようなアリストテレス流の考えからいちはやく脱し，数学や光学の実験に没頭した。1665年にケンブリッジ大学を卒業したが，ペストの流行で1年半ほど郷里に戻った。この間に運動の法則や微積分法，光のスペクトルなどについての重要な発見の端緒がつけられた。1667年ケンブリッジに戻ったニュートンは，すぐにフェローに選ばれ，1669年には，27歳の若さで「ルーカス数学教授職」という名誉あるポストについた。このポストは，ルーカスによって創設されたもので，初代教授にはバローという人物が就いており，ニュートンはバローに次いで2代目であった。ニュートンはこの職に1701年，59歳になるまで32年間留まった。

ニュートンは，運動の3法則や万有引力の法則などを発見し，近代的力学の原理を打ち立て，1687年，大著『自然哲学の数学的諸原理』（通称“プリンキピア”）を著した。また，光学においても，光の粒子説を唱え，『光学』を著した。力学や光学の分野では，ニュートンはしばしばフックとの間に，科学的な事柄の他，発見の優先権などをめぐっても不愉快な論争を行った。

もう1つニュートンの大きな業績に，微積分法がある。微積分に関する発見も，彼は早くに論文として発表しておかなかったため，ライプニッツとの間で醜い論争がなされた。

力学，光学，微積分法の創造などの業績により，彼は近代科学の祖と言われているが，これらの研究の他に，「錬金術」なるものにも熱中していた。錬金術とは，銅などの普通の金属を金，銀などの高価な金属に変えようとする術で，近代化学によって否定される以前，多くの人々がかかわったものである。そのため，彼は「最後の錬金術師」とも言われる。

§8 単振動とその応用

音波の振動，弦の振動，地震による振動や電気的な振動など，我々の身のまわりにはいろいろな振動が溢れている。これらの振動は，一般的には大変複雑であり，その周期などを簡単に表すことはできない。このような振動の中で，最も単純な振動が単振動である。§8では，単振動について詳しく考える。

8.1 単振動という周期運動

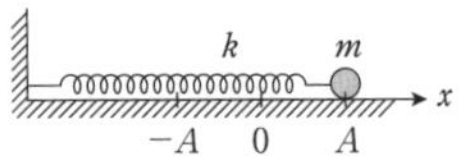

図8.1

図8.1のように，水平面に置かれたばね定数kのばねの左端を固定し，右端に質量mのおもりを付けて，ばねを自然長よりAだけ引き伸ばして放す。いま，ばねの自然長の位置を原点として水平面に沿って右向きにx軸をとると，おもりは$x=A$と$-A$の間で振動する。このときの振動が単振動である。

おもりの位置がxのとき，おもりにはばねの弾性力$-kx$（$x>0$のとき，x軸負の向き，$x<0$のとき，x軸正の向き）がはたらく。このときおもりの運動方程式は，加速度を$a=\dfrac{d^2x}{dt^2}=\ddot{x}$とすると，

$$m\ddot{x}=-kx$$

となる。おもりを放した時刻を$t=0$とすると，おもりの位置xは時刻tと共に，図8.2に示す運動をすると考えられる。このとき，位置xは，時刻tの関数として，

$$x=A\cos\omega t$$

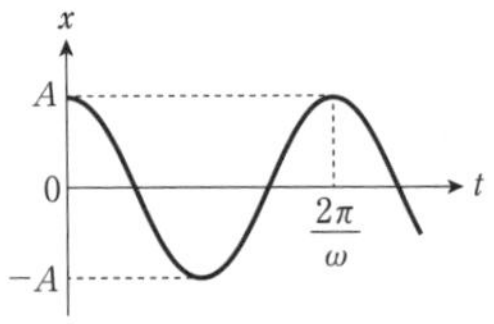

図8.2

と表される。ここで，定数Aを単振動の**振幅**，$\omega=\sqrt{\dfrac{k}{m}}$を**角振動数**という。

一般に，物体Pの位置xが時刻tの関数として，

$$x=x_0+A\sin(\omega t+\phi)$$

と表されるとき，Pの運動を**単振動**という。ここで，$x=x_0$を**振動中心**といい，Aは振幅，ωは角振動数である。また，物体Pが1回振動する時間，すなわち，**周期**は$T=\dfrac{2\pi}{\omega}$と表される。さらに$\omega t+\phi$を**位相**といい，特に，ϕは**初期位相**と呼ばれる。

8.1.1 等速円運動と単振動

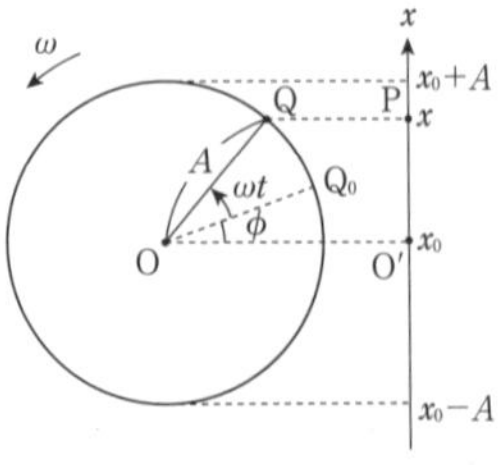

図8.3

図8.3のように，点Qが点Oのまわりに等速円運動をしているとき，点Qをx軸に射影した点Pの運動が単振動になる。円運動の半径をA，角速度をω，点Oをx軸へ射影した点O′の座標を$x=x_0$とする。時刻$t=0$において，$\angle \mathrm{O'OQ_0}=\phi$とすると，時刻$t$で点Qを$x$軸へ射影した点Pの座標$x$は，

$$x=x_0+A\sin(\omega t+\phi)$$

と書ける。

点Pの速度 v と加速度 a は,

$$v = \frac{dx}{dt} = \dot{x} = A\omega\cos(\omega t+\phi)$$

$$a = \dot{v} = \ddot{x} = -A\omega^2\sin(\omega t+\phi)$$

$$= -\omega^2(x-x_0)$$

となるから，質量 m の物体が点Pと共に運動しているとすると，その運動方程式は,

$$m\ddot{x} = -m\omega^2(x-x_0)$$

となる。ここで，m も ω も時刻 t によらない定数であるから，$m\omega^2 = k$（正の定数）とおくと，上式は,

$$m\ddot{x} = -k(x-x_0) \quad \cdots\cdots(8.1)$$

と書ける。

(8.1)式は，質量 m の物体の運動方程式である。したがって，物体にはたらく力を考えて，(8.1)式の運動方程式が書けたならば，その物体は，$x = x_0$ を中心として角振動数 ω と周期 T が,

$$\omega = \sqrt{\frac{k}{m}},\quad T = \frac{2\pi}{\omega} = 2\pi\sqrt{\frac{m}{k}} \quad \cdots\cdots(8.2)$$

で与えられる単振動をすることがわかる。ただし，運動方程式(8.1)からわかることはここまでである。単振動の振幅 A や初期位相 ϕ までは，運動方程式だけからはわからない。物体の運動を完全に決めるには，さらに**初期条件**が必要である。

8.1.2　初期条件を用いた運動の決定

初期条件とは，はじめどういう状態から運動を開始させるのかを与える条件のことである。例えば，時刻 $t = 0$ に位置 $x = 0$ で静かに物体を放し，その後，物体の運動方程式が(8.1)式で与えられたとする。このとき物体は，$x = x_0$ を中心に，(8.2)式で与えられる角振動数 ω（周期 T）の単振動をするから，物体の位置 x は，時間 t とともに図8.4のように変化する。よって，その位置 x は,

$$x = x_0(1-\cos\omega t) \quad \cdots\cdots(8.3)$$

で与えられる。こうして物体の運動は完全に定まる。

次に，(8.3)式をもう少し一般的に決定してみよう。

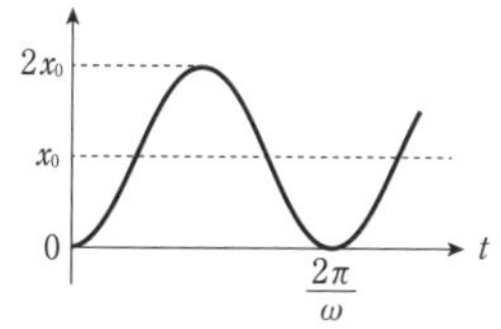

図8.4

運動方程式の一般的解法

単振動を表す運動方程式(8.1)は，x のみが時間 t の関数であり，x の時間 t に関する2階微分 $\ddot{x}$ を含む方程式である。このような方程式を**2階微分方程式**という。一般に，微分方程式を満たす関数を**解**という。元の微分方程式の解で2つの任意定数（他の条件から求めることのできる定数）を含むものは，2階微分方程式の**一般解**（すべての解を含む解）であることが，数学的に証明されている。そこで，(8.1)式の一般解は，角振動数を $\omega = \sqrt{\frac{k}{m}}$，A，Bを任意

定数として,

$$x-x_0=A\sin\omega t+B\cos\omega t \qquad \cdots\cdots(8.4)$$

と書くことができる。(8.4)式より,

$$\ddot{x}=-\omega^2(A\sin\omega t+B\cos\omega t)$$

となるから,(8.4)式が微分方程式(8.1)を満たすことは明らかであろう。

そこで,一般解(8.4)に含まれている任意定数A, Bを初期条件を用いて決めて特殊解を求める。上で用いた初期条件は,

「$t=0$のとき,$x=0$, $v=0$」 ……(8.5)

である。(8.4)式より,

$$v=\dot{x}=\omega(A\cos\omega t-B\sin\omega t)$$

となるから,初期条件(8.5)より,

$$B=-x_0,\ A=0$$

となり,(8.3)式を得る。

8.1.3 エネルギー保存則

単振動を考える上で,エネルギー保存則は大変重要であり,多くの問題を解く上で役に立つ。単振動のエネルギー保存則も,5.2で述べたエネルギー保存則と同様に,運動方程式をエネルギー積分することによって導かれる。

運動方程式(8.1)の両辺に$\dot{x}$をかけて右辺を左辺に移項する。

$$m\dot{x}\ddot{x}+k(x-x_0)\dot{x}=0 \qquad \cdots\cdots(8.6)$$

ここで,$\dot{x}$がtの関数であるから合成関数の微分を思い出せば,上式の左辺第1項は次のように変形できる。

$$m\dot{x}\ddot{x}=\frac{1}{2}m\frac{d}{dt}(\dot{x})^2$$

同様に,

$$k(x-x_0)\dot{x}=\frac{1}{2}k\frac{d}{dt}(x-x_0)^2$$

となるから,これらを(8.6)式へ代入し,時間tで積分して,

$$\int\left\{\frac{1}{2}m\frac{d}{dt}(\dot{x})^2+\frac{1}{2}k\frac{d}{dt}(x-x_0)^2\right\}dt=0$$

$$\therefore\quad \frac{1}{2}m\dot{x}^2+\frac{1}{2}k(x-x_0)^2=C \quad (C:\text{積分定数})$$

を得る。ここで,$\dot{x}=v$とおいて見慣れた形でのエネルギー保存則

$$\frac{1}{2}mv^2+\frac{1}{2}k(x-x_0)^2=\text{一定} \qquad \cdots\cdots(8.7)$$

を書くことができる。

(8.7)式の左辺第1項は物体の運動エネルギーであるが,第2項は,**単振動の位置エネルギー**と呼ばれる。エネルギー保存則(8.7)は,運動方程式(8.1)が成り立てば必ず成り立つ関係であり,(8.1)の右辺**$-k(x-x_0)$がどのような種類の力であるかによらない**ことに注意すべきである。(8.1)式から(8.7)式への変形は単なる数学的変形であり,力に

ついての物理的な意味付け(例えば，ばねの弾性力であるかどうかとか，あるいは，保存力か非保存力かといったこと)に関係しない。そこで，以下の例題を考えてみよう。

例題 1.7　鉛直ばねのエネルギー保存則

図 8.5 のように，一端が固定されたばね定数 k の鉛直なばねの他端に質量 m のおもりが付けられている。ばねの自然長の位置を原点に鉛直下向きに x 軸をとり，重力加速度の大きさを g とする。

(1)　ばねの自然長の位置でおもりを支え，静かに放した。おもりの振動中心の位置と振動の振幅，および振動の周期を求めよ。

(2)　ばねの自然長の位置で下向きに初速 v_0 を与えた。このとき，おもりの振動の振幅はいくらか。

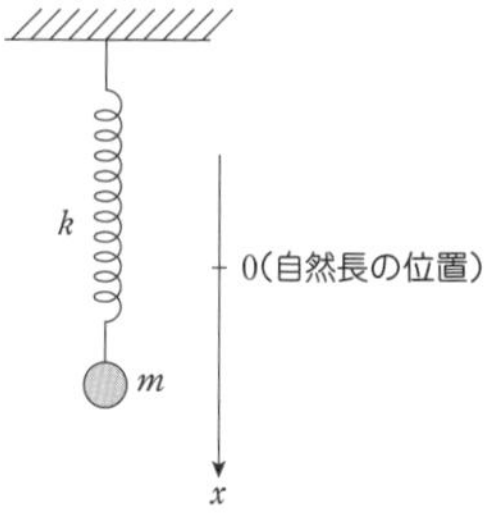

図 8.5

解答

(1)　おもりの位置が x のとき，おもりには重力 mg が下向きに，ばねの弾性力 kx が上向きにはたらく(図 8.6)から，おもりの運動方程式は，$x_0 = \dfrac{mg}{k}$ として，

$$m\ddot{x} = mg - kx = -k(x - x_0) \qquad \cdots\cdots(8.8)$$

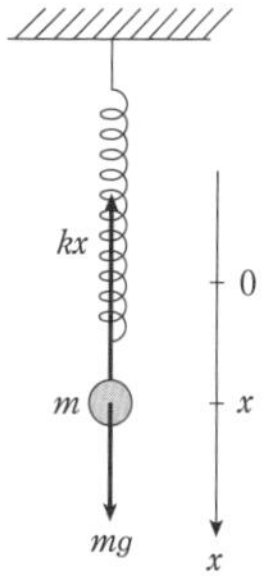

図 8.6

となる。したがって，おもりは，$x = x_0 = \underline{\dfrac{mg}{k}}$ の位置を中心に，周期 $\underline{T = 2\pi\sqrt{\dfrac{m}{k}}}$ の単振動をする。また，おもりを放した時刻を $t = 0$ とすると，おもりの位置 x は，図 8.7 のように変化することは明らかであるから，単振動の振幅 A_1 は，

$$A_1 = x_0 = \underline{\frac{mg}{k}}$$

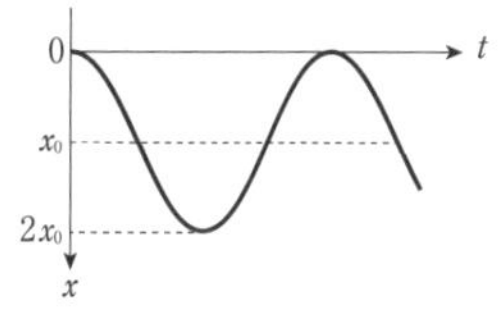

図 8.7

(2)　この場合も，おもりの運動方程式は(8.8)式である。よって，エネルギー保存則は，位置 x でのおもりの速度を v として，

$$\frac{1}{2}mv^2 + \frac{1}{2}k(x - x_0)^2 = 一定 \qquad \cdots\cdots(8.9)$$

と書ける。

単振動の振幅 A は，おもりの速度が 0 になる点 x と振動中心 $x = x_0$ との距離だから $(A = x - x_0)$，

$$\begin{cases} x = 0 \\ v = v_0 \end{cases} \Rightarrow \begin{cases} x = A + x_0 \\ v = 0 \end{cases}$$

を(8.9)式へ代入して，A は，

$$\frac{1}{2}mv_0{}^2 + \frac{1}{2}kx_0{}^2 = \frac{1}{2}kA^2 \qquad \therefore\ A = \underline{\sqrt{x_0{}^2 + \frac{mv_0{}^2}{k}}}$$

別解

運動方程式(8.8)の一般解

$$x-x_0 = C_1\sin\omega t+C_2\cos\omega t,\quad \omega=\sqrt{\frac{k}{m}}$$

において，初期条件「$t=0$ のとき，$x=0$，$v=v_0$」を用いて，任意定数 C_1，C_2 を決める。

$$v=\dot{x}=\omega\,(C_1\cos\omega t-C_2\sin\omega t)$$

より，

$$-x_0=C_2,\quad v_0=\omega C_1\qquad \therefore\quad C_1=\frac{v_0}{\omega}$$

したがって，

$$x=x_0+\frac{v_0}{\omega}\sin\omega t-x_0\cos\omega t$$

$$=x_0+\sqrt{{x_0}^2+\frac{{v_0}^2}{\omega^2}}\sin(\omega t-\phi),\quad \tan\phi=\frac{\omega x_0}{v_0}$$

これより，単振動の振幅 A は，

$$A=\underline{\sqrt{{x_0}^2+\frac{m{v_0}^2}{k}}}$$

▶ **付加説明**

(8.9)式の左辺に現れる単振動の位置エネルギー $\frac{1}{2}k(x-x_0)^2$ の意味を考えよう。

運動方程式(8.8)の右辺の力 $-k(x-x_0)$ は，おもりにはたらく重力 mg とばねの弾性力 $-kx$ の合力であるから，単振動の位置エネルギー U は，重力の位置エネルギーとばねの弾性エネルギーの和である。実際，おもりのつり合いの位置 $x=x_0$ を位置エネルギーの基準にとると，位置 x では，基準点より重力の位置エネルギーは $mg(x-x_0)$ だけ減少し，ばねの弾性エネルギーは $\frac{1}{2}kx^2-\frac{1}{2}k{x_0}^2$ だけ増加しているから，基準点より増加している全位置エネルギー U' は，$kx_0=mg$ を用いて，

$$U'=-mg\,(x-x_0)+\left(\frac{1}{2}kx^2-\frac{1}{2}k{x_0}^2\right)$$

$$=-kx_0x+k{x_0}^2+\frac{1}{2}kx^2-\frac{1}{2}k{x_0}^2$$

$$=\frac{1}{2}kx^2-kx_0x+\frac{1}{2}k{x_0}^2$$

$$=\frac{1}{2}k(x-x_0)^2$$

$$=U$$

となる。

8.2　単振動を引き起こす力

これまでに述べてきたように，単振動の運動方程式は，(8.1)式で与えられるのであるから，単振動を引き起こす力は，

$$F(x) = -k(x - x_0)$$

と表されることになる。このように表される力には，ばねの弾性力などが含まれるが，それ以外にはあまり多くはなさそうである。ということは，単振動はかなり特殊な運動であり，自然界には多く存在しないのではなかろうか。それでは，単振動はあまり重要な運動とはいえない……。

実際には，単振動は自然界に多く存在し，大変重要な運動なのである。それは何故か。多くの力は，そのつり合いの位置(力が0になる位置)のまわりの微小な変位を考えると，単振動を与える力になってしまうのである。よって，微小振動を考えると，それはほとんど単振動になる。

例えば，ある物体にはたらく力が，

$$F(x) = -A\sin x$$

と書けるとき，巻末の「Appendix A」で説明するように，$|x|$が1に比べて十分に小さいとき，$\sin x$は，$x = 0$のまわりに，

$$\sin x \fallingdotseq x - \frac{x^2}{6} + \cdots\cdots$$

と展開できる。したがって，力がつり合う位置$x = 0$の近くでの運動を考えるかぎり，

$$F(x) \fallingdotseq -Ax$$

となり，$A > 0$のとき，その運動は単振動になる。もちろん，$A < 0$であれば，つり合いの位置からずれると，そのずれを大きくする方向に力がはたらくから，元の位置に戻ることはできず，単振動にはならない。

単振り子

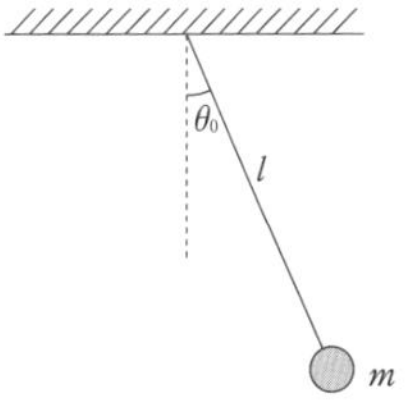

図8.8

図8.8のように，一端が天井に固定された長さlの糸の他端に質量mの小球を付け，糸が鉛直線と微小角θ_0をなす位置で小球を静かに放すと，小球は最下点のまわりに振動する。このときの小球の振動運動を考えよう。

最下点を原点に，小球の円軌道に沿って右向きにs軸をとる。糸が鉛直線とθの角をなしているとき，小球の位置は$s = l\theta$と表される。このとき小球の加速度は$\ddot{s} = l\ddot{\theta}$となる。小球には，重力$mg$と糸の張力$S$がはたらいている(図8.9)から，小球の$s$軸に沿った方向の運動方程式は，

$$ml\ddot{\theta} = -mg\sin\theta \qquad \cdots\cdots(8.10)$$

と書ける。

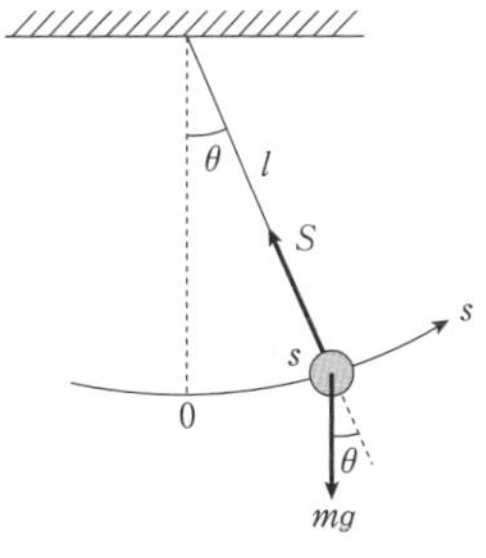

図8.9

(8.10)式からわかるように，この場合小球の運動は，角θを時間tの関数として求めることによって与えられる。ただし，(8.10)式を満たすθはtの初等関数(代数関数〔多項式で表される関数など〕，三角関数，指数関数，対数関数など)で表すことはできない。そこで，$|\theta|$が十分に小さい($|\theta| \ll 1$)として(8.10)式を近似しよう。1次の近似式$\sin\theta \fallingdotseq \theta$を用いて，

$$ml\ddot{\theta} \fallingdotseq -mg\theta \qquad \therefore\ \ddot{\theta} = -\frac{g}{l}\theta \qquad \cdots\cdots(8.11)$$

を得る。(8.11)式は，角 θ が角振動数 $\Omega = \sqrt{\dfrac{g}{l}}$ で単振動することを示している。実際，振幅を θ_0，初期位相を α とすると，関数 θ は，

$$\theta = \theta_0 \sin(\Omega t + \alpha)$$

と表されることは明らかであろう。角 θ がこのような単振動をすれば，小球の位置 $s = l\theta$ も同様な単振動をする。よって，単振り子の周期 T は，

$$T = \frac{2\pi}{\Omega} = 2\pi\sqrt{\frac{l}{g}}$$

で表されることがわかる。

運動方程式が(8.10)式で表される運動は，一般に単振動ではないが，振幅の小さい，すなわち $|\theta| \ll 1$ である微小振動は単振動になる。

Topics　質量とは何か

これまで物体の質量を，詳しく議論することなく用いてきたが，ここで質量について，再度考えてみよう。

物体の質量の決め方には2通りの方法がある。1つは，地球など他の物体から受ける万有引力を測定することによって定義する方法であり，もう1つは，いろいろな物体に同一の力を加え，それぞれの加速度を測定することにより，ニュートンの運動方程式から質量を定義する方法である。前者の方法で定義される質量を**重力質量**，後者の方法で定義される質量を**慣性質量**という。

重力質量と慣性質量は互いに無関係であり，一致する保証は何もない。しかし，重力質量と慣性質量が一致することは，以下のような実験から高い精度で確かめられている。

1. 単振り子の周期を用いる方法

単振り子の周期を測定することにより，重力質量と慣性質量の関係を調べることは，はじめニュートンにより試みられた。

8.2で述べた方法と比較しながら考えよう。図1のように，重力質量 m_G，慣性質量 m_I の小球Pが長さ l の糸で天井の一点Hから吊るされ，微小振動している。Pにはたらく力は，重力加速度の大きさを g として，重力 $m_G g$ と糸の張力 S であるから，糸が鉛直線と θ の角をなすとき，Pの運動方程式は，

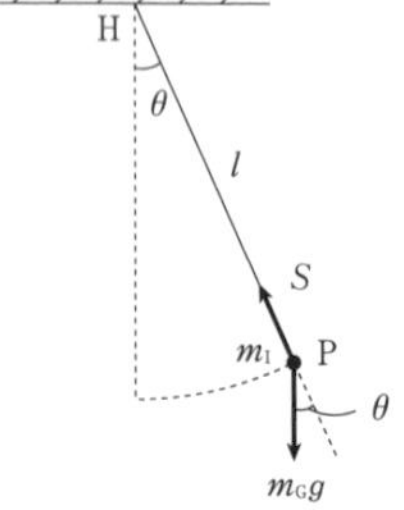

図1

$$m_I l\ddot{\theta} = -m_G g \sin\theta$$

ここで，$\sin\theta \fallingdotseq \theta$ と近似して，周期 T は，

$$\ddot{\theta} = -\frac{m_G g}{m_I l}\theta \quad \therefore \quad T = 2\pi\sqrt{\frac{l}{g}}\cdot\sqrt{\frac{m_I}{m_G}} \qquad \cdots\cdots①$$

小球Pをいろいろな物体に変えて単振り子の周期を測定すると，①式からそれぞれの物体の慣性質量と重力質量の比が求められる。この方法により，ベッセルは次の結果を得た。

$$\left|\frac{m_I}{m_G} - 1\right| \leqq 1.7\times10^{-5}$$

2. エトヴェッシュの実験

高い精度で慣性質量と重力質量の比を測定した有名な実験に**エトヴェッシュの実験**がある(図2)。

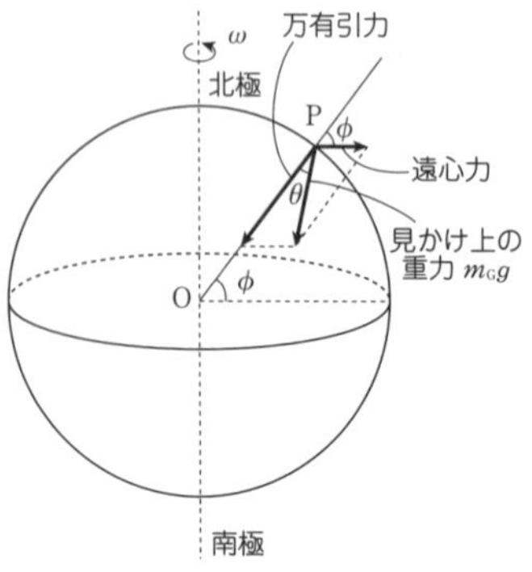

図2

地球上で物体にはたらく見かけ上の重力は，地球からその物体にはたらく万有引力と地球が自転していることによる遠心力の合力である。ここで，遠心

力は慣性力であり，慣性力は運動方程式を考えることによって現れる。よって，**万有引力は重力質量を用いて与えられ，遠心力は慣性質量を用いて与えられる**から，慣性質量と重力質量の比が物体によって異なるならば，地球上ではたらく見かけ上の重力の向きは物体によって異なるはずである。この見かけ上の重力の向きの違いを測定すれば，物体による慣性質量と重力質量の比が求められる。

緯度 ϕ の地点 P で慣性質量 m_I，重力質量 m_G の物体にはたらく見かけ上の重力の向きと，地球の中心 O に向かう向きは，物体にはたらく遠心力のためにわずかに異なる。見かけ上の重力の向きと地球の中心に向かう向きのなす角を図 2 のように θ とする。地球の半径を R とすると，点 P の地球の自転による円運動の半径は $R\cos\phi$ であるから，自転の角速度を ω として，点 P 上の物体にはたらく遠心力の大きさは $m_\mathrm{I}R\omega^2\cos\phi$ となる。また，物体にはたらく見かけ上の重力の大きさは，万有引力の大きさ $m_\mathrm{G}g$ にほぼ等しい[1)]。見かけ上の重力の直線 OP に垂直な方向の成分は，遠心力によって与えられるから，

$$m_\mathrm{G}g\sin\theta = m_\mathrm{I}R\omega^2\cos\phi\cdot\sin\phi$$

が成り立つ。θ は十分小さい($|\theta| \ll 1$)ので，近似式 $\sin\theta \fallingdotseq \theta$ を用いて，

$$\theta = \frac{R\omega^2\sin 2\phi}{2g}\cdot\frac{m_\mathrm{I}}{m_\mathrm{G}} \qquad \cdots\cdots②$$

を得る。

②式は，慣性質量と重力質量の比が物体によって異なれば，見かけ上の重力の向きが南北方向にずれることを示している。エトヴェッシュは，②式を用いて，

$$\left|\frac{m_\mathrm{I}}{m_\mathrm{G}}-1\right| < 10^{-8} \qquad \cdots\cdots③$$

という結果を得た。最近では，この方法を用いて③式の左辺の値を 10^{-12} 以下にすることに成功している。

3. 等価原理

「**慣性質量と重力質量は厳密に等しい**($m_\mathrm{I} = m_\mathrm{G}$)」(これを**等価原理**という)と考えるとどのようなことが起こるのであろうか。この等価原理を用いて重力を考察したのがアインシュタインである。

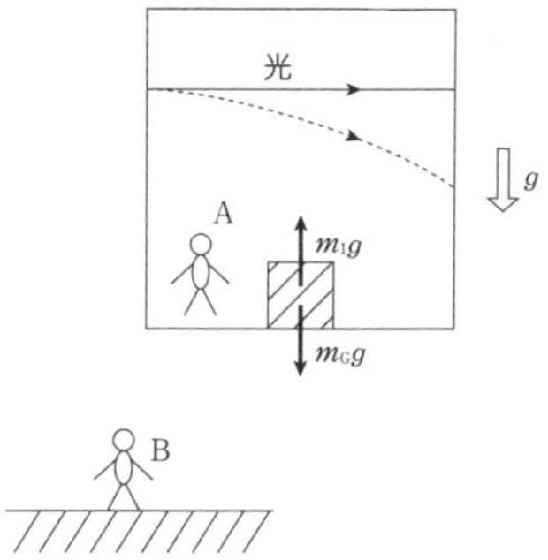

図 3

慣性質量と重力質量が等しいならば，次のように，慣性力を用いて重力を消し去ることができる。図 3 のように，吊り下げているロープの切れたエレベーターは，重力加速度 g で自由落下する。このとき，エレベーターと共に落下している観測者(**自由落下系**)A から見ると，物体には重力 $m_\mathrm{G}g$ と慣性力 $m_\mathrm{I}g$ がはたらく。いま，厳密に $m_\mathrm{I} = m_\mathrm{G}$ ならば，どのような物体の重力も慣性力によって打ち消されるから，無重力状態が実現されたと考えることができる。もし，物体により m_I と m_G がわずかでも異なれば，重力を消し去ることはできず，無重力状態は実現されない。

無重力状態のエレベーター内ではどのようなことが起こるであろうか。いまエレベーターの側壁の一点から光が水平右向きに発せられたとする。エレベーター内では無重力状態が実現されているから，観測者 A から見ると光は水平方向へ直進する。この光を地面に静止した観測者 B が見ると，光はどのように進むのであろうか。エレベーターは重力加速度 g で自由落下しているのであるから，光は質量をもった小球の水平投射の場合と同様に放物運動をして鉛直下方へ曲がる。観測者 B には重力がはたらいているから，**光は重力により曲げられた**のである。ここで，光は質量をもっていない。質量をもたないものに重力ははたらかないはずである。にもかかわらず光が重力で曲げられるのはなぜであろうか。この問題に正面から取り組み答を与えたのはアインシュタインである。アインシュタインは，等価原理から出発して**一般相対性理論**を構築し，重力により空間が曲がった結果，光が曲がるように見えるという結論を得た。

---

1)　遠心力の大きさは，万有引力の大きさに比べて十分小さいので，見かけ上の重力の大きさは，ほぼ万有引力の大きさに等しい。

理論物理セミナー 7 力と位置エネルギー（ポテンシャル）

保存力 $\boldsymbol{f}=(f_x, f_y, f_z)$ がはたらく力場（空間）において，力と位置エネルギー（ここでは，ポテンシャルという）の関係を考えてみよう。

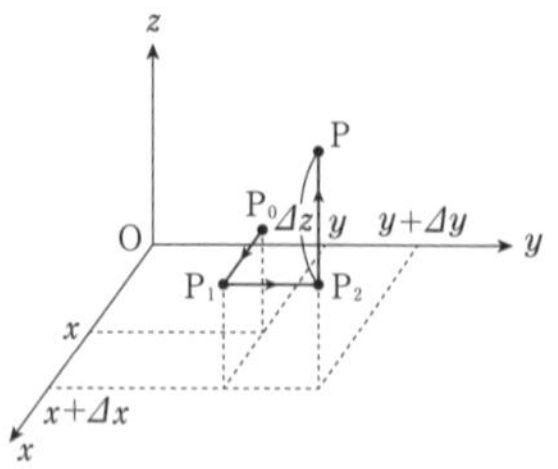

図1

図1のように，質点が点 $P_0(x, y, z)$ から，P_0 の近傍の点 $P(x+\Delta x, y+\Delta y, z+\Delta z)$ まで動き，この間，力 $\boldsymbol{f}$ の変化が無視できるとする。いま質点はまず x 軸に沿って点 P_0 から点 $P_1(x+\Delta x, y, z)$ まで動き，次に点 P_1 から点 $P_2(x+\Delta x, y+\Delta y, z)$ まで動き，最後に点 P_2 から点 P まで動く。

x 軸に沿ってはたらく力は f_x であるから，$P_0 \to P_1$ の間，f_x のする仕事は，

$$W(P_0 \to P_1) = f_x \cdot \Delta x \qquad \cdots\cdots①$$

である。

一方，点 O を基準にした点 P_0 のポテンシャルを $U(P_0)$，点 P_1 のポテンシャルを $U(P_1)$ とおき，ポテンシャルの変化 $U(P_1)-U(P_0)$ を ΔU_x と書くと，

$$\begin{aligned} W(P_0 \to P_1) &= W(P_0 \to P_1 \to O) - W(P_1 \to O) \\ &= U(P_0) - U(P_1) \\ &= -\Delta U_x \end{aligned} \qquad \cdots\cdots②$$

①，②式より，$\Delta x \to 0$ として力 $\boldsymbol{f}$ の x 成分 f_x は，

$$f_x = -\frac{\Delta U_x}{\Delta x} \to -\lim_{\Delta x \to 0} \frac{U(x+\Delta x, y, z) - U(x, y, z)}{\Delta x} \equiv -\frac{\partial U}{\partial x}$$

と書ける。ここで，$\dfrac{\partial U}{\partial x}$ は，y, z 座標を一定にしたとき，U の x 座標での微分を表し，U の x での**偏微分**と呼ばれる。

質点を点 P_1 から点 P_2 まで動かした場合，および，点 P_2 から点 P まで動かした場合も同様に考えることができる。ここで，点 P は点 P_0 の近傍であるから，

$$\begin{aligned} \Delta U_y &\equiv U(x, y+\Delta y, z) - U(x, y, z) \\ &\fallingdotseq U(x+\Delta x, y+\Delta y, z) - U(x+\Delta x, y, z) \\ \Delta U_z &\equiv U(x, y, z+\Delta z) - U(x, y, z) \\ &\fallingdotseq U(x+\Delta x, y+\Delta y, z+\Delta z) - U(x+\Delta x, y+\Delta y, z) \end{aligned}$$

であることに注意すると，力 $\boldsymbol{f}$ の y 成分 f_y と z 成分 f_z は，それぞれ，

$$f_y = -\frac{\Delta U_y}{\Delta y} \quad \to \quad -\frac{\partial U}{\partial y}$$

$$f_z = -\frac{\Delta U_z}{\Delta z} \quad \to \quad -\frac{\partial U}{\partial z}$$

となる。よって，力 $\boldsymbol{f}=(f_x, f_y, f_z)$ は，

$$\boldsymbol{f} = \left(-\frac{\partial U}{\partial x},\ -\frac{\partial U}{\partial y},\ -\frac{\partial U}{\partial z}\right)$$

となる。

これと類似の関係は，下巻第5章で述べる電場と電位においても成り立つ。

ここで偏微分の例をあげておこう。

$U(x, y, z) = 3x^2y - xyz^2 + y^3z^2$ のとき，$\dfrac{\partial U}{\partial x}$ は，y, z を定数とみなして x で微分するのであるから，

$$\frac{\partial U}{\partial x} = 6xy - yz^2$$

となる。同様に，$\dfrac{\partial U}{\partial y}$ は x, z を定数とみなして y で微分するのであり，$\dfrac{\partial U}{\partial z}$ は，x，y を定数とみなして z で微分するのであるから，それぞれ，

$$\frac{\partial U}{\partial y} = 3x^2 - xz^2 + 3y^2z^2$$

$$\frac{\partial U}{\partial z} = -2xyz + 2y^3z$$

となる。

例 2次元振動場

図2のように，ばね定数 k のばねに付けられた糸が，水平面と角 θ だけ傾けて固定された板の中心Oに開けられた小孔を通して，質量 m の小球に付けられている。ばねが自然長のとき，糸が張った状態で小球がちょうど小孔の位置にくるようにばねの一端をOの真下の点に固定する。いま，板上にOを原点に板に沿って水平方向へ x 軸，x 軸に垂直に板に沿って y 軸をとり，小球を座標 $(a, 0)$ で静かに放した。重力加速度の大きさを g とする。

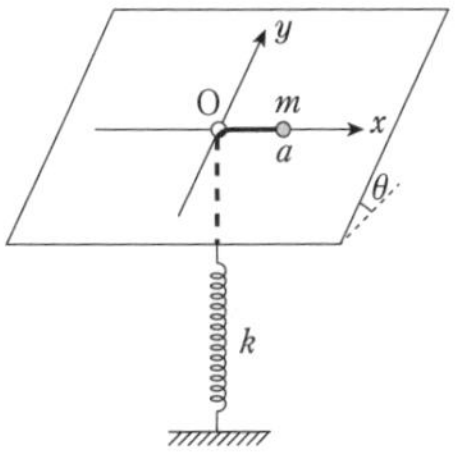

図2

小球が位置 (x, y) にきたとき，ばねの伸びは，$\sqrt{x^2+y^2}$ となるから，小球のもつ位置エネルギー（ばねの弾性エネルギーと重力の位置エネルギーの和）$U(x, y)$ は，板の中心Oの位置を重力の位置エネルギーの基準として，

$$U(x, y) = \frac{1}{2}k(x^2+y^2) + mgy\sin\theta$$

となる。よって，小球の運動方程式の (x, y) 成分は，それぞれ，

$$m\ddot{x} = -\frac{\partial U}{\partial x} = -kx$$

$$m\ddot{y} = -\frac{\partial U}{\partial y} = -ky - mg\sin\theta$$
$$= -k\left(y + \frac{mg\sin\theta}{k}\right)$$

となり，小球は，座標 $\left(0,\ -\dfrac{mg\sin\theta}{k}\right)$ を中心に，角振動数 $\omega = \sqrt{\dfrac{k}{m}}$ の単振動をすることがわかる（図3）。単振動は，中心の点に関して対称な運動をするから，小球は，点 $(a, 0)$，$\left(-a,\ -\dfrac{2mg\sin\theta}{k}\right)$ の間の線分上を運動する。

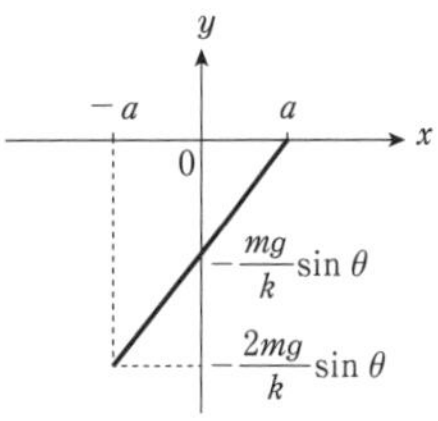

図3

理論物理セミナー 8 減衰振動と強制振動

これまでは単純な単振動を考えてきたが，ここでは，もう少し実際的な場合として，振動している物体に抵抗力や外部からの駆動力がはたらく場合を考察してみよう。運動方程式がやや複雑になるため，このような現象を解析するには，高校で習わない数学的な取り扱い(複素指数関数を用いた取り扱い)をした方が見通しがよくなる。使用する数学は，その都度説明を加えながら論理を展開していくことにしよう。

1. 減衰振動

これまで物体の単振動を考えるとき，物体にはたらく抵抗力は無視してきた。しかし，真空中で物体が振動するのでないかぎり実際には抵抗力がはたらく。この抵抗力のために，物体を振動させると，振動の振幅は次第に小さくなり，十分に時間がたつと止まってしまう。このような運動を**減衰振動**という。

まず，流体中(水中，空気中など)で振動するばね振り子の運動を考えよう。流体中では，速さが小さいとき，速さに比例する抵抗力がはたらく。ばね定数 k のばねに付けた小球Pの質量を m，速度 $v=\dot{x}$ のときの抵抗力を $-\lambda v$（λ は正の定数)とし，ばねの自然長の位置を原点に水平右向きに x 軸をとる(図1)。位置 x でのPの運動方程式は，

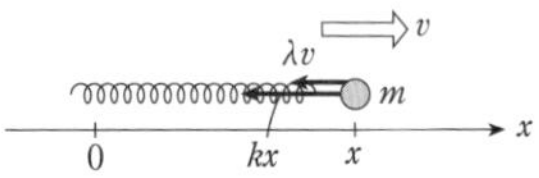

図1

$$m\ddot{x}=-kx-\lambda\dot{x}$$

となる。ここで，$k=m\omega_0{}^2$，$\lambda=2m\mu$ とおくと，

$$\ddot{x}+2\mu\dot{x}+\omega_0{}^2x=0 \quad \cdots\cdots①$$

が得られる。いま，ω_0 は，抵抗がないとき単振動をする小球Pの角振動数であり，μ は抵抗力の大きさを表す量である。

①式は，**減衰振動を表す微分方程式**と呼ばれる2階の線形微分方程式である(巻末の「Appendix A」参照)。この微分方程式の一般解を求めるには，まず，2つの特殊解を見出すことが必要である。2つの特殊解 x_1, x_2 がわかれば，C, D を任意定数(一般的に複素数)として，$\tilde{x}=Cx_1+Dx_2$ をつくると，$\tilde{x}$ は2つの任意定数を含み，これを①式の x へ代入すると満たすから，一般解であることがわかる。このとき，一般解 $\tilde{x}$ は複素数であるが，求める解(位置座標) x は実数である。一般的に，線形な微分方程式が複素数解をもつとき，その実数部分と虚数部分は共に元の微分方程式の解である。求める実数解 x は $\tilde{x}$ の実数部分で与えられる。

まず，特殊解を求めるために，$\tilde{x}=e^{\alpha t}$（α：定数)とおいて①式の x へ代入する。

$$(\alpha^2+2\mu\alpha+\omega_0{}^2)e^{\alpha t}=0$$

$e^{\alpha t}\neq 0$ より，

$$\alpha^2+2\mu\alpha+\omega_0{}^2=0 \quad \cdots\cdots②$$

となる。②式を①式の**特性方程式**という。

(1) **$\mu^2-\omega_0{}^2<0$ (抵抗力が比較的小さい)のとき**

②式の2解は，$\Omega=\sqrt{\omega_0{}^2-\mu^2}$（$\Omega$ は実数)とおいて，

$$\alpha_1 = -\mu + i\Omega,\ \ \alpha_2 = -\mu - i\Omega$$

である。これより，①式の2つの特殊解は，$\tilde{x}_1 = e^{\alpha_1 t}$，$\tilde{x}_2 = e^{\alpha_2 t}$ と書けるから，一般解は，

$$\tilde{x} = C\tilde{x}_1 + D\tilde{x}_2 = e^{-\mu t}(Ce^{i\Omega t} + De^{-i\Omega t}) \quad \cdots\cdots③$$

となる。ここで，$e^{\pm i\theta}$は，

$$e^{\pm i\theta} = \cos\theta \pm i\sin\theta \ \ \text{(複号同順)}$$

で与えられる。これを**オイラーの公式**という。

いま，③式は微分方程式①の複素数の一般解である。ここで，C_1，C_2，D_1，D_2 を実数として複素数の定数 C，D を，それぞれ，

$$C = C_1 + iC_2,\ \ D = D_1 + iD_2$$

とおくと，

$$Ce^{i\Omega t} + De^{-i\Omega t} = (C_1 + iC_2)(\cos\Omega t + i\sin\Omega t) + (D_1 + iD_2)(\cos\Omega t - i\sin\Omega t)$$

であるから，③式で与えられる $\tilde{x}$ の実数部分，すなわち，①式の実数の一般解 x は，

$$\begin{aligned} x &= e^{-\mu t}(E\sin\Omega t + F\cos\Omega t) \\ &= Ae^{-\mu t}\sin(\Omega t + \phi) \quad \cdots\cdots④ \end{aligned}$$

となる。ただし，

$$E = D_2 - C_2,\ \ F = C_1 + D_1,\ \ A = \sqrt{E^2 + F^2},\ \ \tan\phi = \frac{F}{E}\left(-\frac{\pi}{2} \leqq \phi \leqq \frac{\pi}{2}\right)$$

であり，A と ϕ は実数の任意定数である。

2つの任意定数 A と ϕ は，初期条件すなわち時刻 $t = 0$ のときの位置 x と速度 v から決められる。

例1　減衰振動の特殊解1

減衰振動を表す微分方程式の一般解④において，初期条件

「時刻 $t = 0$ のとき，$x = 0$，$v = \dot{x} = v_0$」

を用いて任意定数 A と ϕ を決め，$\mu^2 - {\omega_0}^2 < 0$ の場合の位置 x の時間変化を表すグラフを描いてみよう。

$$x = Ae^{-\mu t}\sin(\Omega t + \phi)\ (0 \leqq \phi < 2\pi),\ \ \Omega = \sqrt{{\omega_0}^2 - \mu^2}$$

$$0 = A\sin\phi$$

$$v_0 = A(-\mu\sin\phi + \Omega\cos\phi)$$

これらより，

$$\begin{cases} \phi = 0 \\ A = \dfrac{v_0}{\Omega} \end{cases},\quad \begin{cases} \phi = \pi \\ A = -\dfrac{v_0}{\Omega} \end{cases}$$

よって，初期条件を満たす特殊解は，

$$x = \frac{v_0}{\Omega}e^{-\mu t}\sin\Omega t \quad \cdots\cdots⑤$$

となる。$\omega_0 = 7\mu$ のとき，⑤式のグラフは，図2のように描かれる。

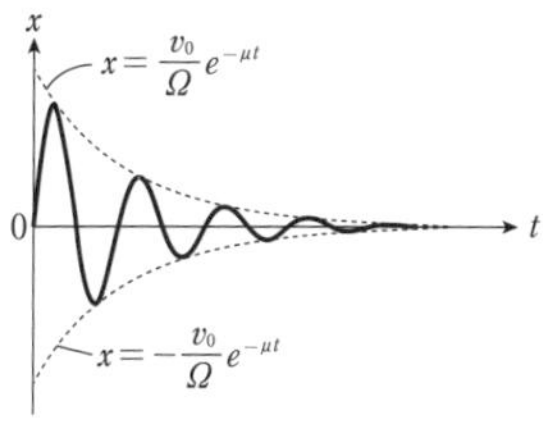

図2

(2)　**$\mu^2 - {\omega_0}^2 > 0$（抵抗力が比較的大きい）のとき**

特性方程式②の2解は，

$$\gamma_1 = -\mu + \sqrt{\mu^2 - \omega_0{}^2}, \quad \gamma_2 = -\mu - \sqrt{\mu^2 - \omega_0{}^2}$$

となるから，減衰振動を表す微分方程式①の一般解は，A_1，A_2 を任意実数定数として，

$$x = A_1 e^{\gamma_1 t} + A_2 e^{\gamma_2 t} \qquad \cdots\cdots ⑥$$

となる。

例 2 減衰振動の特殊解 2

減衰振動を表す微分方程式の一般解⑥において，初期条件

「時刻 $t = 0$ のとき，$x = 0$，$v = \dot{x} = v_0$」

を用いて任意定数 A_1，A_2 を決め，$\mu^2 - \omega_0{}^2 > 0$ の場合の位置 x の時間変化を表すグラフを描いてみよう。

$$x = A_1 e^{\gamma_1 t} + A_2 e^{\gamma_2 t}$$
$$v = \dot{x} = A_1 \gamma_1 e^{\gamma_1 t} + A_2 \gamma_2 e^{\gamma_2 t}$$

に初期条件を用いて，

$$0 = A_1 + A_2, \quad v_0 = A_1\gamma_1 + A_2\gamma_2$$

これらより，

$$A_1 = \frac{v_0}{\gamma_1 - \gamma_2}, \quad A_2 = -\frac{v_0}{\gamma_1 - \gamma_2}$$

よって，初期条件を満たす特殊解は，

$$x = \frac{v_0}{\gamma_1 - \gamma_2}\left(e^{\gamma_1 t} - e^{\gamma_2 t}\right) \qquad \cdots\cdots ⑦$$

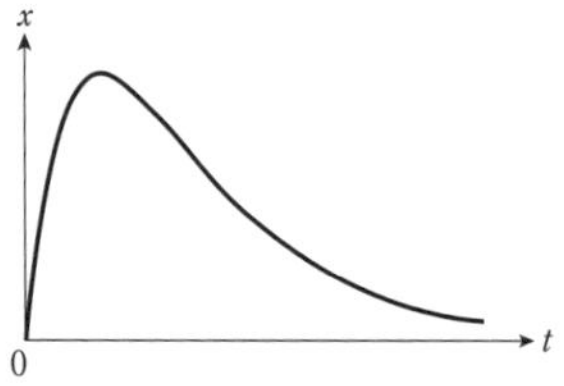

図 3

となる。$\mu = 1.1\omega_0$ のとき，⑦式のグラフは図 3 のように描かれる。

2. 強制振動

抵抗力を受けて振動しているばね振り子に角振動数 ω の外力を加えた**強制振動**を考えてみよう。減衰振動の場合のような速度 v に比例する抵抗力 $-\lambda v$（λ は正の定数）と，外力 $F_0 \sin \omega t$ がはたらくとき，ばね定数 k のばねに付けられた質量 m の小球 P の運動方程式は，

$$m\ddot{x} = -kx - \lambda v + F_0 \sin \omega t$$

となる。この式は，$\omega_0 = \sqrt{\dfrac{k}{m}}$，$\mu = \dfrac{\lambda}{2m}$，$f_0 = \dfrac{F_0}{m}$，および $v = \dot{x}$ を用いて，

$$\ddot{x} + 2\mu\dot{x} + \omega_0{}^2 x = f_0 \sin \omega t \qquad \cdots\cdots ⑧$$

と書ける。このとき，ω_0 をばねの**固有角振動数**という。すなわち，ω_0 は，抵抗もなく外力もはたらかせないとき，ばね振り子が自由に振動する角振動数である。

⑧式の一般解は，$f_0 = 0$ のときの微分方程式（これを**斉次**あるいは**同次微分方程式**という）の一般解と $f_0 \neq 0$ のときの微分方程式（これを**非斉次**あるいは**非同次微分方程式**という）の特殊解の和で与えられる。なぜなら，斉次微分方程式の 2 つの任意定数を含む一般解を x_0，非斉次微分方程式の特殊解を x_1 とすると，

$$\ddot{x}_0 + 2\mu\dot{x}_0 + \omega_0{}^2 x_0 = 0, \quad \ddot{x}_1 + 2\mu\dot{x}_1 + \omega_0{}^2 x_1 = f_0 \sin \omega t$$

と書けるから，辺々和をとると，

$$(\ddot{x}_0+\ddot{x}_1)+2\mu(\dot{x}_0+\dot{x}_1)+\omega_0{}^2(x_0+x_1)=f_0\sin\omega t$$

となる。したがって，$x=x_0+x_1$ は，⑧式の解であり，2つの任意定数を含むから一般解である。

非斉次微分方程式の特殊解を見出すために，$x_1=B\sin(\omega t-\alpha)$（$B$ は正の定数，α は $0\leqq\alpha<2\pi$ の定数）とおいて⑧式へ代入してみよう。

$$(\omega_0{}^2-\omega^2)B\sin(\omega t-\alpha)+2\mu\omega B\cos(\omega t-\alpha)=f_0\sin\omega t \quad \cdots\cdots⑨$$

$$\therefore\quad \sqrt{(\omega_0{}^2-\omega^2)^2+4\mu^2\omega^2}B\sin(\omega t-\alpha+\beta)=f_0\sin\omega t,\ \tan\beta=\frac{2\mu\omega}{\omega_0{}^2-\omega^2}$$

これより，

$$B=\frac{f_0}{\sqrt{(\omega_0{}^2-\omega^2)^2+4\mu^2\omega^2}} \quad \cdots\cdots⑩$$

ここで，$\alpha=\beta$ とおくと，$x_1=B\sin(\omega t-\alpha)$ は，⑧式を満たし，その特殊解であることがわかる。

一方，斉次方程式の一般解 x_0 は，初期条件が何であろうと減衰振動の解であるから，十分に時間がたつと，$x_0\to0$ となる。そこで，十分に時間がたったとき，⑧式の解は，

$$\begin{aligned}x&=x_1\\&=B\sin(\omega t-\beta)\end{aligned} \quad \cdots\cdots⑪$$

と表される。これから，十分に時間がたつと，小球は，ばねの固有角振動数 ω_0 ではなく，外力の角振動数 ω で振動をすることがわかる。

▶ 抵抗が十分小さい場合（$\mu\fallingdotseq0$）

抵抗が十分小さい場合を考えてみよう。このとき，⑨式は，

$$(\omega_0{}^2-\omega^2)B\sin(\omega t-\alpha)\fallingdotseq f_0\sin\omega t$$

となるから，

$$B=\frac{f_0}{\omega_0{}^2-\omega^2},\ \alpha=0$$

となり，

$$x=\frac{f_0}{\omega_0{}^2-\omega^2}\sin\omega t \quad \cdots\cdots⑫$$

である。

⑫式を見ると，次のことがわかるであろう。

$\omega<\omega_0$ のとき，小球の位置 x は外力の符号に等しく，**小球は外力と同位相で振動する**。

$\omega>\omega_0$ のとき，位置 x は外力と逆符号になり，**小球は外力と位相が π だけずれて振動する**。

例えば，長さ l の単振り子の頂点をもって角振動数 ω で振動させると，単振り子は角振動数 $\omega_0=\sqrt{\dfrac{l}{g}}$（$g$：重力加速度の大きさ）に対して $\omega<\omega_0$ のときと，$\omega>\omega_0$ のときで図4のように逆位相で振動をする。

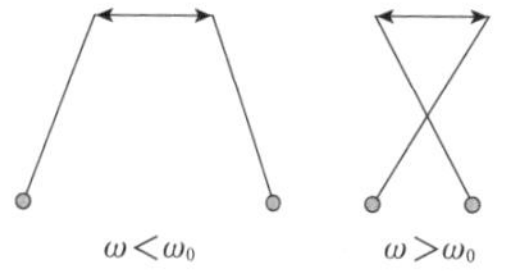

図4

▶ 共鳴

最後に，⑪式の振幅 B が外力の角振動数 ω と共にどのように変化す

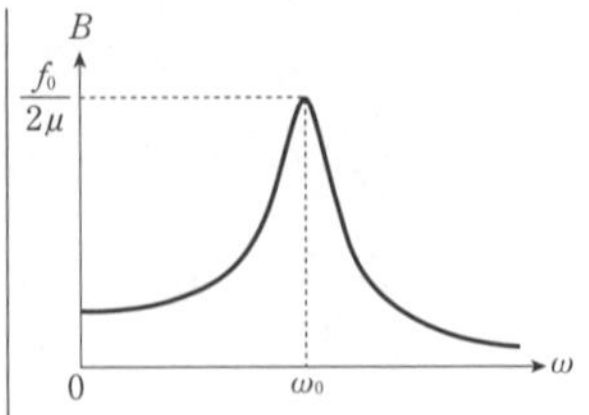

図5

るかを見てみよう。振幅 B の ω 依存性は⑩式で与えられるから，そのグラフは，$\omega_0 = 3\mu$ のとき，図5のように描かれる。すなわち，外力の角振動数 ω が固有振動数 ω_0 の近くで振動の振幅 B が急激に大きくなることがわかる。このような現象を**共鳴**あるいは**共振**という。

この現象は，諸君の身近に多く存在するであろう。例えば，ある笛の音を他の笛の音に共振させるとか，1つのおんさをもう1つのおんさに共振させるなどである。また，吊り橋が地震の振動数に共振すると，振幅が大きくなり破壊されたりする。

One Point Break　アインシュタイン（1879～1955）

20代のアインシュタイン

アルベルト・アインシュタインは，1879年3月14日，南ドイツのウルムという町の商人の子供として生まれた。彼の両親は共にユダヤ人であり，ユダヤ人であることが，後に彼の生涯に大きな影響を与えることになる。

1889年，ミュンヘンのギムナジウム（中学校）に入学し，1895年までここに通った。好奇心に人一倍富んだ少年アルベルトにとって，ギムナジウムでの生活は耐え難いものであった。彼には，講義は受け売りで安直なものであり，テストは暗記中心で，生徒の自発的独創性をつぶしてしまうものと感じられた。この頃から彼は自立的に生きようとする傾向が強く，1895年には，ギムナジウムを中退し，ドイツ国籍をも放棄して両親が移ったイタリアのミラノへ向かった。アルベルトは，以後しばらくの間，無国籍者として過ごした。

ミュンヘン時代，彼に強い影響を与えたのは，学校ではなく，12歳の頃出会ったユークリッド幾何学の本であり，ベルンシュタインの『通俗自然科学体系』やアレクサンダー・フォン・フンボルトの『宇宙論』であった。

その後，アルベルトは，両親から離れ，スイスのチューリッヒにあるスイス連邦工科大学（ETHと略称）に入学しようとしたが，ギムナジウムの卒業証書を持たなかったため，入学試験を受けねばならず，これに失敗してしまう。そこで，1895年の秋から1年間，スイス北部のアーラウ州立学校（高等学校）に通うことになった。

鋭い懐疑主義の風が吹きまくっていた州立学校の生活は，16歳のエネルギッシュな若者アルベルトによく適合し，ハイネの詩を口ずさみ，愛用のバイオリンでバッハの『G線上のアリア』やモーツァルトのソナタなどを演奏した。また，カントの『純粋理性批判』に酔い，すでに将来理論物理学を研究しようと心に決めていたのである。こうして，翌年の1896年10月，ETHのⅥA学部（数学と物理の専門教師を養成するための学部）への入学が許可された。

1900年，ETHを卒業したが，なかなか大学の職に就くことはできなかった。1902年から1909年まで，ベルンの特許局の技師をしていた時期，アインシュタインは大論文を続けて発表した。1905年に有名な3つの論文（光量子論の論文，ブラウン運動の論文，そして特殊相対性理論の論文），1907年には比熱の理論の論文などを出した。これらの仕事は少しずつ認められ，いろいろな大学の職に就くようになり，1914年，ついにドイツで最も名誉あるベルリン大学の教授にまでなった。1916年には一般相対性理論を発表し，その後宇宙の構造などについても議論した。1921年，光子を用いた光電効果の説明に対し，ノーベル物理学賞が授与された。アインシュタインに与えられたノーベル賞は，一般的に有名な「相対性理論」に対してではなかったのである。

ドイツにナチスが興ると，1933年，ユダヤ人であるアインシュタインは，アメリカに渡りプリンストン高等研究所に勤め，そこで後半生を過ごした。彼は光量子論の論文や比熱の論文で量子論の基礎を築いたのであるが，その後の量子論の発展には懐疑的であり，ボーアとの間で論争をした。

演習編

問題 1.1　スカイダイビング

地上から高さ h_0 のところから人が初速0で落下を開始し，高さが $\frac{1}{2}h_0$ になったとき，身につけていたパラシュートを開き，最後には，落下の速さが高さ $\frac{1}{2}h_0$ における速さに比べて十分小さく，ほぼ一定の値となって地上に達した。人とパラシュートの質量の和を m，また，落下の速さが v のとき，開いたパラシュートの空気抵抗によって人にはたらく鉛直上向きの力を kv（k は正の比例定数）とする。空気抵抗はパラシュートを開いたときにだけはたらくと考えて，以下の設問に答えよ。ただし，重力加速度の大きさを g とする。

(1)　万一，パラシュートが開かなかったら，人が地上に達する瞬間の速さはいくらになるか。

(2)　鉛直下向きの加速度 a は落下時間 t と共にどのように変化するか。縦軸に加速度 a，横軸に時間 t をとって概略のグラフを描け。グラフには，原点O，a の最大値，最小値，パラシュートを開いた時刻 t_0 および地上に達した時刻 t_1 を記入せよ。グラフを描く際，地上に達したときの速度が十分小さいこと，および，$t \geqq t_0$ において，加速度 a は上に凸な曲線になることに注意せよ。

(3)　人の鉛直下向きの速さ v は落下時間 t と共にどのように変化するか。縦軸に速さ v，横軸に落下時間 t をとって概略のグラフを描け。グラフには，原点O，v の最大値，パラシュートを開いた時刻 t_0 および地上に達した時刻 t_1 を記入せよ。グラフを描く際，パラシュートを開いたときの地上からの高さが $\frac{1}{2}h_0$ であることに注意せよ。

(4)　落下する人の地上からの高さ h は落下時間 t と共にどのように変化するか。縦軸に高さ h，横軸に落下時間 t をとって概略のグラフを描け。グラフには原点O，はじめの高さ h_0，パラシュートを開いたときの高さ $\frac{1}{2}h_0$，パラシュートを開いた時刻 t_0 および地上に達した時刻 t_1 を記入せよ。

（東京大　改）

Point

(2)　地上に達したときの速度が十分に小さいから，**$0 \leqq t \leqq t_0$ で加速度と t 軸で囲まれた面積は，$t_0 \leqq t$ で加速度と t 軸で囲まれた面積に等しい。**

(3)　$t = t_0$ のとき高さが $\frac{1}{2}h_0$ だから，**$0 \leqq t \leqq t_0$ で速度と t 軸で囲まれた面積は，$t_0 \leqq t$ で速度と t 軸で囲まれた面積に等しい。**

解答

(1)　自由落下だから，加速度 g の等加速度運動となる。求める速さ v_1 は，

$$v_1{}^2 - 0^2 = 2gh_0 \qquad \therefore \quad v_1 = \underline{\sqrt{2gh_0}}$$

(2)　パラシュートを開いた瞬間の速さ v_0 は，

$$v_0{}^2 - 0^2 = 2g \cdot \frac{h_0}{2} \qquad \therefore \quad v_0 = \sqrt{gh_0}$$

地上からの高さ h が $\frac{1}{2}h_0$ になるまでの時間 t_0 は，

$$\frac{h_0}{2} = \frac{1}{2}gt_0{}^2 \qquad \therefore \quad t_0 = \sqrt{\frac{h_0}{g}}$$

$0 \leqq t \leqq t_0$ では，人に重力のみしかはたらかないから，$a = g$，パラシュートを開いた瞬間（$t = t_0$）の下向きの加速度 a_0 は，運動方程式より，

$$ma_0 = -kv_0 + mg$$

$$\therefore \quad a_0 = -\frac{kv_0}{m} + g = -\frac{k}{m}\sqrt{gh_0} + g$$

$t \geqq t_0$ で，速さ v は時間と共に小さくなり，題意にしたがって加速度 a は上に凸な曲線で0に近づく。また，地上に達したときの速さは十分小さいので，$0 \leqq t \leqq t_0$ で $a(>0)$ と t 軸で囲まれた面積と，$t_0 \leqq t$ で $a(<0)$ と t 軸で囲まれた面積がほぼ等しくなることに注意して図1を得る。

(3)　$0 \leqq t < t_0$ では，v は0から v_0 まで直線的に増加し，$t_0 \leqq t$ では，加速度の大きさ $|a|$ が時間と共に減少するから，v は下に凸な曲線となって0に近づく。また，$t = t_0$ において，加速度は大きいが，有限の大きさであるから，速さ v は連続で

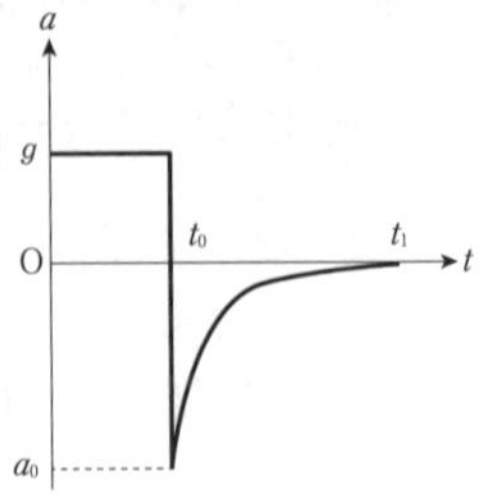

図1

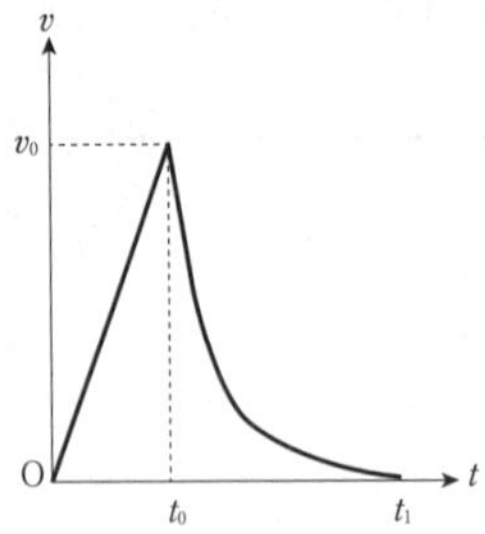

図2

ある。さらに，$t=t_0$のとき，高さが$\frac{1}{2}h_0$だから，$0 \leqq t \leqq t_0$でvとt軸で囲まれた面積と，$t_0 \leqq t$でvとt軸で囲まれた面積が等しいことに注意して図2を得る。

(4)　$0 \leqq t < t_0$では，自由落下であるから，上に凸な放物線，$t_0 \leqq t$では，速さが時間と共に減少するから，hは下に凸な曲線となって0となる。また，$t=t_0$において，速さvが連続であるから，高さhの曲線はなめらかにつながること(微分可能)に注意して図3を得る。

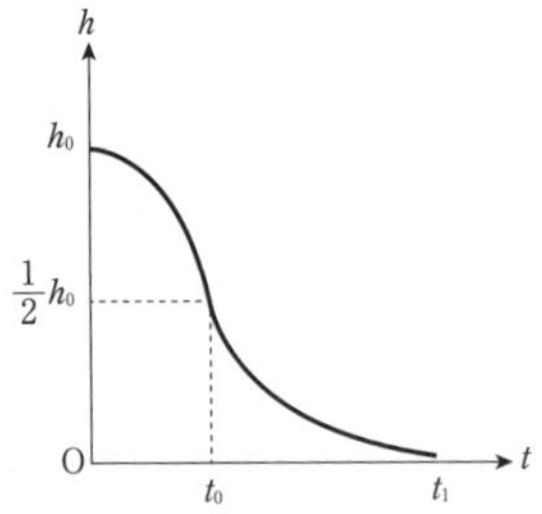

図3

解　説

重力と共に速度vに比例する抵抗力を受けた物体の落下運動[1)]

図4のように，質量mの物体が，空気中を鉛直下向きに速度v，加速度$a=\dot{v}$(下向きを正とする)で降下している場合を考える。

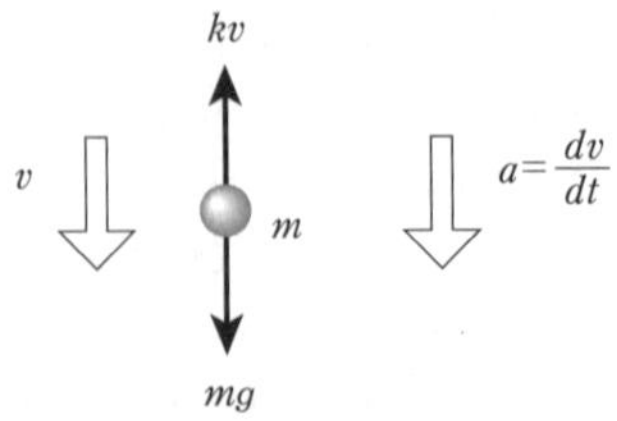

図4

物体には，重力mgと共に，空気から物体の速度vに比例する抵抗力kv(k：比例定数)が上向きにはたらくとする。運動方程式は，

$$m\frac{dv}{dt} = mg - kv \qquad \cdots\cdots①$$

①式は変数分離形の微分方程式である。したがって，「Appendix A」3.2で説明する方法で簡単に解くことができる。両辺を$mg-kv$で割りtで積分すると，

$$\int \frac{dv}{g-\frac{k}{m}v} = \int dt$$

$$\therefore \quad \frac{m}{k}\log\left|g-\frac{k}{m}v\right| = -t + C \quad (C：積分定数)$$

ここで，初期条件「$t=0$のとき$v=0$」より，

$$C = \frac{m}{k}\log|g| \qquad \therefore \quad v = \frac{mg}{k}\left(1-e^{-\frac{k}{m}t}\right)$$

これより，速度vの時間変化として図5を得る。

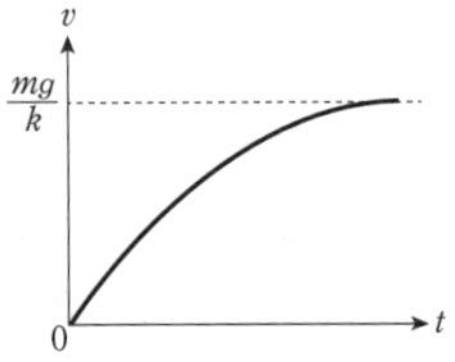

図5

初期条件が「$t=0$のとき$v=v_0$」とすると，上と同様な計算により，

$$v = \frac{mg}{k} + \left(v_0 - \frac{mg}{k}\right)e^{-\frac{k}{m}t}$$

となり，$v_0 > \frac{mg}{k}$のとき，図6，$0 < v_0 < \frac{mg}{k}$のとき，図7となる。

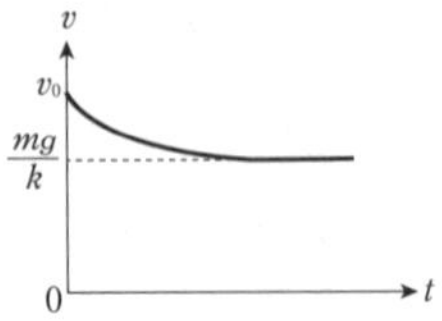

図6

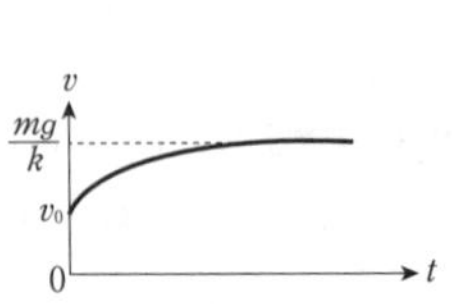

図7

1)　4.1「一様な重力場中の運動」参照。

問題 1.2　放物運動をしたボールの斜面との衝突

図1のように，A 点から投げられたボールが，水平面上の距離 L の B 点に垂直に立てられた高さ L のネットをちょうど越えて，距離 $2L$ 離れた C 点に落下し，さらに前方の斜面上を何回かはね(バウンドし)，やがて C 点に戻ってくる状況を考えよう。ここで，斜面は十分長く，その傾きは θ であり，水平面および斜面はなめらかで，ボールと面とのはね返りの係数(反発係数)は e $(0 < e < 1)$ である。ボールの大きさ，ボールの回転，およびボールに対する空気抵抗は無視し，重力加速度を g として以下の設問に答えよ。なお，θ と e はボールが斜面上を 1 回以上はねることのできる条件を満たしているものとする。

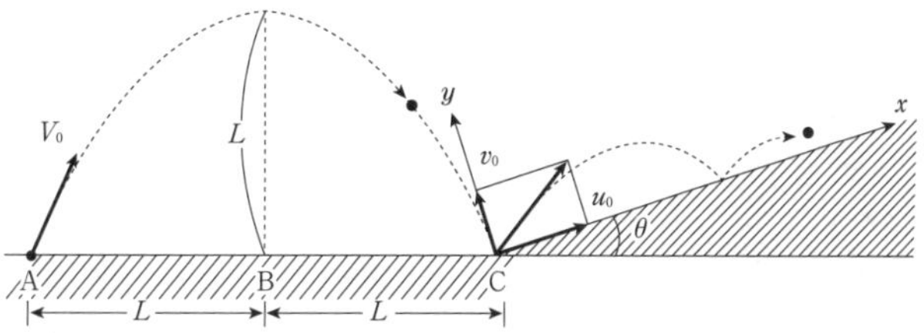

図1

(1) A 点でのボールの初速度 V_0 を g，L を用いて表せ。

(2) ボールは図1の C 点のわずかに左側の水平面でバウンドした。図1のように，C 点を原点として斜面に平行に x 軸，斜面に垂直に y 軸をとったとき，バウンド直後のボールの速度の x 成分 u_0，y 成分 v_0 を g，L，e，θ を用いて表せ。

(3) ボールが C 点ではね上がった時刻を $t=0$ として，1 回目に斜面上でバウンドするまでの間の任意の時刻 t における速度の x 成分 u，y 成分 v，および位置 x，y を表す式を u_0，v_0，g，θ，t を用いて表せ。また，1 回目にバウンドする時刻 t_1 を g，L，e，θ を用いて表せ。

(4) 斜面上でボールが繰り返しはねた。n 回目 $(n \geqq 1)$ にバウンドする時刻 t_n を g，L，e，θ，n を用いて表せ。また，バウンドがおさまる時刻 t_∞ を g，L，e，θ を用いて表せ。

(5) ボールはやがて C 点に戻ってくるが，C 点を B 点に向け通過するとき，バウンドしていない条件を，$\tan\theta$ を用いて e の 2 次不等式で表せ。　　　(東京大)

Point

(1) 放物運動の性質からすばやく計算しよう。

(2) **水平面でバウンドした直後の速度の水平成分と鉛直成分から u_0，v_0 を求めるには，座標軸の θ 回転**(座標の $-\theta$ 回転)を用いよう。

(4) $n-1$ 回目にバウンドしてから n 回目にバウンドするまでの時間 $t_n - t_{n-1}$ は，y 座標が 0 になる時刻から求められるであろう。

解答

(1) A 点でのボールの初速度の水平成分と鉛直成分の大きさをそれぞれ V_{0X}，V_{0Y} とおく。鉛直方向の運動を考えて，

$$0^2 - V_{0Y}{}^2 = 2(-g)L \qquad \therefore \quad V_{0Y} = \sqrt{2gL}$$

また，A から C までの所要時間を T とすると，

$$V_{0Y}T + \frac{1}{2}(-g)T^2 = 0$$

$$\therefore \quad T = \frac{2V_{0Y}}{g} = 2\sqrt{\frac{2L}{g}}$$

$$V_{0X}T = 2L \qquad \therefore \quad V_{0X} = \frac{2L}{T} = \sqrt{\frac{gL}{2}}$$

よって，

$$V_0 = \sqrt{V_{0X}{}^2 + V_{0Y}{}^2} = \underline{\sqrt{\frac{5gL}{2}}}$$

(2) ボールがバウンドした直後の速度の水平成分の大きさは $V_{0X} = \sqrt{\dfrac{gL}{2}}$，鉛直成分の大きさは eV_{0Y}

$= e\sqrt{2gL}$ となる。$(V_{0X}, eV_{0Y}) \to (u_0, v_0)$ は，座標軸を角 θ だけ回転すればよいから，図2より，

$$\begin{cases} u_0 = V_{0X}\cos\theta + eV_{0Y}\sin\theta \\ v_0 = -V_{0X}\sin\theta + eV_{0Y}\cos\theta \end{cases}$$

よって，

$$\underline{u_0 = \left(\frac{1}{2}\cos\theta + e\sin\theta\right)\sqrt{2gL}}$$

$$\underline{v_0 = \left(-\frac{1}{2}\sin\theta + e\cos\theta\right)\sqrt{2gL}}$$

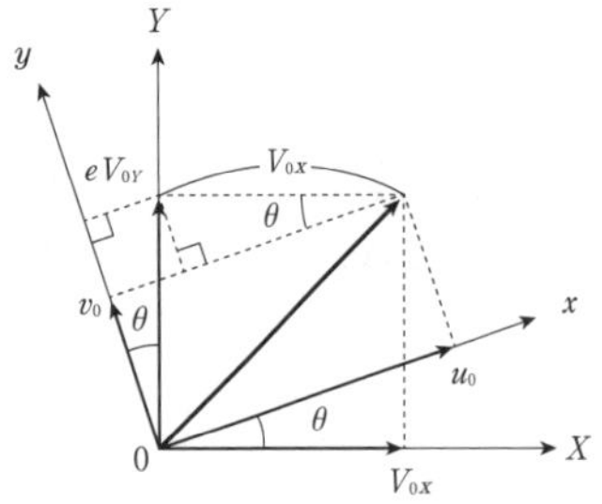

図2

(3) 重力加速度の x 成分は $-g\sin\theta$，y 成分は $-g\cos\theta$ であるから（図3），

$$\begin{cases} u = \underline{u_0 - gt\sin\theta} \\ v = \underline{v_0 - gt\cos\theta} \end{cases}$$

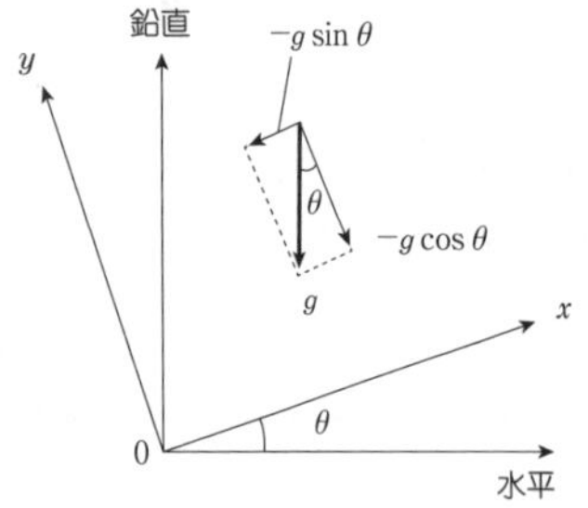

図3

$$\begin{cases} x = \underline{u_0 t - \frac{1}{2}gt^2\sin\theta} & \cdots\cdots① \\ y = \underline{v_0 t - \frac{1}{2}gt^2\cos\theta} & \cdots\cdots② \end{cases}$$

②式で，$y = 0$ とおいて，

$$t_1 = \frac{2v_0}{g\cos\theta} = \underline{(2e - \tan\theta)\sqrt{\frac{2L}{g}}}$$

(4) n 回目のバウンド直後の速度の y 成分を v_n とすると，

$$v_n = ev_{n-1} = \cdots = e^n v_0$$

$n-1$ 回目にバウンドした後，n 回目にバウンドするときの y 座標に着目して，

$$v_{n-1}(t_n - t_{n-1}) - \frac{1}{2}g(t_n - t_{n-1})^2\cos\theta = 0$$

$$\therefore\quad t_n - t_{n-1} = \frac{2e^{n-1}v_0}{g\cos\theta}$$

$t_0 = 0$ を用いて，求める t_n は，

$$\sum_{k=1}^{n} e^{k-1} = 1 + e + e^2 + \cdots + e^{n-1} = \frac{1-e^n}{1-e}$$

より，

$$t_n = \sum_{k=1}^{n}(t_k - t_{k-1}) = \frac{2v_0}{g\cos\theta}\frac{1-e^n}{1-e}$$

$$= \underline{\frac{1-e^n}{1-e}(2e - \tan\theta)\sqrt{\frac{2L}{g}}}$$

$0 \leqq e < 1$ より，$n \to \infty$ のとき，$e^n \to 0$。したがって，バウンドがおさまる時刻 t_∞ は，

$$\underline{t_\infty = \frac{2e - \tan\theta}{1-e}\sqrt{\frac{2L}{g}}}$$

(5) 衝突面はなめらかであるから，衝突前後で速度の x 成分は変化しない（問題1.10の解説参照）。よって，①式を用いて，

$$u_0 t_\infty - \frac{1}{2}gt_\infty{}^2\sin\theta \geqq 0$$

ここで，u_0 と t_∞ を代入して，

$$\underline{2\tan\theta \cdot e^2 + e - (1 + \tan^2\theta) \leqq 0}$$

問題 1.3　円筒面上の小物体のつり合い

図1のような，円筒状(円の中心O，半径R)の斜面(以下簡単に斜面という)がある。質量mの質点Aと質量MのおもりBを軽い糸につなぎ，斜面の頂上に取り付けられたなめらかに動く小さな滑車を通して，質点Aを図のように斜面上に置く。重力加速度をgとして，以下の設問に答えよ。ただし，質点，おもり，滑車は図の紙面内にあり，質点はつねに斜面から離れないものとする。

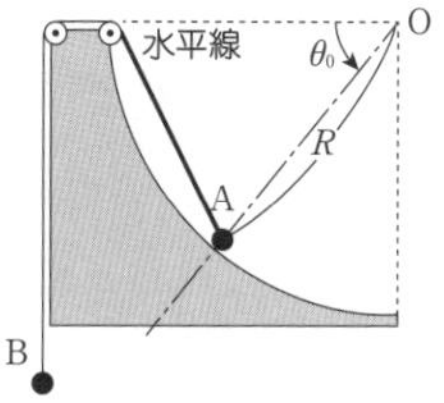

図1

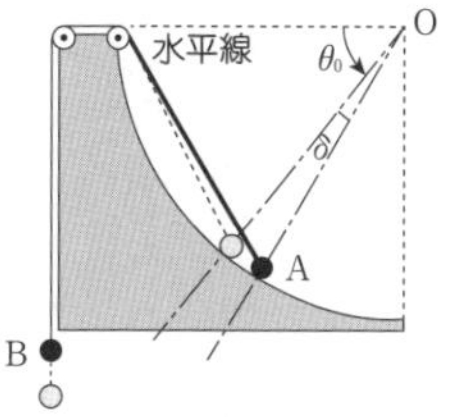

図2

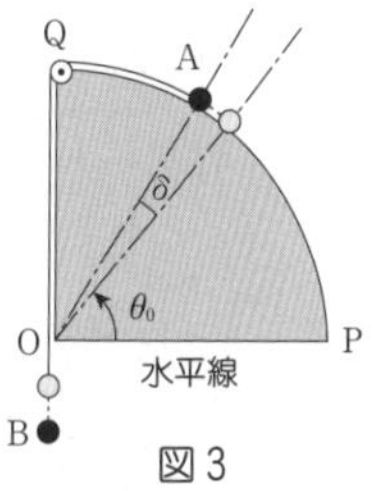

図3

(1) 斜面はなめらかであるとして，糸の張力をT，質点が斜面から受ける抗力をN，点Oと質点Aを結ぶ線が水平線となす角をθ_0とおいて，質点AとおもりBについてつり合いの式を求めよ。ただし，質点Aについては，斜面の接線方向と法線方向の成分に分けて答えよ。

(2) 前問(1)において，質点Aが曲面の途中でつり合うとき，$\dfrac{M}{m}$はどのような範囲の値をとり得るか求めよ。

(3) 図2のように，質点Aをつり合いの位置からなめらかな斜面に沿って，微小な角度δだけ静かに移動させたとき，質点Aのつり合いを保つために追加すべき力の斜面接線方向の成分を，m，M，g，θ_0，δを用いて表せ。ただし，δがθ_0に比べて十分に小さいとき，次の近似計算が成り立つ。

$$\cos(\theta_0+\delta)=\cos\theta_0\cos\delta-\sin\theta_0\sin\delta \fallingdotseq \cos\theta_0-\delta\sin\theta_0$$

(4) 前問(3)の結果より，質点Aをつり合いの位置からわずかにずらして放すと，Aは周期運動をすることがわかる。その周期を求めよ。

次に，図3のように曲面がなめらかな凸面上に，おもりBに軽い糸でつながれた質点Aを置いた場合を考えよう。

(5) つり合いの位置(角度θ_0)での曲面の接線方向のつり合いの式を書き，θ_0を角δ(>0)だけ増加させたとき，質点Aにはたらく合力の大きさを求めよ。また，向きはつり合いの位置から離れる向きか，近づく向きか。

(6) 図3の曲面で静止摩擦力がはたらくと，つり合いの様子はどうなるであろうか。質点Aと曲面の間の静止摩擦係数をμとするとき，角度θ_0の位置でつり合いが成り立つためのおもりBの質量Mの範囲を求めよ。ただし，$\mu<\dfrac{1}{\tan\theta_0}$とする。

(姫路工業大　改)

Point

(1) 重力と曲面接線方向下向きのなす角はθ_0，糸と曲面接線方向上向きのなす角は$\dfrac{\theta_0}{2}$となる。

(2) 質点Aがつり合うならば，$M<m$であることはすぐにわかるが，つり合う位置が存在する必要十分条件を調べるという問題である。$\dfrac{M}{m}$の値の範囲を数学的に厳密に求めよう。

(3)，(5) 与えられた近似式を活用。

解　答

(1) 図4より，質点Aにはたらく力のつり合いは，

接線方向：$\underline{T\cos\dfrac{\theta_0}{2}=mg\cos\theta_0}$ ……①

法線方向：$\underline{N+T\sin\dfrac{\theta_0}{2}=mg\sin\theta_0}$ ……②

おもりBのつり合いは，$\underline{T=Mg}$ ……③

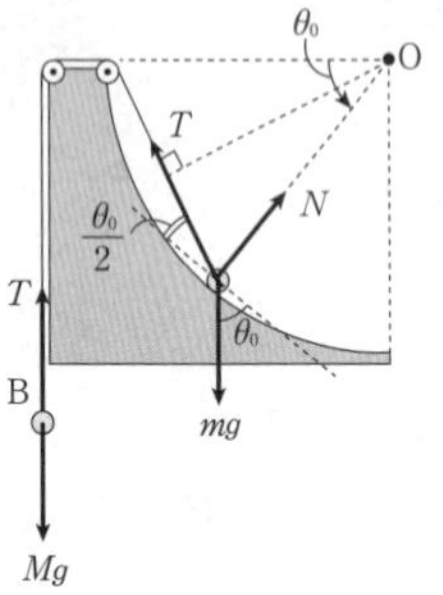

図4

(2) ①，③式より，Tを消去して$\cos\dfrac{\theta_0}{2}=x$とおくと，$h(x)=\dfrac{M}{m}$は，

$$h(x)=\frac{\cos\theta_0}{\cos\dfrac{\theta_0}{2}}=\frac{2\cos^2\dfrac{\theta_0}{2}-1}{\cos\dfrac{\theta_0}{2}}=2x-\frac{1}{x}$$

$$\therefore\quad h'(x)=2+\frac{1}{x^2}>0$$

となり，$h(x)$はxの単調増加関数であることがわかる。ここで，$0<\theta_0<\dfrac{\pi}{2}$のとき，$\dfrac{1}{\sqrt{2}}<x<1$であるから，$0<h(x)<1$となる。よって，

$$\underline{0<\frac{M}{m}<1}$$

このとき，$Mg<mg$であり，$\sin\dfrac{\theta_0}{2}<\sin\theta_0$であるから，②，③式より，

$$N=mg\sin\theta_0-Mg\sin\frac{\theta_0}{2}>0$$

となり，つねに小球は曲面から浮き上がることはなくつり合う。

(3) 曲面に沿って下向きに加える力をfとすると，曲面に沿ったつり合いより，

$$f=T\cos\frac{\theta_0+\delta}{2}-mg\cos(\theta_0+\delta)$$

$$\fallingdotseq T\left(\cos\frac{\theta_0}{2}-\frac{\delta}{2}\sin\frac{\theta_0}{2}\right)-mg(\cos\theta_0-\delta\sin\theta_0)$$

$$=\underline{\left(m\sin\theta_0-\frac{M}{2}\sin\frac{\theta_0}{2}\right)g\delta}$$

を得る。ここで，①，③式を用いた。

(4) 質点Aのつり合いの位置から曲面に沿って下向きの変位を$s=R\delta$とするとき，Aの運動方程式は，

$$m\ddot{s}=-f=-\left(m\sin\theta_0-\frac{M}{2}\sin\frac{\theta_0}{2}\right)\frac{g}{R}s$$

これより，Aは$s=0$を中心に角振動数$\omega=\sqrt{\left(\sin\theta_0-\dfrac{M}{2m}\sin\dfrac{\theta_0}{2}\right)\dfrac{g}{R}}$の単振動をする(8.1「単振動という周期運動」参照)。よって，その周期は，

$$T=\frac{2\pi}{\omega}=\underline{2\pi\sqrt{\frac{R}{\left(\sin\theta_0-\dfrac{M}{2m}\sin\dfrac{\theta_0}{2}\right)g}}}$$

(5) 糸の張力は$T=Mg$だから，曲面の接線方向のつり合いの式は，

$$\underline{Mg=mg\cos\theta_0}$$

質点Aにはたらく合力f'は，曲面に沿って上向きを正として，

$$f'=Mg-mg\cos(\theta_0+\delta)$$
$$\fallingdotseq Mg-mg(\cos\theta_0-\delta\sin\theta_0)$$
$$=mg\delta\sin\theta_0$$

となる。よって，大きさは，$\underline{mg\delta\sin\theta_0}$，向きは，つり合いの位置から<u>離れる向き</u>。

(6) 曲面に沿って下向きの静止摩擦力をF，垂直抗力の大きさをN'とすると，力のつり合いの式と静止条件は，

$$Mg=mg\cos\theta_0+F$$
$$N'=mg\sin\theta_0,\ |F|\leqq\mu N'$$

これより，

$$\underline{m(\cos\theta_0-\mu\sin\theta_0)\leqq M\leqq m(\cos\theta_0+\mu\sin\theta_0)}$$

解 説

安定なつり合いと不安定なつり合い

物体がつり合うとき，そのつり合いには，**安定なつり合い**と**不安定なつり合い**がある。安定なつり合いとは，物体がつり合いの位置からわずかにずれたとき，つり合いの位置に戻そうとする力がはたらくつり合いであり，不安定なつり合いとは，つり合いの位置から離そうとする力がはたらくつり合いである。安定なときは，つり合いの位置からわずかにずらして放すと，物体はつり合いの位置を中心に周期運動(多くの場合，単振動)をする。これが図2の場合である。ところが，不安定なときは，つり合いの位置からさらに離れてしまい，元へ戻らない。これが図3の場合である。**実際に物体をつり合いの位置に置くことができるのは，安定な場合であり，不安定な場合は置くことはできない。**

問題 1.4　粗い斜面上に置かれた直方体が倒れない条件

図1のように，水平面と θ の角をなす斜面上に，一様な直方体ABCDを，長さ $2a$ の辺が斜面の最大傾斜線に平行になるように置く。斜面に垂直な直方体の辺の長さは $2h$ であり，その質量は M である。直方体と斜面の間の静止摩擦係数を μ_0，重力加速度の大きさを g として，以下の設問に答えよ。

(1) 直方体が倒れないとしたとき，滑り出さないための θ に対する条件を求めよ。

(2) 直方体が滑り出さないとしたとき，倒れないための θ に対する条件を求めよ。

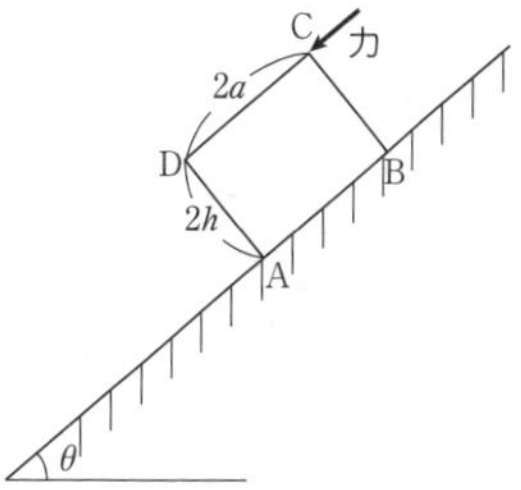

図1

以下，前問(1)，(2)の条件は共に満たされているものとする。

(3) 斜面の最大傾斜線に平行下向きに，0から次第に増加する力を紙面に垂直な辺Cの中点に加えたとき，直方体が倒れずに斜面上を滑り出すための μ_0 に対する条件を求めよ。

(4) 斜面の最大傾斜線に平行上向きに，0から次第に増加する力を紙面に垂直な辺Dの中点に加えたとき，直方体が倒れずに，斜面上を滑り出すための μ_0 に対する条件を求めよ。

（類題　京都大）

Point

直方体が倒れない条件は，**垂直抗力を除いた力の，端点のまわりのモーメントを考えればよい**。これは，垂直抗力が底面内に作用する条件と同じである。

(2) 直方体にはたらく**垂直抗力の作用点は，重力の作用線と斜面の交点**。

解　答

(1) 直方体には，大きさ Mg の重力，斜面から大きさ N の垂直抗力と大きさ f の静止摩擦力がはたらく(図2)。

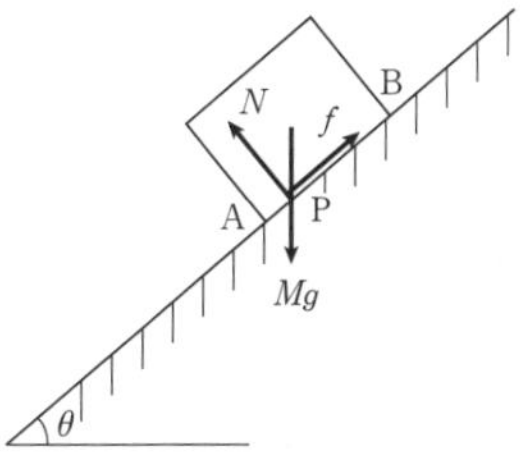

図2

斜面方向のつり合いより，

$$f = Mg\sin\theta \qquad \cdots\cdots①$$

斜面垂直方向のつり合いより，

$$N = Mg\cos\theta \qquad \cdots\cdots②$$

ここで，静止摩擦力は最大摩擦力以下であるから，

$$f \leqq f_{\max} = \mu_0 N \qquad \cdots\cdots③$$

①～③式より，

$$Mg\sin\theta \leqq \mu_0 Mg\cos\theta \qquad \therefore\ \underline{\mu_0 \geqq \tan\theta}$$

(2) 直方体の重心(中心)にはたらく重力 Mg と斜面の交点をPとし，点Pのまわりのモーメントが0となる条件を考えよう。

直方体に斜面からはたらく静止摩擦力 f の作用線は点Pを通るから，垂直抗力 N は，点Pにはたらかねばならないことがわかる。なぜなら，N が点P以外の点にはたらくと，N による点Pのまわりのモーメントは0にならないから，直方体は倒れてしまう。

この場合，直方体にはたらく**垂直抗力の作用点は，底面ABの中点ではない**。物体にはたらく垂直抗力の作用点は，物体を斜面上に置いたり，力を加えたりすると，物体が倒れない(モーメントが0になる)ように物体の底面上を移動する。

いま，垂直抗力 N は直方体の底面にはたらくのであるから，N の作用点は底面ABの外へ出ることはできない。よって，**点Pが底面AB内に入る条件を求めればよい**。これは，

$$h\tan\theta \leqq a \qquad \therefore\ \underline{\tan\theta \leqq \frac{a}{h}}$$

(3) 大きさFの力を加えたとき，直方体が倒れずに滑り出す(図3)ようなFが存在する条件を求める。

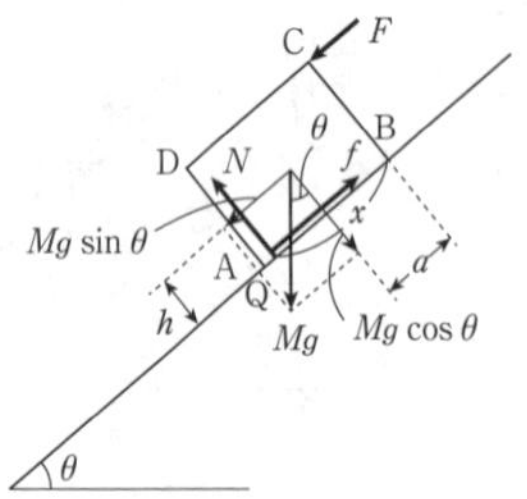

図3

直方体が倒れないためには，垂直抗力の作用点がAB内にはたらけばよい。このとき，垂直抗力を除いた力の，辺Aのまわりのモーメントが0または時計回りになる。これより，その条件は，

$$F\cdot 2h+Mg\sin\theta\cdot h \leqq Mg\cos\theta\cdot a$$

$$\therefore\quad 2Fh \leqq Mg(a\cos\theta-h\sin\theta) \qquad \cdots\cdots④$$

直方体が滑り出さないとすると，直方体に斜面からはたらく静止摩擦力の大きさをfとして，斜面方向の力のつり合いは，

$$f=Mg\sin\theta+F$$

滑り出す条件は，垂直抗力の大きさNが②式で与えられるから，

$$f>f_{\max}=\mu_0N=\mu_0Mg\cos\theta$$

これらより，

$$Mg(\mu_0\cos\theta-\sin\theta)<F \qquad \cdots\cdots⑤$$

④，⑤式を満たすFが存在する条件は，

$$2Mgh(\mu_0\cos\theta-\sin\theta)<Mgh\left(\frac{a}{h}\cos\theta-\sin\theta\right)$$

$$\therefore\quad \underline{\mu_0<\frac{1}{2}\left(\frac{a}{h}+\tan\theta\right)}$$

[別解] 倒れない条件

大きさNの垂直抗力の作用点をQとし，$\overline{\mathrm{BQ}}=x$とおく(図3)。直方体にはたらく重力を斜面方向とそれに垂直方向に分けて考えると，点Qのまわりのモーメントのつり合いは，

$$F\cdot 2h+Mg\sin\theta\cdot h=Mg\cos\theta\cdot(x-a)$$

ここで，直方体が倒れないためには，点Qが底面AB内にあればよいから，

$$x=a+\frac{2Fh+Mgh\sin\theta}{Mg\cos\theta}\leqq 2a$$

これより，④式を得る。

(4) 前問(3)と同様に考える(図4)。直方体が倒れない条件は，垂直抗力を除いた力の，点Bのまわりのモーメントが反時計回りになればよい。その条件は，

$$Mg\cos\theta\cdot a+Mg\sin\theta\cdot h \geqq F\cdot 2h$$

$$\therefore\quad 2Fh \leqq Mg(a\cos\theta+h\sin\theta) \qquad \cdots\cdots⑥$$

滑り出す条件は，静止摩擦力の大きさをfとして，

$$f=F-Mg\sin\theta>\mu_0N=\mu_0Mg\cos\theta$$

$$\therefore\quad Mg(\mu_0\cos\theta+\sin\theta)<F \qquad \cdots\cdots⑦$$

⑥，⑦式より，

$$2Mgh(\mu_0\cos\theta+\sin\theta)<Mg(a\cos\theta+h\sin\theta)$$

$$\therefore\quad \underline{\mu_0<\frac{1}{2}\left(\frac{a}{h}-\tan\theta\right)}$$

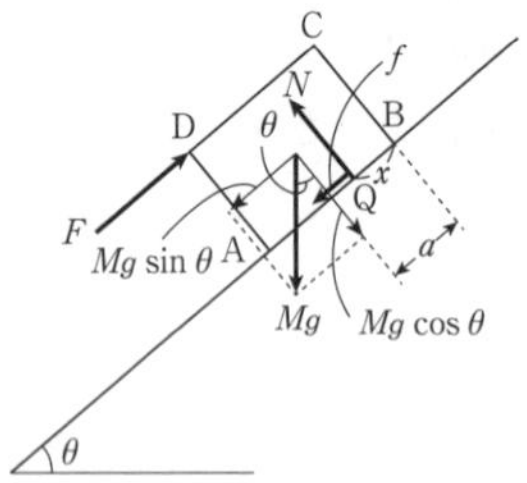

図4

問題 1.5 小球が埋め込まれたパイプの重心の決定

長さ L の不透明な細いパイプの中に，質量 m の小球1と質量 $2m$ の小球2が埋め込まれている。パイプは直線状で曲がらず，その口径，および小球以外の部分の質量は無視できるほど小さい。また小球は質点とみなしてよいとし，重力加速度を g とする。これらの小球の位置を調べるために次の2つの実験を行った。

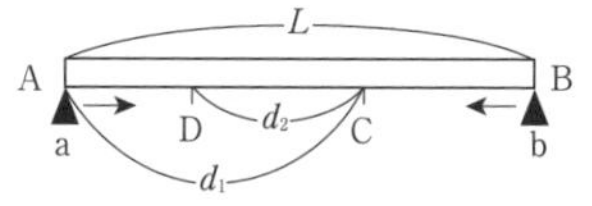

図1

I　まず，図1に示したように，パイプの両端 A，B を支点 a，b で水平に支え，両方の支点を近づけるような力をゆっくりとかけていったところ，まず b が C の位置まで滑って止まり，その直後に今度は a が滑り出して D の位置で止まった。パイプと支点の間の静止摩擦係数，および動摩擦係数をそれぞれ μ，μ'（ただし $\mu > \mu'$）と記すことにして，以下の設問に答えよ。

(1)　b が C で止まる直前に支点 a，b にかかっているパイプに垂直な方向の力をそれぞれ N_a，N_b とする。このときのパイプに沿った方向の力のつり合いを表す式を書け。

(2)　AC の長さを測定したところ d_1 であった。パイプの重心が左端 A から測って l の位置にあるとするとき，重心のまわりの力のモーメントのつり合いを考えることにより，d_1 を l，μ，μ' を用いて表せ。

(3)　CD の長さを測定したところ d_2 であった。摩擦係数の比 $\dfrac{\mu'}{\mu}$ を d_1，d_2 で表せ。

(4)　上記の測定から重心の位置 l を求めることができる。l を d_1，d_2 で表せ。

(5)　さらに両方の支点を近づけるプロセスを続けると，どのような現象が起こり，最終的にどのような状態に行き着くか。理由も含めて簡潔に述べよ。

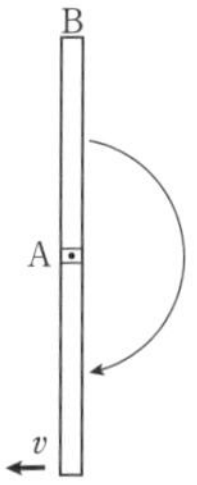

図2

II　次に，パイプの端 A に小さな穴を開け，図2のようにそこを支点として鉛直に立てた状態から静かに放し，パイプを回転させた。パイプが180° 回転したときの端 B の速度の大きさを測ったところ，v であった。端 A から測った小球1，2の位置をそれぞれ l_1，l_2 として以下の設問に答えよ。ただし，支点での摩擦および空気抵抗は無視できるものとする。

(1)　v を l_1，l_2，g，L を用いて表せ。

(2)　v を実験 I で得られた重心の位置 l の値を用いて表したところ，

$$v = L\sqrt{\frac{8g}{3l}}$$

であった。小球の位置 l_1，l_2 を l で表せ。ただし $l_1 \neq 0$，$l_2 \neq 0$ とする。

（東京大）

Point

I　パイプにはたらく**水平方向の力はつねにつり合う**と考える。支点の位置が変わると垂直抗力の大きさが変化し，最大摩擦力が変わる。そのため，支点は滑ったり止まったりする。

II(1)　小球1，2について，力学的エネルギー保存則を用いる。最下点で小球1と2の速さが異なるため，**重心に全質量が集まっていると考えてエネルギー保存則を用いることはできない。**

解答

I　支点 b が左向きに滑っているとき，b からパイプに大きさ $\mu' N_b$ の動摩擦力が水平左向きにはたらき，支点aからパイプに大きさf_aの静止摩擦力が右向きにはたらいてパイプにはたらく力はつり合う（図3）。支点bがパイプの重心Gに近づくとN_bが大きくなるため，力がつり合うための静止摩擦力の大きさf_aが最大摩擦力$f_{max} = \mu N_a$に達する。f_aがf_{max}を超えると支点bは静止し，支点aが滑り出し，aからはたらく大きさ$\mu' N_a$の動摩擦力とbからはたらく大きさf_bの静止摩擦力がつり合う。以下，支点aとbが交互に滑り，両者は次第にパイプの重心Gに近づいていく。

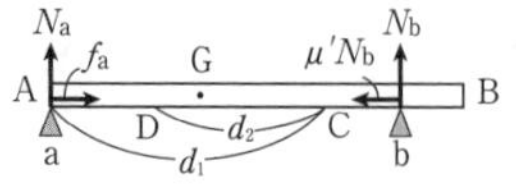

図3

(1) 支点bが点Cで止まる直前，bから大きさ$\mu' N_b$の動摩擦力がはたらき，支点aから最大摩擦力μN_aがはたらいて，パイプにはたらく水平方向の力はつり合う。よって，

$$\mu N_a = \mu' N_b \quad \cdots\cdots①$$

(2) $GC = d_1 - l$であるから，Gのまわりのモーメントのつり合いは，

$$l N_a = (d_1 - l) N_b \quad \cdots\cdots②$$

①÷②より，

$$\frac{\mu}{l} = \frac{\mu'}{d_1 - l}$$

$$\therefore \quad d_1 = \left(1 + \frac{\mu'}{\mu}\right) l \quad \cdots\cdots③$$

(3) 支点aが点Dで止まる直前，a，bからはたらく垂直抗力の大きさを，それぞれN_a'，N_b'とすると，パイプにはたらく水平方向のつり合いは，

$$\mu' N_a' = \mu N_b' \quad \cdots\cdots④$$

重心Gと点Dの距離は，$GD = l - (d_1 - d_2)$だから，Gのまわりのモーメントのつり合いは，

$$(l - d_1 + d_2) N_a' = (d_1 - l) N_b' \quad \cdots\cdots⑤$$

③，④，⑤式より，N_a'，N_b'，lを消去し，$\frac{\mu'}{\mu} > 0$であることから，

$$\frac{\mu'}{\mu} = \frac{d_2}{d_1}$$

(4) ③式より，

$$l = \frac{d_1}{1 + \frac{\mu'}{\mu}} = \frac{d_1}{1 + \frac{d_2}{d_1}} = \frac{d_1^2}{d_1 + d_2}$$

(5) 重心はつねに支点a，bの間にあり，a，bが交互に滑りながらその間隔を狭めていく。最終的に支点a，bは重心に左右両側から近づいて重なる。

II (1) パイプが180°回転したときの下端Bの角速度をωとすると，小球1，2の速さは，それぞれ$v_1 = l_1 \omega = \frac{l_1}{L} v$，$v_2 = l_2 \omega = \frac{l_2}{L} v$となる。力学的エネルギー保存則（図4）は，

$$\frac{1}{2} m v_1^2 + \frac{1}{2}(2m) v_2^2 = mg(2l_1) + 2mg(2l_2)$$

ここで，v_1，v_2を代入して，

$$v = 2L\sqrt{\frac{l_1 + 2l_2}{l_1^2 + 2l_2^2} g}$$

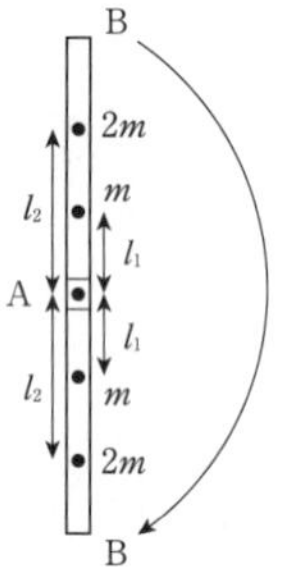

図4

(2) 与式より，

$$\frac{l_1 + 2l_2}{l_1^2 + 2l_2^2} = \frac{2}{3l} \quad \cdots\cdots⑥$$

また，端Aから重心Gまでの距離は，

$$l = \frac{l_1 + 2l_2}{3} \quad \cdots\cdots⑦$$

であるから，⑥，⑦式より，$l_1 \neq 0$として，

$$l_1 = 2l, \quad l_2 = \frac{1}{2} l$$

問題 1.6　加速度運動する三角柱上の物体の運動

図1のように水平面に対して45°の角度をなす斜面上に質量Mの直角二等辺三角形の物体Aを斜辺の面が斜面と接するように置く。直角二等辺三角形の等しい2辺の長さをdとする。Aの上面に質量mで大きさの無視できる小さな物体Bを置く。斜面上に原点Oをとり，水平右向きにx軸，鉛直下向きにy軸をとる。はじめ，Aは上面が$y=0$となる位置にあり，BはAの上面の右端，すなわち，$(x, y)=(d, 0)$の位置にある。空気の抵抗および斜面とAの間の摩擦は無視できるものとする。重力加速度をgとする。

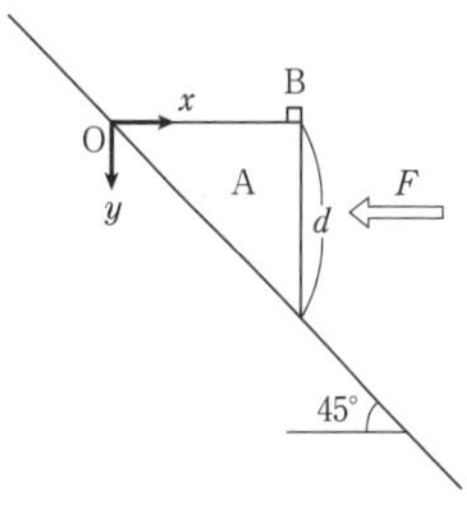

図1

I　AとBの間の摩擦も無視できる場合に，以下の設問に答えよ。

(1)　図1のようにAの右面に水平左向きに力Fを加えたところ，2つの物体は最初の位置に静止したままであった。Fの大きさを求めよ。

(2)　力Fを取り除いたところ，AとBは運動を開始した。その後，BはA上面の左端に達した。この瞬間のBのy座標を求めよ。

(3)　BがA上面の左端に達する直前のBの速さvを求めよ。

II　図2に示すようにA上面の点Pを境にして右側の表面が粗く，この部分でのAとBの間の静止摩擦係数および動摩擦係数はそれぞれμ，μ'（ただし$\mu > \mu'$）である。A上面の点Pより左側は，なめらかなままである。設問I(1)と同様に，力Fを加えて両物体を静止させた。力Fを取り除いた後の両物体の運動について，以下の設問に答えよ。

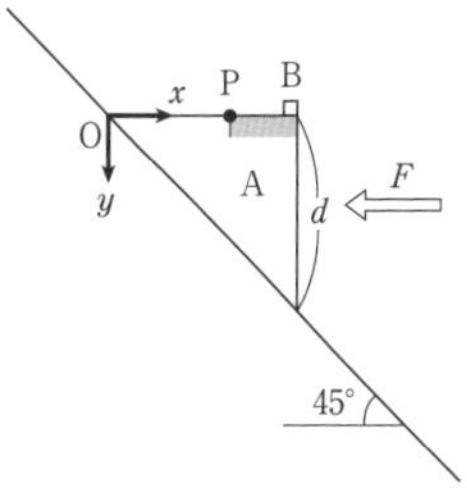

図2

(1)　μが十分に大きい場合，BはA上面を滑り出さず，両物体は一体となって斜面を滑り降りる。このときの両物体のx方向の加速度a_xとy方向の加速度a_yを求めよ。

(2)　μがある値μ_0より大きければBはA上面を滑り出さず，小さければ滑り出す。その値μ_0を求めよ。

(3)　μがμ_0より小さい場合に，Bが最初の位置$(x, y)=(d, 0)$からA上面の左端に達するまでの軌跡として最も適当なものを図3の(ア)～(オ)の中から1つ選べ。ここでQ_1，Q_2，Q_3はそれぞれ，Bの最初の位置，BがA上面の点Pに達した瞬間の位置，BがA上面の左端に達した瞬間の位置を表す。また，破線は直線$y=x$を示す。

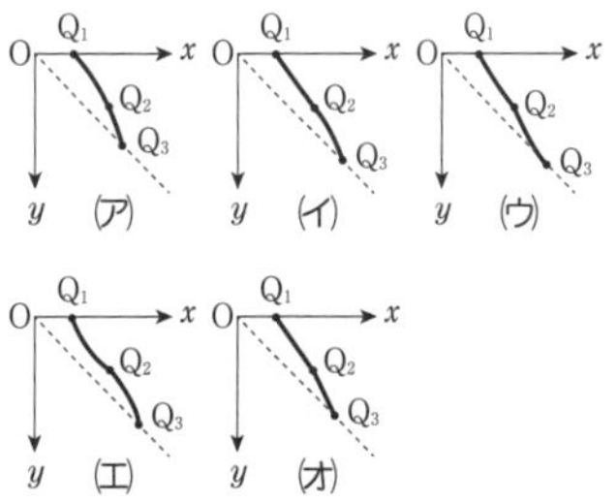

図3

（東京大）

Point

I　摩擦がないので，Bは鉛直下方へのみ動く。

(3)　Aに対するBの相対速度は水平成分のみをもつ（鉛直成分は0）ことに注意。力学的エネルギー保存則を用いるのが簡単。

II(3)　摩擦のある領域では，Bは初速0の等加速度運動をし，摩擦がなくなると，斜め方向の初速度をもつ放物運動をする。

解 答

I(1) 物体A，Bの斜面方向の力のつり合いより(図4)，

$$F\cos 45^\circ = (M+m)g\sin 45^\circ$$

$$\therefore \quad F = \underline{(M+m)g}$$

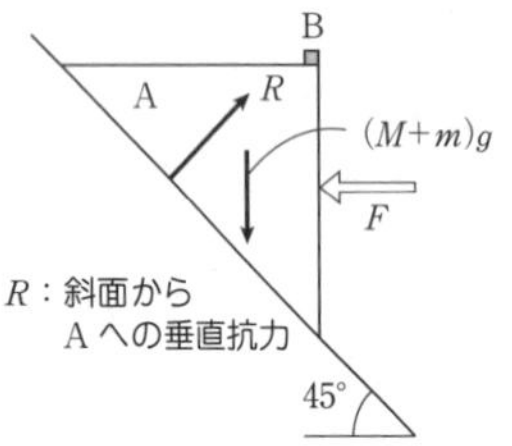

図4

(2) 物体Bに水平方向の力ははたらかないので，Bは鉛直下方に運動する。

$$y = \underline{d}$$

(3) 物体BがAの上面を運動する間，Aから見るとBはx方向へ動くから，**BのAに対する相対速度のy成分は0**である。よって，Bの速さがvのとき，Aの速さVは(図5)，

$$v - V\sin 45^\circ = 0$$

$$\therefore \quad V = \frac{v}{\sin 45^\circ} = \sqrt{2}v$$

力学的エネルギー保存則より，

$$(M+m)gd = \frac{1}{2}mv^2 + \frac{1}{2}MV^2$$

$$= \frac{1}{2}(2M+m)v^2$$

$$\therefore \quad v = \underline{\sqrt{\frac{2(M+m)}{2M+m}gd}}$$

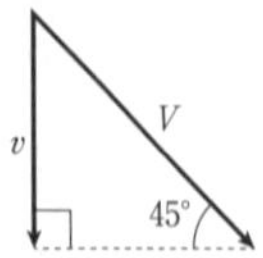

図5

II(1) 物体A，B一体の加速度の大きさをaとすると，斜面方向の運動方程式は，

$$(M+m)a = (M+m)g\sin 45^\circ \qquad \therefore \quad a = \frac{g}{\sqrt{2}}$$

よって，

$$a_x = a\cos 45^\circ = \underline{\frac{g}{2}}, \quad a_y = a\sin 45^\circ = \underline{\frac{g}{2}}$$

(2) 物体BがA上を滑り出す直前，Bにはたらく垂直抗力をNとすると，Bには，x軸正方向へ大きさ$\mu_0 N$の最大摩擦力がはたらく(図6)。これより，Bの運動方程式は，

$$x\text{方向}：ma_x = \mu_0 N$$

$$y\text{方向}：ma_y = mg - N$$

ここで，前問II(1)の結果を代入して，

$$\mu_0 = \frac{a_x}{g - a_y} = \underline{1}$$

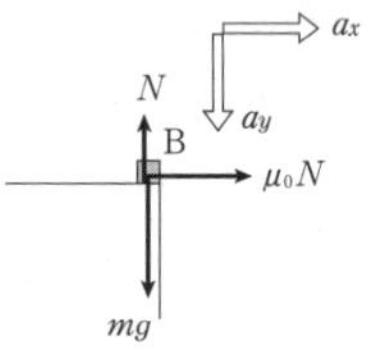

図6

(3) 小物体Bははじめ静止しており，点Pまで運動する間，水平右方向へ一定の動摩擦力がはたらく。また，鉛直下方へも一定の力がはたらくから，Bは初速0の等加速度直線運動をする。点Pを超えると，摩擦力がはたらかず，水平右方向へ等速運動，鉛直下方へ等加速度運動をするから，Bは放物運動をする。よって，$\underline{(イ)}$

解 説

摩擦領域がある場合の小物体Bの運動

物体Aの斜面下方の加速度をa_1，Bの加速度を(b_x, b_y)，AからBにはたらく垂直抗力の大きさをNとする。

点Pに達するまでのA，Bの運動方程式は(図7)，

Aの斜面方向：$Ma_1 = (Mg+N)\sin 45^\circ - \mu' N\cos 45^\circ$

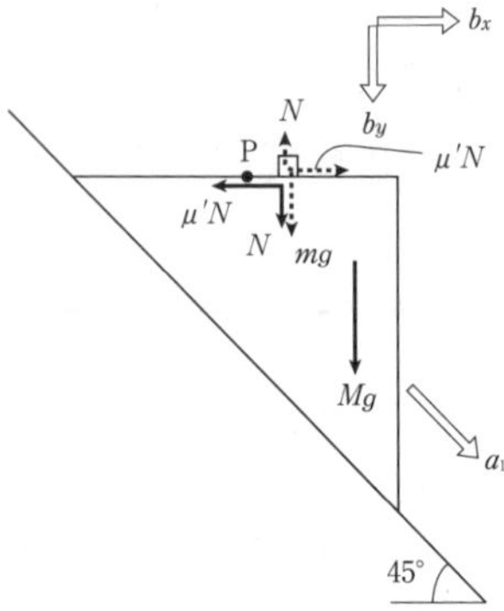

図7

Bの x 方向：$mb_x = \mu' N$

Bの y 方向：$mb_y = mg - N$

設問Ⅰ(3)と同様に，Aから見ると，Bは x 方向へのみ運動するから，BのAに対する相対加速度の y 成分は0である。よって，

$$b_y - a_1 \sin 45^\circ = 0$$

これらを解いて，

$$b_x = \frac{\mu' M}{2M + (1-\mu')m} g$$

$$b_y = \frac{M + (1-\mu')m}{2M + (1-\mu')m} g$$

となる。これより，Bは，x 方向と y 方向へそれぞれ正の等加速度をもち，**初速度0の等加速度直線運動をすることがわかる。**

Bが点Pを超えると，$\mu' = 0$ だから，$b_x = 0$，$b_y = \dfrac{M+m}{2M+m} g$ となり，加速度は鉛直下方のみとなる。**このとき，点Pで斜め方向の速度をもつから，その後の運動は，放物線の軌道を描く。**

問題 1.7　動く台と滑車の運動

図1に示すように，質量 M の直方体Aがなめらかな水平面上に置かれている。Aの上に置かれた質量 M_1 の物体 B_1 に糸1を取り付け，糸1の右端に動滑車 P_1 を取り付ける。一方，糸2の一端をAの点Fに固定し，P_1 にかけ，さらに定滑車 P_2 にかけ，他端に質量 M_2 の物体 B_2 を鉛直につり下げる。

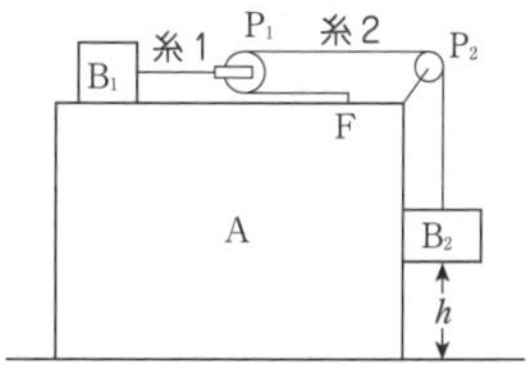

図1

物体 B_2 の側面は直方体Aに接し，上下になめらかに滑ることはできるが，離れないような構造になっている。ただし，糸1，2は伸びずに水平方向か鉛直方向に張っており，糸1，2および滑車 P_1，P_2 の質量と，滑車と軸の間の摩擦は無視できるものとする。また，重力加速度を g とする。

まず，直方体Aを水平面上に固定する。

(1) 物体 B_1 と直方体Aの間の静止摩擦係数を μ とするとき，B_1 が動き出すためには，物体 B_2 の質量 M_2 はいくらより大きくなければならないか。

(2) 物体 B_1 と直方体Aの間に摩擦がないものとし，物体 B_2 の底面の高さが h になるように B_1 をおさえた状態から手を離した。B_2 が水平面に達するまでの時間 t を求めよ。

次に，直方体Aの固定をはずし，なめらかに動けるようにする。

(3) 物体 B_1 から手を離した。B_1 の直方体Aに対する相対加速度を α，Aの水平面に対する左向きの加速度を β，糸2の張力を T_2 として，B_1 と物体 B_2 のAに対する運動方程式，および，Aと B_2 一体の水平方向の運動方程式を書け。

(4) 物体 B_2 の加速度の鉛直下向き成分を求めよ。

(5) 一定な力 F を加えて水平方向右向きに直方体Aを動かし，物体 B_1，B_2 から手を離しても B_1，B_2 がAに対して動かないようにしたい。F を求めよ。　（類題　東京工業大）

Point

動滑車 P_1 の質量が無視できるとき，P_1 にはたらく力はつり合うから，糸1と2の張力 T_1 と T_2 の間には，$\boldsymbol{2T_2 = T_1}$ の関係が成り立つ。また，解説で示すように，物体 B_1 と B_2 の直方体Aに対する加速度 a_1 と a_2 の間には，$\boldsymbol{a_2 = 2a_1}$ の関係が成り立つ。さらに，**Aには，定滑車 P_2 を介して糸2から水平左向きに張力 T_2 がはたらく。**

解　答

(1) 物体 B_1，B_2 が動かないとする。糸1，2の張力を，それぞれ T_1，T_2，B_1 が直方体Aから受ける静止摩擦力の大きさを f とすると，B_1 の水平方向のつり合い，B_2 の鉛直方向のつり合い，動滑車 P_1 にはたらく力のつり合いはそれぞれ，

$$T_1 = f,\ T_2 = M_2 g,\ 2T_2 = T_1$$

B_1が動き出す条件は，

$$f > f_{\max} = \mu M_1 g$$

これらより，f，T_1，T_2を消去して，

$$M_2 > \frac{1}{2}\mu M_1$$

(2) 物体B_1，B_2の加速度を，それぞれa_1，a_2とすると，運動方程式は，

$$M_1 a_1 = T_1,\ M_2 a_2 = M_2 g - T_2$$

動滑車P_1の質量は無視できるから，P_1にはたらく力はつねにつり合う。よって，

$$2T_2 = T_1$$

また，加速度の間の関係$a_2 = 2a_1$を用いて，T_1，T_2，a_1を消去して，

$$a_2 = \frac{4M_2}{M_1 + 4M_2}g$$

したがって，B_2が初速0，加速度a_2でhだけ落下する時間をtとすると，

$$h = \frac{1}{2}a_2 t^2 \quad \therefore \quad t = \sqrt{\frac{2h}{a_2}} = \sqrt{\frac{(M_1 + 4M_2)h}{2M_2 g}}$$

(3) 物体B_1には水平右向きに張力$T_1 = 2T_2$，慣性力$M_1\beta$がはたらき，B_2の下向きの加速度は2αであるから(図2)，B_1，B_2の直方体Aに対する運動方程式はそれぞれ，

$$M_1\alpha = 2T_2 + M_1\beta \quad \cdots\cdots①$$

$$M_2 \cdot 2\alpha = M_2 g - T_2 \quad \cdots\cdots②$$

直方体Aには，点Fと定滑車P_2から水平方向左向きにそれぞれT_2ずつの力がはたらくから(図2)，AとB_2一体の水平方向の運動方程式は，

$$(M + M_2)\beta = 2T_2 \quad \cdots\cdots③$$

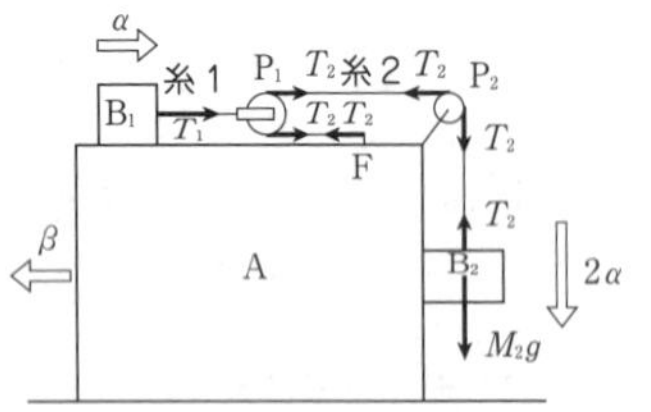

図2

(4) ①，②，③式より，T_2，βを消去して，B_2の加速度の鉛直下向き成分2αは，

$$2\alpha = \frac{4M_2(M + M_1 + M_2)}{(M + M_2)(M_1 + 4M_2) + 4M_1 M_2}g$$

(5) 全体の加速度をAとすると，全体，物体B_1の運動方程式，および，B_2の鉛直方向のつり合いと動滑車P_1のつり合いの式は，それぞれ，

$$(M + M_1 + M_2)A = F,\ M_1 A = T_1,$$

$$T_2 = M_2 g,\ 2T_2 = T_1$$

これらより，A，T_1，T_2を消去して，

$$F = \frac{2M_2(M + M_1 + M_2)}{M_1}g$$

解 説

1. 物体B_1とB_2の加速度の間の関係

図3のように，物体B_1と動滑車P_1が直方体Aと定滑車P_2に対して右向きにxだけ変位すると，B_2は$2x$だけ下降する。よって，B_2の下向きの加速度a_2は，

$$a_2 = \frac{d^2}{dt^2}(2x) = 2\ddot{x} = 2a_1$$

となり，B_1のAに対する相対加速度a_1の2倍に等しいことがわかる。

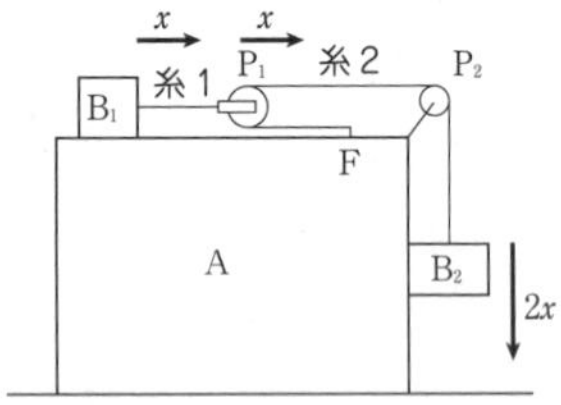

図3

2. 糸2から直方体Aに作用する力

定滑車P_2には，糸のP_2に接触している部分(図4で，糸2の太い破線部分)から力がはたらく。この部分の糸には，P_2の左側部分の糸から張力T_2が，下側部分の糸からT_2がはたらき，両者の合力がP_2，すなわち，直方体Aに作用する。さらに，直方体Aには，糸2が固定された点Fから左向きに張力T_2がはたらく。

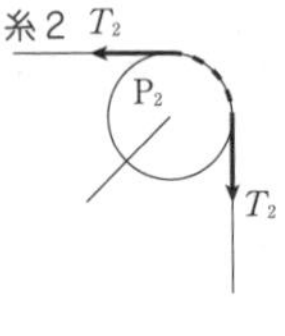

図4

問題 1.8　質量を放出しながら上昇する物体

質量を放出しながら動く物体の運動について考えよう。以下では空気の抵抗を無視し，物体の大きさおよび回転運動は考えないものとする。ただし，重力加速度を g とする。

(1) はじめに，外力が全くはたらかない場合について考察しよう。質量 m の物体がある方向に速さ v で等速運動しているとする。ある瞬間に質量の一部 Δm を放出する。放出された質量 Δm の小物体はちょうど静止した状態になり，Δm を放出し少し軽くなった物体の速さは $v+\Delta v$ になった。いま，放出された小物体の質量は微小で，$\Delta m \ll m$ であったとすると，速さの変化 Δv もわずかである。運動量保存則を用いると，Δv はどのように表されるか。ただし，Δm と Δv はきわめて小さいので，それらの積は無視せよ。

(2) 次に，鉛直下向きに重力が存在する場合を考えよう。いま，質量 m の物体は鉛直上向きに運動していて，ある瞬間の速さが v であったとする。その瞬間に，(1)と同様にわずかな質量 Δm を放出する。このときも放出された質量 Δm の小物体は，その瞬間にちょうど静止し，質量が減り軽くなった物体の速さは $v+\Delta v$ になった。この場合のように外力がはたらいているときには，(1)とは違って，運動量は外力の力積だけ変化する。いま，質量放出に要した時間 Δt，放出された質量 Δm，および速さの変化 Δv はいずれもきわめて小さく，(1)と同様にそれらの積を無視すると，速さの変化 Δv はどのように表されるか。

(3) 一般に，重力が存在する場合，物体を鉛直上方に投げ上げると，物体は重力により減速され，次第に遅くなっていく。しかし，(2)のように質量の一部を放出すると，減速される量を少なくすることができる。物体が速さ v で等速運動を続けるようにするには，(2)のような方法で連続的に放出する小物体の質量 Δm をどのような値にすればよいか。Δt，g，m，v を用いて表せ。

(4) いま，ある場所 A 点から鉛直上方 h にある B 点の位置まで物体を投げ上げる場合を考える。もし，(3)までのような質量放出をしないとき，物体がちょうど B 点まで達するための初速はいくらか。

(5) (3)までのように質量を放出すると，初速が(4)で求めた値未満でも物体が B 点まで到達する可能性がある。いま，初速が(4)で求めた値の半分の場合を考えよう。このままでは B 点まで到達しないので，はじめは(2)，(3)のように質量の放出を適当に行い，等速で物体を上昇させ，その後は質量放出を停止する。このとき，物体が B 点まで到達するためには質量放出の時間は，少なくともいくら以上でなければならないか。また，質量放出を停止するまでの間に上昇する高さはいくら以上になるか。

（早稲田大　改）

Point

誘導に乗って，「運動量変化＝力積」を正確に記述すること。

解答

(1) 図1のように，小物体を放出した後，質量 $m-\Delta m$ の物体は速さ $v+\Delta v$ で運動し，質量 Δm の小物体の速さは0になるから，運動量保存則より，

$$mv=(m-\Delta m)(v+\Delta v)+\Delta m\cdot 0$$
$$\fallingdotseq mv-v\Delta m+m\Delta v$$

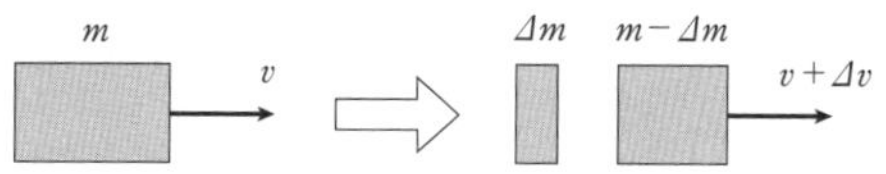

図1

$$\therefore\ \Delta v=\frac{v}{m}\Delta m$$

(2) 質量 m の物体に重力の力積 $-mg\Delta t$ がはたらき，その分だけ運動量が変化するから，

$$(m-\Delta m)(v+\Delta v)+\Delta m\cdot 0-mv=-mg\Delta t$$

$$\therefore\ \ \Delta v=\frac{v}{m}\Delta m-g\Delta t \qquad \cdots\cdots①$$

(3) $\Delta v=0$ となるようにする。①式より，

$$\frac{v}{m}\Delta m-g\Delta t=0 \quad \therefore\ \ \Delta m=\frac{g}{v}m\Delta t \cdots\cdots②$$

(4) A点から初速 v_0 で投げ上げ，ちょうど h だけ高いB点に達したとすると，力学的エネルギー保存則より，

$$\frac{1}{2}mv_0{}^2=mgh \qquad \therefore\ \ v_0=\sqrt{2gh}$$

(5) 初速 $\dfrac{v_0}{2}$ で質量放出なしでちょうど上昇できる高さ h' は，

$$\frac{1}{2}m\left(\frac{v_0}{2}\right)^2=mgh' \qquad \therefore\ \ h'=\frac{h}{4}$$

よって，質量放出を停止するまでに上昇する高さ H は，

$$H=h-h'=\frac{3}{4}h$$

質量放出の時間 t は，

$$t=\frac{H}{\dfrac{1}{2}v_0}=\frac{3\sqrt{2}}{4}\sqrt{\frac{h}{g}}$$

解 説

1. 物体の質量変化

重力場中で質量 m_0 の物体が初速 v で鉛直上方へ投げ上げられ，物体は微小時間 Δt に Δm の割合で質量を放出し続けながら，等速で上昇したとする((3))。このとき，物体の質量 m は時間 t と共にどのように減少するか求めてみよう。ただし，放出された小物体はすべて静止するものとする。

$\Delta m \to -\Delta m$ として，Δm を増加量に変える。②式より，

$$\frac{\Delta m}{m}=-\frac{g}{v}\Delta t$$

積分して，

$$\int\frac{dm}{m}=-\frac{g}{v}\int dt$$

$$\therefore\ \ \log m=-\frac{g}{v}t+C \ \ (C:\text{積分定数})$$

ここで，初期条件を「$t=0$ のとき $m=m_0$」とおくと，$C=\log m_0$

これより，

$$m=m_0e^{-\frac{g}{v}t}$$

を得る。したがって，物体の質量 m は図2のように減少することがわかる。

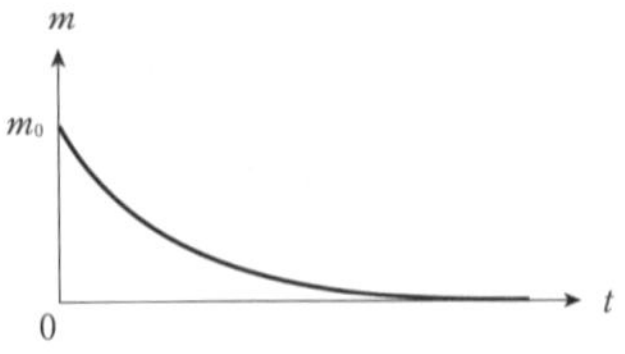

図2

2. 質量の変化する物体の運動

ロケットを打ち上げる場合，ガスを噴射すると噴射ガスの質量分だけロケットの質量は減少する。ここでは，ロケット打ち上げの場合のような，質量を変化させながら運動する物体の運動を考えよう。

外力 F を受けたロケットが，ロケットに対し相対的速さ v' でガスを噴射しながら直線的に運動している(図3)。この場合のロケットの運動方程式はどのようになるのであろうか。任意の時刻 t におけるロケットの質量を $m(t)$，速度を $v(t)$ とするとき，運動方程式は，

$$m\frac{dv}{dt}=F$$

とはならない。なぜなら，ロケットには外力 F がはたらくだけではなく，ガスからも力がはたらくからである。このような場合，ロケットの運動はどのような方程式に従うのであろうか。

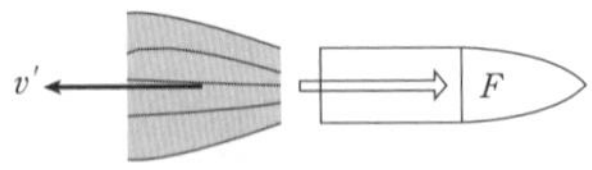

図3

時刻 $t\sim t+\Delta t$ の微小時間におけるロケットの質量変化を $\Delta m<0$，速度変化を Δv とする。ロケット本体と噴射ガスを分離して，ロケット本体の質量を $m+\Delta m(<m)$，噴射するガスの質量を $-\Delta m(>0)$ と考える。このとき，質量 $m+\Delta m$ のロケットにはたらく外力を F_1，質量 $-\Delta m$ の噴射ガスにはたらく外力を F_2，ロケットとガスの間ではたらく力を f とすると(図4)，ロケット本体と噴射ガスの「運動量変化=力積」の関係式は，それぞれ，

$$(m+\Delta m)(v+\Delta v)-(m+\Delta m)v=(F_1+f)\Delta t$$

$$(-\Delta m)(v-v')-(-\Delta m)v=(F_2-f)\Delta t$$

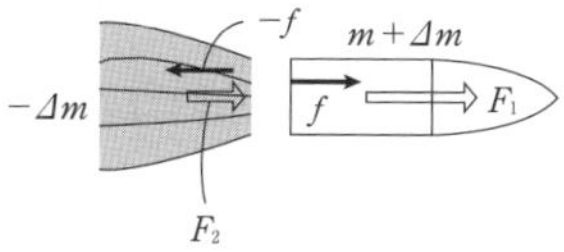

図 4

となる。これらの式の辺々和をとり，$F_1+F_2=F$ とおくと，

$\{(m+\Delta m)(v+\Delta v)+(-\Delta m)(v-v')\}-mv=F\cdot\Delta t$ ……③

が成り立つ。これは，ロケットとガス全体の運動量変化は外力 F の力積に等しいことを表している。

いま，Δm と Δv は微小量であるから，その積 $\Delta m\Delta v$ を無視することができる。そこで，③式の両辺を Δt で割って，

$$\frac{m\Delta v+v'\Delta m}{\Delta t}=F$$

となる。そこで，$\Delta t\to 0$ とすると，

$$m\frac{dv}{dt}+v'\frac{dm}{dt}=F \quad \cdots\cdots④$$

を得る。

④式は，ガスを噴射しながら運動するロケットの運動方程式である。

例題 1.8 雨滴の落下

空気中に浮遊している雨滴は，周囲の水滴を表面に付着させながら次第に大きくなり，雨となって地上に落下する(図 5)。いま，1 つの雨滴が単位時間に単位面積あたり一定の質量 a の水滴を付着させて空気中を落下するものとする。雨滴はつねに球形であり，はじめ(時刻 $t=0$)の水滴の半径を r_0，落下している速さを v_0 とし，水の密度(単位体積の質量)を ρ，重力加速度の大きさを g として，以下の設問に答えよ。ただし，雨滴の周囲にある水滴は，雨滴に付着する前，静止しているものとする。

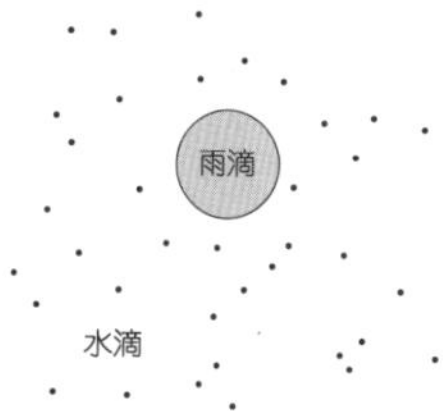

図 5

(1) 微小時間 Δt の間に雨滴半径 r はどれだけ増加するか。また，この結果を用いて，時刻 t における雨滴半径 r を求めよ。

(2) 微小時間 Δt の間の雨滴に関する「運動量変化=力積」の関係式を，必要な物理量を自ら定義して書け。ただし，微小量の 2 乗以上の項は無視せよ。

(3) 雨滴の速さ v が，雨滴半径 r と共にどのように変化するかを考えよう。

(a) 前問(2)で得られた関係式で微小量の極限をとり，時刻 t のときの水滴の質量を m，速さを v として，運動方程式

$$\frac{d}{dt}(mv)=mg$$

を導け。

(b) r の関数 $f(r)$ に関する合成関数の微分

$$\frac{df}{dt}=\frac{dr}{dt}\cdot\frac{df}{dr}$$

を用いて，v を r の関数として表せ。

解答

(1) 半径 r の球の表面積は $4\pi r^2$ であるから，時間 Δt に半径 r の雨滴に付着する水滴の質量は，

$$\Delta m=a\cdot 4\pi r^2\Delta t \quad \cdots\cdots⑤$$

また，雨滴の質量が Δm だけ増加するとき，半径が Δr 増加するとすると(図 6)，

$$\Delta m=\rho\cdot 4\pi r^2\Delta r \quad \cdots\cdots⑥$$

⑤，⑥式より，Δm を消去して，

$$\Delta r=\frac{a}{\rho}\Delta t \quad \cdots\cdots⑦$$

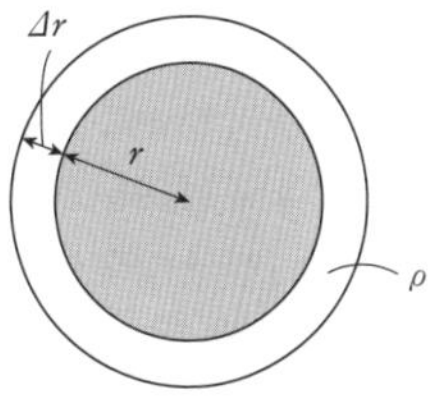

図 6

微小量の極限 $\Delta r\to dr$，$\Delta t\to dt$ をとり，初期条件「$t=0$ のとき，$r=r_0$」を用いて⑦式を積

分する。時刻 t における雨滴半径 r は,

$$\int_{r_0}^{r} dr = \int_{0}^{t} \frac{a}{\rho} dt \qquad \therefore \quad r = r_0 + \frac{a}{\rho} t \quad \cdots\cdots ⑧$$

(2) 時刻 t における雨滴の質量を m, 落下している速さを v, 時間 Δt の間に付着する水滴の質量を Δm, 時刻 $t+\Delta t$ における雨滴の速さを $v+\Delta v$ とする。$t \sim t+\Delta t$ の間における雨滴の「運動量変化＝力積」の関係式は,

$$(m+\Delta m)(v+\Delta v) - mv = (m+\Delta m) g \Delta t$$

$$\therefore \quad m\Delta v + v\Delta m = mg\Delta t \quad \cdots\cdots ⑨$$

(3)(a) ⑨式の両辺を Δt で割り, 微小量の極限をとると,

$$m\frac{dv}{dt} + v\frac{dm}{dt} = mg$$

$$\therefore \quad \frac{d}{dt}(mv) = mg \quad \cdots\cdots ⑩$$

ここで, $m = \rho \dfrac{4}{3}\pi r^3$ である。

(b) ⑧式を用いると, 合成関数の微分は,

$$\frac{df}{dt} = \frac{dr}{dt} \cdot \frac{df}{dr} = \frac{a}{\rho}\frac{df}{dr}$$

となる。⑩式の両辺を r で積分すると,

$$\frac{a}{\rho}(mv - m_0 v_0) = \int_{r_0}^{r} mg\,dr = \int_{r_0}^{r} \rho \cdot \frac{4}{3}\pi r^3 g\,dr$$

ここで, $r = r_0$ のとき, $v = v_0$ であることを用い, $m = m_0 = \rho \dfrac{4}{3}\pi r_0^3$ とおく。これより,

$$\frac{4a}{3}\pi r^3 v = \rho \frac{\pi}{3} g (r^4 - r_0^4) + \frac{4a}{3}\pi r_0^3 v_0$$

$$\therefore \quad v = \frac{\rho g}{4a} r + \frac{r_0^3}{r^3}\left(v_0 - \frac{\rho g}{4a} r_0\right)$$

One Point Break 運動の「量」は何か

物体の運動の「量」を表すものは何であろうか？ すぐに思い浮かぶのは「運動量」と「運動エネルギー」であろう。なぜ2つもあるのだろう。

実はニュートン力学が成立する当初から, 運動を表す「量」は何かについて論争があった。最初の火つけ役はデカルト(1596−1650)であった。デカルトはその著書『哲学原理』の中で, 運動の量は, 物体の大きさと速さの積で与えられるとし, 運動の量は現在いうところの「運動量」であると考えた。そして, 神は運動している物質と静止している物質を共につくり, はじめに与えた運動の量は全物質の中に保たれると述べ, 運動量保存則が成り立つと考えた。これに対し, ライプニッツ(1646−1716)は, 運動の量は, 重さと速さの2乗の積に比例すると主張した。これは, 現在いうところの「運動エネルギー」である。

この論争は, ニュートンをへてベルヌーイ(1700−1782)やダランベール(1717−1783)まで引き継がれ, 力が物体に与える影響として, (力)×(時間)をとるか, (力)×(距離)をとるかの違いであることがはっきりした。前者が運動量を与え, 後者が(運動)エネルギーを与える。

問題 1.9 台車上の物体の運動

図1のように，水平面Gの上に質量Mの台車Aが置かれており，台車の斜面上の点aに質量mの小さな物体BがストッパーPで滑らないように止められている。斜面abはなめらかで摩擦はないが，水平面cd間には摩擦がある。物体Bと水平面cdとの間の動摩擦係数をμ，水平面cdと点aの高さの差をhとする。

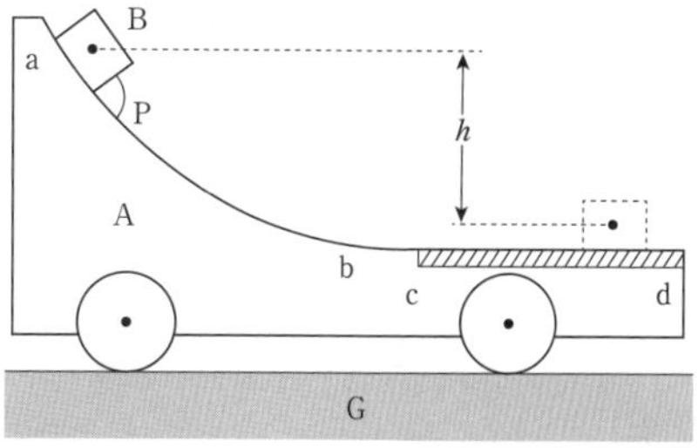

図1

はじめこれらの系全体は静止していたが，$t=0$においてストッパーPをはずしたら，物体Bは斜面abを滑り，台車Aも動き始めた。物体Bは点cを超え，c，d間の点eで台車Aに対して静止した。重力加速度の大きさをgとし，μ，g，h，m，Mを用いて，以下の設問に答えよ。

(1) 物体Bが点cに達したとき，台車Aと物体Bの速度V_A，V_Bはそれぞれいくらか。ただし，水平右向きの速度を正とする。

(2) 物体Bが点cを通過してから点eで，台車Aに対して静止するまでの時間Tはいくらか。

(3) 時間Tの間に，台車Aが水平面Gに対して動いた距離Lはいくらか。

（東京理科大　改）

Point

外力がはたらかなければ，内力として動摩擦力がはたらいても**運動量保存則は成立する**。ところが，**力学的エネルギー保存則は**，内力であっても**動摩擦力（非保存力）がはたらけば**，その仕事の分だけ力学的エネルギーが変化し，**成立しない**。

運動量保存則と力学的エネルギー保存則がどの場合に成り立ち，どの場合に成り立たないかに注意して，正確に用いよう。

解答

(1) 力学的エネルギー保存則は，

$$mgh = \frac{1}{2}MV_A{}^2 + \frac{1}{2}mV_B{}^2$$

また，水平方向へ外力がはたらかないから，A，Bの全運動量は保存される。

$$0 = MV_A + mV_B$$

ここで，物体Bは右向きに，台車Aは左向きに動くから，

$$V_A = -\sqrt{\frac{2m^2gh}{M(M+m)}}, \quad V_B = \sqrt{\frac{2Mgh}{M+m}}$$

(2) はじめから，台車Aと物体Bの全運動量は保存しているから，Bが点eでAに対して静止したとき，AとBは共に水平面Gに対して静止する。物体Bがcd間を滑っているとき，Bには水平左向きに大きさμmgの動摩擦力がはたらく（図2）。よって，物体Bの加速度αは，

$$m\alpha = -\mu mg \quad \therefore \quad \alpha = -\mu g$$

$\alpha=$一定 の等加速度運動であるから，求める時間Tは，

$$V_B + \alpha T = 0 \quad \therefore \quad T = -\frac{V_B}{\alpha} = \sqrt{\frac{2Mh}{\mu^2 g(M+m)}}$$

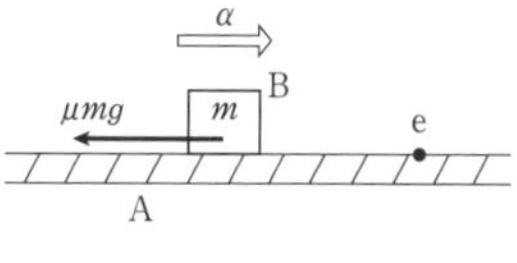

図2

［別解］

「物体Bの運動量変化＝動摩擦力の力積」を用いてもよい。

$$0 - mV_B = -\mu mg \cdot T$$

$$\therefore \quad T = \frac{V_B}{\mu g} = \sqrt{\frac{2Mh}{\mu^2 g(M+m)}}$$

(3) 「台車Aの運動エネルギーの変化＝Aにはたらく動摩擦力の仕事」を用いる。台車Aは左向きに動き，Aにはたらく動摩擦力は右向きにはたらくことに注意して，

$$0-\frac{1}{2}MV_A{}^2=-\mu mg\cdot L$$

$$\therefore\quad L=\frac{MV_A{}^2}{2\mu mg}=\frac{mh}{\mu(M+m)}$$

[別解]

台車Aの加速度$\beta=\dfrac{\mu mg}{M}$を用いて，

$$L=|V_AT+\frac{1}{2}\beta T^2|=\frac{mh}{\mu(M+m)}$$

解 説

1. 台車の移動距離

台車Aの移動距離Lは，台車と物体の重心が動かないことを用いて，次のように求めることもできる。

水平右向きを正として，台車Aの重心の変位をX，物体Bの変位をxとすると（図3），運動量保存則は，はじめ静止していたから，

$$M\dot{X}+m\dot{x}=0$$

よって，時間tで積分して，

$$MX+mx=C\quad（一定）$$

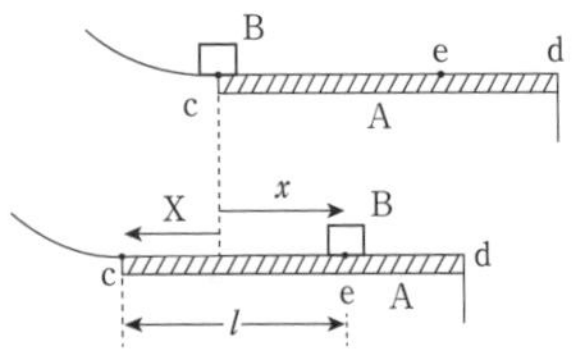

図3

これは，AとBの重心が動かないことを示している。

ここで，はじめは$X=x=0$だから，$C=0$となり，

$$MX+mx=0\qquad\therefore\quad x=-\frac{M}{m}X\quad\cdots\cdots①$$

となる。すなわち，①式は，重心の座標を原点としたとき，AとBの座標X，xの関係を表している。

物体Bが点cから点eまで台車上を動く距離lは，「全運動エネルギー変化＝動摩擦力の全仕事」より，

$$0-mgh=-\mu mg\cdot l\qquad\therefore\quad l=\frac{h}{\mu}$$

ここで，$l=x-X$だから，①式より，

$$X=-\frac{m}{M+m}l\qquad\therefore\quad L=|X|=\frac{mh}{\mu(M+m)}$$

2. 力学的エネルギー保存則

物体Bが斜面ab上を滑っているとき，台車Aから物体Bにはたらく垂直抗力Nとその反作用$-N$のする仕事について考えよう。

台車Aから見ると，物体Bは斜面に沿って速度$\boldsymbol{v}$で動いている。このとき，$\boldsymbol{N}$と$\boldsymbol{v}$は垂直($\boldsymbol{N}\perp\boldsymbol{v}$)であるから，$N$は仕事をしない。しかし，図4のように，台車Aは左向きに速度Vで動いているから，静止した水平面上で見ると，Nの仕事率P_1は，

$$P_1=\boldsymbol{N}\cdot(\boldsymbol{v}+\boldsymbol{V})=\boldsymbol{N}\cdot\boldsymbol{V}$$

で0ではない。ここで$\boldsymbol{N}\cdot\boldsymbol{V}$は，ベクトル$\boldsymbol{N}$と$\boldsymbol{V}$の内積であり，$\boldsymbol{N}\perp\boldsymbol{v}$であるから，$\boldsymbol{N}\cdot\boldsymbol{v}=0$である。

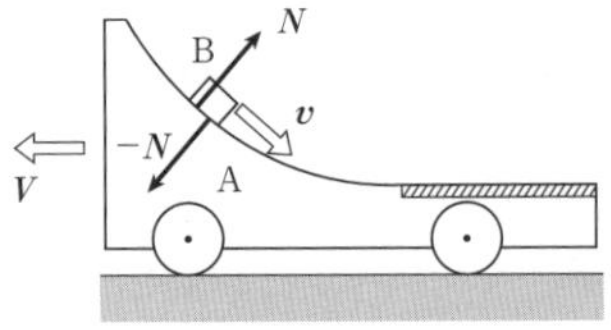

図4

一方，物体Bから台車Aにはたらく反作用$-N$の仕事率P_2は，静止した水平面上から見ると，$P_2=-\boldsymbol{N}\cdot\boldsymbol{V}$となる。したがって，水平面上から見ると，垂直抗力$N$とその反作用$-N$が物体Bと台車Aにする仕事率の和$P$は，

$$P=P_1+P_2=\boldsymbol{N}\cdot\boldsymbol{V}+(-\boldsymbol{N}\cdot\boldsymbol{V})=0$$

である。

すなわち，垂直抗力Nが物体Bのみにする仕事は0ではないが，Nとその反作用$-N$が全体としてA，Bにする仕事は0である。したがって，重力が物体Bにする仕事は，垂直抗力Nを介して台車Aにもなされ，A，B全体の運動エネルギーの増加は，Bに重力のする仕事に等しい。

問題 1.10　粗い斜面への斜衝突

水平に対する傾きの角が30°の斜面上に，点Oを原点として，最大傾斜の方向・下向きにx軸，斜面に垂直方向・上向きにy軸をとる。

原点Oから質量mの物体を水平方向へ初速vで投げ出したところ，物体はxy面内で運動し，やがて斜面に落下し，はね返ることなく斜面を滑り降りた。重力加速度をg，物体と斜面の間の動摩擦係数を$\frac{1}{3}$として，以下の設問に答えよ。

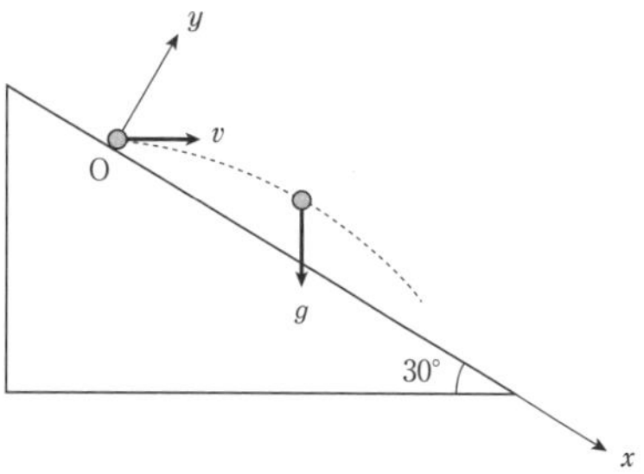

図1

(1)(イ)　物体が原点Oで投げ出されてから，斜面に落下するまでの時間を求めよ。

(ロ)　落下点のx座標を求めよ。

(ハ)　落下直前において，物体の速度の方向が斜面に対してなす角の正接を求めよ。

(2)(イ)　斜面に衝突後，物体が滑り出す速さをu，衝突中の垂直抗力の大きさをN，衝突時間をΔtとする。衝突の直前と直後の運動量の変化と力積の関係をx方向とy方向に分けて表せ。ただし，Δtは十分に小さくて，衝突中の重力の力積は無視できるものとする。

(ロ)　物体が滑り出す速さuを求めよ。

(3)　この物体は斜面との衝突で，I_0より大きい運動量変化が起こると破壊される。破壊されずに落下できるvの最大値v_mを求めよ。　　（関西学院大　改）

Point

物体が粗い面に衝突すると，物体と面の間にはたらく動摩擦力のため，面に平行な速度成分が小さくなる。このことを，運動量と力積の関係から明確に理解しよう。

(1)　物体は投げ出されているとき，x方向へ$g\sin 30°$，y方向へ$-g\cos 30°$の等加速度運動をする(図2)。

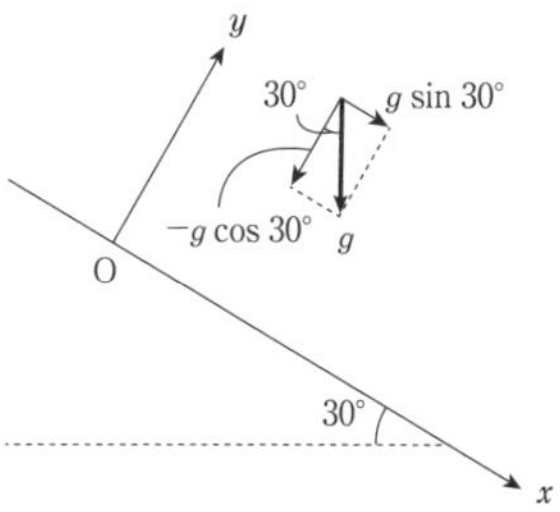

図2

(2)(ロ)　衝突直後の速度のx成分は，垂直抗力Nを消去して求められる。

解答

(1)(イ)　落下点のy座標は0であり，重力加速度のy成分は$-g\cos 30°$であるから，求める時間をt_0とすると，

$$0 = v\sin 30°\cdot t_0 - \frac{1}{2}g\cos 30°\cdot {t_0}^2$$

$$\therefore\quad t_0 = \frac{2\sqrt{3}v}{3g}$$

(ロ)　重力加速度のx成分は$g\sin 30°$であるから，

$$x = v\cos 30°\cdot t_0 + \frac{1}{2}g\sin 30°\cdot {t_0}^2 = \frac{4v^2}{3g}$$

(ハ)　落下直前の速度のx成分をv_x，y成分をv_yとすると，

$$v_x = v\cos 30° + g\sin 30°\cdot t_0 = \frac{5\sqrt{3}}{6}v$$

$$v_y = v\sin 30° - g\cos 30°\cdot t_0 = -\frac{v}{2}$$

求める角をθとして(図3)，

$$\tan\theta = \frac{|v_y|}{v_x} = \frac{\sqrt{3}}{5}$$

(2)(イ)　運動量変化＝力積の関係式は，動摩擦力の大きさが$\frac{1}{3}N$と書けるから(図3)，

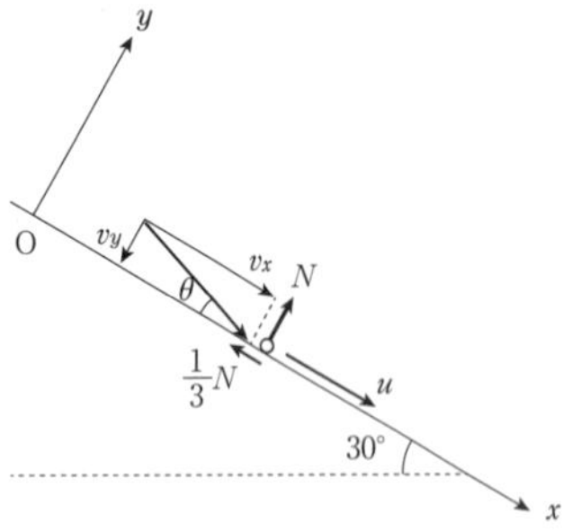

図3

$$x\text{ 方向}：mu-mv_x=-\frac{1}{3}N\varDelta t$$

$$\therefore\quad \underline{mu-\frac{5\sqrt{3}}{6}mv=-\frac{1}{3}N\varDelta t}\qquad\cdots\cdots①$$

$$y\text{ 方向}：0-mv_y=N\varDelta t$$

$$\underline{0-(-\frac{1}{2}mv)=N\varDelta t}\qquad\cdots\cdots②$$

(ロ)　①，②式より $N\varDelta t$ を消去して，

$$\underline{u=\frac{5\sqrt{3}-1}{6}v}$$

(3)　衝突による運動量変化の x 成分を I_x，y 成分を I_y とすると，

$$I_x=mu-\frac{5\sqrt{3}}{6}mv=-\frac{1}{6}mv$$

$$I_y=0-(-\frac{1}{2}mv)=\frac{1}{2}mv$$

物体が破壊されないためには，

$$I_0\geqq\sqrt{I_x{}^2+I_y{}^2}=\frac{\sqrt{10}}{6}mv$$

$$\therefore\quad \underline{v_m=\frac{3\sqrt{10}I_0}{5m}}$$

解　説

摩擦のある面との衝突

物体が粗い面に衝突すると，衝突の瞬間，面上をわずかに滑る。滑っている間に物体に面から動摩擦力がはたらき，動摩擦力の力積の分だけ，物体の運動量の面に平行な成分が変化する。

図4のように，水平な粗い面に速度の水平成分(x 成分)v_x，鉛直成分(y 成分)v_y をもった質量 m の小球が衝突し，衝突直後，速度の x 成分が v_x'，y 成分が v_y' になったとする。物体と水平面のはね返り係数を e とすると，

$$v_y'=-ev_y$$

の関係が成り立つ。

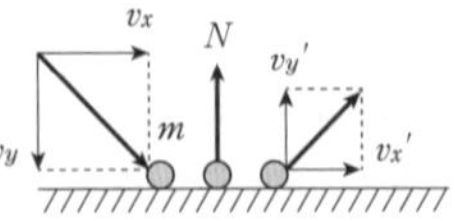

図4

一方，水平面から小球にはたらく垂直抗力の大きさ N は，図5のように時間と共に変化する。ここで，衝突時間を $\varDelta t$ とする。一般に，垂直抗力の大きさ N は，小球にはたらく重力の大きさ mg に比べて十分に大きい。水平面から小球にはたらく動摩擦力の大きさは，動摩擦係数を μ とすると，μN と書けるから，衝突前後で小球の「運動量変化＝力積」の式を x 成分と y 成分について，重力の力積を無視して書くと，

$$mv_x'-mv_x=\int_t^{t+\varDelta t}(-\mu N)\,dt=-\mu\int_t^{t+\varDelta t}Ndt$$

$$mv_y'-mv_y=\int_t^{t+\varDelta t}Ndt$$

となる。よって，

$$\begin{aligned}mv_x'-mv_x&=-\mu(mv_y'-mv_y)\\&=(1+e)\mu mv_y\qquad\cdots\cdots③\end{aligned}$$

と書くことができ，水平方向の運動量変化は，はね返り係数 e を用いて表すことができることがわかる。

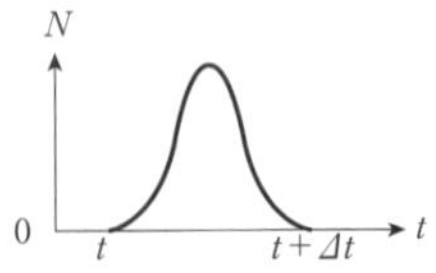

図5

また，③式から，**面がなめらかな($\mu=0$)とき，面に平行な運動量(速度)成分は変化しない**こともわかる。

問題 1.11　支点が動く振り子

図1に示すように，質量Mの小球Aが質量の無視できる長さlの伸びない糸で吊り下げられており，糸の他端に取り付けられた質量mの小物体Bは，水平な直線レールに沿ってなめらかに移動できるようになっている。重力加速度をgとし，空気抵抗は無視できるとする。

はじめに，図1の静止状態において，小球Aのα倍の質量αMをもつ小球Cが，水平右向きに速さw_0で小球Aに正面衝突し，両球は互いに水平方向へ跳ね返された。小球A，Cの衝突後の運動は，レールを含む鉛直面内に限られるものとする。衝突直後，小物体Bはレールに沿って滑り始めたが，その初速度は0であった。

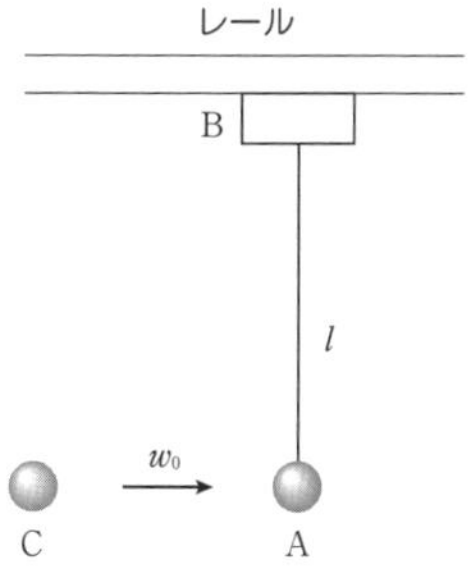

図1

(1)　小球AとCの衝突のはね返り係数がeであるとき，小球Cが右向きに運動するための条件をαとeで表せ。また，この衝突で失われた全力学的エネルギーはいくらか。

この衝突によって，小球Aが得た水平右向きの初速度の大きさをu_0と表し，以下では，衝突後の運動に関する物理量をu_0を用いて表すことにする。衝突後，小物体Bはレールに沿って移動し，糸は鉛直線を中心に左右に振れた。ただし，振れの最大の角は，90度より小さかった。

(2)　小球Aと小物体Bを結ぶ糸上で，速度の水平成分がつねに一定値であるような点の，小物体Bからの距離はいくらか。また，その点の速度の水平成分はいくらか。

(3)　図2に示すように，糸が右に振れきった瞬間，小球Aの最低点からの高さはいくらか。

(4)　その後，はじめて糸が鉛直になった瞬間，小球Aが右向きの速度をもつ条件を求めよ。

　また，そのとき，AとBの速さはそれぞれいくらか。

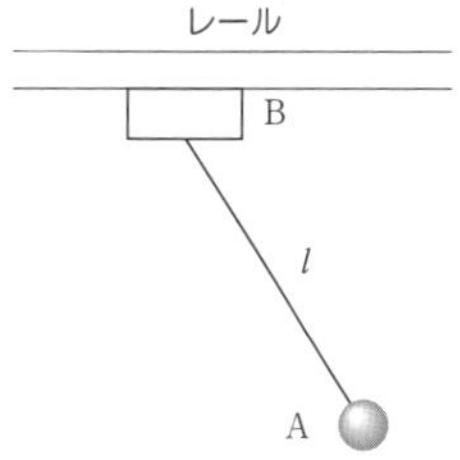

図2

（京都大　改）

Point

(2)　小球AとCの衝突後，Aと小物体Bを結ぶ糸上で速度の水平成分が一定になる点は，AとBの重心の位置であり，その速度は重心の速度の水平成分に等しい。

解　答

(1)　衝突直後の小球AとCの速度(右向きを正)をV_A，V_Cとする。

運動量保存則：$\alpha M w_0 = MV_A + \alpha M V_C$

はね返り係数の式：$e = -\dfrac{V_C - V_A}{w_0 - 0}$

これらより，$V_A = \dfrac{\alpha(1+e)}{1+\alpha}w_0$，$V_C = \dfrac{\alpha - e}{1+\alpha}w_0$

$V_C > 0$より，$\underline{\alpha > e}$

失われた力学的エネルギーΔEは，

$$\Delta E = \frac{1}{2}\alpha M w_0{}^2 - \left(\frac{1}{2}MV_A{}^2 + \frac{1}{2}\alpha M V_C{}^2\right)$$

$$= \underline{\frac{1-e^2}{2(1+\alpha)}\alpha M w_0{}^2}$$

(2)　小球Aと小物体Bに水平方向へ外力ははたらかないから，水平方向の運動量の和は保存される。したがって，重心の速度は一定である。よって，求める位置はAとBの重心の位置であり，求める速度は重心の速度の水平成分V_Gである。ここでBの位置を原点にとり，BからAの向きに座標軸をとる(図3)。Bから重心までの距離をLとすると，

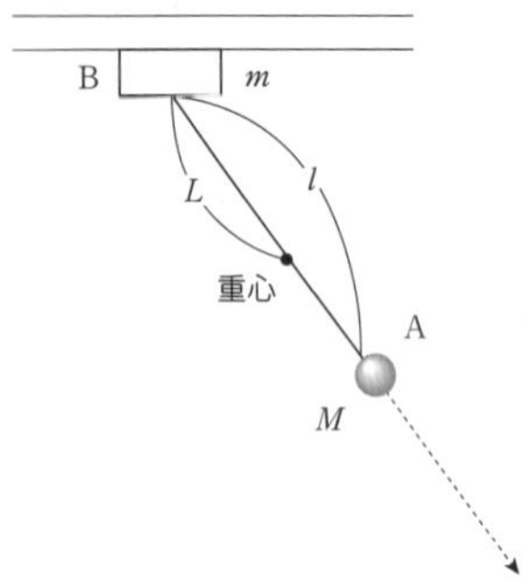

図3

$$L = \frac{Ml+m\cdot 0}{M+m} = \underline{\frac{M}{M+m}l} \quad \cdots\cdots①$$

重心の速度の水平成分 V_G は，

$$V_G = \frac{Mu_0+m\cdot 0}{M+m} = \underline{\frac{M}{M+m}u_0} \quad \cdots\cdots②$$

(3) 糸が振れきった瞬間，A，Bの速度は等しくなり，重心の速度 V_G に一致する。求める高さを h とすると，力学的エネルギー保存則は，

$$\frac{1}{2}Mu_0{}^2 = \frac{1}{2}(M+m)V_G{}^2+Mgh$$

$$\therefore \quad h = \underline{\frac{mu_0{}^2}{2(M+m)g}}$$

(4) はじめて糸が鉛直になった瞬間のAとBの速度を，それぞれ u_1，v_1 とすると，運動量保存則と力学的エネルギー保存則は，

$$Mu_0 = Mu_1+mv_1, \quad \frac{1}{2}Mu_0{}^2 = \frac{1}{2}Mu_1{}^2+\frac{1}{2}mv_1{}^2$$

$u_1 = u_0$，$v_1 = 0$ は不適であるから，

$$u_1 = \underline{\frac{M-m}{M+m}u_0}, \quad v_1 = \underline{\frac{2M}{M+m}u_0}$$

小球Aが右向きの速度をもつ条件は，$u_1 > 0$ より，$\underline{M > m}$

解 説

1. 小球Aと小物体Bを結ぶ糸上の点の速度の水平成分

小球Aの速度が u，小物体Bの速度が v のとき，Bから距離 x だけ離れた糸上の点Pの速度 V は，点PがA，B間を x：$(l-x)$ に内分する点であることから，

$$V = v+\frac{x}{l}(u-v) = \frac{xu+(l-x)v}{l} \quad \cdots\cdots③$$

一方，u と v の間には，運動量保存則より，

$$Mu_0 = Mu+mv \quad \cdots\cdots④$$

の関係があるから，③，④式から u を消去すると，

$$V = \left(1-\frac{M+m}{M}\frac{x}{l}\right)v+\frac{x}{l}u_0 \quad \cdots\cdots⑤$$

ここで，小物体Bの速度 v は時間と共に変化するから，速度の水平成分が一定となる糸上の点では，⑤式の右辺の v の係数は0となる。したがって，

$$1-\frac{M+m}{M}\frac{x}{l} = 0 \quad \therefore \quad x = L = \underline{\frac{M}{M+m}l} \quad \cdots\cdots①$$

となる。また，①式を⑤式へ代入して，

$$V = V_G = \underline{\frac{M}{M+m}u_0} \quad \cdots\cdots②$$

となる。

2. 運動方程式を用いた考察

小球AとCの衝突後Aが上昇しているとき，Aと小物体Bを結んでいる糸の張力および重力は，次のような仕事をする。

張力は小球Aの水平方向へ負の仕事をし，Aの垂直方向と小物体Bに正の仕事をする。一方，重力は小球Aの垂直方向へ負の仕事をする。その結果，**全体で張力の仕事は0であり，重力だけが負の仕事をする。**

上のことを，運動方程式を用いて考察し，運動量保存則，力学的エネルギー保存則を導こう。

図4のように，衝突直後の小球Aの位置を原点Oとし，水平右向きに x 軸，鉛直上向きに y 軸をとる。時刻 t において，糸が鉛直線となす角を θ とし，Bの座標を (x_0, l) とする。このとき，Aの座標は $(x_1, y_1) = (x_0+l\sin\theta, l(1-\cos\theta))$ となる。糸の張力を S とすると，A，Bの運動方程式は，それぞれ，

$$\text{A}, x : M\ddot{x}_1 = -S\sin\theta \quad \cdots\cdots⑥$$

$$y : M\ddot{y}_1 = S\cos\theta-Mg \quad \cdots\cdots⑦$$

$$\text{B}, x : m\ddot{x}_0 = S\sin\theta \quad \cdots\cdots⑧$$

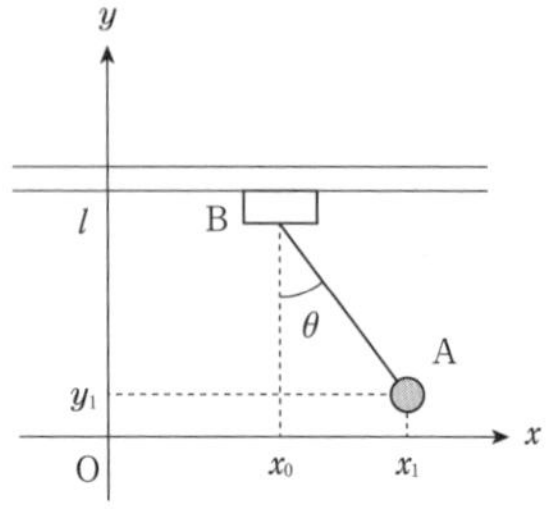

図4

ここで，⑥+⑧をつくり，両辺を時間 t で積分すると，

$$M\dot{x}_1+m\dot{x}_0 = C\ (\text{一定})$$

となり，**運動量保存則**を得る。

⑥式の両辺に $\dot{x}_1 = \dot{x}_0+l\cos\theta\cdot\dot{\theta}$ をかけて $t=0$ から t まで積分する。ここで，張力 S と角 θ は共に時間 t の関数であることに注意しよう。$t=0$ のとき $\dot{x}_1 = u_0$ であることを用いると，

$$\frac{1}{2}M\dot{x}_1{}^2-\frac{1}{2}Mu_0{}^2 = -\int_0^t S\sin\theta(\dot{x}_0+l\cos\theta\cdot\dot{\theta})dt \cdots\cdots ⑨$$

同様に，⑦式の両辺に $\dot{y}_1 = l\sin\theta\cdot\dot{\theta}$ をかけて $t=0$ から t まで積分する。ここで，$t=0$ のとき，$\dot{y}_1=0$ を用いると，

$$\frac{1}{2}M\dot{y}_1{}^2 = \int_0^t (S\cos\theta-Mg)l\sin\theta\cdot\dot{\theta}dt \cdots\cdots ⑩$$

また，⑧式の両辺に $\dot{x}_0$ をかけて $t=0$ から t まで積分する。$t=0$ のとき，$\dot{x}_0=0$ を用いて，

$$\frac{1}{2}m\dot{x}_0{}^2 = \int_0^t S\sin\theta\cdot\dot{x}_0 dt \qquad \cdots\cdots ⑪$$

いま，

$$\int_0^t Mgl\sin\theta\cdot\dot{\theta}dt = Mgl\int_0^\theta \sin\theta d\theta = Mgl(1-\cos\theta)$$

であるから，⑨+⑩+⑪をつくると，

$$\frac{1}{2}M(\dot{x}_1{}^2+\dot{y}_1{}^2)+\frac{1}{2}m\dot{x}_0{}^2+Mgl(1-\cos\theta) = \frac{1}{2}Mu_0{}^2$$

となり，**力学的エネルギー保存則**を得る。ただし，$Mgl(1-\cos\theta)$ の項は，基準点を $y=0$ としたとき，$y=y_1$ での小球 A の重力の位置エネルギーである。

問題 1.12　鉛直面内の円運動と放物運動

図 1 のように，直線と半径 r の円弧とからなる軌道を考える。円弧は点 C，E，F で軌道の直線部分となめらかにつながっている。初速度 0 で高さ h の点 A から質量 m の球が斜面に沿って滑り落ちるとき，球は軌道に沿って摩擦なしで運動する。点 B，F，H は水平線上にあり，直線部分 AB は水平線と角度 α をなす。重力加速度を g とし，球の半径は十分小さいとする。

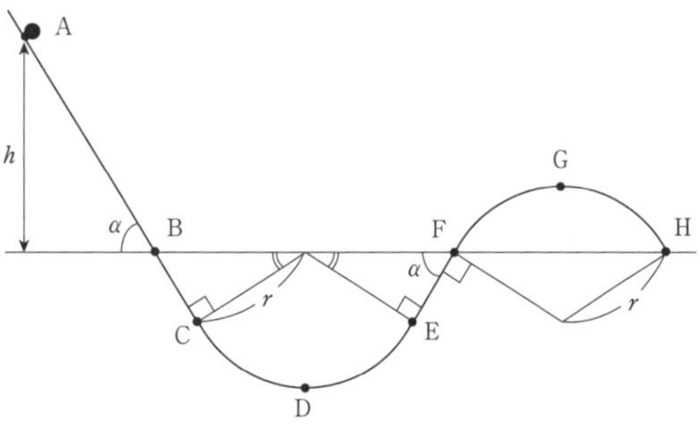

図 1

(1)　この球が軌道から受ける最大の抗力を求めよ。

(2)　出発点 A での球の高さ h がある値 h_0 を超えると，球が運動の途中で軌道から浮き上がる。h_0 を求めよ。

(3)　$h > h_0$ のとき，球が軌道から飛び上がり，点 H に落下した。このときの h の値を求めよ。

(4)　高さ h を適当に選んで，球が軌道から浮き上がらずに点 G に到達するためには，角度 α がある条件を満たすことが必要である。この条件を求めよ。　(東京大)

Point

球にはたらく垂直抗力が最大になるのが点 D であることは予想がつくであろう。では，**軌道から飛び上がるとすると，その点は F である**ことを予想できるであろうか。これらの予想をきちんと証明しておこう。証明には，円運動の運動方程式と力学的エネルギー保存則を用いる。

解　答

(1)　軌道 CDE 上で考えれば十分である。図 2 のように，CDE 上の球の位置を，最下点 D を基準に球の進行方向の角 $\theta\ (-\alpha \leqq \theta \leqq \alpha)$ で表し，速さを v，垂直抗力を N とすると，円運動の運動方程式と力学的エネルギー保存則の式は，

$$m\frac{v^2}{r} = N-mg\cos\theta \qquad \cdots\cdots ①$$

$$\frac{1}{2}mv^2 = mg(h+r\cos\theta) \qquad \cdots\cdots ②$$

①，②式より v を消去して，

$$N = 3mg\cos\theta+2mg\frac{h}{r}$$

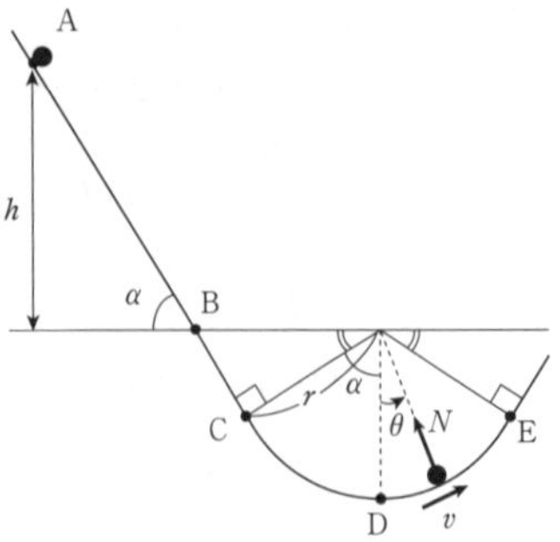

図2

よって，$\theta=0$ で N の最大値は，

$$N_{\max}=mg\left(3+\frac{2h}{r}\right)$$

(2) (1)と同様に，FGH 上で球の位置を $\theta'(-\alpha\leqq\theta'\leqq\alpha)$，速さを v'，垂直抗力を N' とする(図3)。

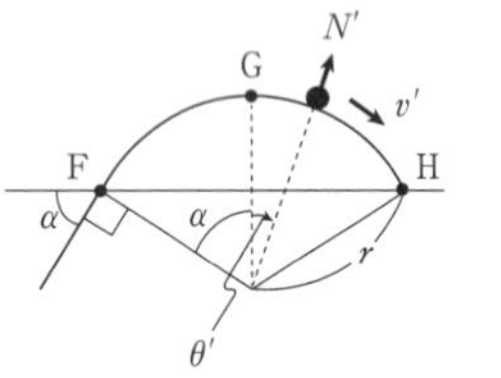

図3

$$m\frac{v'^2}{r}=mg\cos\theta'-N'$$

$$\frac{1}{2}mv'^2=mg\{h+r(\cos\alpha-\cos\theta')\}$$

より v' を消去して，

$$N'=mg\left\{3\cos\theta'-2\left(\frac{h}{r}+\cos\alpha\right)\right\}$$

$|\theta'|\leqq\alpha$ だから，N' は $\theta'=\pm\alpha$ のとき(点 F，点 H)，最小値

$$N'_{\min}=mg\left(\cos\alpha-\frac{2h}{r}\right)$$

球が浮き上がらないための条件は，$N'_{\min}\geqq 0$

よって，$h\leqq\frac{1}{2}r\cos\alpha$ ……③

$$\therefore\quad h_0=\frac{1}{2}r\cos\alpha$$

(3) 球は軌道から点 F で飛び出す。そのときの速さを v_F とすると(図4)，

$$\frac{1}{2}mv_F{}^2=mgh\qquad\therefore\quad v_F=\sqrt{2gh}\quad\text{……④}$$

点 F から点 H までの時間を t とおくと，

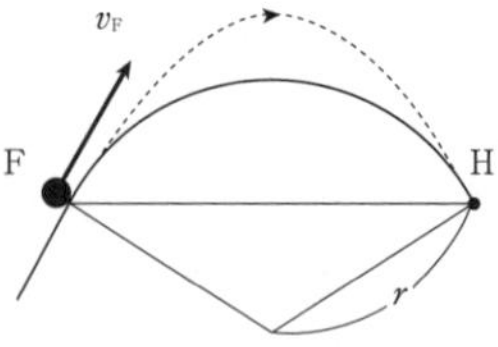

図4

$$v_F\sin\alpha\cdot t-\frac{1}{2}gt^2=0$$

$$\therefore\quad t=\frac{2v_F\sin\alpha}{g}\quad\text{……⑤}$$

$$\overline{\mathrm{FH}}=2r\sin\alpha=v_F\cos\alpha\cdot t\quad\text{……⑥}$$

④，⑤，⑥式より，$h=\frac{r}{2\cos\alpha}$

(4) 点 G に到達できる条件は，

$$mgh\geqq mgr(1-\cos\alpha)$$

$$\therefore\quad h\geqq r(1-\cos\alpha)\quad\text{……⑦}$$

よって，浮き上がらずに点 G に達する条件は，③，⑦式より，

$$r(1-\cos\alpha)\leqq h\leqq\frac{1}{2}r\cos\alpha$$

これを満たす h が存在するためには，

$$r(1-\cos\alpha)\leqq\frac{1}{2}r\cos\alpha$$

$$\therefore\quad\cos\alpha\geqq\frac{2}{3}$$

解 説

球が軌道から飛び出さない条件は，垂直抗力≧0 である。この条件は，本書を読んでいる諸君にとって，すでに常識となっているであろう。

球が点 F で浮き上がる理由

球が軌道から浮き上がるとすると，その点は F である。このことは，図5のように，球にはたらく重力 mg と遠心力 $m\frac{v'^2}{r}$ を考えればわかる。

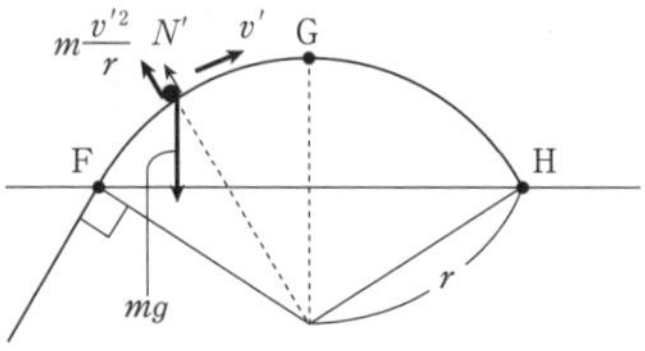

図5

球が軌道 FGH に入る前は，遠心力は軌道の上向きにはたらかないから，球が浮き上がることはない。

球が点Fを過ぎても軌道上を運動するとする。球が点Fを過ぎると重力の中心方向の成分は増加し，また球の速さが遅くなるから，球にはたらく遠心力は減少する。よって，球に軌道からはたらく垂直抗力N'は，点Fを過ぎると増加する。すなわち，球にはたらく垂直抗力N'は点Fで最小となる。したがって，点Fで浮き上がらなければ，以後，浮き上がることはない。

問題 1.13 回転する円環に束縛された小輪の運動

図1のように，半径Rの細い円環に質量mの小さな輪(以下，小輪という)を通したものを鉛直面内に置く。小輪は質点とみなせるものとする。小輪の位置を円環の最下点とのなす角度θで表し，図の矢印の向き(反時計回り)を正とする。重力加速度をg，静止摩擦係数をμとし，動摩擦力は無視できるものとする。以下の設問に答えよ。

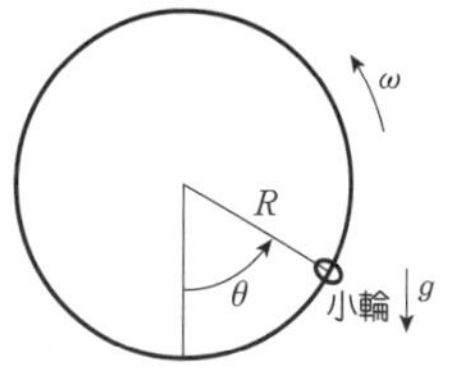

図1

I　はじめ，円環は静止していた。

(1)　小輪は，$\theta < \theta_0 (< \frac{\pi}{2})$の位置では滑らず，$\theta = \theta_0$の位置に置いたときはじめて滑り始めた。静止摩擦係数μと角度θ_0の関係式を求めよ。

II　円環を，その中心を通り円環面に垂直な軸のまわりに反時計回りに角速度ωで回転させたところ，小輪は滑らずに円環と共に動き始めた。小輪の運動を地上に静止している観測者の立場で考える。

(2)　小輪が角度θ $(0 < \theta < \frac{\pi}{2})$の位置にあるとき，小輪にはたらく力を図示せよ。また，小輪が円環と共に滑らずに動くための力の関係式を求めよ。

(3)　(2)の結果，小輪が円環と共に滑らずに回り続けるためにはωはどのような範囲でなければならないか。g，R，θ_0を用いて表せ。

(4)　$\omega = \sqrt{\frac{g}{R}}$のとき，小輪は角度$\theta_1$の位置で滑り始めた。$\theta_1$を(1)の$\theta_0$で表せ。

(5)　(4)の場合，小輪が角度θ_1で滑り始めた後，頂点に到達せずに角度$\theta_2$$(\theta_1 < \theta_2 < \pi)$で速度0になった。その後，小輪は円環に沿って落下し始め，角度θ_2と$-\theta_2$の間を往復運動する。(a)小輪が時計回りに運動している間と，(b)反時計回りに運動している間，それぞれについて，小輪の運動エネルギーTを角度θの関数として概略図を描け。

(東京工業大)

Point

(2)　垂直抗力Nが0になると小輪は必ず滑るから，**Nはつねに円環の中心を向いている**。また，静止摩擦力は正負両方の値をとり得る。

(3)　対称性より，**$0 \leqq \theta \leqq \pi$の範囲で考えればよい**。三角関数の合成公式を活用する。

(4)　三角関数の公式(半角公式)をうまく活用しよう。

解　答

I(1)　$\theta = \theta_0$のとき，円環から小輪にはたらく垂直抗力の大きさをN_0とすると，小輪にはたらく中心方向と接線方向の力のつり合いは(図2)，

$$N_0 = mg\cos\theta_0$$

$$\mu N_0 = mg\sin\theta_0$$

これらより，$\underline{\mu = \tan\theta_0}$

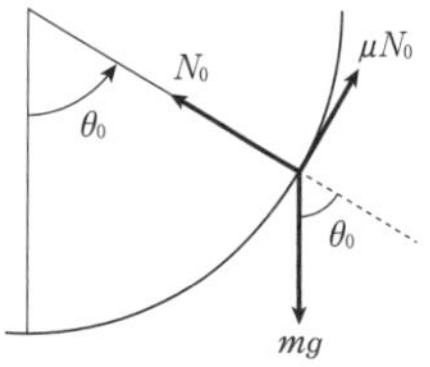

図2

Ⅱ(2) 垂直抗力の大きさをN，静止摩擦力の大きさをfとして，小輪にはたらく力を図示すれば図3のようになる。

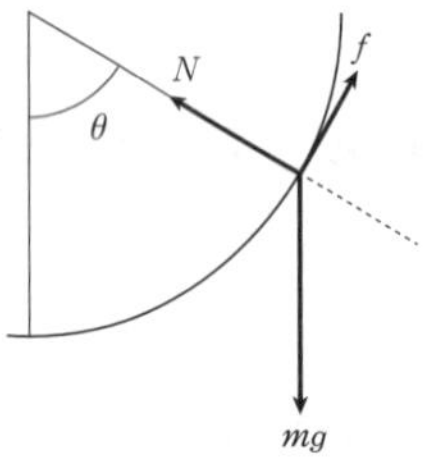

図3

小輪の円運動の方程式は，

$$mR\omega^2 = N - mg\cos\theta \quad \cdots\cdots①$$

接線方向の力のつり合いは，

$$f = mg\sin\theta \quad \cdots\cdots②$$

$N=0$になると小輪は滑り出すから，$N>0$

小輪が滑らない条件は，$|f| \leqq \mu N$ ……③

①～③式より，

$$\underline{mg|\sin\theta| \leqq \mu m(g\cos\theta + R\omega^2)} \quad \cdots\cdots④$$

(3) ④式の両辺共，θの偶関数であるから，$0 \leqq \theta \leqq \pi$の範囲すなわち$f \geqq 0$の範囲で考えれば十分である。

④式より，

$$mg\sin\theta \leqq \mu m(g\cos\theta + R\omega^2)$$

$$\omega^2 \geqq \frac{\sin\theta - \mu\cos\theta}{\mu R}g$$

$$= \frac{\sqrt{1+\mu^2}}{\mu R}g\sin(\theta - \delta) \quad \cdots\cdots⑤$$

ただし，$\tan\delta = \mu \ (0 \leqq \delta \leqq \frac{\pi}{2})$

$\mu = \tan\theta_0 \ (0 \leqq \theta_0 \leqq \frac{\pi}{2})$を用いて，⑤式がつねに成立する条件より，

$$\underline{\omega \geqq} \sqrt{\sqrt{1+\mu^{-2}}\frac{g}{R}} = \underline{\sqrt{\frac{g}{R\sin\theta_0}}}$$

(4) $\theta = \theta_1 (0 \leqq \theta_1 \leqq \pi)$，$\omega = \sqrt{\frac{g}{R}}$のとき，④式の等号が成り立つことから，

$$mg\sin\theta_1 = \tan\theta_0(mg\cos\theta_1 + mg)$$

ここで三角関数の公式$\sin\theta_1 = 2\sin\frac{\theta_1}{2}\cos\frac{\theta_1}{2}$，$1+\cos\theta_1 = 2\cos^2\frac{\theta_1}{2}$を用いて，

$$\tan\theta_0 = \tan\frac{\theta_1}{2} \qquad \therefore \quad \theta_1 = \underline{2\theta_0}$$

(5)(a) 時計回りに運動する場合，力学的エネルギー保存則より，

$$T + mgR(1-\cos\theta) = mgR(1-\cos\theta_2)$$

$$\therefore \quad T = mgR(\cos\theta - \cos\theta_2)$$

(b) 反時計回りに運動する場合，

$\theta_1 < |\theta| \leqq \theta_2$のとき，(a)と同様に力学的エネルギー保存則より，

$$T = mgR(\cos\theta - \cos\theta_2)$$

$|\theta| \leqq \theta_1$のとき，小輪は円環と共に運動するから，

$$T = \frac{1}{2}m(R\omega)^2 = \frac{1}{2}mgR$$

これらより，図4を得る。

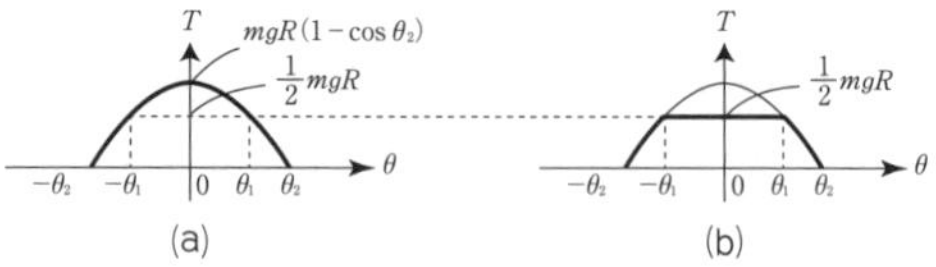

図4

問題 1.14　中心力を受けた物体の運動

Ⅰ　図1のように，質量が m で大きさの無視できる小物体Aが，質量の無視できるひもでつながれて，水平に置かれた板の上を半径 r の等速円運動をしている。ひもは，大きさの無視できる穴を通して鉛直下方に引かれ，はじめひもの端点Pは固定されている。小物体Aと板の間の摩擦，ひもと板，ひもと穴の間の摩擦，および，空気抵抗は無視できるものとする。以下の設問に，近似式

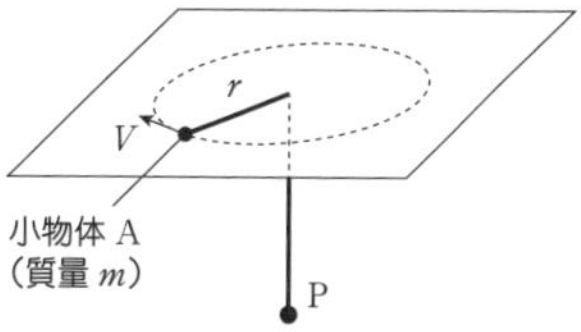

図1

「$|x|$ が1に比べて十分に小さい($|x| \ll 1$)とき，$\dfrac{1}{1+x} \fallingdotseq 1-x$，$(1+x)^2 \fallingdotseq 1+2x$」

を用いて，微小量の1次の項までの近似で答えよ。

(1)　小物体Aが速さ V で等速円運動をしているときの張力 T を求めよ。

(2)　ひもの端点Pをゆっくりと $\Delta r(\Delta r \ll r)$ だけ引き，小物体Aが半径 r の円運動から $r-\Delta r$ の円運動へゆっくりと移る過程を考える。この過程でAの運動エネルギーが $E=\dfrac{1}{2}mV^2$ から $E+\Delta E$ へ変化する。ΔE を E，r，Δr を用いて求めよ。ただし，この間，ひもの張力 T が小物体Aにする仕事は $T\Delta r$ と表される。

(3)　前問(2)の過程で，小物体Aの速さ V が $V+\Delta V$ へ変化する。ΔV を r，V，Δr を用いて求めよ。

(4)　円運動の半径 r と速さ V が変化すると，回転の角速度 $\omega=\dfrac{V}{r}$ も $\omega+\Delta\omega$ へ変化する。$\Delta\omega$ を ω，E，ΔE を用いて求めよ。

(5)　端点Pをゆっくり引く過程で，$\dfrac{\omega}{E}$ の値は増加するか，一定であるか，減少するか。前問(4)の結果を用いて簡単に説明せよ。

Ⅱ　小物体Aが速さ V で半径 r の等速円運動をしている最初の状態で，端点Pに質量 M のおもりBを吊るしたら，Bは静止した。そこで，Bをゆっくり $a(\ll r)$ だけ引き下げて放すとBは上下に振動した。Bの振動の周期を求めよ。ただし，おもりBの振動は，小物体Aの回転運動に比べて非常にゆっくりしているものとする。

（類題　京都大）

Point

問題文の誘導にしたがい，近似計算をすばやく正確に行うこと。

Ⅰ(3)　中心力がはたらくことから**面積速度一定**を用いるか，運動エネルギーの変化の式を求めて(2)の結果と組み合わせる。

(5)　**端点Pを Δr だけ引いたとき，$E \to E+\Delta E$，$\omega \to \omega+\Delta\omega$ になったとして，$\dfrac{\omega+\Delta\omega}{E+\Delta E}$ と $\dfrac{\omega}{E}$ の関係を調べるか，(4)の結果で両辺を積分し，$\dfrac{\omega}{E}$ を求める。**

Ⅱ　$Mg=m\dfrac{V^2}{r}$ を用いて，おもりBの運動方程式を求める。

解答

Ⅰ(1)　小物体Aの円運動の運動方程式より，

$$\underline{T=m\frac{V^2}{r}}$$

(2)　小物体Aの運動エネルギーは，$E=\dfrac{1}{2}mV^2=\dfrac{1}{2}Tr$，運動エネルギーの増加は張力のする仕事に等しく，$\Delta E=T\Delta r$ と書けるから，これらより T を消去して，

$$\underline{\Delta E=2\frac{\Delta r}{r}E} \quad \cdots\cdots①$$

(3) 小物体Aにはたらく力は中心力であるから，面積速度は一定である。よって，

$$\frac{1}{2}rV=\frac{1}{2}(r-\Delta r)(V+\Delta V)$$

ここで，微小量の積の項$\Delta r\cdot\Delta V$を落として，

$$0=r\Delta V-V\Delta r \quad \therefore \quad \Delta V=\frac{V}{r}\Delta r \qquad \cdots\cdots②$$

[別解]

$V\rightarrow V+\Delta V$のとき，運動エネルギーの増加は，微小量の2乗の項$(\Delta V)^2$を落として，

$$\Delta E=\frac{1}{2}m(V+\Delta V)^2-\frac{1}{2}mV^2\fallingdotseq mV\Delta V$$

よって，

$$\frac{\Delta E}{E}\fallingdotseq\frac{mV\Delta V}{\frac{1}{2}mV^2}=\frac{2\Delta V}{V} \qquad \cdots\cdots③$$

①，③式より， $\Delta V=\frac{V}{r}\Delta r$

(4) 角速度の変化$\Delta\omega$は，

$$\Delta\omega=\frac{V+\Delta V}{r-\Delta r}-\frac{V}{r}$$

$$\fallingdotseq\frac{V}{r}\left(1+\frac{\Delta V}{V}\right)\left(1+\frac{\Delta r}{r}\right)-\frac{V}{r}$$

$$=\frac{V}{r}\left(\frac{\Delta V}{V}+\frac{\Delta r}{r}\right)$$

ここで，$\omega=\frac{V}{r}$および①，②式を用いて，

$$\frac{\Delta\omega}{\omega}=\frac{2\Delta r}{r}=\frac{\Delta E}{E}$$

$$\therefore \quad \Delta\omega=\frac{\Delta E}{E}\omega \qquad \cdots\cdots④$$

(5) ④式より，

$$\frac{\omega+\Delta\omega}{\omega}=\frac{E+\Delta E}{E} \quad \therefore \quad \frac{\omega+\Delta\omega}{E+\Delta E}=\frac{\omega}{E}$$

これより，端点Pをゆっくり引く間，$\frac{\omega}{E}$は一定であることがわかる。

$\frac{\omega}{E}$は，一般に，断熱の振動系で一定に保たれることが知られており，**断熱不変量**と呼ばれている。

[別解]

④式で$\Delta\omega\rightarrow d\omega$，$\Delta E\rightarrow dE$として両辺を積分する。

$$\int\frac{d\omega}{\omega}=\int\frac{dE}{E}$$

これより，

$$\log\omega=\log E+C \quad (C：積分定数)$$

$$\therefore \quad \frac{\omega}{E}=e^c=一定$$

II おもりBが静止したときのつり合いより，

$$Mg=m\frac{V^2}{r} \qquad \cdots\cdots⑤$$

Bが静止位置から下方へΔr($|\Delta r|<a\ll r$)だけ変位したとき，Bの運動方程式は，加速度を$\alpha=\frac{d^2}{dt^2}(\Delta r)$として，

$$(M+m)\alpha=Mg-m\frac{(V+\Delta V)^2}{r-\Delta r}$$

$$\fallingdotseq Mg-m\frac{V^2}{r}\left(1+2\frac{\Delta V}{V}\right)\left(1+\frac{\Delta r}{r}\right)$$

$$\fallingdotseq -Mg\left(2\frac{\Delta V}{V}+\frac{\Delta r}{r}\right)=-\frac{3Mg}{r}\Delta r$$

これより，Bは，角振動数$\Omega=\sqrt{\frac{3Mg}{(M+m)r}}$，周期$T_0=\frac{2\pi}{\Omega}=2\pi\sqrt{\frac{(M+m)r}{3Mg}}$の単振動をすることがわかる(8.1「単振動という周期運動」参照)。

解 説

ここでは，議論を明確にするために，円運動の半径rがΔrだけ変化したときのAの運動エネルギーEの変化をΔE，糸の張力Tの変化をΔTとする。したがって，本問において，$\Delta r\rightarrow-\Delta r$と置き換える(図2)。

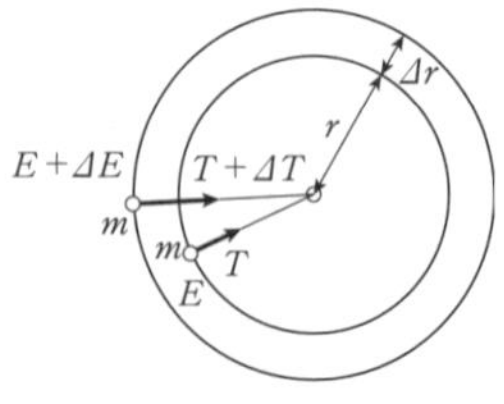

図2

1. 運動エネルギーと角速度

$\Delta r\rightarrow-\Delta r$とすると，①，②式は，それぞれ，

$$\Delta E=-2\frac{\Delta r}{r}E \quad \therefore \quad \frac{\Delta E}{E}=-2\frac{\Delta r}{r} \qquad \cdots\cdots⑥$$

$$\Delta V=-\frac{V}{r}\Delta r \quad \therefore \quad \frac{\Delta V}{V}=-\frac{\Delta r}{r} \qquad \cdots\cdots⑦$$

となる。⑥式の両辺を積分すると，

$$\int\frac{dE}{E}=-2\int\frac{dr}{r} \qquad \therefore \quad \log Er^2=C_1$$

これより，Er^2＝一定となり，$E\propto r^{-2}$であることがわかる。同様に⑦式を積分すれば，$V\propto r^{-1}$となる。いま，$V=r\omega$であるから，$\omega=\dfrac{V}{r}\propto r^{-2}$となり，設問Ⅰ(5)で得た結果，すなわち，$\dfrac{\omega}{E}$＝一定 ⇔ $\omega\propto E$であることがわかる。

2. 円運動の半径と糸の張力

設問Ⅰ(2)の【解答】で示したように，小物体Aの運動エネルギーEは，$E=\dfrac{1}{2}Tr$と表される。ここで，$E\propto r^{-2}$より，糸の張力Tは，$T=\dfrac{2E}{r}\propto r^{-3}$となることがわかる。

この結果は，1.と同様に，次のような計算から求めることもできる。

関係式$E=\dfrac{1}{2}Tr$より，$E+\Delta E$は，

$$E+\Delta E=\frac{1}{2}(T+\Delta T)(r+\Delta r)$$

と表されるから，ΔEは，微小量の積$\Delta T\cdot\Delta r$を無視して，

$$\Delta E=\frac{1}{2}(T+\Delta T)(r+\Delta r)-\frac{1}{2}Tr=\frac{1}{2}(r\Delta T+T\Delta r)$$

となる。一方，題意より，小物体Aの運動エネルギーの増加ΔEは張力のする仕事に等しいが，Aにはたらく張力とrの増加する向きが逆であることに注意すると，張力Tのする仕事は$-T\Delta r$と表される。よって，

$$\frac{1}{2}(r\Delta T+T\Delta r)=-T\Delta r$$

$$\therefore \quad \frac{\Delta T}{T}=-3\frac{\Delta r}{r} \qquad \cdots\cdots⑧$$

となる。⑧式の両辺を積分すると，

$$Tr^3=\text{一定} \Leftrightarrow T\propto r^{-3}$$

を得る。

One Point Break　曲　率

緩やかにカーブした高速道路を車で走行していると，同じ速さで走っていても，場所によって体が外側に振られる強さが異なるのを体験したことがあるであろう。これは，高速道路のカーブの強さが場所によって異なっているからである。このような曲線のカーブの強さを表す量を**曲率**といい，曲線上のある点Pで，ちょうどその曲線に重なる円を**曲率円**，曲率円の半径を**曲率半径**という。

曲率半径は次のように定義される。図1のように，曲線C上の接近した2点P，P′においてCの法線(接線に垂直な直線)を引き，その交点をOとする。$\Delta\phi=\angle$POP′が十分小さいと，OP≒OP′となり，点Oを中心とした半径ρ＝OPの円Oは，ほぼPP′に重なる。この円Oを曲線Cの点Pにおける曲率円という。ここでρを曲率半径といい，$\dfrac{1}{\rho}$を曲率という。

したがって，曲線の曲がり方が強いとき，曲率半径ρは小さく，曲率$\dfrac{1}{\rho}$は大きい。逆に，曲線の曲がり方が弱いとき，ρは大きく，$\dfrac{1}{\rho}$は小さい。

このとき，曲線上を速さvで運動している質量mの質点には(図1)，曲線の外側へ大きさ$m\dfrac{v^2}{\rho}$の遠心力がはたらく。これから，高速道路上を走行している車に乗っている人には，道路の曲がり方が強い(曲率半径ρが小さい)とき，曲線の外側へ大きな遠心力がはたらくことがわかる。

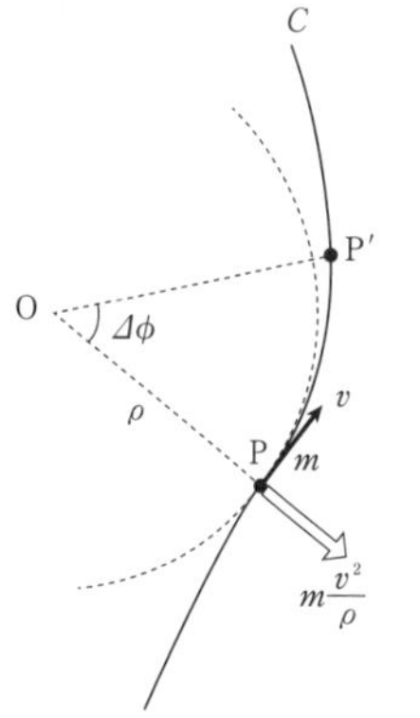

図1

問題 1.15　赤道直下での物体の自由落下

赤道上の高い塔(AB)の頂上Aから物体を静かに落とした。地球が自転していることを考えに入れて，この赤道面内の自由落下の運動を考えよう。図1の円は赤道面と地球の表面との交線(赤道)で，地球外の回転していない観測者から見た物体の運動が描かれている。Aから静かに落とされた物体は地球の自転によるAでの速度で投げ出されたことになる。この物体には地球からの万有引力のほかには力ははたらかないので，運動中この物体の地球の中心Oに対する面積速度(物体とOを結ぶ線分が単位時間に描く面積)の大きさは一定である。地球の半径をR，塔の高さをH，地球の自転の角速度をΩとして，以下の設問に答えよ。ただし，地球の公転の影響および空気抵抗は無視できるものとする。

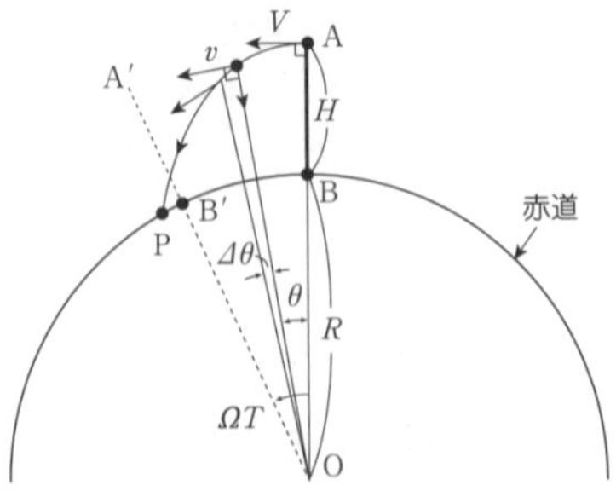

図1　この図は概略を示したものである。実際の塔の高さHは地球の半径Rに比べて非常に小さい

(1)　地球の自転による塔の頂上Aの速度の大きさVはいくらか。

(2)　Aから物体を静かに落とした直後の，地球の中心Oに対するこの物体の面積速度の大きさはいくらか。

(3)　鉛直方向にyだけ落下したとき，この物体の鉛直方向に直角な方向の速度の大きさvおよび O のまわりの角速度の大きさωを求めよ。

HとyはRに比べ非常に小さいので，物体がyだけ落下したときの角速度の大きさωは$(1+\frac{2y}{R})\Omega$と近似できる。また，鉛直方向の運動を考えるとき，重力加速度の大きさは一定としてよい。ここで，地球の引力と自転による遠心力との合力を重力と考え，その重力加速度の大きさをgとする。

(4)　物体が地表に落下するまでの時間Tを求めて，これを非常に大きな整数NでN個の微小な時間間隔に等分割し，時間の経過の順に，1，2，3，…，n，…，Nと番号をつける。ある微小時間内に物体がOのまわりを回る回転角の大きさは，その微小時間の中点の時刻における物体の角速度とその微小時間との積で近似できるとして，物体がn番目の微小時間内にOのまわりを回る回転角$\Delta\theta$を求めよ。

(5)　この物体が地表に落下した地点Pは，そのときの塔(A′B′)の直下の地点B′からどれだけずれるか。ずれPB′をH，Ωおよびgを用いて表せ。また，落下地点PはB′よりどの方角にずれるか。ずれの方角を答えよ。なお，必要ならば，次の関係式を用いてよい。

$$\lim_{N\to\infty}\frac{1}{N^3}\sum_{n=1}^{N}(n+a)^2=\frac{1}{3}\qquad(\text{ただし，}a\text{は任意の数})$$

(6)　重力加速度および地球の自転の角速度の大きさを，それぞれ，$g=9.8$〔m/s^2〕および$\Omega=7.3\times10^{-5}$〔rad/s〕として，高さ490 mの塔の頂上から物体を自由落下させたとき，ずれPB′を求めよ。

(大阪府立大)

Point

自由落下した物体の角速度は，自転の角速度より速くなる。

(3)　**面積速度一定の法則**を用いる。

(4)　n 番目の微小時間の中間の時刻までの落下距離 y を求めて，与えられた角速度の式を用いる。

(5)　与えられた関係式をうまく活用しよう。

解　答

(1)　半径 $R+H$ で角速度 Ω の円運動の速さは，

$$V=\underline{(R+H)\Omega}$$

(2)　落下し始めた直後，物体の速さは V であり，速度の向きは OA に垂直であるから，中心 O に対する面積速度の大きさ s は(図 2)，

$$s=\frac{1}{2}(R+H)V=\underline{\frac{1}{2}(R+H)^2\Omega}$$

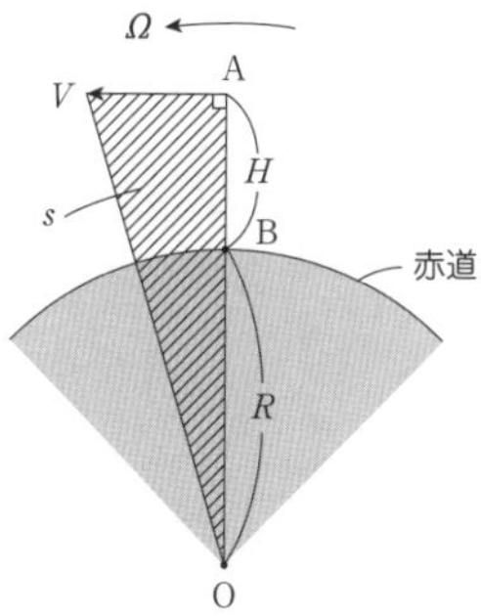

図 2

(3)　面積速度一定より，

$$\frac{1}{2}(R+H-y)v=\frac{1}{2}(R+H)^2\Omega$$

$$\therefore\quad v=\underline{\frac{(R+H)^2}{R+H-y}\Omega}$$

$$\omega=\frac{v}{R+H-y}=\underline{\left(\frac{R+H}{R+H-y}\right)^2\Omega}\quad\cdots\cdots①$$

(4)　鉛直方向(中心方向)の運動より，物体が落下するまでの時間 T は，

$$\frac{1}{2}gT^2=H\qquad\therefore\quad T=\sqrt{\frac{2H}{g}}$$

物体を落下させた時刻を $t=0$ とすると，n 番目の時間間隔の中点の時刻 t は，

$$t=\left(n-\frac{1}{2}\right)\frac{T}{N}$$

この時刻までの落下距離 y は，

$$y=\frac{1}{2}gt^2=\left(n-\frac{1}{2}\right)^2\frac{gT^2}{2N^2}$$

よって，時刻 t における物体の角速度 ω は，題意より，

$$\omega=\left(1+\frac{2y}{R}\right)\Omega=\left\{1+\left(n-\frac{1}{2}\right)^2\frac{2H}{N^2R}\right\}\Omega$$

n 番目の微小時間内の回転角 $\Delta\theta$ は，

$$\Delta\theta=\omega\frac{T}{N}=\underline{\frac{\Omega}{N}\sqrt{\frac{2H}{g}}\left\{1+\left(n-\frac{1}{2}\right)^2\frac{2H}{N^2R}\right\}}$$

……②

(5)　物体が地表に達するまでの回転角 Θ は，②式を n に関して 1 から N まで和をとって，

$$\Theta=\Omega\sqrt{\frac{2H}{g}}\left\{1+\frac{2H}{R}\lim_{N\to\infty}\frac{1}{N^3}\sum_{n=1}^{N}\left(n-\frac{1}{2}\right)^2\right\}$$

$$=\Omega\sqrt{\frac{2H}{g}}\left(1+\frac{2H}{3R}\right)$$

これより，ずれ PB′ は，

$$\mathrm{PB'}=R(\Theta-\Omega T)=\underline{\frac{2H\Omega}{3}\sqrt{\frac{2H}{g}}}$$

ずれの方角は，<u>地球の自転する方向</u>，すなわち，<u>東向き</u>

(6)　$\mathrm{PB'}=\dfrac{2\times490\times7.3\times10^{-5}}{3}\sqrt{\dfrac{2\times490}{9.8}}\fallingdotseq\underline{0.24〔\mathrm{m}〕}$

解　説

1. 与えられた関係式の導出

(ア)　物体が y だけ落下したときの角速度 ω

H と y が R より十分小さい($H\ll R$，$y\ll R$)から，近似公式

$|x|\ll1$ のとき，$(1+x)^\alpha\fallingdotseq1+\alpha x$

を①式に用いて($\alpha=-2$)，

$$\omega=\left(1-\frac{y}{R+H}\right)^{-2}\Omega$$

$$\fallingdotseq\left(1+\frac{2y}{R+H}\right)\Omega\fallingdotseq\left(1+\frac{2y}{R}\right)\Omega$$

を得る。

(イ)　$\displaystyle\lim_{N\to\infty}\frac{1}{N^3}\sum_{n=1}^{N}(n+a)^2=\frac{1}{3}$　(a：任意の数)

自然数列の和の公式

$$\sum_{n=1}^{N}n=\frac{1}{2}N(N+1)$$

$$\sum_{n=1}^{N}n^2=\frac{1}{6}N(N+1)(2N+1)$$

を上式の左辺に代入し，$N\to\infty$ のとき，

$$\frac{1}{N}\to0,\ \frac{1}{N^2}\to0$$

であることを用いれば，右辺が得られる。

また，定積分の定義式を用いて示すこともできる。$N\to\infty$のとき，$\frac{a}{N}\to 0$であることを用いて，

$$\lim_{N\to\infty}\frac{1}{N^3}\sum_{n=1}^{N}(n+a)^2=\lim_{N\to\infty}\frac{1}{N}\sum_{n=1}^{N}\left(\frac{n}{N}+\frac{a}{N}\right)^2$$

$$=\lim_{N\to\infty}\frac{1}{N}\sum_{n=1}^{N}\left(\frac{n}{N}\right)^2=\int_0^1 x^2dx=\frac{1}{3}$$

2. ずれが生じる原因—コリオリ力

自由落下させた物体の落下点が，なぜ鉛直下方の点からずれるのであろうか。この現象を地球と共に回転している座標系(観測者)から見れば，物体は回転座標系に対して運動しているから，**コリオリ力**がはたらく(「理論物理セミナー3」参照)。

原点O(地球の中心軸)のまわりに，(地球の北極から見て)左回りに角速度Ωで回転している座標系に対して，速さvで運動している質量mの物体には，物体の速度に垂直右向きに大きさ$2mv\Omega$のコリオリ力がはたらく(図3)。

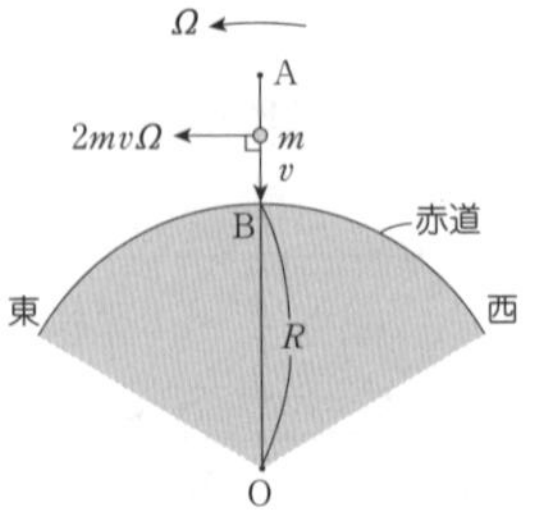

図3

本問(5)の場合，物体は原点Oに向かっているから，コリオリ力の向きは，座標系の回転と同じ向きとなり，物体は鉛直下方の点から東側へずれて落下する。

問題 1.16　2つの恒星の重心のまわりの運動

図1のように，質量Mとmの恒星PとQが互いに万有引力で引き合いながら，距離Rだけ離れて1点Oのまわりに等速円運動をしている。万有引力定数をGとして以下の設問に答えよ。ただし，P, Q間にはたらく万有引力以外に，P，Qに外部から力は作用しないものとする。

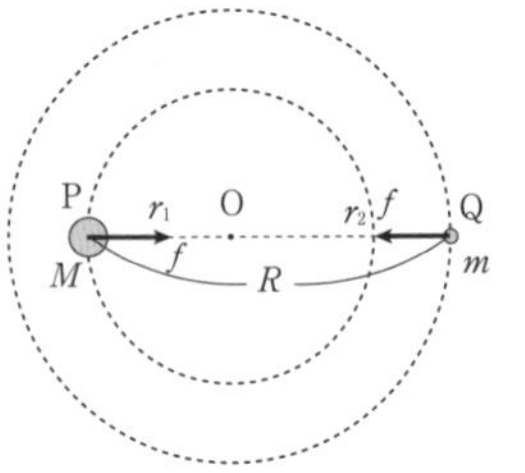

図1

(1) OP間の距離をr_1，OQ間の距離をr_2として，恒星PとQの運動方程式を書き，r_1とr_2をm，M，Rを用いて求めよ。

(2) 恒星P(Q)から見ると，恒星Q(P)は質量μをもち，万有引力fを受けて等速円運動をしているように見える。μをM，mを用いて表せ。また，その周期をG，M，m，Rを用いて求めよ。

(3) 恒星系PQの全力学的エネルギーをG，M，m，Rを用いて表せ。ただし，万有引力の位置エネルギーは無限遠を基準とする。

(類題　新潟大，名古屋市立大)

Point

(1) 点Oは恒星系PQの重心であることから，**重心の定義からr_1，r_2を求める**ことができる(【解説】の1.参照)。

(3) **万有引力の位置エネルギーは恒星系PQが対でもつエネルギー**である(【解説】の2.参照)。

解　答

(1) 円運動の角速度をωとすると，恒星P，Qの円運動の運動方程式はそれぞれ，

$$\underline{Mr_1\omega^2=G\frac{Mm}{R^2}}\quad\cdots\cdots①$$

$$\underline{mr_2\omega^2=G\frac{Mm}{R^2}}\quad\cdots\cdots②$$

①，②式の左辺どうしを等しいとおいて，

$$Mr_1=mr_2\quad\cdots\cdots③$$

また，

$$r_1+r_2=R\quad\cdots\cdots④$$

③，④式より，

$$r_1=\underline{\frac{m}{M+m}R},\quad r_2=\underline{\frac{M}{M+m}R}$$

(2)　前問(1)の結果 r_1 と r_2 をそれぞれ①，②式へ代入すると，共に同じ関係式

$$\frac{Mm}{M+m}R\omega^2 = G\frac{Mm}{R^2} \quad \cdots\cdots⑤$$

となる。運動方程式⑤は，質量 $\mu = \underline{\frac{Mm}{M+m}}$ の恒星Q(P)が万有引力 $f = G\frac{Mm}{R^2}$ を受けてP(Q)のまわりに半径 R，角速度 ω の等速円運動をすることを表している。なお，⑤式は，恒星P(Q)から見たQ(P)の相対運動の運動方程式である。

⑤式より，

$$\omega = \sqrt{\frac{G(M+m)}{R^3}}$$

であるから，円運動の周期 T は，

$$T = \frac{2\pi}{\omega} = \underline{2\pi R\sqrt{\frac{R}{G(M+m)}}}$$

(3)　全力学的エネルギー E は，恒星P，Qの運動エネルギーと万有引力の位置エネルギーの和であるから，

$$E = \frac{1}{2}M(r_1\omega)^2 + \frac{1}{2}m(r_2\omega)^2 - \frac{GMm}{R}$$

$$= \frac{GMm}{2R} - \frac{GMm}{R} = \underline{-\frac{GMm}{2R}}$$

解　説

1. 重心のまわりの円運動

質量 m_1，m_2 の質点の位置座標がそれぞれ，x_1，x_2 のとき，その重心の座標 x_G は(図2)，

$$x_G = \frac{m_1x_1 + m_2x_2}{m_1 + m_2}$$

であるから(3.5.1「重心(質量中心)」参照)，恒星系PQの重心からPおよびQまでの距離 r_P，r_Q は，それぞれ，$x_1 \to 0$，$x_2 \to R$；$x_1 \to R$，$x_2 \to 0$ として，

$$r_P = \frac{M\cdot 0 + mR}{M+m} = \frac{m}{M+m}R = r_1$$

$$r_Q = \frac{MR + m\cdot 0}{M+m} = \frac{M}{M+m}R = r_2$$

となる。こうして，**恒星P，Qは重心のまわりに円運動する**ことがわかる。

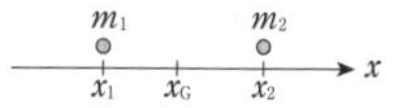

図2

2. 恒星系の万有引力の位置エネルギー

恒星系PQの万有引力の位置エネルギー $U = -\frac{GMm}{R}$ は，PとQの対でもつ位置エネルギーであり，$-\frac{GMm}{R}\times 2$ ではない。このエネルギー U は，Pだけがもつものでも Qだけがもつものでもない。実際，はじめに恒星P(Q)がある点に置かれたとき，P(Q)は位置エネルギーをもたない。次に恒星Q(P)がP(Q)から距離 R の点に置かれてはじめて，位置エネルギー U をもつ。

問題 1.17　人工衛星の打ち上げ

地球は半径 R の球形で，その全質量 M が中心のまわりに球対称に分布しているものとする。また，人工衛星には地球から万有引力のみがはたらき，空気抵抗は無視できる。万有引力定数を G として以下の設問に答えよ。

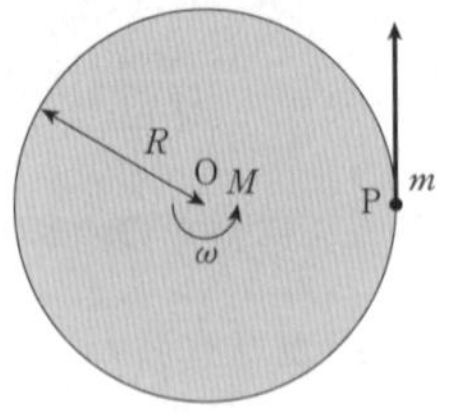

図1

(1)　図1のように，角速度 ω で自転している地球の赤道上の地表面の点Pから，質量 m の人工衛星を自転と同じ向き（東向き）に，地表面に沿って，地表面に対して速さ V で打ち出す。地球の中心Oから最も遠い地点（遠地点）Qまでの距離が $r(>R)$ である楕円軌道に人工衛星をのせたい。

(イ)　このときの楕円軌道の概形を描け。

(ロ)　速さ V を求めよ。ただし，$\sqrt{\dfrac{GM}{R}}>R\omega$ とする。

(2)　続いて，遠地点Qで衛星の進行方向へ加速して，衛星を地球の中心Oのまわりで半径 $r(>R)$ の円軌道に移らせたい。点Qで衛星に加える力積の大きさを求めよ。

(3)　衛星を地球から無限に遠ざけるために，設問(1)の楕円軌道上の遠地点Qで，衛星に加えるべき力積の最小値を求めよ。また，そのとき加える力積はどちら向きか。

(4)　設問(1)において，衛星が地表面の点Pから遠地点Qまで飛行する時間を，次の2通りの方法で求めよ。

(イ)　ケプラーの第3法則を用いる。

(ロ)　面積速度一定の法則と楕円の面積を用いる。ただし，長半径 a，短半径（短軸の長さの $\dfrac{1}{2}$）b の楕円の面積 S は，$S=\pi ab$ で与えられる。

Point

(1)(イ)　**点Pは地球の中心に最も近い近地点であり，Pと遠地点Qを結ぶ線分は楕円の長軸になる。**

(ロ)　ケプラーの第2法則（面積速度一定の法則）と力学的エネルギー保存則を用いる。

(3)　**無限遠に達する条件は，力学的エネルギー ≧ 0**

解　答

(1)(イ)　楕円軌道上で人工衛星の速度ベクトルと動径ベクトルが垂直となる点は，近地点（地球の中心Oに最も近い点）か遠地点のどちらかである。点Pにおける速度 $\vec{V}(|\vec{V}|=V)$ は，動径 $\overrightarrow{OP}$ と

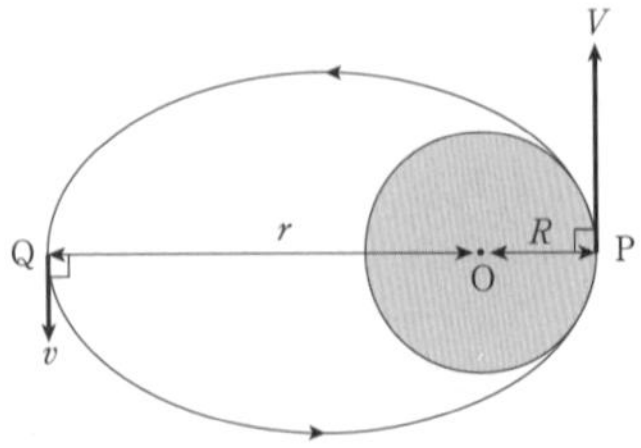

図2

垂直であり，$R<r$ より，点Pは近地点である。よって，求める楕円軌道の概形は図2。

(ロ)　人工衛星が点Pから遠地点Qまで運動する間，点Oに関する中心力である万有引力のみがはたらくから，面積速度は一定である。点P，Qで動径ベクトルと速度ベクトルのなす角は $\theta=90°$ であり，点Pでの点Oに対する速さは $R\omega+V$ であるから，遠地点Qでの速さを v とすると，

$$\frac{1}{2}R(R\omega+V)=\frac{1}{2}rv \qquad \cdots\cdots①$$

また，空気抵抗がはたらかないので，力学的エネルギーは保存される[1)]。無限遠を位置エネルギーの基準として，点PとQでの力学的エネルギー保存則は，

$$\frac{1}{2}m(R\omega+V)^2-\frac{GMm}{R}=\frac{1}{2}mv^2-\frac{GMm}{r} \cdots\cdots②$$

①，②式より，v を消去して，

$$V = \sqrt{\frac{2GMr}{R(r+R)}} - R\omega \qquad \cdots\cdots③$$

ここで，$\sqrt{\frac{GM}{R}} > R\omega$ および $r > R$ より，$V > 0$ であり，人工衛星は地表面から東向きに打ち出せばよいことがわかる[2)]。

(2) ③式を①式へ代入して，

$$v = \sqrt{\frac{2GMR}{r(r+R)}}$$

人工衛星が半径 r の円運動をするときの速さを v_1 とすると，円運動の運動方程式より，

$$m\frac{v_1{}^2}{r} = G\frac{Mm}{r^2}$$

$$\therefore \quad v_1 = \sqrt{\frac{GM}{r}} \qquad \cdots\cdots④$$

「運動量変化＝力積」より，加える力積 I_1 は，

$$I_1 = mv_1 - mv = m\sqrt{\frac{GM}{r}}\left(1 - \sqrt{\frac{2R}{r+R}}\right)$$

(3) 人工衛星が無限遠に達する最小の速さを v_0 とすると，力学的エネルギー $E = 0$ より，

$$E = \frac{1}{2}mv_0^2 - \frac{GMm}{r} = 0$$

$$\therefore \quad v_0 = \sqrt{\frac{2GM}{r}}$$

人工衛星に最小の速さ v_0 を与え，力積を人工衛星の進行方向へ加えれば，力積の大きさを最小にすることができる。その大きさは，

$$I_0 = mv_0 - mv = m\sqrt{\frac{2GM}{r}}\left(1 - \sqrt{\frac{R}{r+R}}\right)$$

(4)(イ) 近地点Pと遠地点Qを含む楕円軌道の周期を T，半径 r の円軌道の周期を T_1 とする。楕円の長半径は，$a = \frac{r+R}{2}$ だから，ケプラーの第3法則は，

$$\frac{T^2}{\left(\frac{r+R}{2}\right)^3} = \frac{T_1{}^2}{r^3}$$

ここで，円軌道の周期 T_1 は，④式を用いて，

$$T_1 = \frac{2\pi r}{v_1} = 2\pi r\sqrt{\frac{r}{GM}}$$

よって，

$$T = T_1\left(\frac{r+R}{2r}\right)^{3/2} = \pi(r+R)\sqrt{\frac{r+R}{2GM}}$$

これより，求める時間 t は，

$$t = \frac{T}{2} = \frac{\pi(r+R)}{2}\sqrt{\frac{r+R}{2GM}}$$

(ロ) 点Pから点Qまで楕円軌道上を運動する人工衛星が単位時間に掃く面積，すなわち，面積速度

$$s = \frac{1}{2}R(R\omega + V) = \sqrt{\frac{GMRr}{2(r+R)}} \qquad \cdots\cdots⑤$$

は一定であるから，楕円の面積を S とすると，求める時間 t は，

$$t = \frac{S/2}{s} \qquad \cdots\cdots⑥$$

図3より，楕円の長半径 $a = \frac{r+R}{2}$ を用いて，短半径 b は，

$$b = \sqrt{a^2 - \left(\frac{r-R}{2}\right)^2} = \sqrt{Rr}$$

となるから，楕円の面積 S は，

$$S = \pi ab = \pi\frac{r+R}{2}\sqrt{Rr} \qquad \cdots\cdots⑦$$

したがって，⑤，⑦式を⑥式へ代入して，

$$t = \frac{\pi(r+R)}{2}\sqrt{\frac{r+R}{2GM}}$$

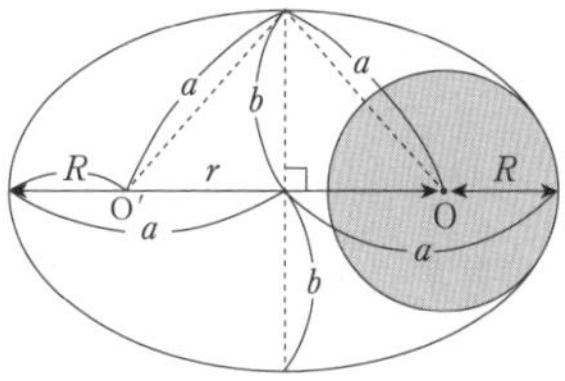

図3

1) 万有引力を受けて楕円軌道を運動する物体の運動を考えるとき，面積速度一定の式と力学的エネルギー保存則の式を連立していろいろな物理量を求める計算は，しばしば行われる。この種の計算は正確にすばやくできるように練習しておこう。

2) もし，$V < 0$ になるならば，人工衛星を西向きに打ち出さねばならないことになる。また，条件 $\sqrt{\frac{GM}{R}} > R\omega$ は，$GM = 4.0 \times 10^{14}$〔m^3/s^2〕，$R = 6.4 \times 10^6$〔m〕，$\omega = 7.3 \times 10^{-5}$〔rad/s〕より，容易に確かめられる。

問題 1.18　力学的エネルギーとケプラーの第3法則

図1のように，質量Mの地球の中心Oから距離rだけ離れた点Pを質量mの人工衛星が，地球から万有引力のみを受けて地球に対し速さvで，点Oを1つの焦点とした楕円軌道上を運動している。点Pで動径と速度のなす角はθであった。地球の質量はその中心に全質量が集中しているとみなすことができるものとし，万有引力定数をG，楕円軌道の長半径(長軸の長さの$\frac{1}{2}$)をaとする。

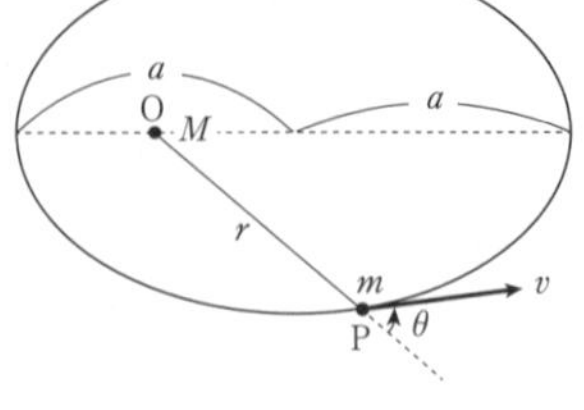

図1

(1)　人工衛星の点Oのまわりの面積速度をsとするとき，点Pでの人工衛星の速さvを，θ，r，sを用いて表せ。

(2)　無限遠を位置エネルギーの基準とした人工衛星の力学的エネルギーをEとするとき，動径の長さrの満たす2次方程式を，θ，E，G，M，m，r，sを用いて表せ。

(3)　人工衛星の力学的エネルギーEをa，G，M，mを用いて表せ。

(4)　人工衛星が楕円軌道を1周する時間をTとするとき，$\frac{T^2}{a^3}$の値をG，Mを用いて表せ。

(類題　東京工業大，慶應大医)

Point

(3)，(4)　rに関する2次方程式に解と係数の関係を用いる。**楕円の短半径をb，点Oと近地点Aの距離を$\overline{OA}=r_1$，遠地点Bの距離を$\overline{OB}=r_2$とすると，これらの間に，$b^2=r_1r_2$の関係がある。**

解　答

(1)　面積速度sは，

$$s=\frac{1}{2}rv\sin\theta \quad \therefore \quad v=\frac{2s}{r\sin\theta} \quad \cdots\cdots①$$

(2)　人工衛星の力学的エネルギーEは，

$$E=\frac{1}{2}mv^2-\frac{GMm}{r}$$

ここで，①式を代入して整理すると，

$$E\sin^2\theta\cdot r^2+GMm\sin^2\theta\cdot r-2ms^2=0 \cdots\cdots②$$

(3)　図2のように，近地点Aと遠地点Bでは，動径と人工衛星の速度のなす角は，$\theta=90°$であるから，地球の中心Oから点A，点Bまでの距離$\overline{OA}=r_1$，$\overline{OB}=r_2$は，②式で$\sin\theta=1$とおいた2次方程式

$$Er^2+GMmr-2ms^2=0 \quad \cdots\cdots③$$

の2つの解である。ここで，$r_1+r_2=2a$であるから，③式の解と係数の関係を用いて，

$$2a=r_1+r_2=-\frac{GMm}{E} \quad \cdots\cdots④$$

$$\therefore \quad E=-\frac{GMm}{2a}$$

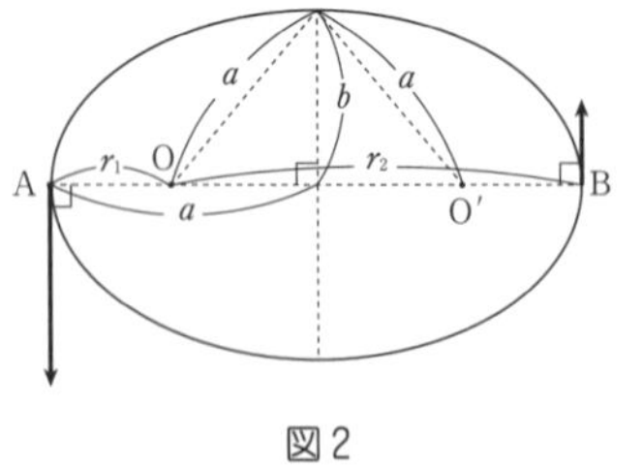

図2

(4)　楕円の短半径(短軸の長さの$\frac{1}{2}$)をbとすると，問題1.17(4)(ロ)と同様に，図2および③式の解と係数の関係を用いて，

$$b^2=a^2-\left(\frac{r_2-r_1}{2}\right)^2=r_1r_2=-\frac{2ms^2}{E} \quad \cdots\cdots⑤$$

となる。ここで，$a=\frac{r_2+r_1}{2}$を用いた。一方，楕円の面積はπabだから，人工衛星の周期は，$T=\frac{\pi ab}{s}$と表される。よって，④，⑤式より，

$$\frac{T^2}{a^3}=\frac{(\pi ab)^2}{s^2a^3}=\frac{\pi^2b^2}{s^2a}=\frac{4\pi^2}{GM}$$

この結果は，$\frac{T^2}{a^3}$の値が地球の質量Mで決まり，人工衛星の質量や軌道によらず一定であることを示し，ケプラーの第3法則が導かれた。

問題 1.19　鉛直ばね振り子と衝突

端に質量 M の薄い板が取り付けられたばね定数 k のばねの他端が床に固定されている。いま図1のように，板の上に質量 M の小物体を置いてばねを自然長から a だけ縮めて時刻 $t=0$ に静かに放した。ばねが自然長のときの板の位置を原点に鉛直上向きに x 軸をとり，ばねが自然長になる位置を板がはじめて通過する時刻を t_0，重力加速度の大きさを g として，以下の設問に答えよ。

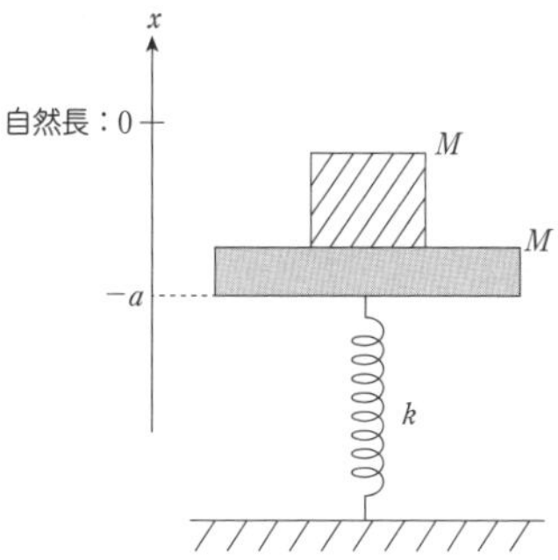

図1

(1)　小物体が板から離れる前，位置 x で小物体に板からはたらく抗力はいくらか。また，小物体が板から離れる位置座標 x_1 はいくらか。

(2)　板から離れる瞬間の小物体の速度はいくらか。

小物体と離れた後，板は次に上向きの速度をもって位置 x_1 に達した瞬間に小物体とはじめて衝突した。

(3)　a を M，g，k を用いて表せ。

(4)　板と小物体の衝突が完全弾性衝突であるとすると，その後，板と小物体はどのような運動をするか。時刻 $t=0$ から，板と小物体が完全弾性衝突をした後，再度一体となり，2度目に離れるまでのそれぞれの座標 x が時間 t と共に変化する様子をグラフに表して説明せよ。その際，小物体を実線で，板を破線で示せ。また，2度目に板と小物体が離れる時刻を，t_0 と $T=2\pi\sqrt{\dfrac{M}{k}}$ を用いて表せ。　（類題　東京工業大，早稲田大教育）

Point

(1)　板の上に乗った小物体は，ばねの**自然長の位置で離れる**。

(4)　等質量の小物体と板が弾性衝突をすると，**速度交換**が起こる。小物体と板の**運動の対称性**に注意して，x–t グラフを描こう。

解答

(1)　位置 x で板から小物体にはたらく垂直抗力を N，加速度を $\ddot{x}$ とすると(図2)，小物体と板の運動方程式は，それぞれ，

小物体：$M\ddot{x}=N-Mg$　……①

板　　：$M\ddot{x}=-kx-N-Mg$　……②

①，②式より $\ddot{x}$ を消去して，

$$N=-\frac{1}{2}kx$$

小物体と板が接しているとき，$N\geqq 0$ であり，小物体が離れる瞬間に $N=0$ となるから，小物体が離れる位置 x_1 は，

$$-\frac{1}{2}kx_1=0 \qquad \therefore \quad x_1=\underline{0}$$

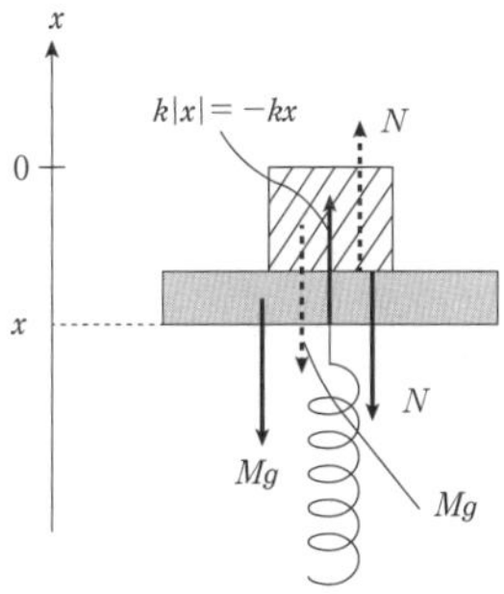

図2

すなわち，**ばねが自然長となる位置で小物体は板から離れる**。このことは次のように考えれば納得できるであろう。

ばねの長さが自然長より短いとき，ばねが伸びようとする弾性力は，板を介して小物体に垂直抗力 N の形で伝わるが，自然長より伸びると，ばねが縮もうとする弾性力は小物体に伝わらない(図3(a)(b))。よって，ばねが自然長より長いとき，

重力は小物体と板に同じように作用しているが，ばねの弾性力の分だけ板に下向きにはたらく力が大きくなり，小物体は板から離れる。

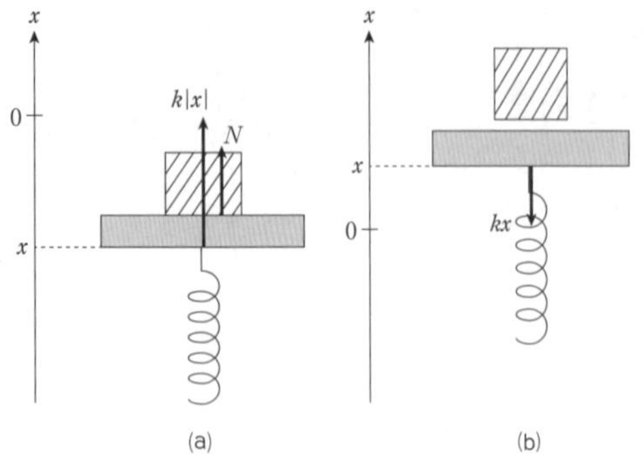

図3

(2) 小物体が板から離れる瞬間，小物体と板の速度は等しい。その速度を v_1 とする。

小物体と板が一体となっているときの運動方程式は，①+②より，$x_0=\dfrac{Mg}{k}$ として，

$$2M\ddot{x}=-kx-2Mg=-k(x+2x_0) \quad \cdots\cdots③$$

これより，小物体と板は，$x=-2x_0$ を中心に，周期 $2\pi\sqrt{\dfrac{2M}{k}}=\sqrt{2}T$ で単振動をすることがわかる。

③式より，エネルギー保存則は，

$$\frac{1}{2}k(-a+2x_0)^2=\frac{1}{2}2Mv_1{}^2+\frac{1}{2}k(2x_0)^2$$

$$\therefore \quad v_1=\sqrt{\frac{k}{2M}(a^2-4ax_0)}$$

$$=\underline{\sqrt{\frac{ka^2}{2M}-2ag}} \quad \cdots\cdots④$$

(3) 小物体が $x_1=0$ で板から離れた後の板の運動方程式は，

$$M\ddot{x}=-kx-Mg=-k(x+x_0)$$

となる。よって，板は，$x=-x_0$ を中心として，周期

$$T=2\pi\sqrt{\frac{M}{k}} \quad \cdots\cdots⑤$$

で単振動をする。したがって，板が小物体から離れた後，はじめて上向きの速度をもって $x_1=0$ に達するまでの時間は T である。この間に，$x=0$ で速度 v_1 で投げ上げられた小物体が同じ $x=0$ に落下するのであるから，

$$v_1T-\frac{1}{2}gT^2=0 \quad \cdots\cdots⑥$$

④，⑤，⑥式より，

$$(ka)^2-4Mgka-2\pi^2(Mg)^2=0$$

ここで，$a>0$ であるから，

$$a=\underline{\left(1+\sqrt{1+\frac{\pi^2}{2}}\right)\frac{2Mg}{k}}$$

(4) 時刻 $t=t_0+T$ にはじめて $x=0$ で衝突する直前の小物体と板の速度は，それぞれ $-v_1$ と v_1 であり，衝突は完全弾性衝突であるから，速度交換が起こり，衝突直後の速度は，それぞれ v_1，$-v_1$ となる。よって，時刻 $t=t_0+2T$ に小物体は位置 $x=0$ を速度 $-v_1$ で通過し，板は $t=t_0+2T$ までに1周期の単振動をして，やはり位置 $x=0$ を速度 $-v_1$ で通過する。したがって，$x=0$ で小物体と板は相対速度0で衝突し，小物体と板は一体となって $x=-2x_0$ を中心に周期 $\sqrt{2}T$ の単振動をする。その間，時刻 $t=T_0=t_0+2T+t_0=2(t_0+T)$ に小物体と板は $x=-a$ で速度が0となり，時刻 $t=0$ のはじめの状態に戻る。その後は，$t=0$ と $t=T_0$ の間の運動を繰り返す。これより，図4を得る。

小物体と板が2度目に離れるのは，$x=0$ に戻ったときであり，その時刻は，

$$t_2=T_0+t_0=\underline{3t_0+2T}$$

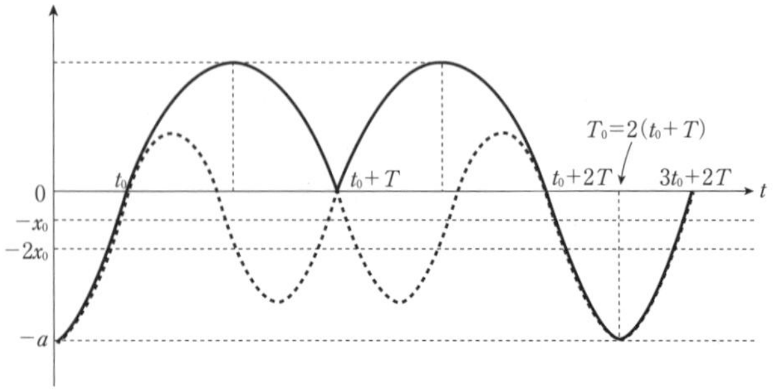

図4

問題 1.20　壁に付けられたばねで押された物体の運動

図1のように，水平な粗い床の上に質量 m の物体Pが置かれ，右側からばね定数 k の軽いばねSを付けた壁Qが一定の速さ v_0 で左向きに進んでいる。ばねSが物体Pに接触し，Sがある程度縮むと，物体Pは左向きに動き始める。物体Pが動き出した後，ばねSはしばらくは縮み続けるが，その後伸び始めて自然長になったところで，物体PはばねSから離れる。

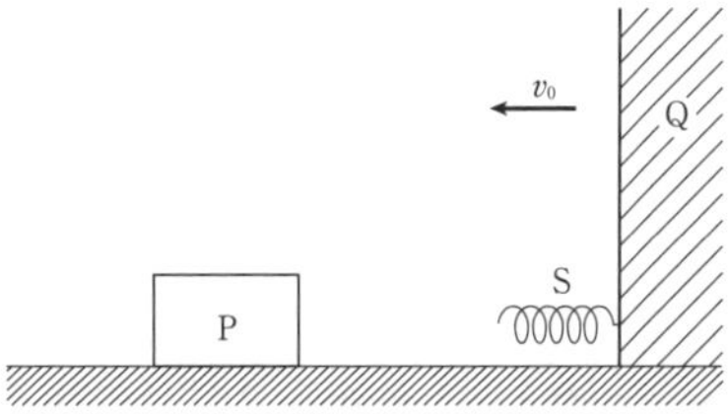

図1

物体P，壁Qの運動およびばねSの伸縮は同一方向で起こるものとし，Pと床との間の静止摩擦係数を μ，動摩擦係数を $\frac{1}{2}\mu$，重力加速度の大きさを g，円周率を π として，次の設問に答えよ。

(1)　物体Pが動き始めるときのばねSの自然長からの縮みはいくらか。

(2)　ばねSが x だけ縮み，物体PがSに押されて床の上を左向きに動いているとき，物体Pに関する水平方向の運動方程式を書け。ただし，物体Pの加速度を a で表し，水平方向，右向きを正とする。

(3)　物体Pが床の上を動き始めてから，ばねSから離れるまでの間，壁Qと共に一定の速さ v_0 で動いている人が見ると，物体Pは単振動の一部分の運動をしているように見える。この単振動の振幅はいくらか。

(4)　物体PがばねSから離れるとき，Pの床に対する速さはいくらか。

(5)　はじめ静止していた物体PがばねSによって押され，最初にSから離れるまでに，壁Qがなした仕事はいくらか。

Point

単振動のエネルギー保存則と運動の対称性を考察する問題である。

(3)　**単振動を表す運動方程式が成り立てば**，静止系からみて物体がどのような運動をしようとも，**単振動のエネルギー保存則が成立する。**

(4)　物体は，ばねの自然長の位置で離れるから，単振動の対称性を利用しよう。

(5)　物体の運動エネルギーと動摩擦力の仕事を考えればよい。**物体の床に対する移動距離は，(物体の壁に対する変位)＋(壁の移動距離)**である。

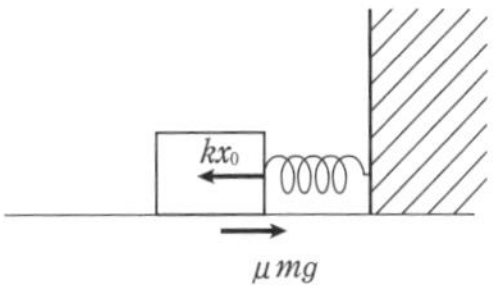

図2

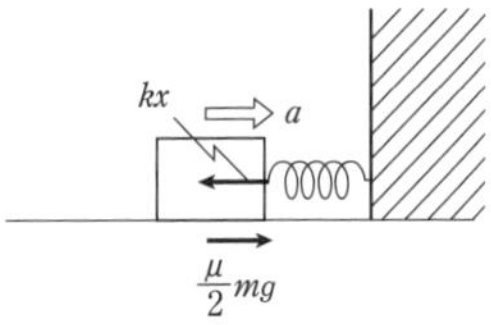

図3

解答

(1)　物体Pが動き出すときのばねSの縮みを x_0 とすると，Pが動き出す直前での力のつり合いは，図2より，

$$\mu mg = kx_0 \qquad \therefore \quad x_0 = \frac{\mu mg}{k}$$

(2)　物体Pには，図3のような力がはたらくから，その運動方程式は，

$$ma = -kx + \frac{\mu}{2}mg \qquad \cdots\cdots ①$$

(3)　壁Qと共に動いている観測者から見ると，右向きを正としたときの物体Pの相対的変位は，ばね

Sの縮みxであるから，Pの運動方程式は①で与えられる。①式より，

$$ma = -k\left(x - \frac{\mu mg}{2k}\right)$$

よって，Qから見て，Pは$x_1 = \dfrac{\mu mg}{2k} = \dfrac{x_0}{2}$を中心として，周期$T = 2\pi\sqrt{\dfrac{m}{k}}$の単振動をする。

$x = x_0$のとき，Qから見たPの相対速度はv_0であるから，求める振幅をAとして，単振動のエネルギー保存則より，

$$\frac{1}{2}mv_0{}^2 + \frac{1}{2}k(x_0 - x_1)^2 = \frac{1}{2}kA^2$$

ここで，x_0，x_1の表式を代入して，

$$A = \underline{\sqrt{\frac{m}{k}\left(v_0{}^2 + \frac{\mu^2 mg^2}{4k}\right)}} \quad \cdots\cdots②$$

[別解]

一般に，物体が角振動数ω，振幅Aの単振動をするとき，その振動中心からの変位Xと速度Vは，それぞれ，

$$X = A\sin(\omega t + \phi)$$
$$V = \dot{X} = A\omega\cos(\omega t + \phi)$$

これより，

$$X^2 + \frac{V^2}{\omega^2} = A^2$$

が成り立つ。

いま，物体Pが床に対して動き始めるとき，振動中心からの変位は$x_0 - x_1$で速さはv_0であるから，

$$(x_0 - x_1)^2 + \frac{v_0{}^2}{\omega^2} = A^2$$

ここで，x_0とx_1の表式，および，角振動数$\omega = \sqrt{\dfrac{k}{m}}$を代入して②式を得る。

(4)　物体Pは，ばねSが自然長になる位置でSから離れる。このとき，Sの縮みは$x = 0$であり，図4のように，Pは$x = x_1$を中心に左右対称な運動をするから，$x = 0$で，PのQに対する相対的な速さは，左向きにv_0である。Qは左向きに速さv_0で動いているから，Pの床に対する速さは，

$$v_0 + v_0 = \underline{2v_0}$$

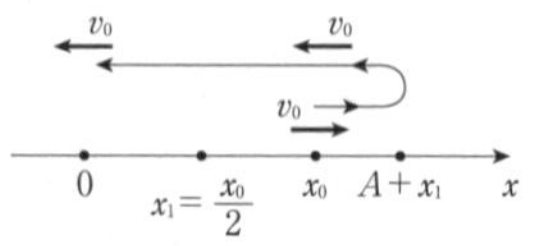

図4

(5)　はじめと物体Pが離れた後，ばねは共に自然長になっている。よって，Qがした仕事Wは，Pがばねから離れた後のPの運動エネルギーとその間にPにはたらく動摩擦力によって失われたエネルギーの和である。

Pが床に対して動き始めた後，ばねから離れるまでに，PはQに対して，x_0だけ左に動く。$x = x_0$と$x = 0$は$x = x_1$に関して対称なので，その間の時間は，単振動の周期の$\dfrac{1}{2}$である。したがって，その間Qが左向きに動いた距離は$\dfrac{1}{2}v_0T$であり，Pが床上を左向きに移動する距離lは，

$$l = x_0 + \frac{1}{2}v_0T = \frac{\mu mg}{k} + \pi v_0\sqrt{\frac{m}{k}}$$

よって，求める仕事Wは，

$$W = \frac{1}{2}m(2v_0)^2 + \frac{1}{2}\mu mg \cdot l$$
$$= \underline{\frac{m}{2}\left(4v_0{}^2 + \frac{\mu^2 mg^2}{k} + \pi\mu g v_0\sqrt{\frac{m}{k}}\right)}$$

問題 1.21　ばねにつながれた小物体の衝突

図1のように，自然長 l，ばね定数 k のばねに質量が共に m の小物体A，Bが付けられている。ばねの質量は無視でき，運動はすべて一直線上で行われるとして，以下の設問に答えよ。

(1)　ある時刻に，小物体A，Bにそれぞれ $\frac{v}{2}$，$-\frac{v}{2}$ の速度を与えると，A，Bはばねの中心に対して対称な振動運動を行う。振動の周期はいくらか。

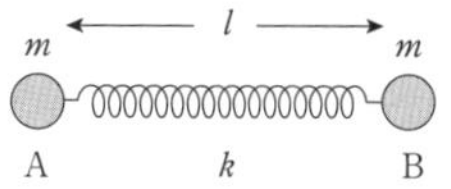

図1

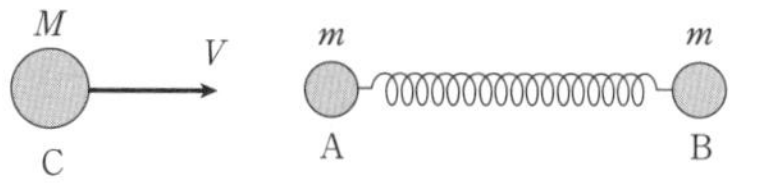

図2

図2のように，ばねが自然長でA，Bが静止しているところに，Aの左側から質量 M の小物体Cが速度 V で近づいてAに弾性衝突した。以下，CはAに再衝突することはないものとする。

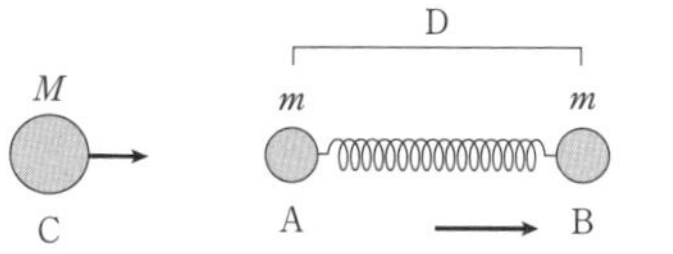

図3

(2)　衝突直後のAとCの速度はいくらか。

(3)　衝突後，ばねの長さの最小値はいくらか。

(4)　CとAの衝突は弾性的であるが，この現象を図3のように，Cとばねでつながれた A，Bの物体系Dとの衝突と考えると非弾性的となる。この場合のはね返り係数 e はいくらか。また，この非弾性衝突で失われた力学的エネルギーはいくらか。そのエネルギーは，この場合何になったか。

Point

小物体A，または，Bの運動方程式を正確に立てよう。Aが単振動をするとき，**Aにはたらく復元力の定数はばね定数 k と異なる**ことに注意！　また，ある座標系で単振動の運動方程式が書ければ，それに対して決まった形のエネルギー保存則が成立することをうまく利用したい。

解　答

(1)　Aの変位が右向きに x のとき，ばねの縮みは $2x$ となる。Aの加速度を $\ddot{x}$ として，運動方程式は(図4)，

$$m\ddot{x} = -k(2x)$$
$$= -2kx \qquad \cdots\cdots①$$

よって，周期 T は，

$$T = 2\pi\sqrt{\frac{m}{2k}}$$

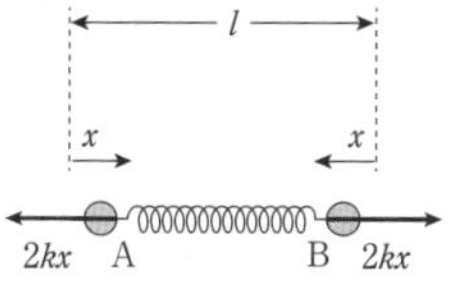

図4

(2)　衝突直後のAの速度を v_A，Cの速度を V_C とする。衝突前後の運動量保存則とはね返り係数の式は，それぞれ，

$$MV = mv_A + MV_C,\quad 1 = -\frac{V_C - v_A}{V - 0}$$

これらより，

$$v_A = \frac{2M}{M+m}V,\quad V_C = \frac{M-m}{M+m}V$$

(3)　衝突後，ばねの中心(A，Bの物体系Dの重心)の速度 v_D は，運動量保存則より，

$$mv_A = (m+m)v_D$$

$$\therefore\quad v_D = \frac{v_A}{2} = \frac{M}{M+m}V$$

ここでは，衝突直後のAと，A，Bの物体系Dとの間で運動量保存則を使ったが，衝突直前と直後のCの運動量を用いると，CとDについても運動量保存則が成り立つ。ただし，この場合，CとDのはね返り係数は1ではなく，(4)で求める値になる。

物体系Dの重心から見る(重心系)と，衝突直後，

Aの速度は$v_A-v_D=\frac{v_A}{2}$，Bの速度は$0-v_D=-\frac{v_A}{2}$である。重心系でも，Aの運動方程式は①で与えられるから，Aの振幅をdとすると，エネルギー保存則より，

$$\frac{1}{2}m\left(\frac{v_A}{2}\right)^2=\frac{1}{2}\cdot 2k\cdot d^2$$

$$\therefore\quad d=\frac{v_A}{2}\sqrt{\frac{m}{2k}}$$

運動方程式が①式で与えられれば，エネルギー積分により，つねに，

$$\frac{1}{2}mv^2+\frac{1}{2}(2k)x^2=\text{一定}$$

が成り立つことに注意しよう。

AとBは，それぞれ重心に関して対称に，振幅$d=\frac{MV}{M+m}\sqrt{\frac{m}{2k}}$の単振動をする。よって，ばねの長さの最小値は，

$$l-2d=\underline{l-\frac{2MV}{M+m}\sqrt{\frac{m}{2k}}}$$

(4)　はね返り係数eは，

$$e=-\frac{V_C-v_D}{V-0}=\underline{\frac{m}{M+m}}$$

失われた力学的エネルギーΔKは，

$$\Delta K=\frac{1}{2}MV^2-\left\{\frac{1}{2}MV_C{}^2+\frac{1}{2}\cdot 2m\cdot v_D{}^2\right\}$$
$$=\underline{\frac{mM^2}{(M+m)^2}V^2}$$

このとき，失われたエネルギーΔKは，Dの振動エネルギー，すなわち，Dの重心から見たAとBの運動エネルギーとばねの弾性エネルギーの和になった。

実際，衝突直後，重心から見たAとBの運動エネルギーの和は，ΔKに等しい。

$$\frac{1}{2}m\left(\frac{v_A}{2}\right)^2\times 2=\frac{mM^2}{(M+m)^2}V^2=\Delta K$$

解　説

小物体Cと物体系Dの非弾性衝突

小物体CとAは弾性衝突する。しかし，AとBはばねでつながれているだけで，どこにも摩擦力などの非保存力がはたらかないのに，Cと物体系Dは非弾性衝突をし，力学的エネルギーが失われる。設問(4)で考えたことは，実は物体どうしの非弾性衝突をモデル化したものである。

2つの物体CとDが衝突をするとき，ミクロ(微視的)に見れば，それぞれの分子どうしが衝突するのである(図5)。分子どうしの衝突は，通常の衝突では弾性衝突と考えられる[1)]。物体内の分子は，それぞれの力のつり合いの位置のまわりでほぼ単振動をする。したがって，物体内の分子どうしは，ばねでつながっていると思ってよい。物体C内の分子とD内の分子が衝突すると，物体CとDの重心の速度も変化するが，それと同時に分子に振動が生じ，その分重心の力学的エネルギーは失われる。一旦分子に与えられた振動エネルギーは，外部から作用を及ぼさないかぎり[2)]，物体の重心の運動エネルギーに戻ることはない。諸君はすでに理解していることと思うが，分子の振動エネルギーは物体の熱エネルギーである。

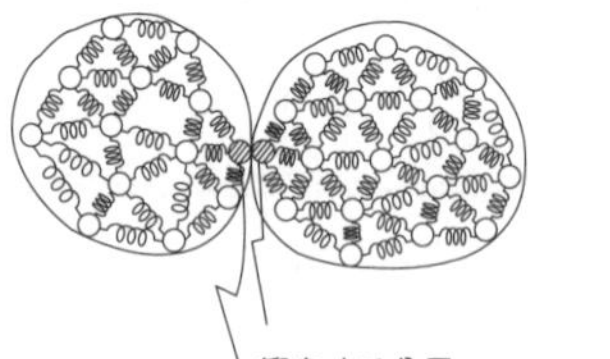

図5

このとき，どのくらいのエネルギーが熱(振動)エネルギーになるのかは，分子の質量や分子間のばね定数の値によって異なるため，はね返り係数も物体ごとにいろいろな値をとる。一方，弾性衝突は，振動エネルギーが新たに生じない場合にあたり，これは，非常に特別な場合であることも理解できるであろう。

---

1)　分子どうしが非弾性衝突をするのは，衝突によって分子内の電子のエネルギー準位が高くなる場合である。このようなことは，余程の高速で衝突しないかぎり起こらない。

2)　物体の運動エネルギーが分子の振動(熱)エネルギーに変化する過程は，不可逆過程である。したがって，外部から何の作用もなしに，逆の変化すなわち熱エネルギーが物体の運動エネルギーに変化することはない。これは，**熱力学第2法則**である。

問題 1.22　回転するローラー上の板の運動

水平方向へ距離 $2l$ だけ離れた位置に，一定の角速度 ω_0 で逆向きに回転している半径 r の2つの円柱状のローラー（ローラーAは左回りに，ローラーBは右回りに回転している）があり，その上に質量 M の細い角棒を置いた。図1は，角棒を含みローラーの軸に垂直な断面を表している。2つのローラーの中心軸を結ぶ直線の垂直2等分線が角棒と交わる点をOとし，点Oを原点に水平右向きに x 軸をとる。2つのローラーが角棒と接触している点をそれぞれ P_A，P_B とし，2つのローラーと角棒の間の静止摩擦係数は共に μ_0，動摩擦係数は共に $\mu\,(<\mu_0)$ とする。角棒の重心Cの位置 x は，つねに $-l<x<l$ にあるとし，重力加速度の大きさを g として，以下の設問に答えよ。

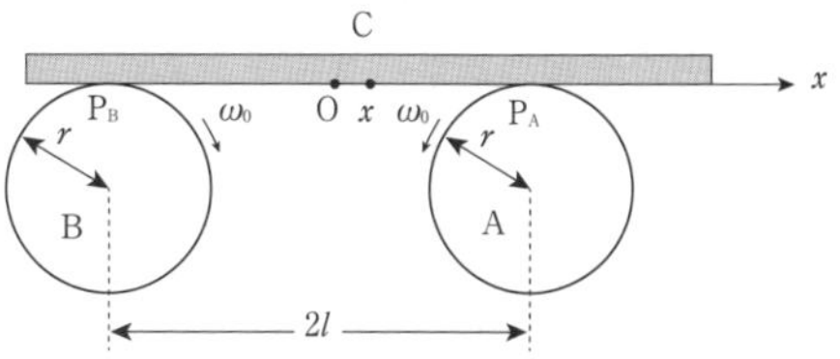

図1

はじめに，角棒に水平方向の外力を加えて，その重心Cが $x=d(>0)$ となる位置に静止させた。

(1)　点 P_A と P_B で角棒にはたらく垂直抗力の大きさはそれぞれいくらか。ただし，$d<l$ とする。

その後，外力を0にした。

(2)　d がある値より小さいとき，角棒は単振動をした。その単振動の周期はいくらか。

(3)　d がある値より大きいとき，角棒は途中で単振動から別の運動へ変化する。このときの d の限界値を求めよ。

(4)　d が前問(3)で求めた限界値より大きいとき，角棒はどのような運動をするか。運動状態が変化するときの重心Cの位置を考察し，角棒が2度目に x 軸負の向きに動き出すまでの運動を説明せよ。

（類題　東京大，名古屋大）

Point

点 P_A と P_B では垂直抗力の大きさが異なるので，**ローラーAとBによる動摩擦力の大きさに違い**があり，角棒は運動する。

(3)　**角棒の速さがローラー表面の速さ $r\omega_0$ に等しくなる**と，角棒には動摩擦力と静止摩擦力がはたらき，力はつり合って**等速運動する**。

解答

(1)　点 P_A，P_B で角棒にはたらく垂直抗力の大きさを N_A，N_B とする。角棒にはたらく鉛直方向の力のつり合いより（図2），

$$N_A+N_B=Mg \quad \cdots\cdots①$$

重心Cのまわりのモーメントのつり合いより，

$$N_A(l-d)=N_B(l+d) \quad \cdots\cdots②$$

①，②式より，

$$\underline{N_A=\frac{1}{2}\left(1+\frac{d}{l}\right)Mg},\quad \underline{N_B=\frac{1}{2}\left(1-\frac{d}{l}\right)Mg}$$

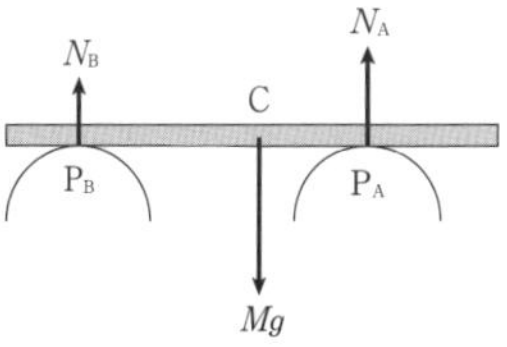

図2

(2)　重心Cの位置が x のとき，点 P_A，P_B で角棒にはたらく垂直抗力の大きさは，(1)の答の N_A，N_B を $d\to x$ とした N_A'，N_B' で与えられるから，動摩擦力は，それぞれ，$-\mu N_A'$，$\mu N_B'$ となる。

よって，角棒の運動方程式は，

$$M\ddot{x}=-\mu N_A'+\mu N_B'$$

$$=-\frac{\mu Mg}{l}x \quad \cdots\cdots③$$

これより，角棒は位置 $x=0$ を中心に，周期 T

$= 2\pi\sqrt{\dfrac{l}{\mu g}}$ の単振動をすることがわかる。

(3) 角棒の速さが回転するローラー表面の速さ $r\omega_0$ に達すると，角棒の速さはローラー表面の速さを超えることができないので，角棒は単振動から速さ $r\omega_0$ の等速運動へ変化する。このとき，ローラーAからはたらく摩擦力は静止摩擦力になる。

単振動をする角棒の速さの最大値 V_0 は，エネルギー保存則より，

$$\frac{1}{2}\frac{\mu Mg}{l}d^2 = \frac{1}{2}MV_0{}^2 \qquad \therefore \quad V_0 = d\sqrt{\frac{\mu g}{l}}$$

よって，求める限界値 d_0 は，

$$d_0\sqrt{\frac{\mu g}{l}} = r\omega_0 \qquad \therefore \quad d_0 = r\omega_0\sqrt{\frac{l}{\mu g}}$$

(4) $d > d_0$ のとき，角棒の速さがローラーAの速さ $r\omega_0$ に等しくなるまでは，角棒は運動方程式③にしたがって単振動をする。よって，単振動のエネルギー保存則は，位置 x での速さを v として，③式より，

$$\frac{1}{2}Mv^2+\frac{1}{2}\frac{\mu Mg}{l}x^2 = \text{一定}$$

となるから，角棒の速さが $r\omega_0$ に等しくなる位置 x_0 は，

$$\frac{1}{2}\frac{\mu Mg}{l}d^2 = \frac{1}{2}M(r\omega_0)^2+\frac{1}{2}\frac{\mu Mg}{l}x_0{}^2$$

$$\therefore \quad x_0 = \sqrt{d^2-\frac{l}{\mu g}(r\omega_0)^2}$$

重心Cの位置が $x < x_0$ になると，角棒は $r\omega_0$ で等速運動するようになる。

次に，ローラーBからはたらく動摩擦力 $\mu N_B{}'$ の大きさが，Aからはたらく最大摩擦力 $\mu_0 N_A{}'$ に等しくなる位置 $x = x_1$ は，水平方向の力のつり合いより，

$$\mu N_B{}' = \mu_0 N_A{}'$$

$$\therefore \quad \mu\left(1-\frac{x_1}{l}\right)Mg = \mu_0\left(1+\frac{x_1}{l}\right)Mg$$

これより，

$$x_1 = -\frac{\mu_0-\mu}{\mu_0+\mu}l$$

$x < x_1$ になると，角棒にはローラーAからも動摩擦力がはたらくようになり，(2)で求めた単振動をする。

角棒の位置の最小値 x_2 は，エネルギー保存則より，

$$\frac{1}{2}M(r\omega_0)^2+\frac{1}{2}\frac{\mu Mg}{l}x_1{}^2 = \frac{1}{2}\frac{\mu Mg}{l}x_2{}^2$$

$$x_2 = -\sqrt{\left(\frac{\mu_0-\mu}{\mu_0+\mu}\right)^2 l^2+\frac{l}{\mu g}(r\omega_0)^2}$$

角棒は位置 $x = x_2$ で折り返し，位置 $x = x_1$ で右向きの速さが $r\omega_0$ となり，等速運動を開始する。位置が $x = -x_1$ に達すると，再度(2)で求めた単振動に移り，$x = -x_2$ で折り返す。その後，$x = -x_1$ で速さ $r\omega_0$ の運動に移り，以下同様な周期運動を繰り返す。

以上の様子を図3に示す。図3で1本線は(2)で求めた単振動を表し，2重線は速さ $r\omega_0$ の等速運動を表す。

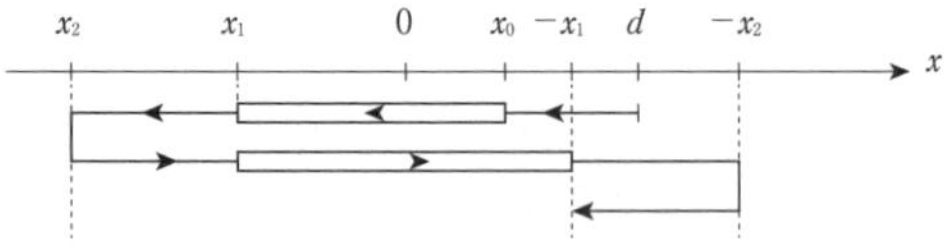

図3

問題 1.23 ばねに付けられた小球の平面運動

水平な床上の1点Oを原点に直交する座標軸 x, y をとる。点Oから高さ l の点に自然長 l_0 でばね定数 k の軽いばねの一端を固定し，他端に質量 m の小球を付ける(図1)。重力加速度を g とし，小球と床の間の摩擦は無視できるとして，以下の設問に答えよ。

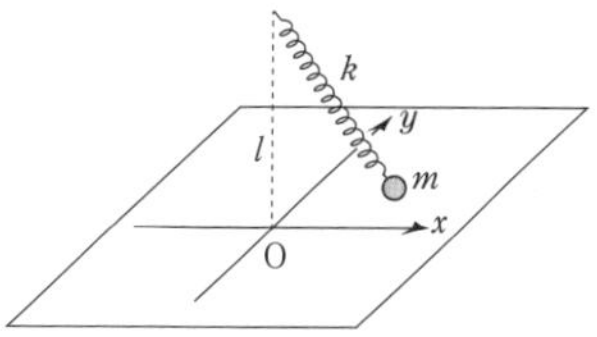

図1

(1) $l=l_0$ のとき，原点Oで小球に初速 v_0 を与えたところ，小球は床上で振動した。小球が床から離れずに振動するための v_0 の上限値を求めよ。ただし，$kl_0>mg$ とする。

以下の設問では，$l>l_0$ とし，小球は床から離れることはないものとする。

(2) 位置 $(a, 0)$ で適当な初速度を与えたところ，小球は床上で原点Oを中心に等速円運動をした。初速度の大きさ u とその向きを求めよ。

(3) 適当な初期条件で放された小球の位置 (x, y) での運動方程式を求め，小球は x 方向，y 方向へそれぞれどのような運動をするか述べよ。ただし，$|x| \ll l$, $|y| \ll l$ とし，小球にはたらく力に関して，x あるいは y の2次以上の項を無視せよ。

(4) 位置 $(a, 0)$ で設問(2)で求めた向きに u より小さな初速 $v(<u)$ を与えると，小球はどのような運動をするか，運動の軌跡を表す方程式を求め，簡単に説明せよ。ただし，$a \ll l$ とする。

Point

(2) 円運動をするとき，**速度はつねに中心方向と垂直**である。

(3) 小球にはたらく力の x 成分，y 成分を正確に書こう。

(4) 小球は，**与えられた初期条件の下に単振動をする**から，位置 x, y を時刻 t の関数として表し，それらから t を消去する。

解答

(1) 小球に x 軸の正方向へ初速 v_0 を与え，小球が床から離れずに位置 $(b, 0)$ で折り返したとする。力学的エネルギー保存則は，

$$\frac{1}{2}mv_0^2=\frac{1}{2}k\left(\sqrt{l_0^2+b^2}-l_0\right)^2 \quad \cdots\cdots ①$$

位置 $(b, 0)$ で小球が床から離れなければ，小球は床から離れずに振動を続ける。位置 $(b, 0)$ で小球には重力 mg とばねの弾性力 $k\left(\sqrt{l_0^2+b^2}-l_0\right)$ および床からの垂直抗力 N がはたらく(図2)。このとき，鉛直方向の力のつり合いは，

$$k\left(\sqrt{l_0^2+b^2}-l_0\right)\times\frac{l_0}{\sqrt{l_0^2+b^2}}+N=mg \quad \cdots\cdots ②$$

小球が床から離れない条件は，

$$N \geqq 0 \quad \cdots\cdots ③$$

であるから，①〜③式より，$\sqrt{l_0^2+b^2}$ を消去して，

$$v_0 \leqq \frac{gl_0\sqrt{km}}{kl_0-mg}$$

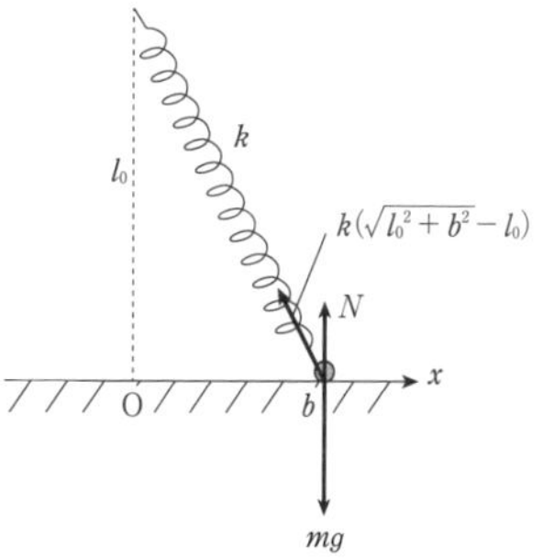

図2

(2) 小球が円運動をするとき，その速度はつねに円の接線方向であり，中心方向と垂直である。位置 $(a, 0)$ で中心方向は x 軸方向だから，初速度の向きは，y 軸に平行で正方向あるいは負方向。

円運動の半径は a だから，小球の運動方程式は，

$$m\frac{u^2}{a}=k\left(\sqrt{l^2+a^2}-l_0\right)\times\frac{a}{\sqrt{l^2+a^2}}$$

$$\therefore \quad u=a\sqrt{\frac{k}{m}\left(1-\frac{l_0}{\sqrt{l^2+a^2}}\right)}$$

(3) 位置(x, y)で小球のx方向の運動方程式は，

$$m\ddot{x}=-k(\sqrt{l^2+x^2+y^2}-l_0)\times\frac{x}{\sqrt{l^2+x^2+y^2}}$$

ここで[1]，$|x|\ll l$，$|y|\ll l$であるから，根号内のx^2+y^2は無視することができ，

$$m\ddot{x}=-k\frac{l-l_0}{l}x \quad \cdots\cdots④$$

となる。

同様に，y方向の運動方程式は，

$$m\ddot{y}=-k\frac{l-l_0}{l}y \quad \cdots\cdots⑤$$

となる。

④，⑤式から，小球は，x方向およびy方向へ共に，$x=y=0$を中心に，角振動数$\omega=\sqrt{\frac{k(l-l_0)}{ml}}$の単振動をすることがわかる。

(4) 小球に初速を与えた時刻を$t=0$とする。小球は，x方向へは$x=a$から初速0で$x=0$を中心に角振動数ωの単振動をするから，時刻tでの位置xは，

$$x=a\cos\omega t \quad \cdots\cdots⑥$$

y方向へは$y=0$から初速vで$y=0$を中心に同じ角振動数ωの単振動をする。y方向の振幅A_2は，エネルギー保存則より，

$$\frac{1}{2}mv^2=\frac{1}{2}k\frac{l-l_0}{l}A_2{}^2$$

$$\therefore\quad A_2=v\sqrt{\frac{ml}{k(l-l_0)}}=\frac{v}{\omega}$$

これより，

$$y=\pm\frac{v}{\omega}\sin\omega t \quad \cdots\cdots⑦$$

を得る。最後に，⑥，⑦式よりtを消去して，

$$\frac{x^2}{a^2}+\frac{\omega^2}{v^2}y^2=1 \quad \cdots\cdots⑧$$

$v<u=a\omega$[2]より，$a>\frac{v}{\omega}$であるから，⑧式は，原点を中心にした長軸半径a，短軸半径$\frac{v}{\omega}\left(=v\sqrt{\frac{ml}{k(l-l_0)}}\right)$の楕円を表す(図3)。

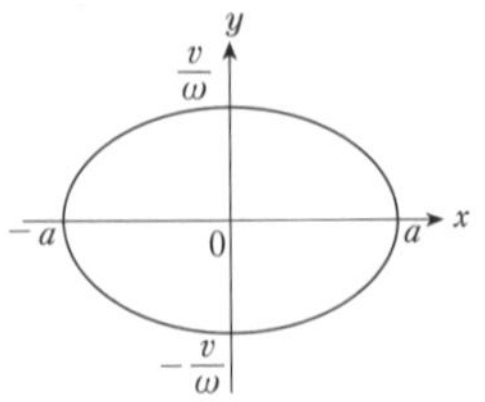

図3

[別解]

前問(3)の結果より，時刻tでの小球の位置(x, y)は，A_1，A_2，ϕ_1，$\phi_2$$(A_1, A_2>0, -\pi<\phi_1, \phi_2\leqq\pi)$を任意定数として，

$$x=A_1\sin(\omega t+\phi_1),\quad y=A_2\sin(\omega t+\phi_2)$$

と書ける。

初期条件「$t=0$ のとき，$x=a$，$y=0$，$\dot{x}=v_x=0$，$\dot{y}=v_y=\pm v$」より，

$$a=A_1\sin\phi_1,\quad 0=A_2\sin\phi_2$$
$$0=A_1\omega\cos\phi_1,\quad \pm v=A_2\omega\cos\phi_2$$

これらより，

$$\phi_1=\frac{\pi}{2},\quad \phi_2=0,\pi,\quad A_1=a,\quad A_2=\frac{v}{\omega}$$

$$\therefore\quad x=a\cos\omega t,\quad y=\pm\frac{v}{\omega}\sin\omega t$$

これより，上記の結果を得る。

---

1) 弾性力に$\frac{\sqrt{x^2+y^2}}{\sqrt{l^2+x^2+y^2}}$をかけると，その水平成分が得られ，さらに，$\frac{x}{\sqrt{x^2+y^2}}$をかければ，$x$成分が得られる。これらの積が$\frac{x}{\sqrt{l^2+x^2+y^2}}$と書かれている。

2) 設問(2)の答で，$a\ll l$よりaを落とすと，$u=a\omega$となる。

問題 1.24 ばねでつながれた2物体の振動

図1のように，同じばね定数kをもつばねに，同じ質量mの物体A，Bが結ばれてなめらかな床の上に置かれ，左右のばねの端は壁に固定されている。

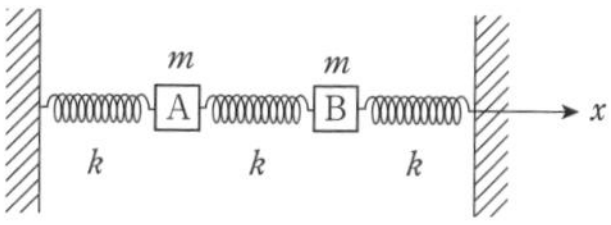

図1

(1) 物体Aを固定し，物体Bだけを振動させたとき，その周期はいくらか。

(2) 次に，物体Aが静止している位置からx軸方向へaだけずれたとき，物体Bも静止している位置から同じくaだけずれている運動を考える(A，Bの変位の向きは等しい)。このとき，物体の振動周期を求めよ。

(3) 今度は，物体Aが静止している位置からx軸方向にaだけずれたとき，物体Bは静止している位置から$-a$だけずれている運動を考える(AとBの変位の向きは互いに逆向きで，大きさがつねに等しい)。このとき，物体の振動周期を求めよ。

(4) 物体Bにだけ電荷$Q(>0)$を与え，電場$E(>0)$をx軸正方向へかけた。力がつり合ったとき，電荷を与える前の静止している位置から，物体Aと物体Bはそれぞれどれだけ変位しているか。

(5) 前問(4)の状態から物体Aを固定して突然電場を0にしたら，物体Bは振動した。物体A，B間の距離の最大値と最小値の差はいくらか。

(6) 設問(4)の状態から物体Aを固定しないで突然電場を0にしたら，物体A，B共に振動した。この場合，物体A，B間の距離の最大値と最小値の差はいくらか。

(上智大　改)

Point

物体A，Bの変位がx_A，x_Bのとき，3本のばねの弾性力は，左から，$-kx_A$，$\pm k(x_B-x_A)$，$-kx_B$となる。

(1)〜(3) 物体Bの運動方程式をつくればよい。

(5) A，Bの初期位置は，(4)でのつり合いの位置であることから，**単振動の振幅の2倍として，相対距離の最大値と最小値の差が求まる。**

(6) **A，Bの運動方程式の差**をつくる。

解 答

(1) 物体Bの変位がx_Bのときの加速度を$\ddot{x}_B$とすると，Bの運動方程式は(図2)，

$$m\ddot{x}_B=-kx_B-kx_B=-2kx_B$$

となるから，Bは角振動数$\omega_2=\sqrt{\frac{2k}{m}}$の単振動をすることがわかる。その周期$T_2$は，

$$T_2=\frac{2\pi}{\omega_2}=2\pi\sqrt{\frac{m}{2k}}$$

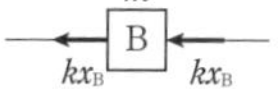

図2

(2) 物体Aの振動の周期は物体Bの周期に等しいから，Bの周期を求める。このときの物体Bの運動方程式は(図3)，

$$m\ddot{x}_B=-kx_B$$

となるから，Bは角振動数$\omega_1=\sqrt{\frac{k}{m}}$の単振動をすることがわかる。よって，A，Bの周期$T_1$は，

$$T_1=\frac{2\pi}{\omega_1}=2\pi\sqrt{\frac{m}{k}}$$

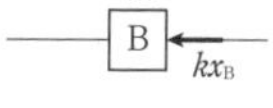

図3

(3) このときの物体Bの運動方程式は(図4)，

$$m\ddot{x}_B=-kx_B-2kx_B=-3kx_B$$

となるから，Bは角振動数$\omega_3=\sqrt{\frac{3k}{m}}$の単振動をすることがわかる。よって，A，Bの周期$T_3$は，

$$T_3=\frac{2\pi}{\omega_3}=2\pi\sqrt{\frac{m}{3k}}$$

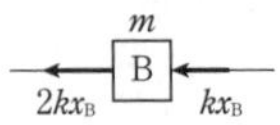

図4

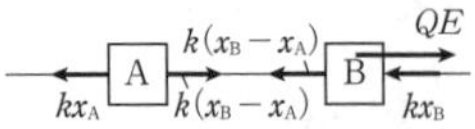

図5

(4) このとき物体A, Bが静止している位置からの変位を，それぞれx_A, x_Bとすると，力のつり合いの式は(図5)，

A：$kx_A = k(x_B - x_A)$，B：$k(x_B - x_A) + kx_B = QE$

これらより，　$x_A = \dfrac{QE}{3k}$，$x_B = \dfrac{2QE}{3k}$

(5) このとき物体Aが固定されていることより，物体Bの運動方程式は(図6)，

$$m\ddot{x}_B = -kx_B - k\left(x_B - \frac{QE}{3k}\right) = -2k\left(x_B - \frac{QE}{6k}\right)$$

となるから，Bは，$\dfrac{2QE}{3k}$から動き始め，$\dfrac{QE}{6k}$を中心に単振動をすることがわかる。よって，求める差は，振幅の2倍に等しく，

$$2\left(\frac{2QE}{3k} - \frac{QE}{6k}\right) = \frac{QE}{k}$$

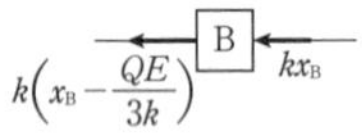

図6

(6) 物体A, Bの変位がx_A, x_Bのときの加速度を，それぞれ$\ddot{x}_A$, $\ddot{x}_B$とすると，運動方程式は(図7)，

A：$m\ddot{x}_A = -kx_A + k(x_B - x_A)$　……①

B：$m\ddot{x}_B = -kx_B - k(x_B - x_A)$　……②

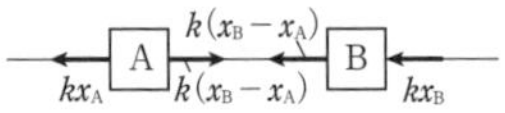

図7

②−①より，

$$m(\ddot{x}_B - \ddot{x}_A) = -3k(x_B - x_A)$$

これより，A, B間の距離(相対座標)$x_B - x_A$は，$x_B - x_A = 0$を中心に単振動をすることがわかる。よって求める差は，

$$2\left\{\left(\frac{2QE}{3k} - \frac{QE}{3k}\right) - 0\right\} = \frac{2QE}{3k}$$

解 説

連成振動

図8のように，ばね定数kとk'の3本のばねa, b, cにつながれた同じ質量mの2粒子の振動を考える。

粒子の大きさは無視でき，左右の壁の間の距離は

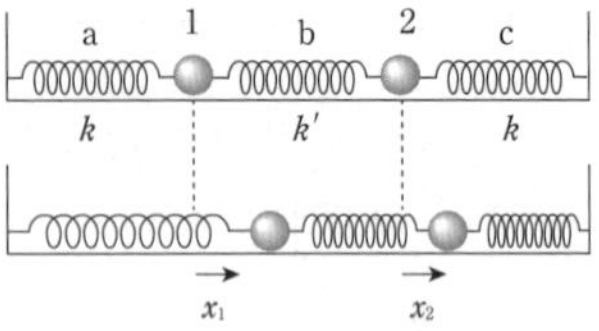

図8

3本のばねの自然長の和に等しい。粒子1と2の自然長の位置(**平衡位置**)からの変位を，それぞれx_1, x_2とすると，ばねaの伸びはx_1，ばねbの伸びは$x_2 - x_1$，ばねcの伸びは$-x_2$となるから，粒子1, 2の運動方程式は，それぞれ，

$$m\ddot{x}_1 = -kx_1 + k'(x_2 - x_1)$$
$$m\ddot{x}_2 = -k'(x_2 - x_1) - kx_2$$

ここで，$\kappa = \dfrac{k}{m}$，$\kappa' = \dfrac{k'}{m}$とおくと，上の運動方程式はそれぞれ，

$$\ddot{x}_1 = -(\kappa + \kappa')x_1 + \kappa' x_2 \quad \cdots\cdots③$$
$$\ddot{x}_2 = -(\kappa + \kappa')x_2 + \kappa' x_1 \quad \cdots\cdots④$$

連立微分方程式③，④を解くために，③+④，③−④をつくり，$q = x_1 + x_2$，$q' = x_1 - x_2$とおくと，

$$\ddot{q} = -\kappa q \quad \cdots\cdots⑤$$
$$\ddot{q}' = -(\kappa + 2\kappa')q' \quad \cdots\cdots⑥$$

となり，2つの振動を完全に分離することができる。

⑤，⑥式は，それぞれ角振動数$\omega = \sqrt{\kappa}$，$\omega' = \sqrt{\kappa + 2\kappa'}$の単振動を表している。$q$だけが振動している場合，$q' = 0$だから$x_1 = x_2$となり，図9のように，2粒子は同位相，同振幅で振動する。

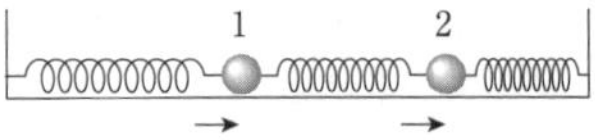

図9

q'だけが振動している場合，$q = 0$より$x_2 = -x_1$となるから，図10のように，同振幅，逆位相で振動する。

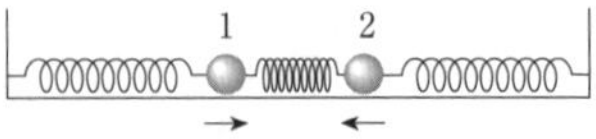

図10

これらのような振動を**連成振動**という。

粒子座標を組み合わせることにより，それぞれ独立に単振動を行う場合，q, q'を**基準座標**，その振動を**基準振動**という。

例題 1.9 2粒子の連成振動

左頁で考察した2粒子の連成振動において，時刻 $t=0$ に粒子2がつり合いの位置に静止していた状態で，粒子1がつり合いの位置から右向きに速さ v_0 で動き出した。

(1) q，q'を，

$$q=A\sin(\omega t+\alpha) \qquad q'=A'\sin(\omega' t+\alpha')$$

とおいて，初期条件から A，A'，α，α'を定め，時刻 t における粒子1，2の位置 x_1，x_2 を求めよ。ただし，$A>0$，$A'>0$，$0\leqq\alpha$，$\alpha'<2\pi$ とする。

(2) 2粒子を結びつけているばねが十分弱い$(k'\ll k)$とき，時刻 t における粒子1と2の運動を考察せよ。その際，$\omega=\omega_0-\Delta\omega$，$\omega'=\omega_0+\Delta\omega\ (\Delta\omega\ll\omega_0)$とおき，$x_1$，$x_2$ を，それぞれ三角関数の積に変形せよ。また，x_1，x_2 を縦軸に，t を横軸にとってグラフを描き，2粒子の運動の特徴を述べよ。

解答

(1) $x_1=\dfrac{1}{2}(q+q')$

$$=\frac{1}{2}\{A\sin(\omega t+\alpha)+A'\sin(\omega' t+\alpha')\}$$

$x_2=\dfrac{1}{2}(q-q')$

$$=\frac{1}{2}\{A\sin(\omega t+\alpha)-A'\sin(\omega' t+\alpha')\}$$

において，初期条件「$t=0$ のとき，$x_1=x_2=0$」より，

$$A\sin\alpha+A'\sin\alpha'=0,\ A\sin\alpha-A'\sin\alpha'=0$$

$$\therefore\ \sin\alpha=\sin\alpha'=0$$

次に，「$t=0$ のとき，$\dot{x}_1=v_0$，$\dot{x}_2=0$」より，

$$A\omega\cos\alpha+A'\omega'\cos\alpha'=2v_0$$

$$A\omega\cos\alpha-A'\omega'\cos\alpha'=0$$

$$\therefore\ \cos\alpha=\frac{v_0}{A\omega}>0,\ \cos\alpha'=\frac{v_0}{A'\omega'}>0$$

これより，

$$\alpha=\alpha'=\underline{0},\ A=\underline{\frac{v_0}{\omega}},\ A'=\underline{\frac{v_0}{\omega'}}$$

したがって，

$$x_1=\frac{v_0}{2}\left(\frac{1}{\omega}\sin\omega t+\frac{1}{\omega'}\sin\omega' t\right)$$

$$x_2=\frac{v_0}{2}\left(\frac{1}{\omega}\sin\omega t-\frac{1}{\omega'}\sin\omega' t\right)$$

(2) $\kappa'\ll\kappa$ のとき，$\kappa_0=\kappa+\kappa'\ (\kappa'\ll\kappa_0)$とおくと，

$$\omega=\sqrt{\kappa_0-\kappa'}=\sqrt{\kappa_0}\sqrt{1-\frac{\kappa'}{\kappa_0}}\fallingdotseq\omega_0-\Delta\omega$$

と書ける。ここで，$\omega_0=\sqrt{\kappa_0}$，$\Delta\omega=\dfrac{\kappa'}{2\sqrt{\kappa_0}}$ とおいた。

同様に，

$$\omega'=\omega_0+\Delta\omega$$

これらより，微小量を無視して，

$$x_1\fallingdotseq\frac{v_0}{2}\left\{\frac{1}{\omega_0}\sin(\omega_0-\Delta\omega)t+\frac{1}{\omega_0}\sin(\omega_0+\Delta\omega)t\right\}$$

$$=\underline{\frac{v_0}{\omega_0}\cos(\Delta\omega\cdot t)\cdot\sin\omega_0 t}$$

ここで，三角関数の和積公式を用いた。また，$\Delta\omega$ 単独では微小量であるが，$\Delta\omega\cdot t$ は微小量でないことに注意する。

同様に，

$$x_2\fallingdotseq\underline{-\frac{v_0}{\omega_0}\sin(\Delta\omega\cdot t)\cdot\cos\omega_0 t}$$

以上より図11を得る。

まず粒子1が振動を始めると，その振動がばねbを通して粒子2に伝えられて粒子2が共鳴を起こして大きく振動し，振動のエネルギーを吸収する。そのため，粒子1の振動は弱められる。次に，その逆が起きる。その結果，粒子1と2の振動は，それぞれが<u>交互にうなり現象を起こす</u>。

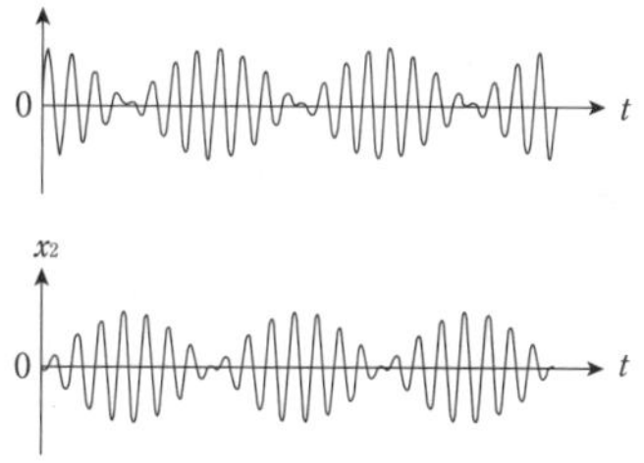

図11

問題 1.25 地球内部での小球の単振動と衝突

図1のように，地球の中心Oを通り，地表のある地点Aと地点Bとを結ぶ細長いトンネル内における小球の直線運動を考える。地球を半径R，一様な密度ρの球とみなし，万有引力定数をGとして，以下の各設問に答えよ。なお，地球の中心Oから距離rの位置において小球が地球から受ける力は，中心Oから距離r以内にある地球の部分の質量が中心Oに集まったと仮定した場合に，小球が受ける万有引力に等しい。ただし，地球の自転と公転の影響，トンネルと小球の間の摩擦および空気抵抗は無視するものとし，地球の質量は小球の質量に比べ十分大きいものとする。

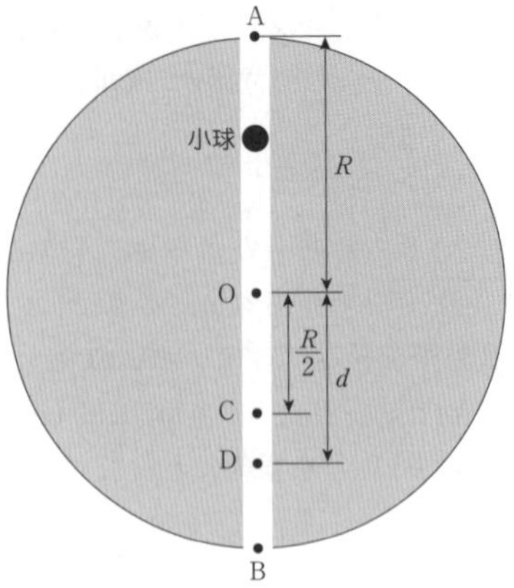

図1

I　質量mの小球を地点Aから静かに放したときの運動を考える。

(1)　小球が地球の中心Oから距離r($r<R$)の位置にあるとき，小球にはたらく力の大きさを求めよ。

(2)　小球が運動開始後，はじめて地点Aに戻ってくるまでの時間Tを求めよ。

II　同じ質量mをもつ2つの小球P，Qの運動を考える。時刻0に小球Pを，時刻t_1に小球Qを同一の地点Aで静かに放したところ，2つの小球はOBの中点Cで衝突した。ここで2つの小球間のはね返り係数を0とし，衝突後2つの小球は一体となって運動するものとする。ただし，t_1は設問I(2)で求めた時間Tより小さいものとする。

(1)　t_1をTを用いて表せ。

(2)　2つの小球P，Qが衝突してからはじめて中心Oを通過するまでの時間をTを用いて表せ。

III　設問IIと同様に，時刻0に小球Pを，時刻t_1に小球Qを同一の地点Aで静かに放した。ただし，2つの小球間のはね返り係数はe($0<e<1$)とする。

(1)　2つの小球が最初に衝突した後，小球Pは地点Bに向かって運動し，地球の中心Oから距離dの点Dにおいて中心Oに向かって折り返した。このときのdの値をはね返り係数eおよび地球の半径Rを用いて表せ。

(2)　小球Pと小球Qが2回目に衝突する位置を求めよ。

(3)　その後2つの小球は衝突を繰り返した。十分時間が経過した後，どのような運動になるか答えよ。

（東京大）

Point

地球内部での小球の運動は単振動になる。単振動という運動の対称性に着目して解答することが求められる。

III　点Oに関して対称な2球が衝突する位置は，何回衝突しても変化しない。

解 答

I (1)　半径rの球内部の質量は，$M=\rho\dfrac{4}{3}\pi r^3$であるから，小球にはたらく力の大きさ$F$は，万有引力の法則より，

$$F=G\frac{Mm}{r^2}=\underline{\frac{4}{3}\pi\rho Gmr}$$

(2)　半径方向の運動方程式は，加速度を$\ddot{r}$として，

$$m\ddot{r}=-\frac{4}{3}\pi\rho Gmr=-Kr \quad \cdots\cdots①$$

ここで，$K=\frac{4}{3}\pi\rho Gm$ とおいた。

①式より，小球は点Oを中心に角振動数 $\omega=\sqrt{\frac{4}{3}\pi\rho G}$ の単振動をすることがわかる。

よって，求める時間 T は，その周期に等しく，

$$T=\frac{2\pi}{\omega}=\underline{\sqrt{\frac{3\pi}{\rho G}}}$$

この場合，単振動の**周期は，小球の質量によらない**。

Ⅱ(1) 中心Oを原点に，O→Aの向きに x 軸をとる。小球Pは図2の細い実線のように運動し，時刻 t におけるPの位置は，

$$x_P=R\cos\frac{2\pi}{T}t$$

と表される。Pが点Cを通過する時刻は $x_P=-\frac{R}{2}$ より $\frac{T}{3}$，$\frac{2}{3}T$ となる。よって，2球を点Cで衝突させるには，小球Qを時刻 $t_1=\underline{\frac{T}{3}}$ に点Aで放せばよい。

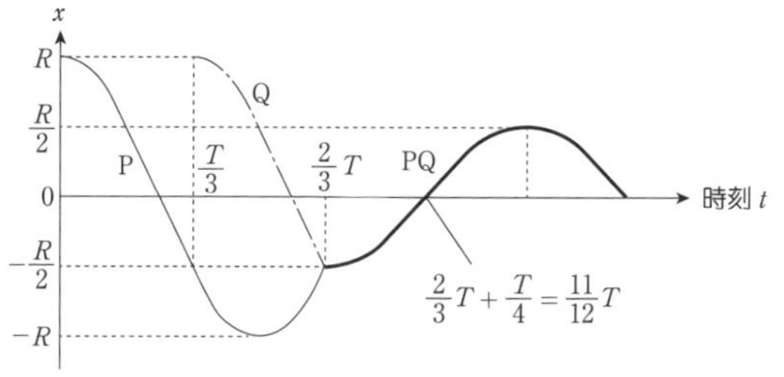

図2

(2) 衝突直前，2球は同じ速さで逆向きに動いているから，衝突直後，一体となり速度は0となる。その後，一体になった小球PQ(図2の太い実線)は，点Oを中心に振幅 $\frac{R}{2}$ の単振動をする。単振動の周期は小球の質量によらないから，PQの周期は T に等しい。よって，小球PQが中心Oに達するまでの時間は，

$$\underline{\frac{T}{4}}$$

Ⅲ(1) 衝突直前の2球の速さを v とすると，運動方程式①に対する単振動のエネルギー保存則は，

$$\frac{1}{2}mv^2+\frac{1}{2}K\left(\frac{R}{2}\right)^2=\frac{1}{2}KR^2 \quad \cdots\cdots ②$$

衝突直後の2球の速さは，共に ev となるから，小球Pのエネルギー保存則は，

$$\frac{1}{2}m(ev)^2+\frac{1}{2}K\left(\frac{R}{2}\right)^2=\frac{1}{2}Kd^2 \quad \cdots\cdots ③$$

②，③式より，$\frac{1}{2}mv^2$ を消去して，

$$d=\underline{\frac{\sqrt{3e^2+1}}{2}R}$$

(2) 小球PとQの単振動は，中心Oに関して対称であるから，2回目に衝突する位置は，

<u>OAの中点</u>

(3) 衝突直後の2球の速さはつねに等しく逆向きになり，単振動は中心Oに関して対称になるから，衝突位置は，つねに中心Oから距離 $\frac{R}{2}$ の点となる。また，衝突を繰り返すうちに相対速度は0となるから，十分に時間が経過した後，<u>小球P，Qは一体となり，点Oを中心に振幅 $\frac{R}{2}$，周期 T の単振動をする。</u>

解　説

地球内部ではたらく重力

地球の質量が，地球の中心のまわりに球対称に分布しているとする。図3のように，地球内部に半径 r と $r+\Delta r$ の球面で囲まれた球殻Kを考え，その球殻の内部にある質量 m の質点Pに球殻Kからはたらく万有引力を求めてみよう。

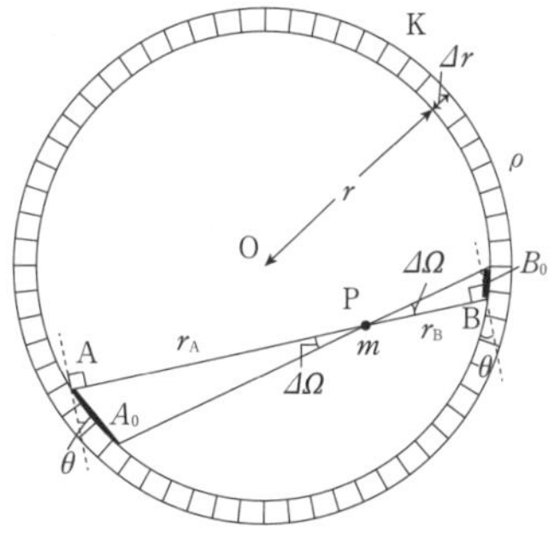

図3

1. 立体角

図4のように，点Oを中心とした半径 r の球面上の面積 ΔS の領域を中心Oから眺める。このとき，点Oから ΔS を見込む立体的な角，すなわち，点Oを頂点とし ΔS を底面とする円錐の立体的な頂角を領域 ΔS に対する**立体角**という。

立体角 $\Delta\Omega$ は，

$$\Delta\Omega=\frac{\Delta S}{r^2}$$

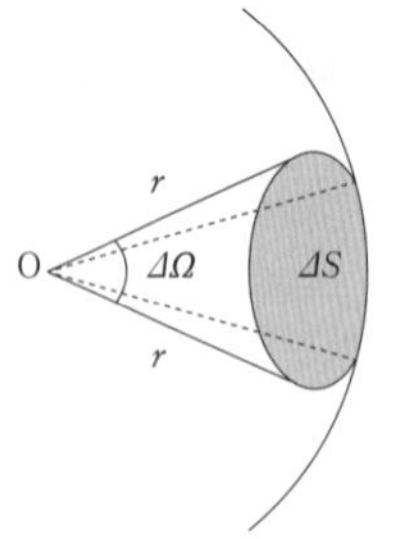

図4

で定義される。したがって，点Oからの全方位の立体角Ωは，半径rの表面積$4\pi r^2$を用いて，

$$\Omega=\frac{4\pi r^2}{r^2}=4\pi$$

となる。

立体角$\varDelta\Omega$は，半径r，弧の長さ$\varDelta l$の扇形の中心角$\varDelta\theta$が$\varDelta\theta=\dfrac{\varDelta l}{r}$で定義されることに対応して定義されると考えればよい。その際，円錐の底面積は，頂角を一定にしたとき，半径rの**2乗に比例すること**を用いている。

2. 質点Pにはたらく力

地球の質量が球対称に分布しているとすると，球殻Kの質量密度(単位体積あたりの質量)はどこでも一定であるから，これをρとする。図3のように，質点Pを通る任意の直線が球殻Kと交わる点をA，Bとし，点A，Bのまわりに点Pから微小な立体角$\varDelta\Omega$で見込まれる領域A_0，B_0を考える。

P，A間の距離をr_A，P，B間の距離をr_Bとし，直線PA，PBに垂直な平面と領域A_0，B_0のなす角をθとすると，A_0，B_0の部分の球殻の質量$\varDelta m_A$，$\varDelta m_B$はそれぞれ，

$$\varDelta m_A=\rho\cdot\frac{r_A{}^2\varDelta\Omega}{\cos\theta}\cdot\varDelta r,\ \varDelta m_B=\rho\cdot\frac{r_B{}^2\varDelta\Omega}{\cos\theta}\cdot\varDelta r$$

これより，P，A_0間およびP，B_0間にはたらく万有引力の大きさ$\varDelta F_A$，$\varDelta F_B$は，万有引力定数をGとしてそれぞれ，

$$\varDelta F_A=G\frac{m\cdot\varDelta m_A}{r_A{}^2}=Gm\frac{\rho\varDelta\Omega}{\cos\theta}\varDelta r$$

$$\varDelta F_B=G\frac{m\cdot\varDelta m_B}{r_B{}^2}=Gm\frac{\rho\varDelta\Omega}{\cos\theta}\varDelta r$$

$$\therefore\quad \varDelta F_A=\varDelta F_B \qquad \cdots\cdots④$$

質点Pを通る任意の直線に対して④式が成り立つので，Pに球殻Kからはたらく万有引力の合力は0である。このことは，質点Pの外側のすべての球殻について成り立つから，質点Pには，**Pの外側の質量は万有引力を及ぼさない**。

このようなきれいな性質が導かれたのは，④式が成り立つためであり，$\varDelta F_A$，$\varDelta F_B$が距離r_A，r_Bによらなくなったためである。ではなぜ$\varDelta F_A$，$\varDelta F_B$が距離によらなくなったのであろうか。

質量m_A，m_Bがそれぞれr_A，r_B**の2乗に比例するのは，単なる幾何学的な性質**による。④式が成り立つのは，**万有引力が距離の2乗に反比例する(逆2乗則)**ためである。もし万有引力が厳密に距離の2乗に比例するのでなかったならば，④式は成り立たない。例えば，万有引力が距離の2.00001乗に反比例するのであれば，地球の内部にある質点Pには，Pの外側の地球の質量も力を及ぼす。

万有引力の法則は，元々ケプラーの法則(すなわち昔の粗い観測結果)から導かれたものであるからわずかな誤差は含まれていてよいはずである。しかるに現在までのところ，上の性質に反するような実験結果は見出されておらず，万有引力の逆2乗則は高い精度で成り立つことが確かめられている。これは，自然界の神秘といえないであろうか。

同様な性質は，後に学ぶ静電気におけるクーロンの法則でもいえる。その場合，逆2乗則が成り立たないとガウスの法則が成立しなくなり，電磁気学全体をマクスウェル方程式という美しい形式にまとめあげることができなくなる。

問題 1.26 動く半円形レール上の小球の単振動

水平な机の上に置かれた台の内側に，半径 R の半円形のレールが取り付けられている（図 1）。机上の一点 O を原点として水平に x 軸をとり，レールの中心 C の x 座標が原点に一致するように台を置いた。まず，台を机に固定したまま，図 1 のように小球をレールの最下点 P から $+x$ 方向に L だけ離れたレール上の点 Q に一旦静止させる。その後小球はレール上を摩擦を受けることなく運動するものとして，以下の設問に答えよ。ただし，小球の質量を m_1，レールを含んだ台の質量を m_2，重力加速度の大きさを g とする。また，L は R に比べて十分小さいものとする。必要であれば，θ〔rad〕が十分小さいときの近似公式，$\cos\theta \fallingdotseq 1$，$\sin\theta \fallingdotseq \theta$ を用いてもよい。

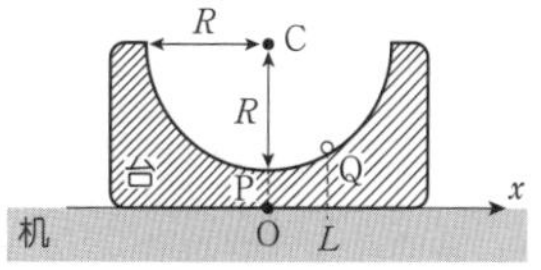

図 1

Ⅰ　台を机に固定したままで，小球を静かに放したところ単振動を始めた。小球の x 座標を x_1，x 軸方向の加速度を a_1 とする。

(1)　小球の x 軸方向の運動方程式を求めよ。

(2)　この単振動の周期を求めよ。

Ⅱ　図 1 の状態に戻し，今度は，台が机に対して摩擦を受けることなく動けるようにした。その上で小球を点 Q から静かに放したところ，小球はやはり単振動を始めた。図 2 のように小球と点 P の x 座標をそれぞれ x_1，x_2，小球と台の x 軸方向の加速度をそれぞれ a_1，a_2 とする。

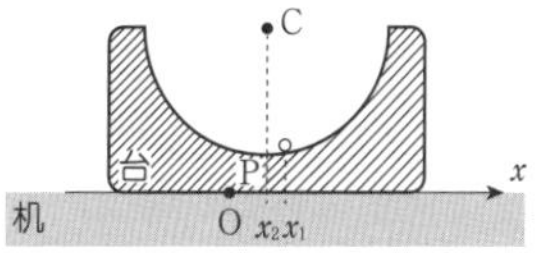

図 2

(1)　小球と台にはたらく力の関係から，a_1 と a_2 の間に成り立つ関係式を求めよ。

(2)　小球と台を合わせた系に対しては x 軸方向には外からの力ははたらかないので，系の重心の x 座標は変化しない。このことから，x_1 と x_2 の間に成り立つ関係式を求めよ。

(3)　小球の単振動の中心位置の x 座標を求めよ。

(4)　小球の単振動の振幅を求めよ。

(5)　小球の単振動の周期を求めよ。

（東京大）

Point

Ⅰ(1)　小球にはたらく垂直抗力の大きさは，$N \fallingdotseq mg$ と近似できる。

Ⅱ　小球と台は**重心の位置を中心に単振動**をする。

解　答

Ⅰ(1)　図 3 のように，小球と点 C を結ぶ直線が鉛直線となす角を θ，垂直抗力の大きさを N とすると，

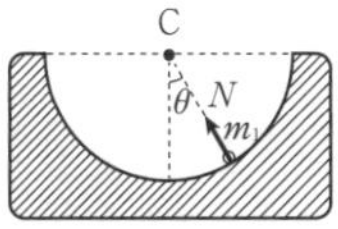

図 3

$$m_1a_1 = -N\sin\theta$$

$|\theta| \ll 1$ より，$N \fallingdotseq m_1g$

$\sin\theta = \dfrac{x_1}{R}$ より，$\underline{m_1a_1 = -\dfrac{m_1g}{R}x_1}$

(2)　ω を角振動数とすると，(1)より，

$$a_1 = -\frac{g}{R}x_1 = -\omega^2x_1$$

よって，求める周期は，$T = \dfrac{2\pi}{\omega} = \underline{2\pi\sqrt{\dfrac{R}{g}}}$

Ⅱ(1)　図 4 のように，小球と点 C を結ぶ直線が鉛直線となす角を θ'，垂直抗力の大きさを N' とすると，小球と台の運動方程式は，それぞれ，

$$m_1a_1 = -N'\sin\theta' \quad \cdots\cdots①$$

$$m_2a_2 = N'\sin\theta'$$

$$\therefore \quad \underline{m_1a_1 + m_2a_2 = 0}$$

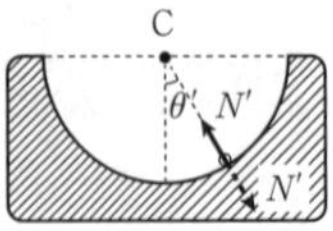

図4

(2)　題意より，$\dfrac{m_1x_1+m_2x_2}{m_1+m_2} = \dfrac{m_1L+m_2\cdot 0}{m_1+m_2}$

$$\therefore \quad \underline{m_1x_1+m_2x_2 = m_1L} \quad \cdots\cdots②$$

(3)　(1)と同様に，$N' \fallingdotseq m_1g$，$\sin\theta' = \dfrac{x_1-x_2}{R}$より，①式は，

$$m_1a_1 = -\frac{m_1g}{R}(x_1-x_2)$$

ここで②式を用いてx_2を消去すると，

$$a_1 = -\frac{(m_1+m_2)g}{m_2R}\left(x_1 - \frac{m_1L}{m_1+m_2}\right)$$

よって，中心位置のx座標は，$x_0 = \underline{\dfrac{m_1L}{m_1+m_2}}$

(4)　振幅は，$A = L - x_0 = \underline{\dfrac{m_2L}{m_1+m_2}}$

(5)　周期は，$T = \underline{2\pi\sqrt{\dfrac{m_2R}{(m_1+m_2)g}}}$

第2章

熱　学

熱現象をミクロ(微視的)な立場から力学的に理解しようとするのが分子運動論であり，その考え方をさらに推し進めた学問分野を統計力学という。古典力学(ニュートン力学)を用いて統計力学の初歩を確立したのはマクスウェルであり，さらにその考えを発展させたのはボルツマンである。一方熱現象は，マクロ(巨視的)な立場から，従来の力学的な考え方とは異なる方法で理解することができる。これが熱力学である。ミクロな理解が進めば熱力学は不要になると思う諸君もいるかもしれないが，そうではない。熱力学は運動の詳細がわからなくても現象を理解できるという点で非常に優れている。事実，高度に発達した現代物理学の最先端の分野においても，熱力学的考え方の重要性は強く認識されている。

理論編

§1　熱と温度

理想気体とは，気体の密度を0に近づけた極限の気体であり，そのような気体では，分子間の力は無視される。本章では特に断らないかぎり，気体としては理想気体を扱う。その際，理想気体の状態方程式が重要な役割を果たす。

1.1　熱平衡

2種類の物体を接触させて十分に時間がたち，これ以上変化しない熱的につり合った状態になったとき，この状態を**熱平衡**状態という。このとき，2つの物体の温度は等しいという。熱平衡状態で決まった値をもつ物理量を**状態量**という。温度は状態量である。

一般に次の関係が成り立つことが実験により確かめられる。

“物体Aと物体Bが熱平衡にあり，物体Aと物体C
が熱平衡にあるとき，BとCも熱平衡にある”

これを**熱力学第0法則**という。この法則によって，物体Aは温度計の役目をすることができる。

1.2　経験的温度

日常的に用いられるC目盛(℃で表す)は，1気圧のもとで，水と氷が熱平衡状態になり共存する温度を0℃，水と水蒸気が熱平衡状態になる温度を100℃とし，その間を100等分して1℃の温度差を定義したものである。しかし，100等分するといっても，温度計に用いる物質により変化の仕方が異なるから，何か標準となる温度計を決めておかなければならない。標準温度計として理想気体が用いられる。

1.3　モルとアボガドロ数

質量数12の炭素(^{12}C)0.012〔kg〕中に含まれる原子数と同数の同種の要素粒子(原子，分子，イオン，電子など)からなる物質の量を**1モル**〔mol〕という。

物質1モル中に含まれる要素粒子数を**アボガドロ数**という。アボガドロ数N_Aは，

$$N_A = 6.02\times10^{23}〔1/\text{mol}〕$$

である。

1.4　理想気体の状態方程式

気体の密度を小さくした極限(このような気体を**理想気体**という)において[1]，一定量の気体では，温度が一定のとき，その圧力pと体積V

1)　特に低温とか，圧力が高いとかではなく，常温(0℃～100℃前後)で1気圧程度の空気などの普通の気体は，理想気体とみなすことができる。

の積は気体の種類によらず一定値になる(**ボイル〔Boyle〕の法則**)。そこで，1モルの理想気体において，pV に比例する量を**絶対温度** T と定義する。このとき，比例定数を R とすると，

$$pV = RT \qquad \cdots\cdots(1.1)$$

と書ける。ここで R を理想気体の**気体定数**という。

0℃と100℃のときの pV を，それぞれ $(pV)_0$，$(pV)_{100}$ とし，このときの絶対温度(K で表す)を，それぞれ T_0，$T_{100} = T_0+100$ とすると，

$$(pV)_0 = RT_0, \quad (pV)_{100} = RT_{100}$$

が成り立つ。これより，

$$R = \frac{(pV)_{100} - (pV)_0}{100}$$

となるから，R の値は実験的に，

$$R = 8.3145 \text{〔J/mol·K〕}$$

と定められる。また，0℃の絶対温度 T_0 は，$(pV)_0 = RT_0$ より，

$$T_0 = 273.15 \text{〔K〕}$$

となる。

厳密には，温度は**熱力学的温度**というものを用い，水の3重点の温度を基準にとって決められているが，理想気体を用いた経験的温度としての絶対温度と実際上差はないので，以下，温度としては，上のようにして決められた絶対温度を用いる。

また，(1.1)式から，圧力を一定に保って温度を変えるとき，その体積 V は絶対温度 T に比例することがわかる(**シャルル〔Charles〕の法則**)。

一般的に，熱平衡状態における状態量の間の関係式を**状態方程式**という。n モルの理想気体では，

$$pV = nRT$$

の関係が成り立つ。これを**理想気体の状態方程式**という。

1.5 熱　量

静止している物体でも，内部では原子や分子が細かい不規則な運動をしている。この運動を**熱運動**という。物体の温度変化は熱運動のエネルギーの移動と考えられ，この移動するエネルギーを**熱量**(熱エネルギー)という。熱量はエネルギーであるから保存される。熱量は仕事の単位〔J〕で測られる。また，1 cal は水 1 g を 1 K 上昇させる熱量であり，1 cal = 4.19 J である。

1.6 熱容量と比熱

物体の温度を 1 K 上昇させる熱量を**熱容量**といい，物体 1 kg を 1 K 上昇させる熱量を**比熱**という。したがって，比熱 c，質量 m の物体の温度を ΔT 上昇させるのに要する熱量 Q は，

$$Q = mc \cdot \Delta T$$

である。

例題 2.1 熱容量

10 ℃の水 100 g の入れられた断熱容器中に，1000 ℃に熱せられた 20 g の鉄球と −5 ℃の氷 50 g を入れて十分に時間がたったとき，水の温度はいくらか。また，何 g の氷が残っているか。水，氷，鉄の比熱は，それぞれ 4.2 J/g·K，2.1 J/g·K，0.45 J/g·K とし，水，氷，鉄の温度はつねに一様であるとする。また，氷の融解熱は 334 J/g であり，水，氷，鉄以外の熱容量は無視できるとする。

解答

水と鉄球の温度が 0 ℃になるまでに放出する熱量は，

$$4.2 \times 100 \times (10-0) + 0.45 \times 20 \times (1000-0) = 13200 \text{ J}$$

氷が 0 ℃になるまでに吸収する熱量は，$2.1 \times 50 \times 5 = 525$ J であるから，解ける氷の質量は $\frac{13200-525}{334} = 37.9$ g となる。残る氷の質量は，$50-37.9 = \underline{12.1\text{ g}}$ であり，水の温度は $\underline{0\text{ ℃}}$ である。

One Point Break ボルツマン（1844〜1906）

ボルツマン

ボルツマンは，1844 年，オーストリアの首都であるウィーンで徴税官の息子として生まれた。ウィーン大学で理論物理学を学び，グラーツ大学，ミュンヘン大学を経て 1894 年，ウィーン大学の理論物理学の教授になった。ボルツマンは，気体分子運動論を発展させ，これを用いて熱力学第 2 法則を力学法則から導こうと，1872 年，ボルツマンの H 定理と呼ばれる定理を証明した。この定理は，純粋に力学的法則から導かれたものであった。彼はこれによってエントロピー増大の法則，すなわち熱力学第 2 法則を力学的に証明できたと考えた。ところがこれに対し，ロシュミット(J. Loschmidt)は，ある瞬間に気体分子の速度の向きをすべて逆にするとはじめの状態に戻ってしまい，エントロピー増大の法則に矛盾すると批判した。この批判に答えるために，ボルツマンは，ロシュミットが言うようなエントロピー増大の法則に矛盾するように見える条件を気体分子に与える確率は非常に小さいことを示した。こうして彼は，熱力学第 2 法則は純粋な力学法則ではなく，確率的な法則であることを明確にしていった。

ボルツマンが力学的な法則からいろいろな統計的法則を導くに際しては，その結果が実験事実と矛盾することも多く，マッハやオストワルド等から痛烈に批判されたりした。最後は神経症のために，1906 年，滞在先のホテルで自殺するという悲劇的な結末を迎えた。しかし，彼の熱力学第 2 法則に対する微視的な考察を称えてウィーンにある彼の墓には，

$$S = k \log W$$

と刻まれた。ここで，S はエントロピー，k はボルツマン定数，W は気体分子のとることのできる微視的な状態数である。この関係式は，ボルツマンによって与えられたものであり，熱現象をミクロな立場で扱う統計力学という学問分野の最も重要な関係式の 1 つである。

§2　気体分子運動論

気体の性質を分子運動というミクロな視点で考える。気体分子が１個の原子からなる単原子分子であるか，２個の原子からなる２原子分子であるか，また，さらに多くの原子からなる多原子分子であるかによって，その内部エネルギーは異なる。

2.1　気体の分子運動

理想気体では，気体分子の大きさは無視することができ，気体分子は互いに衝突する以外，力を及ぼすことはない。気体は熱平衡状態にあり，気体が入れられている容器の壁との衝突以外は他から力を受けないとする。また，容器は断熱的であり，気体と容器の壁との衝突は完全弾性衝突であり，衝突の際，摩擦力ははたらかない。

2.2　分子運動による圧力

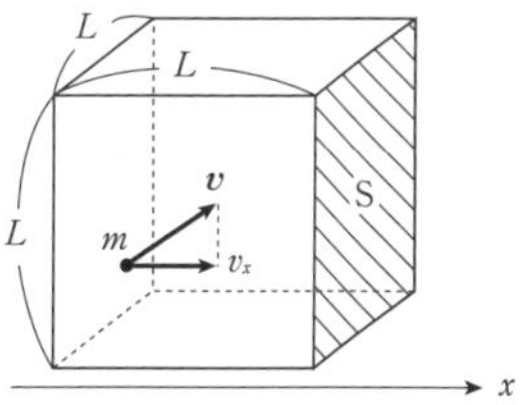

図 2.1

いま，一辺 L の立方体の容器に質量 m の気体分子 N 個が入っている。立方体の各面に垂直に x 軸，y 軸，z 軸をとり，ある瞬間ある１つの分子の速度を $\boldsymbol{v} = (v_x, v_y, v_z)$　$(v_x > 0)$ とする（図 2.1）。

まず，x 軸に垂直な壁 S が衝突によってこの分子から受ける力積を考える。分子と壁との衝突は完全弾性的であるから，衝突後，この分子の速度の x 成分は $-v_x$ となる。この衝突によって壁 S が受ける力積の大きさは，分子の運動量変化の大きさに等しいから，

$$|m(-v_x) - mv_x| = 2mv_x$$

となる。

時間 Δt の間に，この分子は x 方向へ $v_x\Delta t$ 動き，距離 $2L$ 動く毎に壁 S と１回衝突するから，この間にこの分子は壁 S と $\dfrac{v_x\Delta t}{2L}$ 回衝突する。

したがって，Δt の間に壁 S が受ける力積の大きさは，

$$2mv_x \times \frac{v_x\Delta t}{2L} = \frac{mv_x{}^2}{L}\Delta t$$

N 個の分子について，$v_x{}^2$ の平均を $\overline{v_x{}^2}$ と書く。Δt の間に個々の分子から壁 S が受ける平均の力積の大きさは $\dfrac{m\overline{v_x{}^2}}{L}\Delta t$ であるから，N 個の分子全体から受ける力積の大きさは $\dfrac{Nm\overline{v_x{}^2}}{L}\Delta t$ となる。いま，壁 S が受ける平均の力の大きさ $\overline{F}$ は，単位時間に受ける力積の大きさに等しいので，

$$\overline{F} = \frac{Nm\overline{v_x{}^2}}{L}$$

圧力は単位面積あたりの力であるから，壁 S が受ける圧力 p は，立方体の体積 $V = L^3$ を用いて，

$$p = \frac{\overline{F}}{L^2} = \frac{Nm\overline{v_x{}^2}}{V} \qquad \cdots\cdots(2.1)$$

となる。

気体分子の速さを $|\boldsymbol{v}| = v$ とすると，$v^2 = v_x{}^2 + v_y{}^2 + v_z{}^2$ であるから，

$$\overline{v^2} = \overline{v_x{}^2} + \overline{v_y{}^2} + \overline{v_z{}^2}$$

また，分子は乱雑に運動しており，どの方向へも同じように運動すると考えられるから，$\overline{v_x{}^2} = \overline{v_y{}^2} = \overline{v_z{}^2}$ となる。よって，

$$\overline{v_x{}^2} = \overline{v_y{}^2} = \overline{v_z{}^2} = \frac{1}{3}\overline{v^2} \qquad \cdots\cdots(2.2)$$

が成り立つ。(2.1)，(2.2)式より，気体の圧力 p は

$$p = \frac{Nm\overline{v^2}}{3V} \qquad \cdots\cdots(2.3)$$

となる。

2.3 気体分子の平均運動エネルギー

立方体内の気体のモル数を n とすると，分子数 N は，アボガドロ数 N_A を用いて $N = nN_A$ である。また，理想気体の状態方程式と(2.3)式を用いると，気体分子の平均運動エネルギーは，気体の絶対温度を T として，

$$\frac{1}{2}m\overline{v^2} = \frac{\frac{3}{2}pV}{N} = \frac{3}{2}\cdot\frac{R}{N_A}T$$

ここで，**ボルツマン**(Boltzmann)**定数** $k = \dfrac{R}{N_A}$ を用いると，

気体分子の平均運動エネルギー　$\dfrac{1}{2}m\overline{v^2} = \dfrac{3}{2}kT$

なお，$k = \dfrac{8.31}{6.02\times10^{23}} \fallingdotseq 1.38\times10^{-23}$〔J/K〕である。

2.4 気体の内部エネルギー

物体が全体としてもつ運動エネルギーや位置エネルギーを除いて，物体内部の分子論的な変位や運動に関係したエネルギーを，その物体の**内部エネルギー**という。分子間にはたらく力が無視される理想気体では，分子の位置エネルギーを考える必要はない。したがって，理想気体の内部エネルギーは，分子が動く(並進)運動エネルギーおよび分子自身がもつ回転や振動のエネルギーの総和に等しい。

He，Ne，Ar などの単原子からなる気体分子では，回転や振動のエネルギーを考える必要はない。この場合，単原子分子であっても，原子には大きさがあるのだから回転のエネルギーが考えられると思う人がいるかもしれない。中心のまわりに原子が回転するとは，原子核のまわりを回っている電子の運動状態が変化することであり，それは，電子のエネルギー準位(下巻第6章 §2参照)の変化をもたらす。しかし，気体分子運動を考える場合，電子のエネルギー準位は変化しないものと考えてい

る。したがって，単原子分子気体では，回転のエネルギーを考慮する必要はない。

単原子分子理想気体の内部エネルギーUは，全分子の並進運動エネルギーの和 $U = N\times\frac{1}{2}m\overline{v^2}$になり，$\frac{1}{2}m\overline{v^2} = \frac{3}{2}\cdot\frac{R}{N_A}T$，$N = nN_A$ および $pV = nRT$ を用いると，

$$U = \frac{3}{2}nRT = \frac{3}{2}pV$$

となる。

§3で述べるように，一般的に，内部エネルギーUは，定積モル比熱C_vを用いて，

$$U = nC_vT$$

と表される。これより，単原子分子理想気体の定積モル比熱は，

$$C_v = \frac{3}{2}R$$

となる。

例題 2.2 球形容器中の気体分子運動

体積 V の球形容器内に，単原子分子からなる1種類の理想気体が入れられている。気体の圧力 p を，容器内の全気体分子の運動エネルギーE を用いて表せ。ただし，気体は熱平衡状態にあり，気体分子と容器壁面の衝突は弾性的であるとする。

解答

球形容器の半径を r とし，質量 m の i 番目の分子が速さ v_i で容器の壁面にその法線と入射角 θ で弾性衝突する場合を考える(図2.2)。その後この分子は，つねに入射角 θ で壁面に衝突する。1回の衝突で分子が壁面に与える力積は，

$$mv_i\cos\theta-(-mv_i\cos\theta) = 2mv_i\cos\theta$$

であり，1回衝突してから次に衝突するまでにかかる時間は，$\Delta t = \frac{2r\cos\theta}{v_i}$ であるから，1個の分子が単位時間あたり壁面に与える力積は，

$$2mv_i\cos\theta\cdot\frac{1}{\Delta t} = \frac{mv_i{}^2}{r}$$

となる。この結果は，入射角 θ に依存しないことに注意しよう。

全分子が壁面に与える単位時間あたりの力積，すなわち，平均の力$\overline{F}$は，$E = \sum_i\left(\frac{1}{2}mv_i{}^2\right)$ を用いて，

$$\overline{F} = \sum_i\frac{mv_i{}^2}{r} = \frac{2E}{r}$$

と書ける。容器の内面の面積は，$4\pi r^2$ であり，容器の体積は $V = \frac{4}{3}\pi r^3$ だから，気体が容器内面に及ぼす圧力 p は，

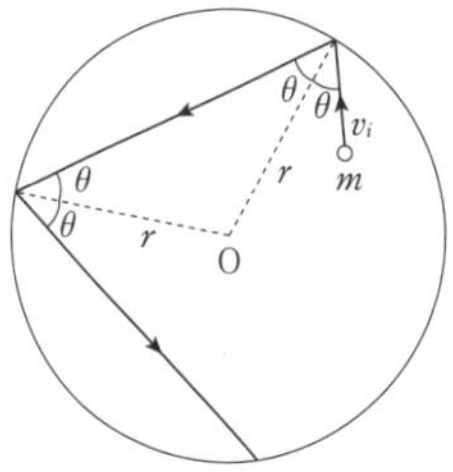

図2.2

$$p = \frac{\overline{F}}{4\pi r^2} = \frac{E}{2\pi r^3} = \frac{2E}{3V}$$

と表される。この結果は，(2.3)式と同等である。

2.5 気体分子運動と比熱

2.5.1 エネルギー等分配則

気体分子はどの方向へも等方的に運動しているから，

$$\frac{1}{2}m\overline{\boldsymbol{v}^2} = \frac{3}{2}kT$$

$\boldsymbol{v} = (v_x, v_y, v_z)$とすると，

$$\frac{1}{2}m\overline{v_x{}^2} = \frac{1}{2}m\overline{v_y{}^2} = \frac{1}{2}m\overline{v_z{}^2} = \frac{1}{2}kT$$

となる。すなわち，**1つの自由度**(この場合，x方向，y方向，z方向それぞれの方向への運動)**あたり，$\frac{1}{2}kT$のエネルギーが割り当てられる**ことがわかる。

以上は当たり前のことであり，これだけでは「エネルギー等分配則」などと大袈裟なことはいえないが，以下に示すように，回転などの運動の自由度にも1つあたり$\frac{1}{2}kT$のエネルギーが割り当てられることがわかる。したがって，エネルギー等分配則は，熱現象を古典力学を用いて考察する上で，大変重要な法則になる。

2.5.2 2原子分子理想気体の比熱

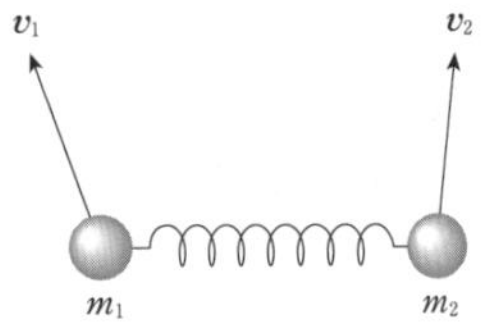

図2.3

2原子分子理想気体のモデルとして，質量m_1とm_2の原子が質量の無視できるばねでつながれて空間を飛び回っている状態を考える(図2.3)。

2原子分子の運動エネルギーEは，それぞれの原子の速度を$\boldsymbol{v}_1$，$\boldsymbol{v}_2$とすると，

$$E = \frac{1}{2}m_1\boldsymbol{v}_1{}^2 + \frac{1}{2}m_2\boldsymbol{v}_2{}^2$$

$$= \frac{1}{2}m_G\boldsymbol{v}_G{}^2 + \frac{1}{2}\mu\boldsymbol{v}_r{}^2$$

と書ける(第1章の5.3.2参照)。ここで，m_Gは全質量，$\boldsymbol{v}_G$は重心速度，μは換算質量，$\boldsymbol{v}_r$は相対速度であり，

$$m_G = m_1 + m_2, \qquad \mu = \frac{m_1 m_2}{m_1 + m_2}$$

$$\boldsymbol{v}_G = \frac{m_1\boldsymbol{v}_1 + m_2\boldsymbol{v}_2}{m_1 + m_2}, \qquad \boldsymbol{v}_r = \boldsymbol{v}_1 - \boldsymbol{v}_2$$

で与えられる。

ばねが付いていても個々の原子の平均運動エネルギーは，単原子分子

の運動エネルギーに等しく，

$$\overline{\frac{1}{2}m_1\boldsymbol{v}_1{}^2} = \overline{\frac{1}{2}m_2\boldsymbol{v}_2{}^2} = \frac{3}{2}kT$$

であり，また，$\boldsymbol{v}_1$ と $\boldsymbol{v}_2$ の向きは全くデタラメであるから，$\overline{\boldsymbol{v}_1\cdot\boldsymbol{v}_2}=0$ であることを用いると，重心の平均運動エネルギー，すなわち，2原子分子の並進運動エネルギーの平均値 $\overline{\dfrac{1}{2}m_{\mathrm{G}}\boldsymbol{v}_{\mathrm{G}}{}^2}$ は，

$$\overline{\frac{1}{2}m_{\mathrm{G}}\boldsymbol{v}_{\mathrm{G}}{}^2} = \frac{1}{2(m_1+m_2)}\overline{(m_1\boldsymbol{v}_1+m_2\boldsymbol{v}_2)^2} = \frac{3}{2}kT$$

となる[1)]。

同様に，相対運動エネルギーの平均値も

$$\overline{\frac{1}{2}\mu\boldsymbol{v}_{\mathrm{r}}{}^2} = \frac{3}{2}kT$$

となる。相対運動は，図2.4のように，1つの振動方向（**1つの振動の自由度**）と，それに垂直な2方向すなわち2つの回転運動の方向（**2つの回転の自由度**）に分けられる。この場合も，どの方向の運動も全く同等と考えられるから，それぞれの運動方向の平均のエネルギーは，$\dfrac{1}{2}kT$ となる。

振動運動のエネルギーは，通常の温度で質量の比較的小さな気体分子では，量子論的効果により凍結され，無視できる。こうして相対運動のなかで，振動運動は無視することができ，2方向の回転運動エネルギー $\dfrac{1}{2}kT\times 2 = kT$ のみが2原子分子のエネルギーに含められる。

したがって，2原子分子の平均エネルギー E は，3つの自由度をもつ並進運動エネルギーと2つの自由度をもつ回転エネルギーの和になる。

$$E = \frac{3}{2}kT + kT = \frac{5}{2}kT$$

よって，nN_{A} 個（N_{A}：アボガドロ数）の分子からなる n モルの2原子分子気体の内部エネルギー U および定積モル比熱 C_v は，

$$U = \frac{5}{2}nRT,\quad C_v = \frac{5}{2}R$$

となる。

1）$$\frac{\overline{m_1{}^2\boldsymbol{v}_1{}^2+m_2{}^2\boldsymbol{v}_2{}^2+2m_1m_2\boldsymbol{v}_1\cdot\boldsymbol{v}_2}}{2(m_1+m_2)}$$
$$= \frac{m_1}{m_1+m_2}\overline{\frac{1}{2}m_1\boldsymbol{v}_1{}^2} + \frac{m_2}{m_1+m_2}\overline{\frac{1}{2}m_2\boldsymbol{v}_2{}^2} + \frac{m_1m_2}{m_1+m_2}\overline{\boldsymbol{v}_1\cdot\boldsymbol{v}_2}$$
$$= \frac{m_1}{m_1+m_2}\times\frac{3}{2}kT + \frac{m_2}{m_1+m_2}\times\frac{3}{2}kT$$
$$= \frac{3}{2}kT$$

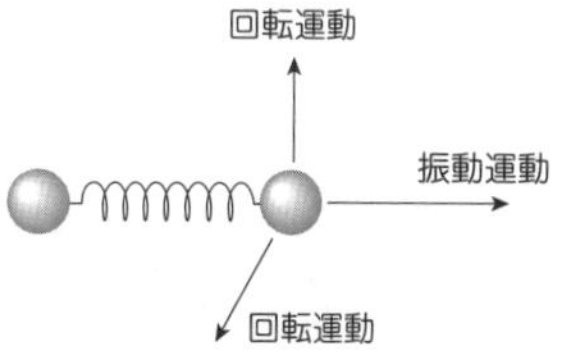

図 2.4

2.5.3　回転の自由度と気体分子の比熱

気体分子の内部エネルギーおよび定積モル比熱は，エネルギー等分配則を用いて，分子の**回転の自由度**という観点から理解することができる。その際，**回転によってその形状（原子核の位置）を変えない場合**，そのような回転をしても量子力学的には同じ状態であり区別できない。したがって，その回転にエネルギーは使われず，**エネルギーが分配されない**ことに注意する。単原子分子の気体では（図2.5），中心を通るどの軸のまわりに回転しても，分子の形状は変化しないから，回転の自由度は0

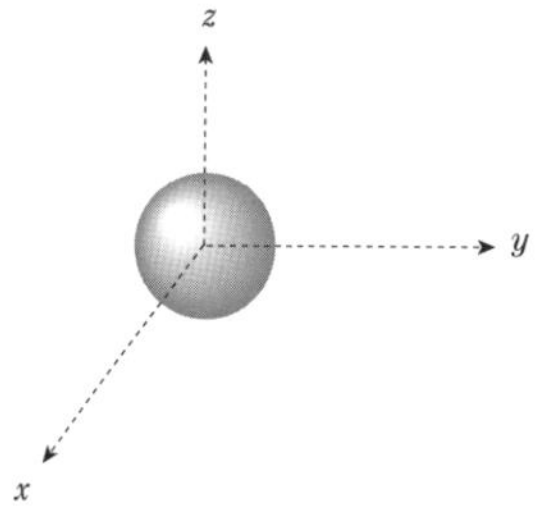

図 2.5　単原子分子

で，回転運動のエネルギーも0である。

上で考察した2原子分子の気体では，回転の自由度は2であった。直線状の分子(図2.6)であれば，回転の自由度は2原子分子と同じ2である(直線状分子では，y軸のまわりに回転しても分子の形状は変化しないからそのまわりの回転の自由度はない)。したがって，温度Tのとき，nモルの気体の内部エネルギーUと定積モル比熱C_vは，2原子分子の場合と等しく，

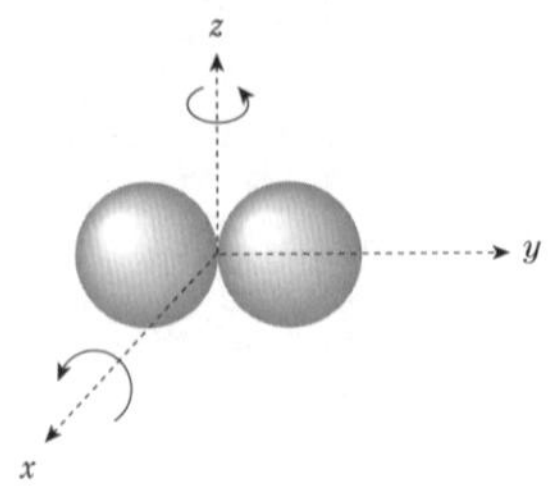

図2.6 直線状分子

$$U = \frac{5}{2}nRT,\quad C_v = \frac{5}{2}R$$

直線状ではない気体分子(図2.7)では，回転の自由度は3となる。したがって，エネルギー等分配則より，内部エネルギーUと定積モル比熱C_vは，

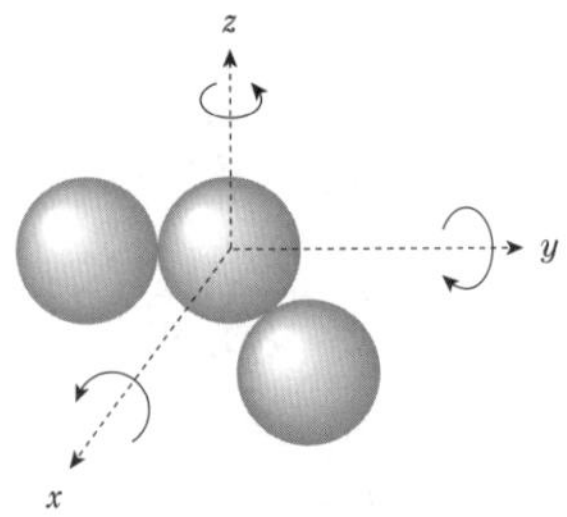

図2.7 非直線状分子

$$U = 3nRT,\quad C_v = 3R$$

となる。

これらの結果は，質量数の小さな分子に対しては実験結果とよく一致するが，質量数が大きくなると，C_vの実験結果は上の値より次第に大きくなる。それは，振動エネルギーの量子論的な凍結が質量数の小さな分子に対してはよく成り立つが，質量数が大きくなると，必ずしも凍結されなくなり，その分のエネルギーが付け加わるためと考えられる。

理論物理セミナー 9 固体の比熱

固体の比熱はどのように表されるか，分子運動論から考察してみよう。その際，2.5で述べたエネルギー等分配則が用いられる。

1. 気体分子と固体分子の衝突

固体内の分子には，周囲の分子から力(分子間力)がはたらき，固体分子の熱運動は，力のつり合いの位置を中心にした単振動になると考えられる。そこで，固体表面の分子と気体分子の衝突を次のような簡単なモデルで考察してみよう。

図1のように，質量Mの固体分子が壁にばねでつながれてx方向に単振動をしており，そこに，質量mの気体分子が完全弾性衝突をする。衝突直前，直後の気体分子の速度のx成分をそれぞれv_x，u_x，固体分子のx方向の速度をそれぞれV_x，U_xとする。

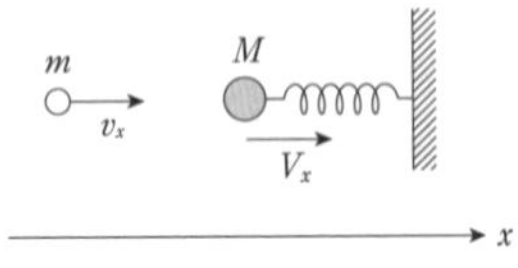

図1

運動量保存の式およびはね返り係数の式は，それぞれ，

$$mv_x + MV_x = mu_x + MU_x,\quad 1 = -\frac{u_x - U_x}{v_x - V_x}$$

これらより，気体分子の運動エネルギーの変化$\varDelta E$は，

$$\varDelta E = \frac{1}{2}mu_x{}^2 - \frac{1}{2}mv_x{}^2$$

$$= \frac{4Mm}{(M+m)^2}\left\{\frac{1}{2}MV_x{}^2 - \frac{1}{2}mv_x{}^2 - \frac{1}{2}(M-m)V_xv_x\right\}$$

このとき，固体分子の運動エネルギーの変化は$-\varDelta E$である。

熱平衡(熱エネルギーが気体〔固体〕から固体〔気体〕へ，平均としてエネルギーの移動がない)のとき，$\overline{\varDelta E}=0$より，

$$\overline{\frac{1}{2}MV_x{}^2}-\overline{\frac{1}{2}mv_x{}^2}-\frac{1}{2}(M-m)\overline{V_xv_x}=0$$

ここで，$\overline{V_xv_x}=0$であり[1]，気体分子の平均運動エネルギーは$\frac{1}{2}kT$(k：ボルツマン定数，T：気体の絶対温度)であるから，

$$\overline{\frac{1}{2}MV_x{}^2}=\overline{\frac{1}{2}mv_x{}^2}=\frac{1}{2}kT \qquad \cdots\cdots①$$

となる。固体表面の分子も固体内の分子も平均の運動エネルギーは等しいと考えられるから，固体分子の1つの自由度(いまの場合，x方向)の平均運動エネルギーも$\frac{1}{2}kT$であることがわかる。

1) 衝突前の固体分子と気体分子の運動は互いに独立とみなすことができ，各分子は，$+x$方向へも$-x$方向へも同じように運動しているから，$\overline{V_xv_x}=\overline{V_x}\,\overline{v_x}=0$となる。

2. 固体の比熱

質量Mの質点が単振動しているとき，質点の平均の運動エネルギーと平均の位置エネルギーは等しい。

$$\overline{\frac{1}{2}MV_x{}^2}=\overline{\frac{1}{2}Kx^2} \qquad \cdots\cdots②$$

ここで，Kは単振動における復元力の定数である。

このことは次のようにして簡単に確かめられる。振動中心を原点Oとし，質点が角振動数ωの単振動をしているとする。時刻tにおける質点の位置xは，振幅をA，$t=0$に$x=0$として，

$$x=A\sin\omega t$$

よって，速度V_xは，

$$V_x=A\omega\cos\omega t$$

これより，

$$\overline{\frac{1}{2}MV_x{}^2}=\frac{1}{2}MA^2\omega^2\overline{\cos^2\omega t}=\frac{1}{4}MA^2\omega^2$$

一方，復元力の定数は$K=M\omega^2$と書けるから，

$$\overline{\frac{1}{2}Kx^2}=\frac{1}{2}MA^2\omega^2\overline{\sin^2\omega t}=\frac{1}{4}MA^2\omega^2$$

ここで，$\overline{\sin^2\omega t}=\overline{\cos^2\omega t}=\frac{1}{2}$を用いた。

(②式の証明終)

①，②式より，

$$\overline{\frac{1}{2}MV_x{}^2}+\overline{\frac{1}{2}Kx^2}=kT$$

を得る。すなわち，単振動をしている固体内の分子は，x方向に平均kTのエネルギーをもつ。

固体内の分子も気体分子と同様に，x方向，y方向，z方向へ同じように運動していると考えられるから，固体内分子1個の平均のエネルギ

ーは，$3kT$ となる。したがって，nN_A 個（N_A：アボガドロ数）の分子からなる n モルの固体分子の（内部）エネルギー U は，$kN_A = R$（R：気体定数）を用いて，

$$U = 3nRT$$

n モルの固体の内部エネルギー U を，気体の場合と同様に，$U = nC_vT$ と書くと，固体の（定積）モル比熱 C_v は，

$$C_v = 3R \qquad \cdots\cdots③$$

となる（**デュロン-プティ〔Dulong-Petit〕の法則**）。

③式で与えられる比熱 C_v は，固体がどのような物質でできているかによらないと考えられる。実際，室温以上の温度の多くの物質（特に金属など）でモル比熱がほぼ $3R$ に等しいことが実験的に確かめられている。

多くの**固体の比熱は，温度が低下すると減少し，絶対温度が0Kに近づくと0に近づく**（図2）。

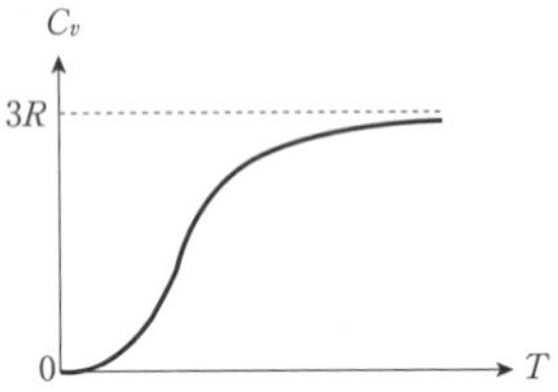

図2

このことは，古典論では説明できず，量子論によってはじめて説明される。量子論では，温度が0Kに近づくと，運動の凍結が起こり，温度を少し上げても固体の（内部）エネルギーがあまり増えず，比熱が小さくなる。

One Point Break 比熱談義あれこれ

「理論物理セミナー9」で述べたように，固体のモル比熱は常温以上では，デュロン-プティの法則にしたがって，$3R$（R：気体定数）で与えられる。これは，固体分子が振動するときのエネルギーだけを考慮したものである。ところがよく考えると，固体内には自由に動ける電子がたくさんある。これら自由電子も気体分子と同じように，平均 $\frac{3}{2}kT$（k：ボルツマン定数，T：絶対温度）のエネルギーをもっているはずである。このエネルギーも固体の内部エネルギーと考えられる。そうなると，固体分子1個あたり1個の電子が放たれて自由電子になっているとして，1モルの固体では，内部エネルギーは $3RT+\frac{3}{2}RT = \frac{9}{2}RT$ となり，金属などの固体のモル比熱は，$\frac{9}{2}R$ でなければならなくなる。これは実験事実に反する。実験結果は，金属などでもデュロン-プティの法則がよくあてはまることを示している。これは大問題である。

また，温度が低下すると固体の比熱は小さくなり，絶対温度が0Kで0に近づく。これはデュロン-プティの法則では説明できない。この問題に最初に解答を与えたのはアインシュタインであった。下巻第6章「現代物理学入門」の最初のところで述べるプランクの量子仮説を用いて，1907年，アインシュタインは比熱の量子論を展開し，低温でのデュロン-プティの法則からのずれを説明することに成功した。

§3 熱力学

気体の性質をマクロな視点で考える。その際，系の熱平衡を保ちながらゆっくりと状態を変化させる準静的変化が大きな役割を果たす。このような熱力学で重要な法則には，（理想気体の）状態方程式のほか，熱力学第1法則および熱力学第2法則がある。

3.1 準静的過程

系が熱平衡を保ちながら十分にゆっくり変化する過程を**準静的過程**という。この過程は，変化を無限にゆっくり行うという理想的過程であるが，現実には，系が熱平衡に近づく変化よりゆっくりであればよい。準静的過程では，いつでも熱平衡が保たれているので，気体の圧力 p，体積 V，温度 T が決まり，気体の状態変化は縦軸に p，横軸に V をとった $p-V$ の**状態図**で書き表される（図3.1）。また，系が準静的過程で変化したとき，系を準静的過程で元に戻すことができる（可逆）。以下特に断らないかぎり，変化はすべて準静的過程とする。

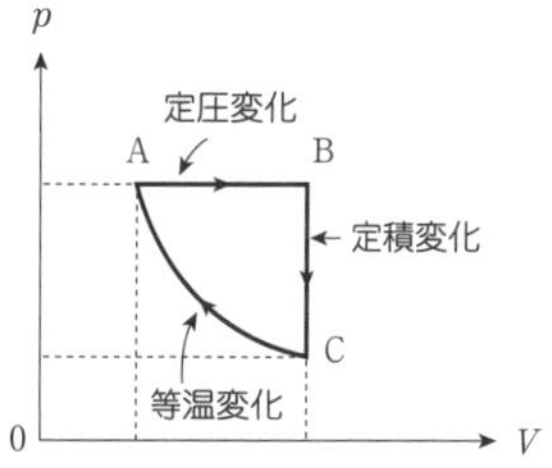

図3.1

3.2 熱力学第1法則

気体が熱量を Q だけ吸収したとき，気体の内部エネルギーの変化を $\varDelta U$，そのとき気体が外部からされる仕事を W とすると，エネルギー保存則として，

$$\varDelta U = Q + W \qquad \cdots\cdots(3.1)$$

の関係が成り立つ（図3.2）。これを，**熱力学第1法則**という。

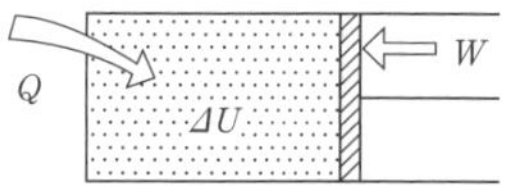

図3.2

気体が外部にする仕事を $W'(=-W)$ とすると，(3.1)式は，次のように書くこともできる。

$$Q = \varDelta U + W'$$

図3.3のように気体の圧力 p が一定の**定圧変化**のとき，ピストンの面積を S，ピストンの移動距離を $\varDelta x$ とすると，気体がされる仕事 W は，

$$W = -W' = -pS\cdot\varDelta x \qquad \therefore \quad W = -p\cdot\varDelta V$$

となる。

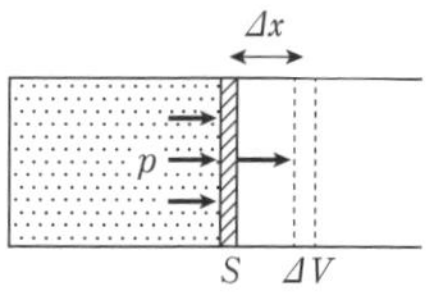

図3.3

圧力 p が変化する過程で体積が V_1 から V_2 まで変化するとき，気体がされる仕事 W は，

$$W = -\int_{V_1}^{V_2} p dV$$

で与えられる。

3.3 内部エネルギーは温度のみで決まる

一般的に，一定量の気体の状態量としては，圧力 p，体積 V，（絶対）温度 T の3変数があり，この3変数が決まれば気体の状態は完全に決

まり，内部エネルギーも定まることになる。ただし，理想気体においては，状態方程式が成り立つので，独立な状態量は2つになる。そこで，独立な状態量として V と T の2つをとることにする。そうすると，理想気体の内部エネルギー U は，V と T の2変数の関数ということになる。

さらに次のことが，はじめジュール(J. P. Joule)によって，その後，詳細にジュールとトムソン(W. Thomson)によって実験的に調べられ確認された。

理想気体の内部エネルギー U は，温度 T のみで決まる

これを**ジュールの法則**という。

3.4　定積変化

気体の体積を一定に保って，1モルの気体の温度を1K変化させる熱量 C_v を**定積モル比熱**という。体積 V を一定に保って n モルの理想気体の温度を $\varDelta T$ だけ変化させるとき，気体が吸収する熱量 Q_v は，

$$Q_v = nC_v\varDelta T$$

となる。このとき，体積は一定($\varDelta V = 0$)であるから，気体がされる仕事は0である。よって，熱力学第1法則より，

$$\varDelta U = Q_v = nC_v\varDelta T$$

この式は定積変化させたときの内部エネルギーの変化を示しているが，上で述べたジュールの法則から，$\varDelta U$ は気体の温度 T のみで決まる。よって，体積が変化する**任意の過程(定圧過程，断熱過程など)**で温度を $\varDelta T$ だけ変化させる場合，内部エネルギーの変化 $\varDelta U$ は，

$$\varDelta U = nC_v\varDelta T$$

に等しい。

そこで，$T = 0$ のときの内部エネルギーを0，$C_v =$ 一定とすると，絶対温度 T の理想気体 n モルの内部エネルギー U は，

$$U = nC_vT$$

と表される。

3.5　定圧変化

気体の圧力を一定に保って，1モルの気体の温度を1K変化させる熱量 C_p を**定圧モル比熱**という。圧力 p を一定に保って n モルの理想気体の温度を $\varDelta T$ だけ変化させるとき，気体が吸収する熱量 Q_p は，

$$Q_p = nC_p\varDelta T$$

となる。このときの体積変化を $\varDelta V$ とすると，気体がする仕事は $W' = p\cdot\varDelta V$ であり，内部エネルギーの変化は $\varDelta U = nC_v\varDelta T$ であるから，熱力学第1法則より，

$$nC_p\varDelta T = nC_v\varDelta T + p\varDelta V \qquad \cdots\cdots(3.2)$$

となる。また，変化前の気体の体積を V，温度を T とすると，変化の前後での理想気体の状態方程式

$$pV = nRT,\quad p(V+\varDelta V) = nR(T+\varDelta T)$$

から，

$$p\varDelta V = nR\varDelta T \qquad \cdots\cdots(3.3)$$

が成り立つ。

(3.2)，(3.3)式より

$$C_p = C_v + R$$

を得る。この式を**マイヤー**(Mayer)**の式**という。この式は，理想気体であれば，単原子分子であろうとなかろうと成り立つ。

特に，単原子分子の理想気体では，

$$C_v = \frac{3}{2}R,\quad C_p = \frac{5}{2}R$$

3.6 熱機関の効率

図3.4のように，外部から熱量 Q を吸収し，外部に仕事 W' をし，熱量 Q' を放出する熱機関(サイクル)C を考える。このとき，純粋に吸収する熱量 Q の中で，外部にする仕事 W' の割合を，この熱機関 C の**効率**という。エネルギー保存則より，$W' = Q - Q'$ が成り立つから，熱機関の効率 η は，

$$\eta = \frac{W'}{Q} = \frac{Q-Q'}{Q}$$

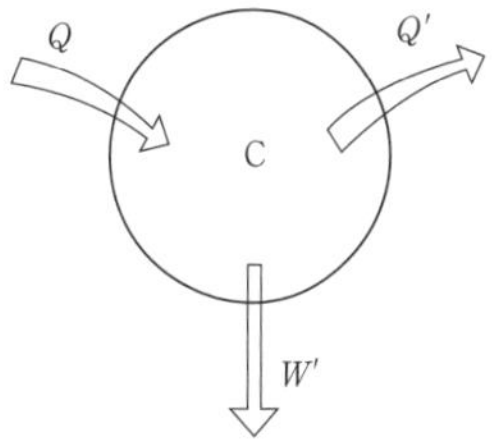

図3.4

と定義される。効率 η は必ず $\boldsymbol{\eta < 1}$ である。これは**熱力学第2法則**を表している。

例題2.3 気体の状態変化

図3.5のように，なめらかに上下することができる質量の無視できるピストンの取り付けられた円筒状シリンダーが鉛直に置かれ，その内部に理想気体が封じ込められている。シリンダーの内部には温度調節器が付けられ，はじめ，ピストンはシリンダーの底面から高さ H の位置にあり，その上に深さ h だけ液体が入れられている。

温度調節器を作動させて，ピストンを底面から高さ $H+h$ までゆっくり上昇させ，ピストンの上の液体をシリンダーの上端からすべて外部にこぼれさせる。この間，シリンダー内の気体の温度は下降し続けた。このようなことが起こるための液体の密度 ρ に対する条件を求めよ。ただし，シリンダー内の気体は外部に漏れることはなく，ピストン上の液体はピストンの下側のシリンダー内に入り込むこともない。また，温度調節器の体積は無視でき，大気圧は p_0，重力加速度の大きさは g で，$H > h$ とする。

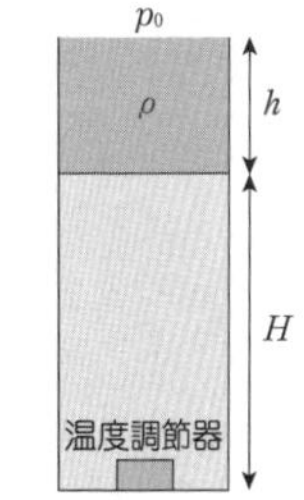

図3.5

解答

シリンダーの断面積を S，シリンダー内に閉じ込められた気体の圧力を p，モル数を n とする。ピストンのはじめの位置から上向きの変位を x とすると(図3.6)，ピストンにはたらく力のつり合いより，

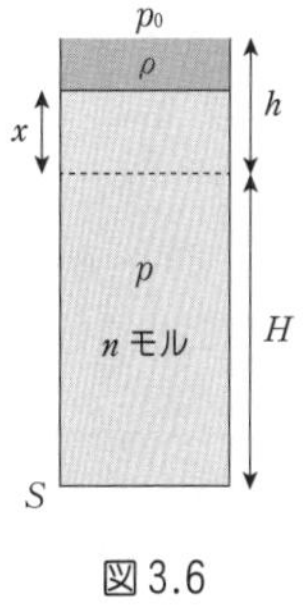

図3.6

$$pS = p_0S + \rho S(h-x)g \qquad \therefore \quad p = p_0 + \rho(h-x)g$$

そのときの気体の体積は，$V = S(H+x)$であるから，気体の絶対温度を T，気体定数を R として，理想気体の状態方程式 $pV = nRT$ は，

$$\{p_0 + \rho(h-x)g\} \cdot S(H+x) = nRT$$

$$\therefore \quad \frac{nR}{\rho gS}T = \left(h + \frac{p_0}{\rho g}\right)H + \left\{\frac{p_0}{\rho g} - (H-h)\right\}x - x^2$$

と書ける。そこで，上式の右辺を $f(x)$ とおくと，

$$f'(x) = \frac{p_0}{\rho g} - (H-h) - 2x$$

となる。$x = 0 \to h$ のとき，温度が下降し続ける条件は，

$$f'(0) = \frac{p_0}{\rho g} - (H-h) < 0 \qquad \therefore \quad \underline{\rho > \frac{p_0}{g(H-h)}}$$

ここで，$p_0 \approx 10^5$ Pa，$g \approx 10$ m/s^2，$H-h \approx 1$ m とすると，$\rho > 10^4$ kg/m^3 となる。水の密度が 10^3 kg/m^3 であるから，このようなことを起こさせるには，液体の比重(水の密度との比)は 10 以上でなければならない。したがって，使用する液体は水銀(比重：13.6)ということになる。使用する液体を水とすると，$H-h \geqq 10$ m としなければならない。

3.7　断熱変化

3.7.1　準静的断熱変化

理想気体の準静的過程としての断熱変化を考える。

n モルの理想気体が，断熱過程の途中の圧力 p，体積 V，温度 T の状態から，圧力 $p+\varDelta p$，体積 $V+\varDelta V$，温度 $T+\varDelta T$ の状態へ微小変化したとする。変化前後の気体の状態方程式

$$pV = nRT, \quad (p+\varDelta p)(V+\varDelta V) = nR(T+\varDelta T)$$

から，微小量の積 $\varDelta p \cdot \varDelta V$ を落として，

$$p\varDelta V + V\varDelta p = nR\varDelta T \qquad \cdots\cdots(3.4)$$

を得る。ここで，R は気体定数である。

これは微小な断熱変化であるから，定積モル比熱を C_v として，熱力学第1法則は，

$$0 = nC_v\varDelta T + p\varDelta V \qquad \cdots\cdots(3.5)$$

(3.4)，(3.5)式から $\varDelta T$ を消去すると，

$$\frac{C_v+R}{C_v}\frac{\varDelta V}{V} + \frac{\varDelta p}{p} = 0$$

ここで，定圧モル比熱 $C_p = C_v + R$，および，比熱比 $\gamma = \dfrac{C_p}{C_v}$ を用いて両辺を積分する。

$$\gamma\int\frac{dV}{V} + \int\frac{dp}{p} = C \quad (C：定数)$$

$$\therefore \quad pV^{\gamma} = 一定 \qquad \cdots\cdots(3.6)$$

さらに，状態方程式を用いると，$nRTV^{\gamma-1}=$一定 となる。よって，

$$TV^{\gamma-1}=\text{一定} \qquad \cdots\cdots(3.7)$$

を得る。(3.6)，(3.7)式を**ポアソン**(Poisson)**の関係式**という[1]。

1) これらの関係式は，理想気体の準静的過程で成り立つものである(左の導出過程においては，変化の途中の任意の状態での理想気体の状態方程式を用いている)から，途中で熱平衡が明らかに破れてしまうような**急激な変化が起こると**，断熱変化であっても**ポアソンの式は成り立たない**。

3.7.2　断熱自由膨張

断熱変化であってもポアソンの式が成り立たない典型的な例は，断熱自由膨張である。図3.7のように，断熱壁で囲まれたA室とB室がコックCの付いた断熱壁で区切られている。A室に絶対温度 T の理想気体 n モルが入れられ，B室は真空である。ここでコックCを開くと，A室の気体はB室に噴き出し，十分に時間がたった後，A，B両室の圧力が等しくなり，気体は熱平衡状態になった。このとき，気体の温度はどうなるのであろうか。気体が噴き出す前，B室は真空であるから，噴き出すとき気体は仕事をしない($W'=0$)。また，まわりはすべて断熱壁で囲まれているので，外部との熱の出入りはない($Q=0$)。よって，熱力学第1法則から，気体の内部エネルギーの変化は0 ($\Delta U=0$)である。ジュールの法則より，内部エネルギー U は温度 T のみに依存し，気体の体積によらないから，温度変化も0 ($\Delta T=0$)である。

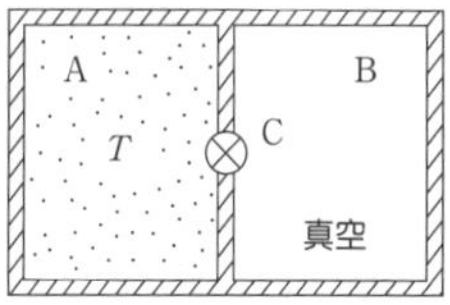

図3.7

このとき，気体に対してもポアソンの式が成り立つならば，体積が増加したのであるから，温度は低下する($\Delta T<0$)はずである。ところが，温度は変化しない。したがって，**ポアソンの式は成り立たない**ことになる。

なぜこの場合，ポアソンの式は成り立たないのであろうか。

断熱自由膨張の途中の状態を考えよう。A，B両室の圧力が等しくなる前，両室の圧力は異なるのであるから，気体全体の圧力を決められず(すなわち，熱平衡状態ではない)，状態方程式を書くことができない。よって，ポアソンの式を導く途中が成立しないので，ポアソンの式自体が成り立たない[2]。

2) 実はジュールによって内部エネルギーが気体の体積によらないことが見出されたとき，はじめに彼が行った実験は，この断熱自由膨張の実験であった。この実験で温度が変化しないことを見つけた。これにより彼は，内部エネルギーがその体積によらないということを確信したのであった。

例題2.4　断熱変化

大気の温度(絶対温度) T が地表からの高度 h によりどのように変化するか，次のように求めてみよう。大気を理想気体とみなし，気体定数を R，大気の定圧モル比熱 C_p と定積モル比熱 C_v の比を $\gamma=\dfrac{C_p}{C_v}$，重力加速度の大きさを g とする。

(1) 高度 h での大気の圧力を p，大気1モルの質量を M として，高度 h と $h+\Delta h$ の間の大気の圧力差 Δp ($|\Delta p/p|\ll 1$)を求めよ。ただし，$|\Delta h/h|\ll 1$ とし，この間の大気の密度は一定とみなすことができるとする。

(2) 高度 h での圧力 p，温度 T の大気が，断熱的に高度 Δh だけ上昇し，圧力が Δp，温度が ΔT だけ変化したとする。Δp と ΔT の間の関係式を求めよ。

(3)　(1)と(2)で求めた圧力差は等しいはずであることから，高度が 100 m 上昇するごとの温度低下を求めよ。ただし，$M = 29\times10^{-3}$ kg/mol, $R = 8.3$ J/mol·K，$\gamma = 1.4$，$g = 9.8\ \mathrm{m/s^2}$ とする。

この結果は，実際の高度上昇による温度低下より大きい。実際には，大気中に水蒸気が含まれ，高度が上昇するにしたがって温度低下が起こると，水蒸気の一部が液化し，潜熱が放出されるため，温度低下が小さくなると考えられている。

解答

(1)　この間の質量 m の大気の体積を V とすると，モル数 $\frac{m}{M}$ の大気の状態方程式は，

$$pV = \frac{m}{M}RT$$

となる。したがって，大気の密度 ρ は，

$$\rho = \frac{m}{V} = \frac{Mp}{RT}$$

高度 h と $h+\Delta h$ の間の断面積 S の円柱内の大気にはたらく力のつり合いは(図 3.8)，

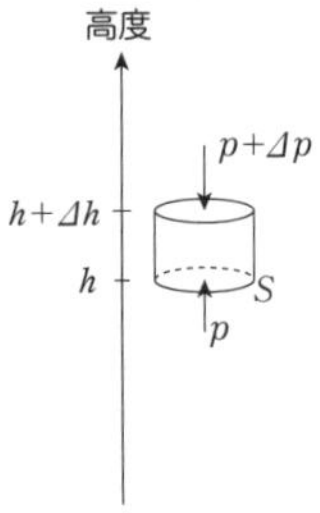

図 3.8

$$(p+\Delta p)S+\rho S\Delta h\cdot g = pS$$

$$\therefore\quad \Delta p = -\rho g\Delta h = -\underline{\frac{Mgp}{RT}\Delta h} \qquad \cdots\cdots(3.8)$$

(2)　高度 h でモル数 n，体積 V の大気が，Δh だけ上昇することによる体積変化を ΔV ($|\Delta V/V| \ll 1$) とすると，上昇する前後での大気の状態方程式は，

$$pV = nRT,\quad (p+\Delta p)(V+\Delta V) = nR(T+\Delta T)$$

これらの辺々引き算して，項 $\Delta p\cdot\Delta V$ を落として，

$$p\Delta V+V\Delta p = nR\Delta T$$

上昇する大気に熱力学第 1 法則を適用すると，

$$0 = nC_v\Delta T+p\Delta V$$

これらより ΔV を消去し，マイヤーの式 $C_p = C_v+R$ を用いて，

$$\Delta p = \frac{n(C_v+R)}{V}\Delta T = \underline{\frac{C_p p}{RT}\Delta T} \qquad \cdots\cdots(3.9)$$

(3)　(3.8)，(3.9)式の右辺どうしが等しいことから，

$$\Delta T = -\frac{Mg}{C_p}\Delta h = -\frac{(\gamma-1)Mg}{\gamma R}\Delta h$$

最後に，与えられた数値と $\Delta h = 100$ m を代入して，100 m 上昇するごとの温度は，

$$|\Delta T| \fallingdotseq \underline{0.98\ \mathrm{K}}$$

観測されている平均の温度低下は～0.6 K である。

理論物理セミナー10 熱力学第2法則

1. 可逆変化と不可逆変化

可逆変化とは，ある状態Aから出発して別の状態Bに変化する場合，BからAへ周囲に何の影響も残すことなく戻すことができる変化のことをいう。これに対し，どんな方法を用いてもこのようなことができないとき，その変化を**不可逆変化**という。

不可逆変化の1つの例は，物体を粗い床上を滑らせる場合である。物体は摩擦のために周囲に熱を発散し，しばらくすると止まる。しかし逆に，床上に止まっている物体が，周囲に発散した熱を吸収して滑り出し，周囲の環境を含め元と同じ運動状態に戻ることはない。またもう1つの例は，自由膨張である。A室には気体が入れられ，B室は真空に保たれている状態で，A室とB室の間の壁を取り去ったとすると気体は全体に広がるが，逆に，全体に広がっている気体を，周囲に何の変化も残さずにA室に集めることはできない(図1)。

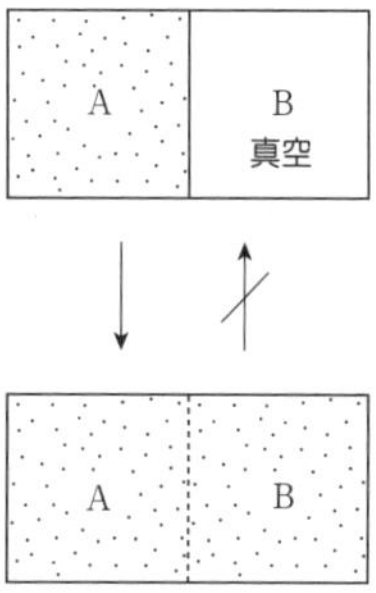

図1

2. カルノー・サイクル

図2のように，理想気体が準静的にⒶ**等温過程**，Ⓑ**断熱過程**，Ⓒ**等温過程**，Ⓓ**断熱過程**の4つの過程を経て元の状態に戻るサイクルを**カルノー**（Carnot）**・サイクル**という。

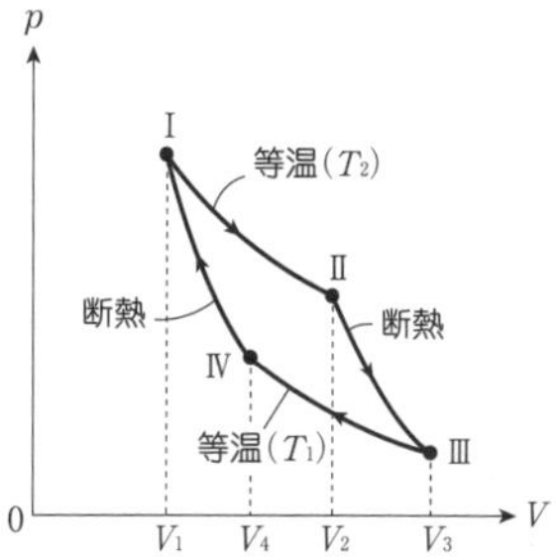

図2

(A) nモルの理想気体を温度T_2の高温熱源に接触させながら，状態Iから状態IIまで準静的に等温膨張させて，体積をV_1からV_2まで変化させる。このとき気体が外部にする仕事W_2'は，気体の圧力pはその体積と共に変化するから，積分を用いて，

$$W_2' = \int_{V_1}^{V_2} p dV = nRT_2 \int_{V_1}^{V_2} \frac{dV}{V} = nRT_2 \log \frac{V_2}{V_1} (> 0)$$

ここで，状態方程式$pV = nRT_2$を用いた。

この過程は等温変化であるから，$\varDelta T = 0$，よって内部エネルギーの変化は$\varDelta U = 0$，ゆえに，この間に気体が高温熱源から吸収する熱量Q_2は，熱力学第1法則より，

$$Q_2 = nRT_2 \log \frac{V_2}{V_1} \quad \cdots\cdots①$$

(B) 状態IIから状態IIIまで準静的に断熱膨張させて，高温熱源の温度T_2から低温熱源の温度T_1まで下げる。この間に気体が吸収する熱量は$Q = 0$であり，内部エネルギーが減少し($\varDelta U < 0$)，その分，外部へ仕事をする($W' > 0$)。

(C) 気体を温度T_1の低温熱源に接触させながら，状態IIIから状態IVまで準静的に等温圧縮させて，体積をV_3からV_4まで変化させる。このとき気体が外部にする仕事W_1'は，過程(A)の場合と同様にして，

$$W_1' = nRT_1 \log \frac{V_4}{V_3} = -nRT_1 \log \frac{V_3}{V_4} < 0$$

ここで，$W_1' = -W_1$とおくと，気体が低温熱源へ放出する熱量Q_1は，

内部エネルギーの変化は$\varDelta U=0$であるから，

$$Q_1 = W_1 = nRT_1 \log \frac{V_3}{V_4} \qquad \cdots\cdots ②$$

(D)　状態Ⅳから準静的に断熱圧縮させて，温度T_2の状態Ⅰに戻す。この間に気体が吸収する熱量は$Q=0$である。

状態ⅡとⅢ，状態ⅣとⅠは，それぞれ断熱過程で結ばれているので，ポアソンの式が成り立つ。

$$T_2 V_2^{\gamma-1} = T_1 V_3^{\gamma-1}, \quad T_2 V_1^{\gamma-1} = T_1 V_4^{\gamma-1}$$

これらの式を辺々割り算して，

$$\frac{V_2}{V_1} = \frac{V_3}{V_4} \qquad \cdots\cdots ③$$

①，②，③式より，気体が吸収する熱量と放出する熱量の比は，高温熱源と低温熱源の温度の比に等しいことがわかる。

$$\frac{Q_2}{Q_1} = \frac{T_2}{T_1}$$

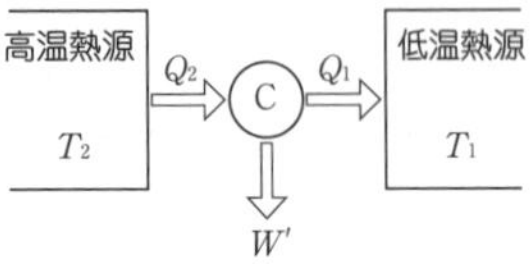

図3

図3のカルノー・サイクルⒸでは，高温熱源から熱量Q_2を吸収し低温熱源へ熱量Q_1を放出する。1サイクルでの内部エネルギーの変化は$\varDelta U=0$であるから，この間，このサイクルは，外部に仕事W'をする。このとき，W'は，

$$W' = Q_2 - Q_1$$

3. 熱効率

1サイクルの間に，純粋に吸収する熱量Q_2の中で，差し引き外部にする仕事W'の割合を熱機関の効率という。カルノー・サイクルの効率ηは，

$$\eta = \frac{W'}{Q_2} = \frac{Q_2 - Q_1}{Q_2} = \frac{T_2 - T_1}{T_2}$$

4. 逆カルノー・サイクル

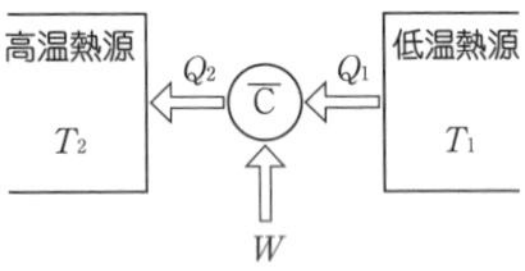

図4

カルノー・サイクルは，すべての変化が準静的な変化であるから，可逆であり，逆にたどらせることができる。すなわち，**逆カルノー・サイクル**Ⓒ̄が可能である。逆カルノー・サイクルは，低温熱源から熱量Q_1を吸収すると同時に，外部から仕事Wをされ，高温熱源に熱量Q_2を放出する(図4)。

熱力学第2法則は，第1法則(エネルギー保存則)のように，力学原理から成り立つことがはっきり示されるものではなく，**経験的に知られている法則**である。この法則は，いろいろな形で言い表すことができ，それらの等価性が示されている。

5. クラウジウスの原理

“低温の物体から熱をとり，高温の物体に熱を与える以外，何の変化も残さないことは不可能である”

これを**クラウジウス**(Clausius)**の原理**という。

冷蔵庫やクーラーは，低温の空気から熱をとり，高温の空気へ熱を与えているが，その際，外部から仕事を(電気的エネルギーを消費)している。

この原理は，次のように言うこともできる。

“熱伝導によって，高温の物体から低温の物体へ熱が流れる現象は不可逆である”

6. トムソンの原理

“1つの熱源から熱をとり，これをすべて仕事に変える装置は存在しない”

これを**トムソン**(Thomson)**の原理**という。

トムソンの原理に反する装置，すなわち，1つの熱源から熱量 Q をとり，これをすべて仕事 W' に変える装置では，放出する熱量は $Q' = 0$ であるから，熱力学第1法則(エネルギー保存則)から $Q = W'$ となり，熱効率は $\eta = 1$ となる。したがって，**トムソンの原理は，$\eta < 1$ であることを主張している。**トムソンの原理に反する装置(熱機関)を**第2種永久機関**という。第2種永久機関はエネルギー保存則には反しないが，実現できないことが経験的に知られている。

クラウジウスの原理(C)とトムソンの原理(T)が等価であることは，次のようにして示される。

7. C → T の証明

トムソンの原理を否定すると，クラウジウスの原理が否定されることを示す(対偶の証明，図5)。

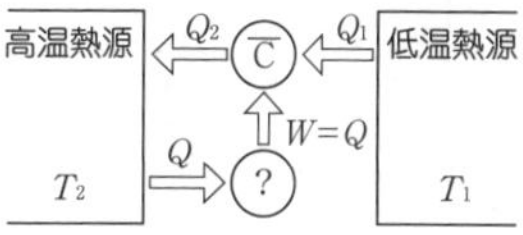

図5

トムソンの原理に反する装置(?)と逆カルノー・サイクルⓒを用いる。いま，装置(?)が温度 T_2 の高温熱源から熱量 Q をとり，これをすべて仕事 $W = Q$ に変えてⓒにする。ⓒは温度 T_1 の低温熱源から熱量 Q_1 をとり，装置(?)から W の仕事をされ，高温熱源へ熱量 Q_2 を放出するとする。(?)とⓒを1つの装置と見ると，この装置は，低温熱源から熱量 Q_1 をとり，高温熱源へ熱量 $Q_2 - Q = Q_1$ を与えるだけで，何の変化も残さないことになる。これは，クラウジウスの原理に反する。

クラウジウスの原理が正しいとすると，逆カルノー・サイクルは前に述べたように可能であるから，トムソンの原理に反する装置(?)は存在しないはずである。

8. T → C の証明

クラウジウスの原理を否定すると，トムソンの原理が否定されることを示す(対偶の証明，図6)。

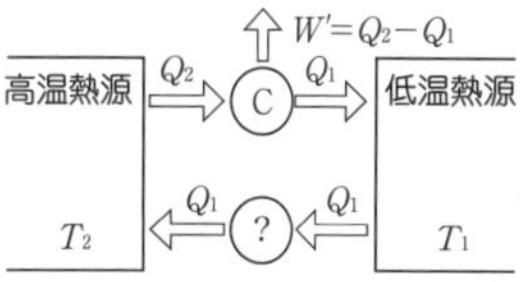

図6

クラウジウスの原理に反する装置(?)とカルノー・サイクルⓒを用いる。装置(?)は温度 T_1 の低温熱源から熱量 Q_1 をとり，温度 T_2 の高温熱源へ

熱量 Q_1 を与えるとする。カルノー・サイクル©は，高温熱源から熱量 Q_2 をとり，低温熱源へ熱量 Q_1 を与えると同時に，外部へ仕事 $W' = Q_2 - Q_1 (> 0)$ をするとする。⑦と©を1つの装置と見ると，この装置は，高温熱源から熱量 $Q_2 - Q_1$ をとり，これをすべて仕事 W' に変えている。これは，トムソンの原理に反する。

トムソンの原理が正しいとすると，カルノー・サイクルは可能であるから，クラウジウスの原理に反する装置⑦は存在しないはずである。

9. エントロピー増大の法則

クラウジウスの原理またはトムソンの原理から導かれる(ここでは導かない)重要な法則に，

“断熱系で状態変化が起こるとき，エントロピーは必ず増大し，変化が可逆的なとき，エントロピーの変化は 0 である”

という**エントロピー増大の法則**がある。

エントロピーS は，系が熱平衡状態にあるとき決まる状態量であり，秩序度を表す。また，系の微視的状態数 W と，ボルツマン定数 k を用いて，

$$S = k \log W$$

の関係が成り立つ(**ボルツマン**〔Boltzmann〕**の関係式**)。秩序のある系では，状態数 W は少なくなり，無秩序な系の方が W は多くなるので，エントロピーが増大するというこの法則は，**“自然界はつねに無秩序な方向に動く”**ということを言い表している。

ここで，不可逆変化のところで述べた例をもう一度用いて説明しよう(図7)。

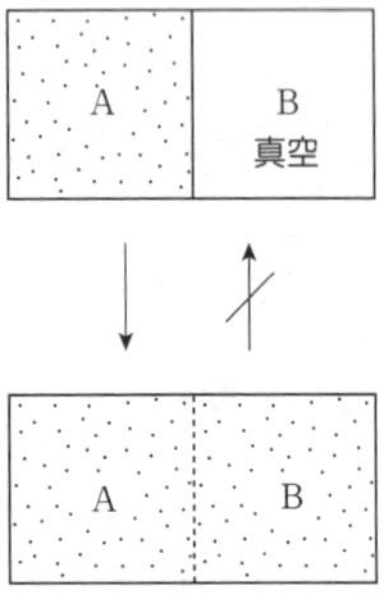

図7

壁で囲まれたA室には気体が入っており，壁で隔てられたB室は真空になっているとする。このとき，A，B両室の間の隔壁を取り除くと，気体は全体に広がり，どちらか一方の部屋に集まることはない。なぜなら，隔壁を除いたとき，片方の部屋に気体が全部集まった状態より，全体に広がったときの方が無秩序な状態であり，全体に広がったときの方が，確率的に確からしい状態であるからである。

エントロピー増大の法則は，一種の確率法則である。すなわち，確率的に最も確からしいのは，エントロピーが最大になった状態であり，巨視的には，この状態が実現される。

演習編

問題 2.1 低温における金属の熱容量測定

図1のような装置を用いて，ある金属の低温における熱容量(試料の温度を1K上昇させる熱量)測定を行う。この装置を冷却し，試料の温度を下げたのち，容器中を断熱にして測定する。ヒーターとして1.00 kΩの抵抗を用いる。この抵抗値は温度変化しないものとする。ヒーターおよび温度計のリード線，試料台を支えているナイロン糸からの熱の流入は無視できるものとする。また，試料台(温度計，ヒーターを含む)の熱容量も試料に比べて無視できるものとする。

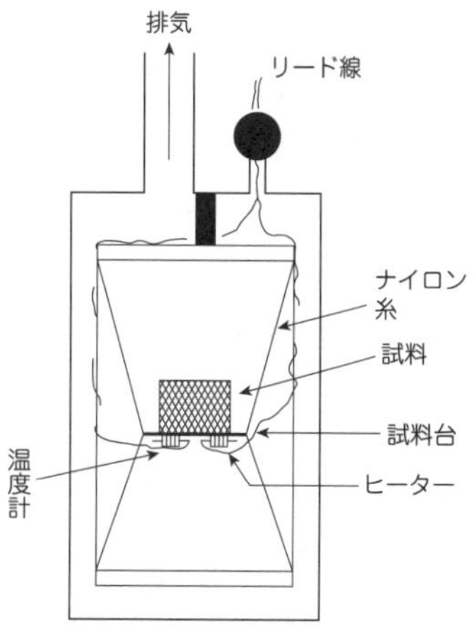

図1

いま，試料の温度が T_A〔K〕のときにヒーターに 1.00×10^{-3} A の電流を $\varDelta t$ 秒間流して電流を切る。そのとき試料の温度が T_B〔K〕になった。異なる温度における実験の結果が表1に示されている。この温度差から熱容量を求める。

(1) 問題文に示されている数値を用いて，時間 $\varDelta t = 1.00$ 秒だけ電流を流す間に，ヒーターから発生する熱量 Q〔J〕の値を求めよ。

(2) 実験結果を熱容量 C〔J/K〕と平均温度 T〔K〕(T_A と T_B の平均値)のグラフとして示せ。必要な単位，目盛りも入れること。

(3) (2)の結果のグラフから熱容量 C を近似的に温度 T〔K〕に比例するとして $C = aT$(a は定数)と表したとき，a〔$\mathrm{J/K^2}$〕を有効数字2桁で求めよ。

表1

温度 ＼ 回数	1	2	3
T_A〔K〕	1.52	2.73	3.96
T_B〔K〕	1.62	2.83	4.06
$\varDelta t$〔s〕	1.55	2.95	4.17
平均温度〔K〕	1.57	2.78	4.01

(4) 試料の温度が2.00 K のとき，ヒーターに同じく 1.00×10^{-3} A の電流を流し続けて試料の温度を4.00 K にした。4.00 K になるまでに要した時間は何秒か。有効数字2桁で求めよ。ただし，熱容量は(2)のグラフの結果の3.00 K の値を，2.00 K から4.00 K の間の平均値とし，温度によらない一定の値と近似して用いよ。

金属の熱容量は，金属中の自由に動き回っている電子の集まりを理想気体(自由電子気体)とみなし，その理想気体の熱容量として説明される場合がある。この理想気体の熱容量を考えよう。

いま，この理想気体を個数 n 個の単原子分子気体として扱う。温度 T〔K〕の気体中で，1分子の運動エネルギーの平均値は次のように与えられる。

$$\frac{1}{2}m\overline{v^2} = \frac{3}{2}kT$$

ここで，v〔m/s〕は気体分子の速度，$k = 1.38\times10^{-23}$〔J/K〕はボルツマン定数，m〔kg〕は気体分子の質量である。

(5) 個数 n の気体の内部エネルギーから個数 n の気体の定積熱容量 C_v〔J/K〕を求めよ。

個数 n が一定の理想気体の熱容量は温度に依存せず一定である。それに対して，実際の金属の低温における熱容量は，前頁の実験で求めたように，温度に比例する。それは自由に動き回る電子の個数 n が，温度に比例すると考えると説明できる。ただし，(5)で求めた式は低温で成り立つ。

(6) (2)の結果における 3.00 K の熱容量の値を用いて，3.00 K では自由に動ける電子数が何 mol に相当するか，有効数字 2 桁で答えよ。ただし，アボガドロ数は $N_0 = 6.02\times10^{23}$〔$\mathrm{mol^{-1}}$〕，必要ならば気体定数 $R = N_0k = 8.31$〔J/mol·K〕の数値を用いて計算してもよい。

（金沢大 改）

Point

問題文の誘導にしたがって考察すればよい。

(5)，(6)「自由電子気体」では，自由電子を気体分子と同じように扱うことができる。また，金属の温度による体積変化はごくわずかであるから，**金属の熱容量は定積熱容量といっても同じ**である。

解 答

金属の比熱(熱容量)は，室温以上では，「理論物理セミナー 9」で説明したように，ほぼ**デュロン-プティの法則**にしたがい，1 mol あたり $3R = 3\times8.31 \fallingdotseq 25$〔J/K〕の一定値であって，自由電子による影響は小さい。ところが低温では，量子論的効果のため格子振動が凍結され，本問で考えるような自由電子による効果が重要となる。その結果，**絶対零度の近くでは，比熱(熱容量)が絶対温度 T に比例する**ことが知られている。

(1) ヒーターの抵抗値 $R = 1.00\times10^3$〔Ω〕，電流値 $I = 1.00\times10^{-3}$〔A〕および $\varDelta t = 1.00$〔s〕を用いて，

$$Q = RI^2\varDelta t = 1.00\times10^3\times(1.00\times10^{-3})^2\times1.00 = \underline{1.00\times10^{-3}}〔\mathrm{J}〕$$

(2) 熱容量 C は，$C = \dfrac{1.00\times10^{-3}\times\varDelta t}{T_B - T_A}$ で与えられるから，表1より，

回数	1	2	3
平均温度〔K〕	1.57	2.78	4.01
熱容量〔J/K〕	1.55×10^{-2}	2.95×10^{-2}	4.17×10^{-2}

これより，図 2 のグラフを得る。

(3) 図 2 のグラフの傾きより，

$$a = \underline{1.0\times10^{-2}}〔\mathrm{J/K^2}〕$$

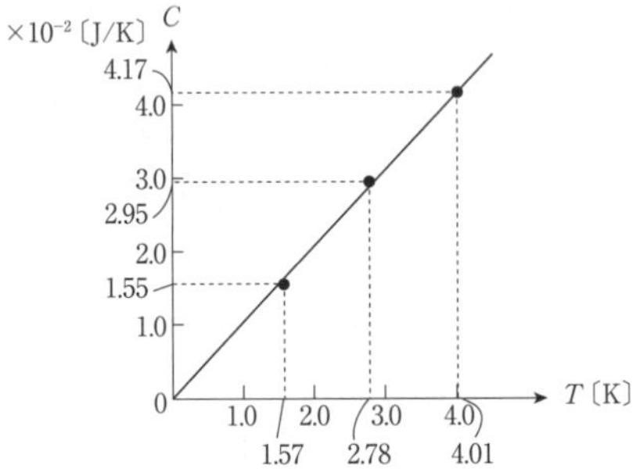

図 2

(4) $T = 3.00$〔K〕のときの熱容量 C は，グラフより，

$$C = 3.1\times10^{-2}〔\mathrm{J/K}〕$$

であるから，求める時間を t とすると，

$$1.00\times10^{-3}t = 3.1\times10^{-2}\times(4.00-2.00)$$

$$\therefore\ t = \underline{62}〔\mathrm{s}〕$$

(5) 個数 n の気体の内部エネルギー(運動エネルギーの総和) U は，

$$U = n\times\frac{3}{2}kT = \frac{3}{2}nkT$$

であるから，この気体の定積熱容量 C_v は，$U = C_vT$ より，

$$C_v = \underline{\frac{3}{2}nk}〔\mathrm{J/K}〕$$

(6) 個数 n の自由電子の mol 数を ν とする。設問(4)より，$T = 3.00$〔K〕のときの熱容量 C は，$C = 3.1\times10^{-2}$〔J/K〕であるから，$C_v = C$ とおいて，

$$\frac{3}{2}\nu N_0k = 3.1\times10^{-2}$$

$$\therefore\ \nu = \frac{2\times3.1\times10^{-2}}{3N_0k} = \frac{6.2\times10^{-2}}{3\times8.31} = \underline{2.5\times10^{-3}}〔\mathrm{mol}〕$$

問題 2.2 気体分子運動と熱伝導

断熱性をもたせるために，ガラスを2重にした窓が利用される。これは，2枚のガラスの隙間にある気体の方がガラスより熱を伝え難いためである。気体分子の熱伝導について，以下の設問に答えよ。

(1) 体積が V の立方体容器に，絶対温度(以後，単に温度という) T の1モルの理想気体が閉じ込められている。分子の速さを v，v^2 の全分子に関する平均値を $\overline{v^2}$ と表す。気体分子の質量はすべて m とし，分子は容器の壁に完全弾性衝突するものとする。また，気体定数を R，アボガドロ数を N_A とする。

(イ) 立方体容器の1つの壁面Sにはたらく圧力 p を，m，N_A，V，$\overline{v^2}$ を用いて求めよ。

(ロ) 気体分子の平均の速さ $\overline{v}$ を $\sqrt{\overline{v^2}}$ に等しいとみなして，$\overline{v}$ を，m，N_A，R，T を用いて求めよ。

(2) 実際の気体分子は有限の大きさをもち，互いに衝突して不規則な運動を行っている。1つの分子が他の分子と衝突してから，次の分子に衝突するまでに運動する平均距離を平均自由行程 λ と呼ぶ。分子は球状であると仮定し，その直径を d とする。他の分子が静止していると仮定すると，図1に示すように，半径 d，長さ λ の円筒中に平均して1個の分子が存在することになる。

気体分子が N_A 個集まって1モルの体積 V を形成することより，平均自由行程 λ を気体の圧力 p，温度 T，d，N_A，R を用いて表せ。

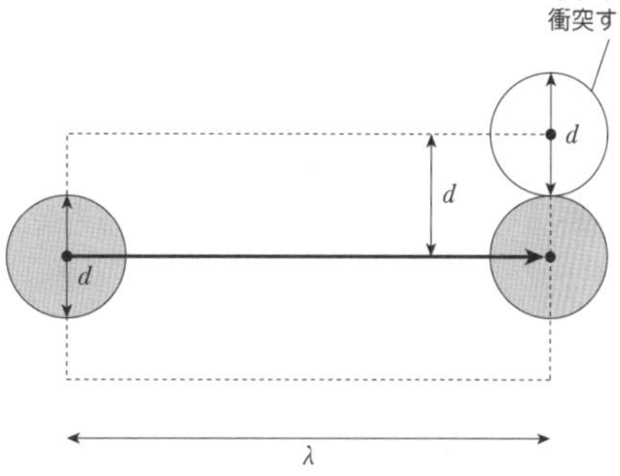

図1

(3) 気体中に温度の分布があると，熱は高温側から低温側へ伝わる。これは，分子どうしの衝突により運動エネルギーが交換されることによる。ここで，気体分子による熱伝導を図2のように考えてみる。ある平面Aにおいて両側から飛び込んでくる分子は，Aに飛び込む前にはAからおよそ λ だけ離れた場所にいたと考えられる。いま，Aの左右において温度が異なり，平均自由行程も異なることを考慮して，Aから右側に平均自由行程 λ_R 離れたところの温度を T_R，左側に平均自由行程 λ_L 離れたところの温度を T_L とする。

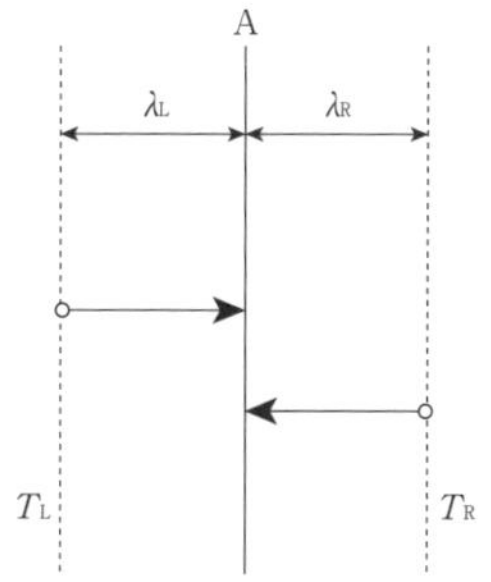

図2

(イ) 平面Aに右側から飛び込む単位時間，単位面積あたりの分子数を f_R，左側から飛び込む分子数を f_L として，Aを右側から左側へ通過する単位時間，単位面積あたりのエネルギー Q を f_R，f_L，N_A，R，T_R，T_L を用いて求めよ。

(ロ) 温度勾配を $\dfrac{\Delta T}{\Delta x}$ と書くと，$\dfrac{\Delta T}{\Delta x}=\dfrac{T_R-T_L}{\lambda_R+\lambda_L}$ である。また，定常状態では平面Aに左右から飛び込んでくる分子数はつり合っているので，$f_R=f_L$ である。また，Aを通過する Q は温度勾配に比例し，その比例係数 α を熱伝導率という。すなわち，

$$Q=\alpha\frac{\Delta T}{\Delta x}$$

と表される。いま $f_R = f_L = f$ とおいて，α を f, N_A, R, λ_R, λ_L を用いて求めよ。

(ハ) f は，平面A付近の平均的な分子の速さ $\overline{v}$ を用いて，

$$f = \frac{1}{4}\overline{v}\,N_A\frac{p}{RT} \quad \cdots\cdots①$$

と表されることが知られている。これより，λ_R と λ_L の平均を $\frac{\lambda_R+\lambda_L}{2} = \lambda$ として，α を p, T, $\overline{v}$, λ を用いて求めよ。

(4) 物質の熱伝導率 α は，熱の伝わりやすさを表す値である。温度と圧力の等しいヘリウム(原子量4, $d = 2.6\times10^{-10}$〔m〕)とアルゴン(原子量40, $d = 3.4\times10^{-10}$〔m〕)を比較した場合，どちらが熱を伝えやすいか，理由と共に答えよ。

(5) 2重の窓ガラスの場合には，2枚のガラスの隙間に空気が入っている。27℃，1.0×10^5 Pa における空気分子の平均自由行程は 1.0×10^{-7}m，平均の速さは400 m/s であるとして，空気の熱伝導率を求めよ。

一方，ガラスの熱伝導率は1.0 J/m·s·K である。空気の熱伝導率とガラスの熱伝導率の比を求めよ。

(東京大　改)

Point

(1) 立方体容器中の気体分子運動の基本を思い出し，簡潔に解答しよう。

(2)～(5) 誘導にしたがって丁寧に解答し，【解説】も参考にして，熱伝導に関する理解を深めよう。

解　答

(1)(イ) 壁面Sに垂直に x 軸を，Sに平行に y 軸，z 軸をとる。気体分子の速度の x 成分を v_x とする。気体分子の運動量の x 成分は，Sに弾性衝突すると mv_x から $-mv_x$ へ変化するので，

Sが分子から受ける力積
=−(分子がSから受ける力積)
=−(分子の運動量変化)
$=-(-mv_x-mv_x)=2mv_x$

立方体容器の1辺の長さを L とすると，分子が単位時間にSに衝突する回数は $\frac{v_x}{2L}$ であり，気体分子数は N_A であるから，Sが単位時間に分子から受ける力積，すなわち，平均の力 $\overline{F}$ は，

$$\overline{F} = N_A\cdot\overline{2mv_x\cdot\frac{v_x}{2L}}$$

$$= \frac{N_Am\overline{v_x^2}}{L} = \frac{N_Am\overline{v^2}}{3L} \quad \cdots\cdots②$$

と表される。ここで，気体分子は乱雑で，x, y, z 方向へ同じように運動していると考えられることから，$\overline{v_x^2} = \frac{1}{3}\overline{v^2}$ と表されることを用いた。

②式より，面Sが気体から受ける圧力 p は，

$$p = \frac{\overline{F}}{L^2} = \frac{N_Am\overline{v^2}}{3L^3} = \underline{\frac{N_Am\overline{v^2}}{3V}}$$

(ロ) 前問(イ)の結果と状態方程式より，

$$pV = \frac{1}{3}N_Am\overline{v^2} = RT$$

$$\therefore\quad \overline{v} = \sqrt{\overline{v^2}} = \underline{\sqrt{\frac{3RT}{N_Am}}}$$

(2) 平均として，体積 $\pi d^2\lambda$ の空間に分子1個が存在し，容器中に N_A 個の分子があるから，

$$V = N_A\pi d^2\lambda\ 〔\mathrm{m^3}〕$$

よって，状態方程式を用いて，

$$\lambda = \frac{V}{N_A\pi d^2} = \underline{\frac{R}{N_A\pi d^2}\cdot\frac{T}{p}}$$

(3)(イ) 右側と左側から平面Aに飛び込む気体分子の運動エネルギーを，それぞれ K_R, K_L とすると，設問(1)(ロ)の結果を用いて，

$$K_R = \frac{1}{2}mv_R{}^2 = \frac{3}{2}\cdot\frac{R}{N_A}T_R$$

$$K_L = \frac{1}{2}mv_L{}^2 = \frac{3}{2}\cdot\frac{R}{N_A}T_L$$

$$Q = f_RK_R - f_LK_L = \underline{\frac{3}{2}\cdot\frac{R}{N_A}(f_RT_R - f_LT_L)}$$

(ロ) $f_R = f_L = f$, $\frac{\Delta T}{\Delta x} = \frac{T_R-T_L}{\lambda_R+\lambda_L}$ であるから，

$$Q = \frac{3}{2}\cdot\frac{R}{N_A}f(T_R-T_L)$$

$$= \frac{3}{2}\cdot\frac{R}{N_A}f(\lambda_R+\lambda_L)\frac{\Delta T}{\Delta x}$$

$$\therefore \quad \alpha = \frac{3}{2}\cdot\frac{R}{N_A}f(\lambda_R+\lambda_L)$$

(ハ) 前問(ロ)の結果に，①式と $\lambda_R+\lambda_L=2\lambda$ を代入して，

$$\alpha = \frac{3}{4}\overline{v}\frac{p\lambda}{T}$$

(4) 設問(1)(ロ)，(2)，(3)(ハ)の結果より，

$$\alpha \propto \overline{v}\lambda = \sqrt{\frac{3RT}{mN_A}}\cdot\frac{R}{N_A\pi d^2}\cdot\frac{T}{p} \propto \frac{1}{d^2\sqrt{m}}$$

これより，同一温度，同一圧力でのヘリウムとアルゴンの α の比は，

$$\frac{\alpha_{He}}{\alpha_{Ar}} = \left(\frac{3.4\times10^{-10}}{2.6\times10^{-10}}\right)^2\sqrt{\frac{40}{4}} \fallingdotseq 5.4$$

となるから，ヘリウムの方が熱を伝えやすい。

(5) 設問(3)(ハ)の結果より，空気の熱伝導率 α_a は，

$$\alpha_a = \frac{3}{4}\times400\times\frac{1.0\times10^5\times1.0\times10^{-7}}{273+27}$$

$$= 1.0\times10^{-2}\,[\mathrm{J/m\cdot s\cdot K}]$$

したがって，ガラスの熱伝導率 α_g との比は，

$$\frac{\alpha_a}{\alpha_g} = 1.0\times10^{-2}$$

解　説

平面 A に飛び込む分子数

本文中で，平面 A に単位面積あたり単位時間に飛び込む気体分子数 f が，

$$f = \frac{1}{4}\overline{v}\,N_A\frac{p}{RT} \qquad \cdots\cdots①$$

で与えられるとしたが，ここでは，この関係式①を導出しよう。

平面 A にはいろいろな方向から分子が飛び込む。いま，法線に対して角 θ と $\theta+\Delta\theta$ の間の方向から A の単位面積あたりに飛び込む分子数 Δf は，角 θ と $\theta+\Delta\theta$ の間の方向の速度をもつ単位体積あたりの分子数を Δn として，底面積 $\cos\theta$，長さ $\overline{v}$ の直方体(体積 $\overline{v}\cos\theta$)内の，法線に対して角 θ と $\theta+\Delta\theta$ の間の方向の速度をもつ分子数 $\Delta n\cdot\overline{v}\cos\theta$ に等しい(図 3)。分子数 Δn の，あらゆる方向の速度をもつ単位体積中の全分子 n に対する割合 $\frac{\Delta n}{n}$ は，単位長さを半径とする球面上で，球面の全表面積 4π に対する角 θ と $\theta+\Delta\theta$ で挟まれた帯状表面の面積(図 4 の影を付けた部分)の割合に等しい。帯状領域の周の長さは $2\pi\sin\theta$ であるから，その割合は，

$$\frac{\Delta n}{n} = \frac{2\pi\sin\theta\cdot\Delta\theta}{4\pi}$$

と書ける。したがって，A の単位面積あたり単位時間に，右側から左側へ飛び込む分子数 f は，θ に関して $0\sim\frac{\pi}{2}$ の範囲で和をとって(積分して)，

$$f = \sum\Delta f = \sum\Delta n\cdot\overline{v}\cos\theta = \sum n\overline{v}\cos\theta\cdot\frac{\Delta n}{n}$$

$$= \overline{v}n\frac{1}{4\pi}\int_0^{\pi/2}2\pi\cos\theta\sin\theta\,d\theta = \frac{1}{4}\overline{v}n$$

と表される。ここで，単位体積あたりの気体のモル数は，単位体積中の分子数 n，アボガドロ数 N_A を用いて，$\frac{n}{N_A}$ と表されるから，温度 T，圧力 p の単位体積の理想気体の状態方程式より，

$$p\cdot1 = \frac{n}{N_A}RT \qquad \therefore \quad n = \frac{N_Ap}{RT}$$

となる。これより，平面 A に飛び込む分子数 f は①式で与えられることが導かれる。

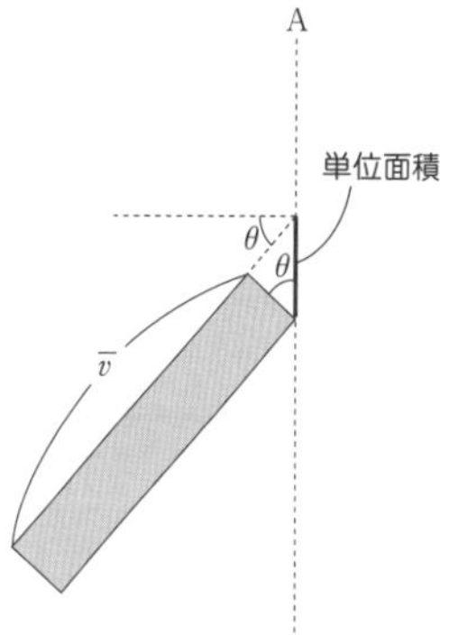

図 3

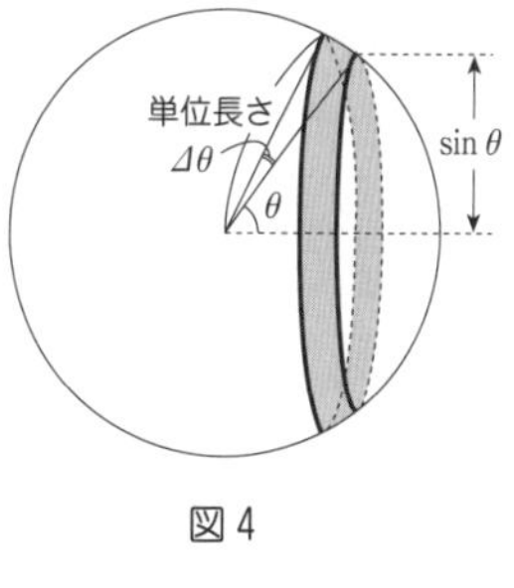

図 4

問題 2.3 断熱変化と分子運動

気体を断熱的に圧縮するとその温度が上昇する。このことを単原子分子の理想気体について分子運動の立場から考察してみよう。

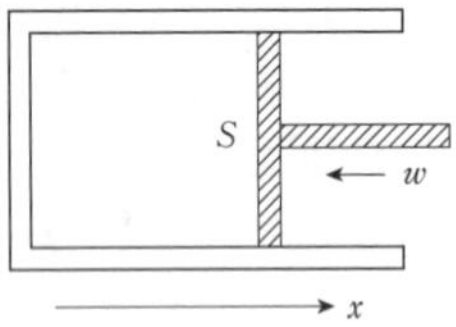

図1

図1のように，断面積Sのピストンのついたシリンダーの中に気体が閉じ込められている。

はじめの気体の体積，絶対温度をV，Tとし，気体分子の質量をmとする。シリンダーの軸に平行にx軸をとり，ピストンを一定の速さwでx軸の負の方向に移動させる。ここで，wは分子の平均の速さに比べて十分に小さいとし，分子はピストンおよびシリンダーの壁と(完全)弾性衝突をするものとする。

(1) 1つの分子Aが他の分子に衝突することなく，x軸方向でn回往復して，ピストンにn回衝突するとしたとき，分子Aの運動エネルギーはいくら増加するか。ここで，分子Aのはじめの速度のx軸方向の成分を$v_x(>0)$とし，wに関して2次以上の項は無視せよ。

(2) ピストンの移動によって，気体の体積が微小体積ΔVだけ減少する間に，分子Aの運動エネルギーはいくら増加するか。ただし，分子Aのx軸方向の往復回数の算出に際しては，$V \gg \Delta V$なので，ピストンははじめの位置に静止しており，分子Aの速度のx軸方向の成分は常にv_xであるとして近似計算をせよ。

(3) すべての分子が分子Aと同じように，分子間で衝突することなくx軸方向で往復するとき，はじめの速度の2乗平均を$\overline{v^2}$とすると，(2)の過程で，1個の分子の運動のエネルギーは平均していくら増加したか。

(4) (3)で求めた運動エネルギーの増加は，分子のx軸方向の速さの増加によるものであるが，実際は分子間の衝突によってこの運動エネルギーの増加は，x，y，z方向に等しく分配される。その結果気体の温度が上昇する。気体の温度上昇ΔTをT，V，ΔVを用いて表せ。

(横浜国立大)

Point

wなど微小量はその2次以上の項をすべて無視する近似計算を行う。したがって，(2)で**シリンダーの長さやピストンが動く時間を考えるとき，その間の気体分子の速さの変化は無視できる。**

(4) 気体分子1個の平均運動エネルギー$\overline{E}=\dfrac{1}{2}m\overline{v^2}=\dfrac{3}{2}kT$($k$：ボルツマン定数)の増加$\Delta\overline{E}$は，(3)で求めた運動エネルギーの増加分の平均$\overline{\Delta E}$に等しいことを用いる。

解答

(1) 分子Aがピストンに1回目に衝突した後の速度のx成分をv_{1x}とすると(図2)，衝突は弾性的であるから，はね返り係数$e=1$の式は，

$$1=-\frac{v_{1x}-(-w)}{v_x-(-w)} \qquad \therefore\ v_{1x}=-(v_x+2w)$$

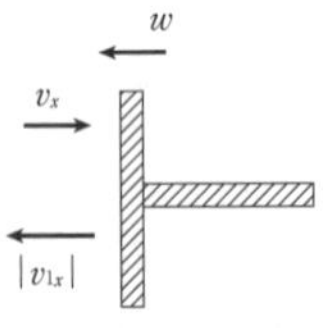

図2

運動エネルギーの増加ΔE_1は，速度のx成分の増加だけで決まるから，

$$\Delta E_1=\frac{1}{2}mv_{1x}{}^2-\frac{1}{2}mv_x{}^2$$

$$=2m(v_xw+w^2)\fallingdotseq 2mv_xw$$

同様に，2回目の衝突による運動エネルギーの増加ΔE_2は，

$$\Delta E_2\fallingdotseq 2m|v_{1x}|w\fallingdotseq 2mv_xw=\Delta E_1$$

よって，ピストンにn回衝突したときの分子Aの運動エネルギーの増加ΔEは，

$$\Delta E = \Delta E_1 + \Delta E_2 + \cdots + \Delta E_n = n\Delta E_1$$
$$= \underline{2nmv_x w}$$

(2) シリンダーの長さは$l = \dfrac{V}{S}$，ピストンが動く時間は$t = \dfrac{\Delta V}{Sw}$であるから，衝突回数nは，

$$n \fallingdotseq \frac{v_x t}{2l} = \frac{v_x \Delta V}{2Vw}$$

（ここで分子は，シリンダーの長さlを往復するたびに，ピストンに1回衝突することに注意しよう）

よって，気体の体積がΔVだけ減少する間の分子Aの運動エネルギーの増加ΔEは，

$$\Delta E = 2 \times \frac{v_x \Delta V}{2Vw} \times m v_x w = \underline{\frac{m{v_x}^2 \Delta V}{V}}$$

(3) $\overline{{v_x}^2} = \dfrac{1}{3}\overline{v^2}$より，$\Delta E$の平均$\overline{\Delta E}$は，

$$\overline{\Delta E} = \frac{m\overline{{v_x}^2}\Delta V}{V} = \underline{\frac{m\overline{v^2}\Delta V}{3V}} \qquad \cdots\cdots ①$$

(4) ボルツマン定数をkとすると，分子1個の平均の運動エネルギー$\overline{E}$は，

$$\overline{E} = \frac{1}{2}m\overline{v^2} = \frac{3}{2}kT \qquad \cdots\cdots ②$$

①，②式より，$m\overline{v^2}$を消去して，

$$\overline{\Delta E} = \frac{kT\Delta V}{V} \qquad \cdots\cdots ③$$

体積をΔVだけ圧縮することにより，温度がΔTだけ上昇したときの気体分子の平均の運動エネルギーの増加$\Delta\overline{E}$は，②式より，

$$\Delta\overline{E} = \frac{3}{2}k\Delta T \qquad \cdots\cdots ④$$

ここで，$\overline{\Delta E} = \Delta\overline{E}$であるから，③，④式より，

$$\frac{kT\Delta V}{V} = \frac{3}{2}k\Delta T$$

$$\therefore \quad \Delta T = \underline{\frac{2\Delta V}{3V}}T \qquad \cdots\cdots ⑤$$

解　説

◗ 熱力学第1法則を用いた⑤式の導出

本問では，気体分子運動論から，断熱変化において成り立つ⑤式を導いたが，ここでは，熱力学第1法則を用いて⑤式を導出しておこう。

シリンダー内の気体をnモルの単原子分子理想気体とする。気体の圧力をpとし，気体の体積がΔVだけ増加したときの温度上昇をΔTとすると，熱力学第1法則より，

$$\frac{3}{2}nR\Delta T = -p\Delta V$$

$$\therefore \quad \Delta T = -\frac{2p}{3nR}\Delta V = -\frac{2\Delta V}{3V}T$$

ここで，理想気体の状態方程式$pV = nRT$を用いた。

本問では，ΔVは減少分であるから，$\Delta V \to -\Delta V$として⑤式を得る。

問題 2.4 圧力差のある2室の気体の状態変化

図1に示すような円筒形の容器が断熱材におおわれ鉛直に置かれている。容器は厚さ L の断熱材が詰め込まれた壁でA室，B室2つの部屋に仕切られている。円筒内部の断面積を S，A室の高さを L，B室の高さを $2L$ とする。また，容器の上面には大きさの無視できるコックが付けられており，A室とB室の間は容積の無視できる細管でつながれている。また，B室の上方の空間にはヒーターが取り付けられている。最初，図1では，コックは開いており，B室に密度 ρ の液体が，底面から高さ L のところまで満たされている。A室とB室それぞれの空間には，大気圧 P_0 と室温 T_0 に等しい圧力と温度の単原子分子理想気体が満たされている。液体の蒸発，および気体と液体の間での熱の出入りは無視できるものとする。重力加速度を g として，以下の設問に答えよ。

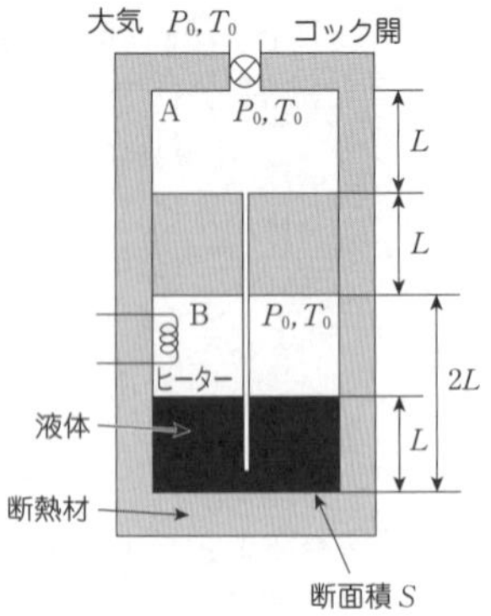

図1

(1) コックは開いたまま，ヒーターのスイッチを入れると，B室内の気体は加熱されて圧力が上がり，液体が細管を伝わってA室に向かい移動をはじめた。A室の底に液面が達したときの状態を図2に示す。この間のB室内気体の状態変化は，定積変化として近似できるものとする。

(イ) B室の液面の高さでの液体にはたらく力のつり合いを考えることにより，図2の状態でのB室内気体の圧力 P_2 を，ρ，g，L，P_0 を用いて表せ。

(ロ) 図2の状態にいたるまでにヒーターからB室内の気体に加えられた熱量 Q を，ρ，g，L，S を用いて表せ。

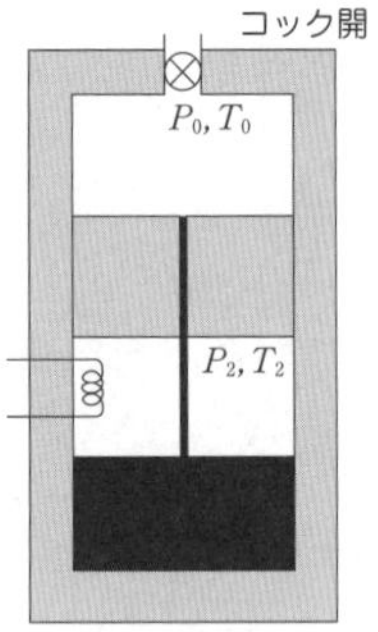

図2

(2) 加熱を続けると，液体はさらに移動し，ヒーターのスイッチを切った後，A室内の液面の高さを測定したところ，αL であった。この状態を図3に示す。

(イ) 図3の状態でのB室内の圧力を P_3 とする。このときのB室内の気体の温度 T_3 を，P_3，P_0，T_0，α を用いて表せ。

(ロ) 図1から図3の過程における，B室内の気体の状態の変化を，縦軸を圧力，横軸を体積とするグラフで示せ。

(ハ) B室内の気体がした仕事 W を，P_3，P_2，S，L，α を用いて表せ。

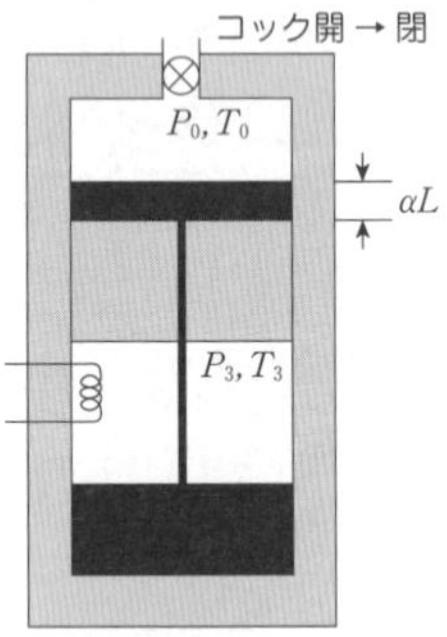

図3

(3) 図3の状態でコックを閉じ，容器をおおっていた断熱材を取り除いた。十分時間が経って，中の気体の温度が室温と同じになったとき，A室内の液面の高さを測定したところ，図4のように βL であった。

(イ) 図4の状態で，A室，B室それぞれにおける気体の圧力 P_A，P_B を，α，β，P_0 を用いて表せ。

(ロ) α を β，ρ，g，L，P_0 を用いて表せ。 (東京大)

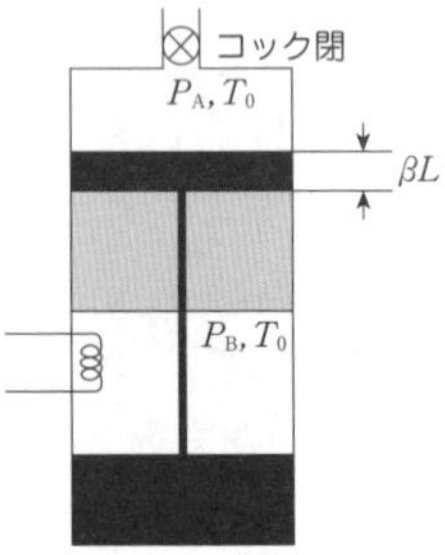

図4

Point

(1)　B室の気体の圧力は液体上面の圧力に等しい。

(2)(ロ)　**A室の液面の高さが kL $(0 \leqq k \leqq \alpha)$ のとき，B室の液面が kL だけ下がるため，圧力 P は，**図2のときの**圧力 P_2 より $2\rho kLg$ だけ増加する。**

(3)(イ)　ボイルの法則が使える。

解　答

(1)(イ)　B室の液体上面の位置での圧力のつり合いより，

$$P_2 = \underline{P_0 + 2\rho Lg}$$

(ロ)　図1，2でのB室の気体の状態方程式は，気体のモル数を n，気体定数を R とすると，

$$P_0 \cdot SL = nRT_0, \quad P_2 \cdot SL = nRT_2$$

単原子分子理想気体の定積モル比熱 $\frac{3}{2}R$ を用いて，加えられた熱量 Q は，

$$Q = \frac{3}{2}nR(T_2 - T_0)$$

$$= \frac{3}{2}(P_2 - P_0)SL = \underline{3\rho SL^2 g}$$

(2)(イ)　図3の状態で，B室の気体の体積は，

$$(1+\alpha)SL$$

図1と3の状態について，ボイル-シャルルの法則は，

$$\frac{P_0 SL}{T_0} = \frac{P_3(1+\alpha)SL}{T_3}$$

$$\therefore \quad T_3 = \underline{\frac{(1+\alpha)P_3}{P_0}T_0}$$

(ロ)　図1から図2の過程は，体積 SL ＝一定の定積変化である。図2から図3の過程において，A室の液面の高さが kL $(0 \leqq k \leqq \alpha)$ のとき，B室の気体の体積 V は，

$$V = SL(1+k)$$

であり，圧力 P は，B室の液面が kL だけ下がるため，P_2 より $2\rho kLg$ だけ増加する。よって，

$$P = P_0 + 2(1+k)\rho Lg = P_0 + \frac{2\rho g}{S}V$$

これより，

$$P_3 = P_2 + 2\alpha\rho Lg = P_0 + 2(1+\alpha)\rho Lg$$

として，図5を得る。

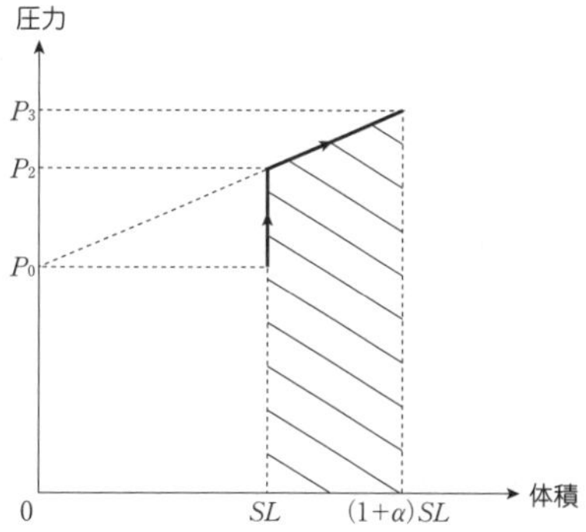

図5

(ハ)　前問(ロ)のグラフと横軸の囲む斜線で示された台形の面積より，

$$W = \underline{\frac{1}{2}(P_2 + P_3)\alpha SL}$$

(3)(イ)　A室内の気体について，図3と図4の状態でのボイルの法則より，

$$P_0(1-\alpha)SL = P_A(1-\beta)SL$$

$$\therefore \quad P_A = \underline{\frac{1-\alpha}{1-\beta}P_0}$$

B室内の気体について，図1と図4の状態でのボイルの法則より，

$$P_0 SL = P_B(1+\beta)SL$$

$$\therefore \quad P_B = \underline{\frac{1}{1+\beta}P_0}$$

(ロ)　図4の状態において，B室の液体上面での圧力のつり合いより，

$$P_B = P_A + 2(1+\beta)\rho Lg$$

ここで，P_A，P_B を代入して，

$$\alpha = \underline{\frac{2\beta}{1+\beta} + 2(1-\beta^2)\frac{\rho Lg}{P_0}}$$

問題 2.5　気体の状態変化

1 mol の単原子分子からなる理想気体の圧力および体積を，図1に直線で示された経路に沿って A→B→C→A の順にゆっくりと変化させた。状態 A は圧力が P_0 で体積が V_0，状態 B は圧力が $2P_0$ で体積が V_0，状態 C は圧力が P_0 で体積が $2V_0$ である。気体定数を R として，以下の設問に答えよ。

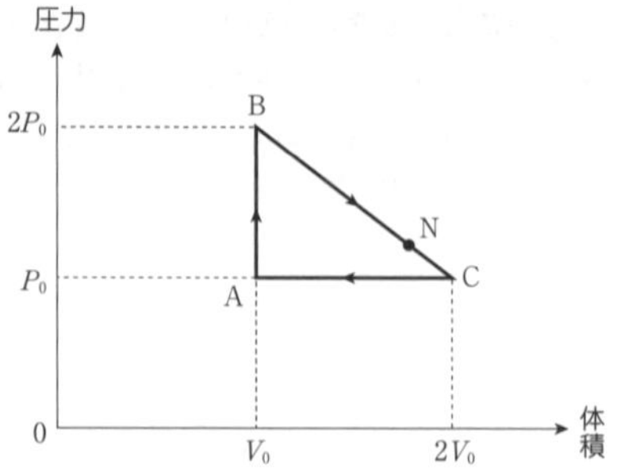

図1

(1)　状態 C から状態 A への変化の過程において，気体の絶対温度(以下，単に温度と呼ぶ) T を気体の体積 V の関数式として表せ。

(2)　状態 B から状態 C への変化の過程において，状態 B から途中のある状態 M までは気体の温度は上昇を続け，状態 M から状態 C までは気体の温度は下降を続ける。状態 M における気体の体積を求めよ。

(3)　A→B→C→A の変化の全過程を，横軸に体積 V，縦軸に温度 T をとって図示せよ。

(4)　A→B，B→C，C→A のそれぞれの変化の過程で気体が差し引き吸収した熱量を求めよ。

(5)　状態 B から状態 C への変化の過程において，状態 B から途中のある状態 N までは気体は熱を吸収し続け，状態 N から状態 C までは気体は熱を放出し続ける。状態 N における気体の体積を求めよ。

(6)　A→B→C→A の変化の全過程を熱機関の1サイクルとみたとき，この熱機関の熱効率 η はいくらか。

（日本大　改）

Point

(2)　過程 B→C において，B→M まで温度は上昇し，M→C では温度は下降する。**状態 M の温度を求めるには，B→C 上の任意の状態の温度 T を体積 V の関数として求め，その最大値を求めればよい。**その際，状態方程式と直線 BC の方程式を用いる。

(5)　過程 B→C において，状態 M を超えて気体の温度が下降し出しても，体積が増加しているから，気体は外部に仕事をし，しばらく熱を吸収し続ける。**状態 N の体積を得るには，状態 B から B→C 上の任意の状態 X までに気体が吸収する熱量 Q_X を計算し，Q_X が最大となる体積を求めればよい。**

解　答

(1)　過程 C→A 上の任意の状態において，理想気体の状態方程式は，

$$P_0V = RT \qquad \therefore \quad T = \frac{P_0V}{R} \qquad \cdots\cdots①$$

(2)　過程 B→C 上の任意の状態の圧力を P，体積を V，温度を T とすると，状態方程式は，

$$PV = RT \qquad \cdots\cdots②$$

直線 BC の式は，

$$P - 2P_0 = \frac{2P_0 - P_0}{V_0 - 2V_0}(V - V_0) \qquad \cdots\cdots③$$

②，③式より P を消去して，

$$T = -\frac{P_0}{RV_0}V^2 + \frac{3P_0}{R}V$$

$$= -\frac{P_0}{RV_0}\left(V - \frac{3}{2}V_0\right)^2 + \frac{9P_0V_0}{4R} \qquad \cdots\cdots④$$

④式より，$V = \frac{3}{2}V_0$ で T は最大となるから，求める状態 M での体積 V_M は，

$$V_M = \frac{3}{2}V_0$$

(3)　過程 A→B：$V = V_0$ で，$T_A = \frac{P_0V_0}{R}$ から $T_B = \frac{2P_0V_0}{R}$ へ温度上昇。

過程B→C：④式より，$T_{\rm B}=\dfrac{2P_0V_0}{R}$ から最高温度 $T_{\rm M}=\dfrac{9P_0V_0}{4R}$ を経て，$T_{\rm C}=\dfrac{2P_0V_0}{R}$ まで上に凸な放物線を描く。

過程C→A：①式にしたがって，定圧変化をする。

これより，図2を得る。

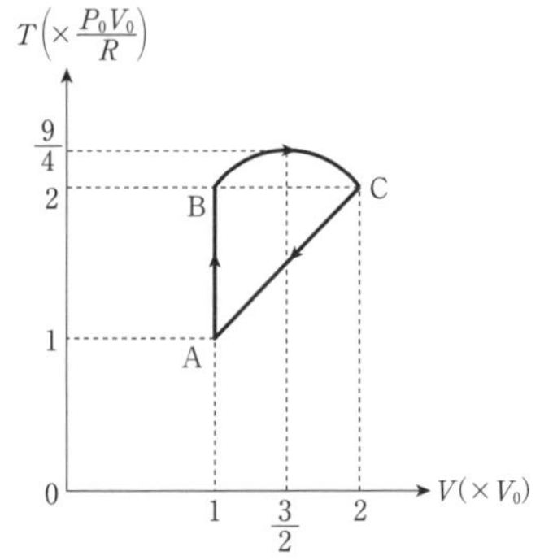

図2

(4) 過程A→Bは定積変化だから，

$$Q_{\rm AB}=C_v\varDelta T=\frac{3}{2}R(T_{\rm B}-T_{\rm A})=\underline{\frac{3}{2}P_0V_0}$$

状態BとCは等温だから，$\varDelta U_{\rm BC}=0$ である。よって，

$$Q_{\rm BC}=W'_{\rm BC}=▨=\frac{1}{2}(2P_0+P_0)(2V_0-V_0)$$
$$=\underline{\frac{3}{2}P_0V_0}$$

状態BからCまで変化する間，気体のする仕事 $W'_{\rm BC}$ は，気体の圧力を P，体積を V とすると，

$$W'_{\rm BC}=\int_{\rm B}^{\rm C}PdV$$

で与えられる。いまの場合，この積分値は，本問図1の線分BCの下側の台形の面積に等しい。

過程C→Aは定圧変化だから，

$$Q_{\rm CA}=C_p\varDelta T=\frac{5}{2}R(T_{\rm A}-T_{\rm C})=\underline{-\frac{5}{2}P_0V_0}$$

(5) 過程B→C上の任意の状態Xでの圧力を P，体積を V，温度を T とすると，B→Xまでの内部エネルギーの変化 $\varDelta U_{\rm X}$，気体がした仕事 $W'_{\rm X}$ は，それぞれ，

$$\varDelta U_{\rm X}=\frac{3}{2}RT-\frac{3}{2}RT_{\rm B}=\frac{3}{2}PV-3P_0V_0$$

$$W'_{\rm X}=\frac{1}{2}(2P_0+P)(V-V_0)$$

熱力学第1法則より，B→Xで吸収した熱量 $Q_{\rm X}$ は，

$$Q_{\rm X}=\varDelta U_{\rm X}+W'_{\rm X}$$

ここで，直線BCの式③を用いて P を消去すると，

$$Q_{\rm X}=-\frac{2P_0}{V_0}V^2+\frac{15}{2}P_0V-\frac{11}{2}P_0V_0$$
$$=-\frac{2P_0}{V_0}\left(V-\frac{15}{8}V_0\right)^2+\frac{49}{32}P_0V_0$$

これより，$V=\dfrac{15}{8}V_0$ で $Q_{\rm X}$ は最大になることがわかる。$Q_{\rm X}$ が増加すると，気体は熱を吸収し，$Q_{\rm X}$ が減少すると，熱を放出する。よって，求める状態Nの体積 $V_{\rm N}$ は，

$$V_{\rm N}=\underline{\frac{15}{8}V_0}$$

(6) 各過程で気体のした仕事 $W'_{\rm AB}$，$W'_{\rm BC}$，$W'_{\rm CA}$ は，それぞれ，A→Bは定積変化だから，$W'_{\rm AB}=0$，$W'_{\rm BC}=$ 直線BCの下側の台形の面積，$W'_{\rm CA}=-$(直線CAの下側の長方形の面積)。よって，1サイクルの仕事 W' は(図3)，

$$W'=\triangle{\rm ABC}\text{の面積}=\frac{1}{2}P_0V_0$$

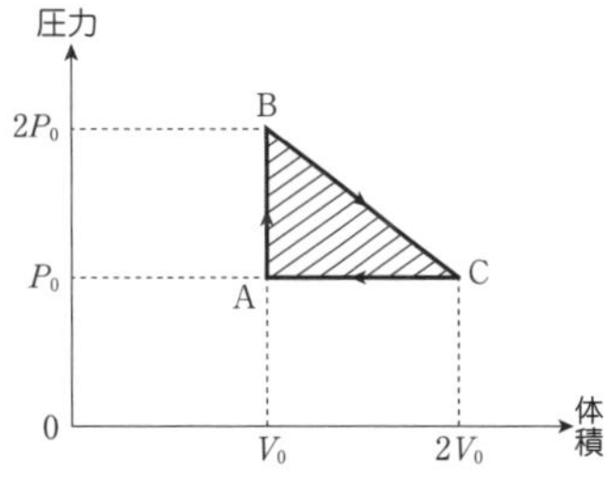

図3

$Q_{\rm CA}=-\dfrac{5}{2}P_0V_0<0$(放出)であるから，この熱機関が1サイクルの間に熱を吸収する過程は，A→B→Nである。よって，その間に吸収した熱量 Q は，

$$Q=Q_{\rm AB}+Q_{\rm Xmax}=\frac{3}{2}P_0V_0+\frac{49}{32}P_0V_0=\frac{97}{32}P_0V_0$$

$$\therefore\quad \eta=\frac{W'}{Q}=\underline{\frac{16}{97}}$$

問題 2.6　2つの容器内の気体

摩擦なく動くピストンK_1, K_2を備えた同形の容器S_1, S_2を体積が無視できる細いパイプでつなぎ，容器全体に1モルの単原子分子理想気体を封入した装置(図1)について考えよう。2つの容器はパイプでつながっているので，気体の圧力は装置内のどこでも同一になる。

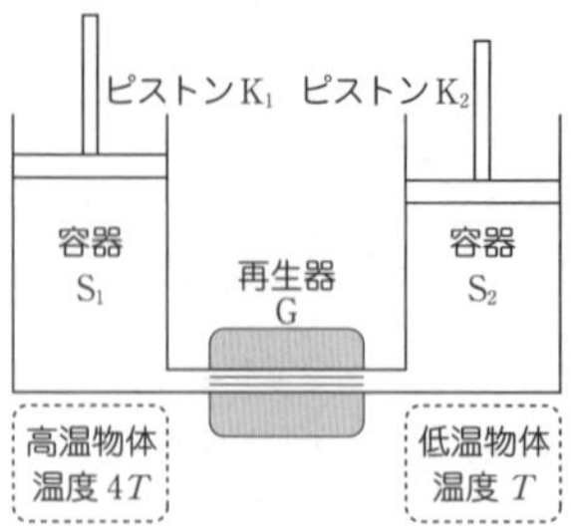

図1

容器S_1は高温物体に，S_2は低温物体に接し，容器内の気体の温度はそれぞれ絶対温度$4T$, Tに保たれている。高温物体，低温物体と接している面を除き，容器およびピストンは熱を通さない素材でできている。

パイプには，容器内の気体とだけ熱をやりとりする「再生器」と呼ばれる装置Gが備えられている。再生器Gはエネルギーを蓄えており，容器S_2からS_1に移動する気体を温度Tから$4T$に加熱，S_1からS_2に移動する気体を$4T$からTに冷却し，加熱時に放出した熱を冷却時に回収する。

図の装置について次の4つの状態を考えよう。ただし，気体定数をRとする。

状態A：容器S_1, S_2内の気体の体積が等しくVである状態(総体積は$2V$)。このときの装置内の気体の圧力をp_0とする。

状態B：気体の圧力が状態Aと変わらずp_0で，装置内の気体の総体積が$3V$になった状態。

状態C：気体の圧力が$p_0(1-x)$となり，装置内の気体の総体積が状態Bと変わらず$3V$の状態。ただし，実数xは$0<x<1$を満たし，圧力の変化率を表す。

状態D：気体の圧力が状態Cと変わらず$p_0(1-x)$で，装置内の気体の総体積が$2V$になった状態。

(1)　状態Aの圧力p_0を，T, VおよびRで表せ。

(2)　状態Bにおける容器S_1内の気体の体積を，T, V, Rのうち適当なものを用いて表せ。

(3)　状態Cにおける容器S_1内の気体の体積を，T, V, x, Rのうち適当なものを用いて表せ。

(4)　2つのピストンを同時にゆっくりと動かし，圧力をp_0に保ちながら，装置の状態をAからBに変える。このとき，装置全体が外にした仕事W_{AB}およびピストンK_1に気体がした仕事Y_{AB}を，T, V, x, Rのうち適当なものを用いて表せ。

(5)　2つのピストンを同時にゆっくりと動かし，総体積を$3V$に保ちながら，装置の状態をBからCに変える。この際に装置全体が外にした仕事W_{BC}およびピストンK_1に気体がした仕事Y_{BC}を，T, V, x, Rのうち適当なものを用いて表せ。ただし，xは1より十分小さいとする。必要があれば，気体の体積変化ΔVが小さいときに気体がした仕事は，変化前の圧力pを用いて$p\Delta V$と与えられることを利用せよ。

装置の状態を，圧力を一定に保ちながらAからB，総体積を一定に保ちながらBからC，再び圧力を一定に保ちながらCからDにゆっくりと変え，さらに総体積を一定にしてDからAにゆっくりと戻す過程をサイクルA→B→C→D→Aと呼ぼう。このサイクルについて考えよう。

(6)　圧力の変化率xが1より十分小さいとする。装置の状態をサイクルA→B→C→D→Aにしたがって変化させるとき，装置全体が外にした仕事WおよびピストンK_1に気体がした

仕事 Y を，T，V，x，R のうち適当なものを用い，x^2 に比例する項を無視して求めよ。必要があれば，近似式 $\dfrac{ax+bx^2}{1-x} \fallingdotseq ax$（ただし，$a$，$b$ は定数）を用いよ。

(7) 装置の状態をサイクル A→B→C→D→A にしたがって変化させるとき，装置が高温物体から受け取る熱量 Q を求めよう。再生器のはたらきのため，一連の状態変化の際に，容器 S_2 から S_1 に移動した気体の量と，容器 S_1 から S_2 に移動した気体の量が等しいとき，容器 S_1 内の気体が容器 S_2 内の気体および再生器 G から受け取る熱量と，S_1 内の気体が S_2 内の気体および G に放出する熱量は等しい。このことと熱力学の第1法則を利用し，熱量 Q を，W_{AB}，W_{BC}，W_{CD}，W，Y_{AB}，Y_{BC}，Y_{CD}，Y のうち適当なものを用いて表せ。ただし，状態変化 C→D に伴い装置全体が外にした仕事を W_{CD}，ピストン K_1 に気体がした仕事を Y_{CD} とした。

(8) 装置の状態をサイクル A→B→C→D→A にしたがって変化させるとき，装置全体が外にした仕事 W を，装置が高温物体から受け取る熱量 Q で割った量を，このサイクルの効率と呼ぶ。(6)，(7)の結果を利用し，効率を求めよ。

（早稲田大）

Point

容器 S_1，S_2 内の気体の圧力は等しく，温度はそれぞれ $4T$ と T に保たれ，モル数の和が1であること，さらに，容器内の気体の総体積に注意して各容器内の状態方程式を立てる。x が1に比べて十分小さいことから，気体のする仕事を，x の2乗以上の項を無視する近似で求める。

解　答

(1) 状態 A で容器 S_1 と S_2 内の気体のモル数をそれぞれ n_1，n_2 とすると，状態方程式

$$S_1 : p_0V = n_1R\cdot 4T,\quad S_2 : p_0V = n_2RT$$

および，$n_1+n_2=1$ より，

$$p_0 = \underline{\frac{4RT}{5V}},\quad n_1 = \frac{1}{5},\quad n_2 = \frac{4}{5}$$

(2) 状態 B で，容器 S_1 と S_2 内の気体の体積をそれぞれ V_1，V_2，モル数をそれぞれ n_1'，n_2' とすると，状態方程式

$$S_1 : p_0V_1 = n_1'R\cdot 4T,\quad S_2 : p_0V_2 = n_2'RT$$

および，$V_1+V_2=3V$，$n_1'+n_2'=1$ に，(1)の結果を用いて，

$$V_1 = \underline{\frac{7}{3}V},\quad V_2 = \frac{2}{3}V,\quad n_1' = \frac{7}{15},\quad n_2' = \frac{8}{15}$$

(3) 状態 C で，容器 S_1 と S_2 内の気体の体積をそれぞれ V_1'，V_2'，モル数をそれぞれ n_1''，n_2'' とすると，状態方程式

$$S_1 : p_0(1-x)V_1' = n_1''R\cdot 4T$$
$$S_2 : p_0(1-x)V_2' = n_2''RT$$

および，$V_1'+V_2'=3V$，$n_1''+n_2''=1$ より，

$$V_1' = \underline{\frac{7-12x}{3(1-x)}V}$$

(4) 気体は定圧であるから，気体が全体としてした仕事 W_{AB} は，

$$W_{AB} = p_0(3V-2V) = p_0V = \underline{\frac{4}{5}RT}$$

ピストン K_1 に気体のした仕事 Y_{AB} は，

$$Y_{AB} = p_0\left(\frac{7}{3}V-V\right) = \frac{4}{3}p_0V = \underline{\frac{16}{15}RT}$$

(5) 気体全体の体積変化が0だから，気体が全体としてした仕事は，$W_{BC} = \underline{0}$

ピストン K_1 に気体のした仕事 Y_{BC} は，

$$Y_{BC} = p_0\left\{\frac{7-12x}{3(1-x)}V-\frac{7}{3}V\right\}$$
$$= -\frac{4x}{3(1-x)}RT \fallingdotseq \underline{-\frac{4}{3}xRT}$$

(6) 1サイクルで気体が全体としてした仕事 W は，

$$W = W_{AB}+W_{BC}+W_{CD}+W_{DA}$$
$$= p_0V+0+p_0(1-x)(2V-3V)+0$$
$$= xp_0V = \underline{\frac{4}{5}xRT}$$

状態 D で，容器 S_1 と S_2 内の気体の体積をそれぞれ V_1''，V_2''，モル数をそれぞれ n_1'''，n_2''' とすると，状態方程式

$$S_1 : p_0(1-x)V_1'' = n_1'''R\cdot 4T$$
$$S_2 : p_0(1-x)V_2'' = n_2'''RT$$

および，$V_1''+V_2''=2V$，$n_1'''+n_2'''=1$ より，

$$V_1''=\frac{3-8x}{3(1-x)}V$$

1サイクルで気体がピストン K_1 にした仕事 Y は，

$$Y=Y_{AB}+Y_{BC}+Y_{CD}+Y_{DA}$$
$$\fallingdotseq\frac{4}{3}p_0V-\frac{5}{3}xp_0V+p_0(1-x)(V_1''-V_1')+p_0(1-x)(V-V_1'')$$
$$\fallingdotseq\frac{4}{3}p_0V-\frac{5}{3}xp_0V+\left(-\frac{4}{3}+3x\right)p_0V$$
$$=\frac{4}{3}xp_0V=\underline{\frac{16}{15}xRT}$$

(7) 1サイクルで，容器 S_1 と S_2 内の気体の温度とモル数は元に戻る。このとき，題意により，S_1 内の気体が S_2 内の気体および再生器から受け取る熱量と放出する熱量は等しい。したがって，S_1 内の気体に関する熱力学第1法則より，S_1 内の気体が高温物体から受け取った熱量 Q は，ピストン K_1 にした仕事 Y に等しい。よって，$Q=\underline{Y}$

(8) (6)，(7)の結果より，熱効率は，

$$\frac{W}{Q}=\frac{W}{Y}=\frac{\frac{4}{5}xRT}{\frac{16}{15}xRT}=\frac{3}{4}=\underline{0.75}$$

問題 2.7　比熱比の測定

理想気体が断熱変化をするとき，気体の圧力 p と体積 V の間には，ある量 γ を用いて，

$$pV^{\gamma}=一定$$

の関係が成立する。

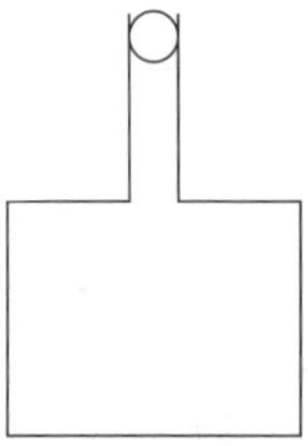

図1

図1は，γ を測定するための概念図である。容器の中には，定積モル比熱が C_V の理想気体が n モル入っている。容器の上部は鉛直方向に真っ直ぐな円管で，その断面積は S である。この管の中には質量 m の球がちょうど隙間なく入っており，なめらかに管内を動くものとする。球が静止の状態にあるとき，容器中の気体の圧力は p，体積は V であった。次に，球に初速度を与えると，球は管内を上下に振動した。このとき，中の気体は外部と熱のやりとりをしないものとする。ただし，気体定数を R とする。

(1) 球が静止の位置から y だけ下がったとき，球にはたらく力はいくらか。下向きを正として求めよ。

(2) 前問(1)の場合，気体の絶対温度(以後，単に温度という)は，静止の状態($y=0$)のときと比べて，いくら変化するか。

以下では，球の振動にともなう気体の体積変化は，容器全体の体積に比べて非常に小さいとする。また，α が1に比べて非常に小さい($|\alpha|\ll1$)とき，近似公式

$$(1+\alpha)^{\beta}\fallingdotseq1+\alpha\beta \quad (\beta：任意の実数)$$

が成り立つことを用いてよい。

(3) 球の振動は単振動とみなすことができる。γ を振動の周期 t を用いて表せ。また，管の半径を 6.0×10^{-3}〔m〕，$m=1.0\times10^{-2}$〔kg〕，$V=5.6\times10^{-3}$〔m^3〕，$p=1.0\times10^{5}$〔N/m^2〕として，$\gamma=1.4$ とわかっている空気を用いて実験すると，測定される振動の周期 t はいくらになるか。

(4) 球が静止の位置から y だけ下がったとき，中の気体に対してなされた仕事 W を，(2)で求めた温度変化の式を用いて，y に比例する形に表せ。

(5) 前問(4)の結果と気体の体積変化が小さいことを用いて，γ の表式を導け。　(京都大　改)

Point

球にはたらく力のつり合いおよび球の運動方程式を題意にしたがってつくればよい。その際，近似計算を確実に実行できるようにしておこう。

(2)　温度変化を求めるには，ポアソンの式 $pV^{\gamma}=$一定 と状態方程式を組み合わせてもよいし，**$TV^{\gamma-1}=$一定を用いてもよい。** 問題文に $pV^{\gamma}=$一定 が与えられているときでも，「$TV^{\gamma-1}=$一定 が成り立つ」とことわれば，$TV^{\gamma-1}=$一定 を用いてよい。

解　答

本問は，気体を断熱的に単振動させ，その周期を測定することにより，気体の比熱比 γ を求めようという問題である。比熱比によって，分子の振動エネルギーがどの程度量子論的に凍結されるのかがわかるため，分子構造の量子力学的な微妙な問題を理解するのに役立つことになる。

(1)　大気圧を p_0，球が y だけ下がったときの気体の圧力を p' とする。

重力加速度の大きさを g とすると，球が静止しているときの力のつり合いの式，球が y だけ下がる前後のポアソンの式は，それぞれ，

$$p_0S+mg=pS,\quad pV^{\gamma}=p'(V-Sy)^{\gamma}$$

これらより，球にはたらく力 f は，

$$f=p_0S+mg-p'S=\underline{pS\left\{1-\left(\frac{V}{V-Sy}\right)^{\gamma}\right\}}$$

(2)　球が y だけ下がる前後の気体の温度を，T，T' とすると，それぞれの状態方程式は，

$$pV=nRT,\quad p'(V-Sy)=nRT'$$

これより，温度変化 $\varDelta T$ は，

$$\varDelta T=T'-T=\frac{1}{nR}\{p'(V-Sy)-pV\}$$

$$=\underline{\frac{pV}{nR}\left\{\left(\frac{V}{V-Sy}\right)^{\gamma-1}-1\right\}}$$

(3)　球の運動方程式は，

$$m\ddot{y}=pS\left\{1-\left(\frac{V}{V-Sy}\right)^{\gamma}\right\}$$

$$=pS\left\{1-\left(1-\frac{Sy}{V}\right)^{-\gamma}\right\}$$

$$\fallingdotseq pS\left\{1-\left(1+\gamma\frac{Sy}{V}\right)\right\}=-\gamma\frac{pS^2}{V}y$$

これは，単振動を表す運動方程式であり，これより，周期 t は，

$$t=2\pi\sqrt{\frac{mV}{\gamma pS^2}}\qquad\therefore\quad \gamma=\underline{\frac{4\pi^2mV}{pS^2t^2}}$$

$$t=\frac{2\pi}{\pi\times(6.0\times10^{-3})^2}\sqrt{\frac{1.0\times10^{-2}\times5.6\times10^{-3}}{1.4\times1.0\times10^{5}}}$$

$$\fallingdotseq \underline{1.1\,[\mathrm{s}]}$$

(4)　内部エネルギーの変化を $\varDelta U$ とする。熱力学第1法則より，気体のなされた仕事 W は，

$$W=\varDelta U=nC_v\varDelta T$$

$$=nC_v\frac{pV}{nR}\left\{\left(\frac{V}{V-Sy}\right)^{\gamma-1}-1\right\}$$

$$=nC_v\frac{pV}{nR}\left\{\left(1-\frac{Sy}{V}\right)^{-(\gamma-1)}-1\right\}$$

$$\fallingdotseq \underline{\frac{(\gamma-1)C_vpS}{R}y}$$

(5)　気体の体積変化が小さいから，気体のされる仕事は $W\fallingdotseq pSy$ と表される[1)]。よって，(4)の結果と比較して，

$$\frac{(\gamma-1)C_vpS}{R}=pS\qquad\therefore\quad \gamma=\underline{1+\frac{R}{C_v}}$$

---

1)　この間の気体の圧力変化を $\varDelta p$ とすると，$\varDelta p$ も微小量である。このとき気体がされる仕事 W は，

$$pSy<W<(p+\varDelta p)Sy=pSy+\varDelta p\cdot Sy$$

と表される。ここで，$\varDelta p\cdot Sy$ は微小量の積だから無視して，$W\fallingdotseq pSy$ を得る。

問題 2.8 水蒸気の液化を含む気体の変化

気密でなめらかに動く断熱壁Sで仕切られた2つの密閉容器A，Bがある。Aには，100 ℃，1気圧の水蒸気1 molが入っていて，ごく少量の水と共存している。Bには，同じく100 ℃，1気圧のHeガス1 molが入っている。両者の体積は等しく，断熱壁Sは中央にあるとする。B内にはヒーターがありHeガスに熱を供給することができる。

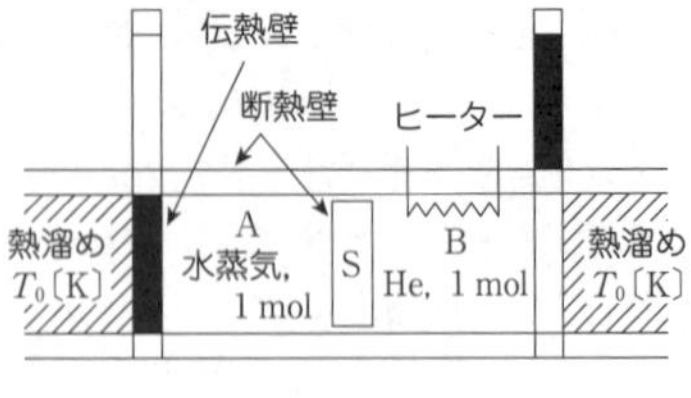

図1

また，Aの左端とBの右端は，断熱壁と伝熱壁の切り換えができるようになっている(図1)。100 ℃を T_0〔K〕，気体定数を R〔J/mol·K〕として，以下の設問に答えよ。

I　容器Bの右端を断熱壁で仕切り，容器Aの左端を100 ℃に保った大きな物体(熱溜め(ねつだめ))に伝熱壁を介して接触させ，熱の移動ができるようにした。この状態で，Heガスにゆっくり熱を与えたところ，断熱壁Sは徐々に左方へ移動し，水蒸気は定圧のまま液化を始めた。断熱壁Sがほぼ左端に達し，ちょうどすべての水蒸気が液化したところでB内のヒーターを切った。

(1)　この状態でのHeガスの絶対温度および内部エネルギーはそれぞれいくらか。ただし，液化したH_2Oの体積は無視でき，Heガスは単原子分子理想気体とする。

(2)　断熱壁Sが左端に達するまでにHeガスがなした仕事はいくらか。

(3)　この状態に達するまでにヒーターから供給された熱量はいくらか。

(4)　左端の伝熱壁を通って，熱溜めへ流れ出た熱量を求めよ。ただし，水蒸気が液化する際の内部エネルギーの減少量を L〔J/mol〕(>0)とする。

II　次にこの状態で容器Aの左端を断熱壁に切り換えて熱をしゃ断し，容器Bの右端を伝熱壁に切り換えて100 ℃の熱溜めに接触させ，熱の移動ができるようにした(図2)。すると，断熱壁Sは徐々に動き始め，左端から少し離れた位置で止まった。

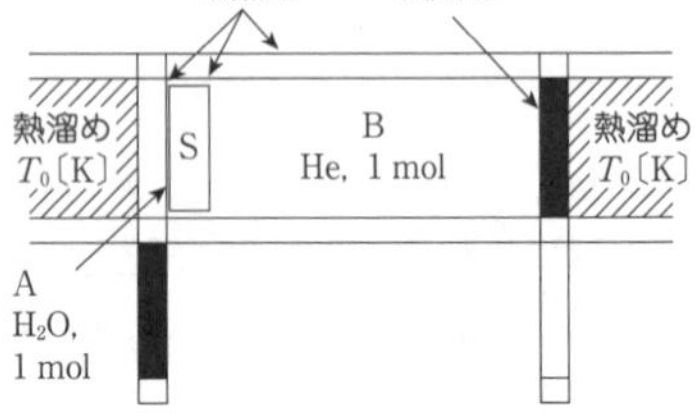

図2

(1)　熱的平衡に達するまでに容器Bの右端から熱溜めに流れ出た熱量はいくらか。ただし，断熱壁の移動によりHeガスが受けた仕事は W〔J〕(>0)とする。

(2)　この最終状態における容器A，Bを合わせた系全体の内部エネルギーは，図1の初期状態にくらべてどれだけ変化したか。

(東京大)

Point

水蒸気の液化という見慣れない題材を扱っているが，問題文に素直にしたがって解答すれば難しくはない。その際，熱力学第1法則，すなわち，エネルギー保存則に注意して考察を進める。

ヒーターから熱を加え，断熱壁Sが左に動くと水蒸気が液化し，左の壁についてしまうと，水蒸気はすべて水になる。このとき，Heガスの圧力は1気圧で温度は $2T_0$〔K〕である。次に，右壁が伝熱になり，Sが右に動き出すと，Heガスは熱を放出し，その圧力は1気圧より低下する。一方，水は気化を始め，水蒸気の温度は100 ℃より低くなり，その飽和水蒸気圧も1気圧より下がる。最終的に，Heガスが100 ℃になり，Heガスの圧力と(水の飽和)水蒸気圧が等しくなったところで，断熱壁Sは止まる。

解答

I(1)　水蒸気は定圧のまま液化したのだから，Heガスの圧力も一定である。よって，シャルルの

法則より，He ガスの温度は，$2T_0$〔K〕

He ガスは単原子分子理想気体であるから，定積モル比熱は $\frac{3}{2}R$ である。よって，内部エネルギー U は，

$$U = \frac{3}{2}R(2T_0) = 3RT_0\text{〔J〕}$$

(2) はじめの He ガスの圧力を p_0，体積を V_0 とすると，状態方程式は，

$$p_0V_0 = RT_0$$

He ガスは一定圧力 p_0 で体積 V_0 だけ増加したのであるから，その仕事 W' は，

$$W' = p_0V_0 = RT_0\text{〔J〕}$$

(3) He ガスは，温度 T_0 から $2T_0$ まで定圧変化をしたのだから，定圧モル比熱 $\frac{5}{2}R$ を用いて，供給された熱量 Q_1 は，

$$Q_1 = \frac{5}{2}R(2T_0 - T_0) = \frac{5}{2}RT_0\text{〔J〕}$$

(4) 水蒸気には，断熱壁 S から W' の仕事(He ガスのした仕事)がなされ，内部エネルギーが L だけ減少したのであるから，熱力学第 1 法則より，熱溜めに流れ出た熱量 Q_2 は，

$$Q_2 = L + W' = L + RT_0\text{〔J〕}$$

Ⅱ(1) He ガスの温度は再び T_0 になるから，その内部エネルギーは $U_0 = \frac{3}{2}RT_0$ となる。右の熱溜めに流れ出た熱量 Q_3 は，熱力学第 1 法則より，

$$Q_3 = (U - U_0) + W = \frac{3}{2}RT_0 + W\text{〔J〕}$$

(2) 系全体は外部に対して仕事をしない。また，系が吸収した熱量は $Q = Q_1 - Q_2 - Q_3$ だから，内部エネルギーの変化は Q に等しい。

$$Q = -(L + W)$$

∴ $L + W$〔J〕だけ減少した

One Point Break マクスウェルの悪魔

表題「マクスウェルの悪魔」というのは，マクスウェルが 1871 年に書いた書物の中で述べた想像上の悪魔であり，実在する悪魔ではない。

図 1 のように，断熱壁でつくられた 2 つの部屋 A，B の中に，同じ種類で同じ温度の気体が入っており，部屋の間のドアに悪魔がいる。いま決まった速さ v_0 を考え，A の中から飛んできた気体分子が v_0 より大きければドアを開けて B の中へ入れ，v_0 より小さければドアを閉じてしまう。逆に，B の中から飛んできた気体分子の速さが v_0 より小さければドアを開けて A の中に入れ，v_0 より大きければドアを閉じてしまう。

こうすると，部屋 A の中の気体分子の速さは平均として遅くなり，A 内の気体の温度は低下する。一方，B 内の気体分子の速さは速くなり，温度は上昇する。そこで同じ温度の気体が，自然に高温と低温の気体に分かれ，それらの温度差は時間と共に増大することになる。これは熱力学第 2 法則に反し，全体のエントロピーは減少することになる……。なぜであろう？

この問題のポイントは，悪魔が気体分子の速さを判断するところにある。詳しく考察すると，その判断の過程で，部屋 A，B 内全体のエントロピーは増大してしまい，熱力学第 2 法則に反しないことがわかる。

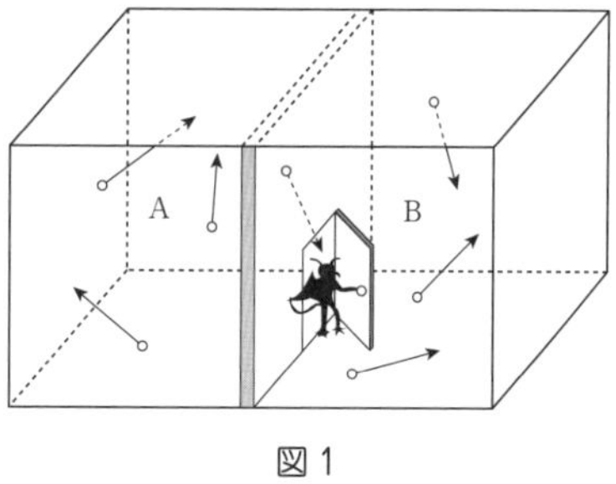

図 1

問題 2.9　ピストンで隔てられた2室中の気体

底面積 S の円筒状容器を鉛直に立て，その内部に図1のようななめらかに動くピストンを挿入し，A部にはヘリウムガス，B部には窒素ガスを入れる。窒素ガスの一部が液化し，液体窒素と共存する場合，窒素ガスの圧力はその温度で決まる飽和蒸気圧になっている。ピストンおよび容器を通してAB間の熱の移動はなく，ピストンの質量は M であった。気体は理想気体であるとし，気体定数を R，重力加速度を g として，以下の設問に答えよ。ただし，液体窒素の体積は無視できるものとする。

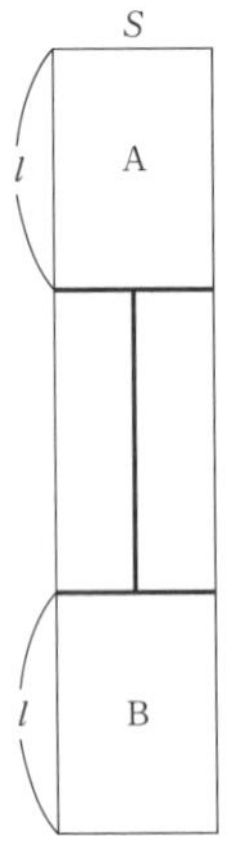

図1

(1)　はじめに，ヘリウムガスの絶対温度(以下，単に温度という)を T_H，窒素ガスの温度を T_N にしておく。このとき，図1のA部およびB部の高さはそれぞれ l であり，B部の底には少量の液体窒素がたまっていた。温度 T_N における窒素ガスの飽和蒸気圧を p_0 とすると，A部のヘリウムガスの圧力およびモル数はいくらか。

(2)　次に，窒素ガスの温度を T_N に保ちながら，ヘリウムガスの温度を T_H から $\frac{2}{3}T_H$ にゆっくり冷却した。そのときちょうどB内の液体窒素がすべて蒸発した。

(イ)　ピストンは上昇するか，下降するか。また，その移動距離はいくらか。

(ロ)　A部のヘリウムガスがピストンからされた仕事はいくらか。

(ハ)　A部から外部に流出した熱量はいくらか。

(3)　いま，$S = 0.10$〔$\mathrm{m^2}$〕，$M = 100$〔kg〕，$l = 1.0$〔m〕，$T_H = 300$〔K〕，$T_N = 77$〔K〕とする。$\frac{2}{3}T_H = 200$〔K〕になったA部に熱の出入りがないようにして，B部を77Kから72Kまでゆっくり冷却すると，B部の底には再び少量の液体窒素がたまり，A部の高さは1.1mになった。ただし，77Kと72Kにおける飽和蒸気圧は，$p_0 = 1.0\times10^5$〔$\mathrm{N/m^2}$〕，および $\frac{p_0}{2} = 0.50\times10^5$〔$\mathrm{N/m^2}$〕であり，$g = 9.8$〔$\mathrm{m/s^2}$〕とする。

(イ)　このとき，A部のヘリウムガスの温度はいくらか。

(ロ)　この過程でヘリウムガスがピストンにした仕事はいくらか。

(大阪大　改)

Point

B内に液体窒素が存在するか，ちょうどなくなるまでは，**窒素ガスの圧力はそのときの温度の飽和蒸気圧に等しい。B部の温度が変化すれば，窒素ガスの圧力は，対応する飽和蒸気圧に変化する。**ピストンにはたらく力のつり合いとボイル-シャルルの法則をうまく活用しよう。

解 答

(1)　B内の窒素ガスの圧力は飽和蒸気圧 p_0 に等しいから，A内のヘリウムガスの圧力 p_A は，ピストンのつり合いより，

$$p_0S = p_AS+Mg \qquad \therefore\ p_A = p_0-\frac{Mg}{S}$$

モル数を n とすると，状態方程式より，

$$p_ASl = nRT_H \qquad \therefore\ n = \frac{p_ASl}{RT_H} = \frac{(p_0S-Mg)l}{RT_H}$$

(2)　窒素ガスの温度を T_N に保ち，液体窒素がちょうど蒸発するまで変化させたのであるから，この間，B内の窒素ガスは温度 T_N における飽和蒸気圧 p_0 に等しい。よって，ピストンにはたらく力のつり合いより，A内のヘリウムガスは定圧変化をする。

(イ)　温度が $\frac{2}{3}T_H$ のときのA部の高さを l' とすると，シャルルの法則より，

$$l' = l\times\frac{\frac{2}{3}T_H}{T_H} = \frac{2}{3}l$$

よって，ピストンは，$l-l'=\dfrac{1}{3}l$ だけ上昇する。

(ロ)　ヘリウムガスがされた仕事を W とすると，

$$W=p_{\mathrm{A}}S(l-l')=\frac{1}{3}p_{\mathrm{A}}Sl=\frac{1}{3}(p_0S-Mg)l$$

(ハ)　ヘリウムガスが定圧変化するときの温度減少を $\varDelta T$，体積減少を $\varDelta V=\dfrac{1}{3}Sl$ とすると，状態方程式より，

$$p_{\mathrm{A}}\varDelta V=nR\varDelta T$$

が成り立つ。このとき，流出した熱量 Q は，

$$Q=\frac{5}{2}nR\varDelta T=\frac{5}{2}p_{\mathrm{A}}\cdot\frac{1}{3}Sl=\frac{5}{6}(p_0S-Mg)l$$

(3)　B 部の温度が 77 K から 72 K になれば，それにしたがって窒素ガスの圧力 p_0 は，対応する飽和蒸気圧 $\dfrac{p_0}{2}$ へ変化する。

(イ)　窒素ガスが 72 K のときの A 内のヘリウムガスの圧力 p_{A}' は，窒素ガスの飽和気圧 $\dfrac{p_0}{2}$ を用いて，

$$p_{\mathrm{A}}'=\frac{p_0}{2}-\frac{Mg}{S}$$

となる。求める温度を T' とおくと，ボイル-シャルルの法則より，

$$nR=\frac{p_{\mathrm{A}}S\times\frac{2}{3}l}{\frac{2}{3}T_{\mathrm{H}}}=\frac{p_{\mathrm{A}}'S\times1.1l}{T'}$$

$$\therefore\quad T'=T_{\mathrm{H}}\times\frac{p_{\mathrm{A}}'S}{p_{\mathrm{A}}S}\times1.1=T_{\mathrm{H}}\times\frac{\frac{p_0S}{2}-Mg}{p_0S-Mg}\times1.1$$

$$=147\fallingdotseq150\,[\mathrm{K}]$$

(ロ)　断熱変化であるから，ヘリウムガスの内部エネルギーの減少分 $\varDelta U$ が外部にした仕事 W' に等しい。よって，温度減少分を $\varDelta T'=\dfrac{2}{3}T_{\mathrm{H}}-T'$ として，

$$W'=-\varDelta U=\frac{3}{2}nR\varDelta T'$$

$$=\frac{3}{2}\frac{(p_0S-Mg)l}{T_H}\left(\frac{2}{3}T_{\mathrm{H}}-T'\right)$$

$$=2390\fallingdotseq2.4\times10^3\,[\mathrm{J}]$$

問題 2.10 気体密度の高度依存性

図1のような底面積 S〔m^2〕, 高さ h〔m〕の直方体の容器の中に気体が閉じ込められている。容器は温度 T〔K〕に保たれており, それにより気体の温度も T〔K〕に保たれている。気体は単原子理想気体として扱うものとする。気体原子1個の質量を m〔kg〕, 気体定数を $R = 8.31$〔J/mol·K〕, アボガドロ数を $N_A = 6.02\times10^{23}$〔mol^{-1}〕とする。以下の設問に答えよ。

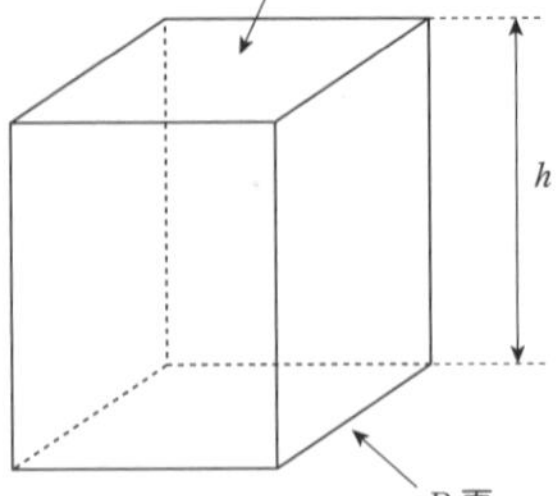

図1

(1) 容器中の気体の密度は一定であるとする。一様な気体では, 気体のモル密度(以下, 単に密度と呼ぶ) n〔mol/m^3〕と温度 T〔K〕が決まれば圧力 P〔N/m^2〕が決まり, この圧力は容器中のどの部分でも同じである。

$T = 300$〔K〕, $P = 1.0\times10^5$〔N/m^2〕(= 1気圧)のとき, 気体原子は1 m^{3}あたり何個存在するか。有効数字2桁で答えよ。

(2) 重力がはたらいている場合, 気体は一様でなくなり, 気体の圧力は底面からの高さに依存するようになる(重力加速度の大きさは g〔m/s^2〕で, 向きは底面に垂直下方とする)。その結果として, 容器の上面Aでの圧力 P_A〔N/m^2〕と底面Bでの圧力 P_B〔N/m^2〕は異なる値になる。

P_A, P_B と容器中の気体の全質量 M〔kg〕との間の関係式を求めよ。

(3) 重力がはたらいている場合には, 気体の圧力だけでなく, 密度も底面からの高さに依存するようになる。容器の上面のごく近くの領域での気体の密度を n_A〔mol/m^3〕, 底面のごく近くの領域での密度を n_B〔mol/m^3〕とする。ここで「ごく近くの領域」とは, 原子的尺度から見れば十分に厚く, 日常的尺度から見れば十分に薄い厚さの領域のことである。この n_A と n_B の関係を求めるために, 容器を仮想的に高さ方向に L 等分して考えることにする。図2のように, 上面A, 等分面, 底面Bを $i = 0, 1, 2, \cdots, L$ と番号づけし, 各 i 番目の面のごく近くの領域での気体は, 密度 n_i〔mol/m^3〕と圧力 P_i〔N/m^2〕をもっているものとする。ただし, $n_0 = n_A$, $n_L = n_B$, $P_0 = P_A$, $P_L = P_B$ と約束する。

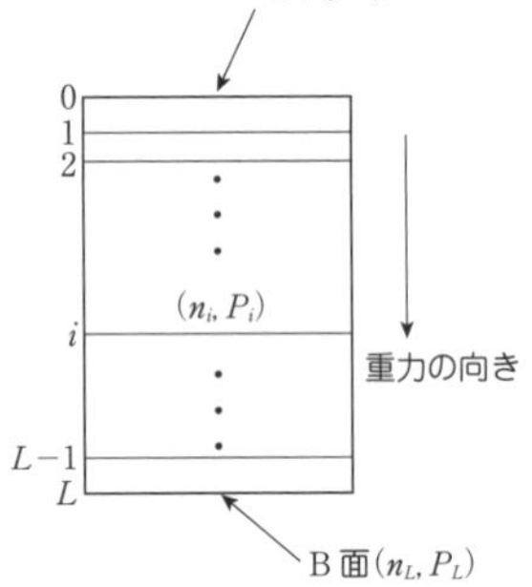

図2

(イ) P_i と n_i の間に成立する関係式を求めよ。

(ロ) 分割数 L を大きくとると, $(i-1)$番目の面と i 番目の面で挟まれる領域の内部では気体の密度変化が無視できるほど小さくなり, この部分を平均密度 $\overline{n_i}$ をもつ一様気体として扱うことができる。この平均密度を, 領域の上面付近での値 n_{i-1} と下面付近での値 n_i の平均に等しいと考えて, $\overline{n_i} = \dfrac{n_{i-1}+n_i}{2}$ とおく。このとき, P_{i-1} と P_i の間の関係式を求めよ。ただし, $1 \leqq i \leqq L$ とする。

(ハ) (イ)と(ロ)の結果に基づいて, 比 $\dfrac{n_i}{n_{i-1}}$ を m, g, h, L, N_A, R, T を用いて表せ。ただし, $1 \leqq i \leqq L$ とする。

(ニ) (ハ)の結果より, n_A と n_B の間の関係が得られる。$L \to \infty$ として, 比 $\dfrac{n_A}{n_B}$ の極限値を求めよ。ただし, 指数関数 e^x(e は自然対数の底)に関する公式 $\displaystyle\lim_{L\to\infty}\left(1+\frac{x}{L}\right)^L = e^x$ を用いてよい。

(大阪大)

Point

高度が $\frac{h}{L}$ だけ異なる点での圧力差を，その間の気体にはたらく力のつり合いより求め，密度の比を計算する。与えられた指数関数の式をうまく活用しよう。

解　答

(1)　底面積 S，高さ h の直方体容器中には，nSh〔mol〕の気体があるから，状態方程式は，

$$P\cdot Sh = nSh\cdot RT \qquad \therefore \quad n = \frac{P}{RT} \quad \cdots\cdots①$$

これより，1 m³ 中の気体の原子数は，

$$nN_A = \frac{N_A P}{RT} = \frac{6.02\times10^{23}\times1.0\times10^5}{8.31\times300}$$
$$= \underline{2.4\times10^{25}}〔個〕$$

(2)　容器の上面Aは気体に下向きに圧力 P_A，下面Bは上向きに圧力 P_B を及ぼすから，気体全体にはたらく力のつり合いより，

$$\underline{P_A S + Mg = P_B S}$$

(3)(イ)　高さ $\frac{h}{L}$ の領域中の気体について考えれば，①式と同様に，

$$\underline{P_i = n_i RT} \quad \cdots\cdots②$$

(ロ)　この領域中の原子数は，$\overline{n_i}S\frac{h}{L}N_A$ であるから，この気体にはたらく力のつり合いより，

$$P_{i-1}S + \overline{n_i}S\frac{h}{L}N_A mg = P_i S$$

$$\therefore \quad \underline{P_i - P_{i-1} = \frac{\overline{n_i}N_A mgh}{L}} \quad \cdots\cdots③$$

(ハ)　②式を③式へ代入して，

$$(n_i - n_{i-1})RT = \frac{n_{i-1}+n_i}{2}\cdot\frac{N_A mgh}{L}$$

$$\therefore \quad n_i\left(2RT - \frac{N_A mgh}{L}\right) = n_{i-1}\left(2RT + \frac{N_A mgh}{L}\right)$$

これより，

$$\frac{n_i}{n_{i-1}} = \underline{\frac{2RT + \frac{N_A mgh}{L}}{2RT - \frac{N_A mgh}{L}}} \quad \cdots\cdots④$$

(ニ)　④式の左辺は i によらないから，

$$\frac{n_A}{n_B} = \frac{n_0}{n_1}\cdot\frac{n_1}{n_2}\cdots\frac{n_{i-1}}{n_i}\cdots\frac{n_{L-1}}{n_L}$$

$$= \left(\frac{2RT - \frac{N_A mgh}{L}}{2RT + \frac{N_A mgh}{L}}\right)^L = \frac{\left(1 - \frac{N_A mgh}{2RT\cdot L}\right)^L}{\left(1 + \frac{N_A mgh}{2RT\cdot L}\right)^L}$$

$$\xrightarrow{(L\to\infty)} \frac{e^{-\frac{N_A mgh}{2RT}}}{e^{\frac{N_A mgh}{2RT}}} = \underline{e^{-\frac{N_A mgh}{RT}}}$$

ここで，ボルツマン定数 $k = \frac{R}{N_A}$ を用いると，$\frac{n_A}{n_B} \to e^{-\frac{mgh}{kT}}$ となる。これより，高度と共に**指数関数的に分子数**，すなわち，**気体の密度が減少する**ことがわかる。

解　説

大気の圧力と温度の高度依存性

本問では大気の温度は一定としたが，実際には，高度と共に大気の温度は低下する。ここでは，大気の温度が高度と共にどのように低下するのか考え，それが密度変化にどの程度影響するのかを見てみよう。

大気中の空気は，主に酸素 O_2 と窒素 N_2 の混合気体であるが，その組成は高度によらずほぼ一定とみなせるので，空気を 1 mol の平均質量が M の1種類の理想気体とみなすことにしよう。以下では，重力加速度の大きさ g は高度によらず一定で，気体定数を R とする。

1．高度の上昇に伴う大気圧の低下

大気中に，断面積 S，高さ Δh の円柱を考える(図3)。地表面から高さ h の点での大気の圧力を P，温度(絶対温度)を T，高さ $h+\Delta h$ の点での圧力を $P+\Delta P$，温度を $T+\Delta T$ とする。円柱内の大気にはたらく力のつり合いは，Δh，ΔP，ΔT をすべて微小量とし，この間の大気の質量密度(単位体積あたりの質量) ρ の変化を無視すると，

$$(P+\Delta P)S + \rho S\Delta h\cdot g = PS$$

$$\therefore \quad \Delta P = -\rho g\Delta h \quad \cdots\cdots⑤$$

高さ h の点で質量 m の大気の体積を V とすると，

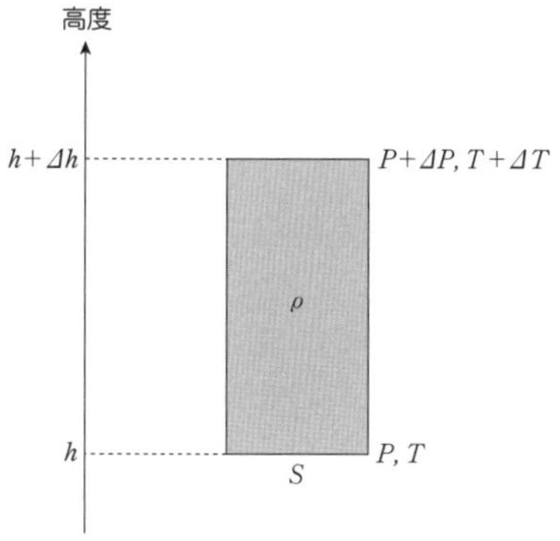

図3

理想気体の状態方程式は，モル数 $\dfrac{m}{M}$ を用いて，

$$PV=\frac{m}{M}RT$$

であるから，この点での大気の質量密度 $\rho=\dfrac{m}{V}$ は，

$$\rho=\frac{MP}{RT} \quad \cdots\cdots ⑥$$

となる。

⑥式を⑤式へ代入して，高度変化 $\varDelta h$ に対する圧力変化 $\varDelta P$ の式

$$\varDelta P=-\frac{MgP}{RT}\varDelta h \quad \cdots\cdots ⑦$$

を得る。

いま，大気の温度が高度によらず一定であるとする。⑦式の両辺を P で割って積分すると，

$$\int\frac{dP}{P}=-\frac{Mg}{RT}\int dh$$

$$\therefore \quad \log P=-\frac{Mg}{RT}h+B \quad (B：積分定数)$$

となる。ここで，初期条件「$h=0$ のとき，$P=P_0$」より，$B=\log P_0$ と定めて，

$$P=P_0e^{-\frac{Mgh}{RT}} \quad \cdots\cdots ⑧$$

を得る。⑥式より圧力 P は質量密度 $\rho=nM$ に比例し，$M=N_{\mathrm{A}}m$ であることから，⑧式は本問の最後の結果に一致していることがわかる。

2. 高度の上昇に伴う温度の低下

対流圏での大気は，絶えず上昇・下降を繰り返している。また，気体の熱伝導率は，問題 2.2 で見たように小さいので，大気は断熱的に変化すると考えられる。そこで，大気中の 1 mol の空気に注目し，その上昇に伴う温度変化を考えよう。

まず，1 mol の空気が，高さ h の点から微小な高さ $\varDelta h$ だけ上昇したとき，その前後での状態方程式は，それぞれ，

$$PV=RT \quad \cdots\cdots ⑨$$

$$(P+\varDelta P)(V+\varDelta V)=R(T+\varDelta T)$$

と書ける。これらを辺々引き算し，微小量の積を無視すると，

$$P\varDelta V+V\varDelta P=R\varDelta T \quad \cdots\cdots ⑩$$

となる。

次に，1 mol の空気が上昇する間断熱変化をすることを用いる。空気の定積モル比熱を C_v とすると，熱力学第 1 法則は，微小量の 1 次の項までで，

$$C_v\varDelta T+P\varDelta V=0 \quad \cdots\cdots ⑪$$

となる。⑨，⑩，⑪式から，V と $\varDelta V$ を消去して，

$$\varDelta P=\frac{(C_v+R)P}{RT}\varDelta T \quad \cdots\cdots ⑫$$

を得る。

さらに，⑦，⑫式より $\varDelta P$ を消去して，

$$\varDelta T=-\frac{Mg}{C_v+R}\varDelta h \quad \cdots\cdots ⑬$$

となる。ここで，定圧モル比熱を $C_p=C_v+R$ とし，比熱比 $\gamma=\dfrac{C_p}{C_v}(>1)$ を用いて⑬式を書き直す。

$$\varDelta T=-\frac{(\gamma-1)Mg}{\gamma R}\varDelta h \quad \cdots\cdots ⑭$$

高度上昇に伴う温度低下の大きさは，⑭式から計算される。いま，大気は，酸素約 20 %，窒素約 80 % の混合気体とみなし，1 mol の質量を $M=29\times10^{-3}$〔kg〕と近似しよう。また，酸素と窒素は共に 2 原子分子であるから，$C_v=\dfrac{5}{2}R$，$C_p=\dfrac{7}{2}R$（2.5.2 および 3.5 参照）として，比熱比は $\gamma=1.4$ となる。さらに，$R=8.3$〔J/mol·K〕，$g=9.8$〔m/s²〕を用いると，$\varDelta h=100$〔m〕上昇するごとに，

$$|\varDelta T|=\frac{(\gamma-1)Mg}{\gamma R}\varDelta h$$

$$=\frac{(1.4-1)\times29\times10^{-3}\times9.8}{1.4\times8.3}\times100$$

$$\fallingdotseq 0.98〔\mathrm{K}〕 \quad \cdots\cdots ⑮$$

低下することがわかる。

⑮式の結果は，実測値 0.65 K に比べてかなり大きい。それは，上の計算に，大気中の水蒸気が含まれていないためである。実際にはかなりの水蒸気が含まれ，気温が低下すると，それが液化し潜熱が放出されて温度低下が妨げられるためと考えられている。

また，1. では，大気の温度が一定であるとして大気圧低下の割合を⑦式のように求めたが，$\varDelta h=1000$〔m〕程度では，地表面での温度 $T\sim300$ K に比べて，温度低下が高々 10 K 程度であるため，その影響は小さく，ほとんど無視することができる。

第 3 章

力学的波動

波動には，力学法則から説明できる力学的波動と，電磁気学によって説明できる電磁気的波動(光波)などがある。力学的波動は，媒質の振動が伝わるものであり，単振動など振動論のさらなる応用ということができる。力学的波動には，水の波，弦を伝わる波，音の波など身近な波が多く理解しやすいが，その全体像を記述する波動方程式は，2 階の偏微分方程式になってしまう。そこでここでは，通常の高校物理で行われている直観的な理解に重点を置きながらも，一部に厳密な解析を含めながら議論を進めることにしよう。

理論編

§1　波動という現象

空間の1点に発した振動が次々に隣の部分に伝わっていく現象を**波**(**波動**)といい，波を伝える物質を**媒質**という。

我々の身のまわりには水の波，弦を伝わる波，音波，地震波，光の波などいろいろな波がある。これらの波の中で，実際に媒質が振動し，その振動が伝わる波を**力学的波動**といい，実際の媒質ではないが，電場や磁場が振動し，その振動が伝わる波を**電磁気的波動**という。

第3章では，力学的波動を扱う。ただし，そこに現れる波動としての性質は，多くの場合，電磁気的波動においても同様に成り立つ。

1.1　波とは何か

波動とはどのような現象か。ここでまず，波動の基本的性質から考えていこう。

1.1.1　波の基本

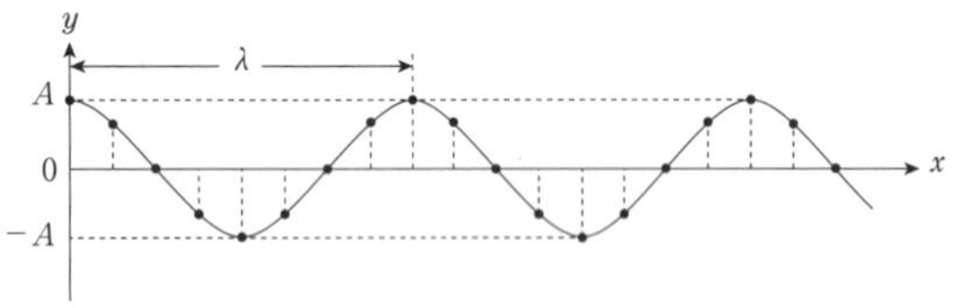

図1.1

空間の各点の媒質の変位 y を縦軸に，各点の媒質のつり合いの位置 x を横軸にとって，ある瞬間 $t=0$ の波形を描くと，図1.1のようになる。波が伝わっているとき，各点の媒質は単振動をしているとみなすことができるから，単振動の場合と同様に，媒質の変位 $y=0$ から最大変位 $y_{\max}$ あるいは最小変位 $y_{\min}$ までの変位の大きさ

$$A = y_{\max} = |y_{\min}|$$

を波の**振幅**といい，1つの波，すなわち，ある時刻における隣り合う最大変位間の距離 λ を**波長**という。媒質が1回振動する間(**周期** T)に波は1波長 λ だけ進むから，波の速さ v と λ，T の間に，

$$\lambda = vT \qquad \cdots\cdots(1.1)$$

の関係が成り立つ。また，媒質が単位時間に振動する回数を波の**振動数**という。したがって，振動数 f は $f=\dfrac{1}{T}$ と表されるから，(1.1)式は，

$$\lambda = \frac{v}{f} \qquad \therefore \quad \boxed{v = f\lambda}$$

となる。上式は波では必ず成り立つ基本的な関係式である。

1.1.2　縦波と横波

波は媒質の振動が伝わる現象であるが，振動方向と波の伝わる方向とは必ずしも一致しているとはいえない。媒質の振動方向と波の伝わる方向が一致している波を**縦波**，媒質の振動方向と波の伝わる方向が垂直な波を**横波**という。変位 y を縦軸に，媒質の振動中心の位置 x を横軸に

とって図 1.1 のようなグラフを描くと，そのグラフは，そのまま横波の波形を表している。波形上の黒丸は，各点の媒質の位置を表している。定常的な波は，図 1.1 のような一定の波形を保ったまま進行していく。

上のように，横波は直観的に理解しやすい。それに対して，縦波は直観的に理解しにくい。縦波では，各点の媒質は，そのつり合いの位置を中心に波の進行方向へ振動している。そこで，振動中心の座標が x である媒質の変位を y として，横軸に x，縦軸に y をとって図 1.2 のようなグラフを描く。このとき，そのグラフは縦波を横波の形に表現したものになる。図 1.2 において，x 軸上の黒丸は，それぞれの媒質の実際の位置を表している。

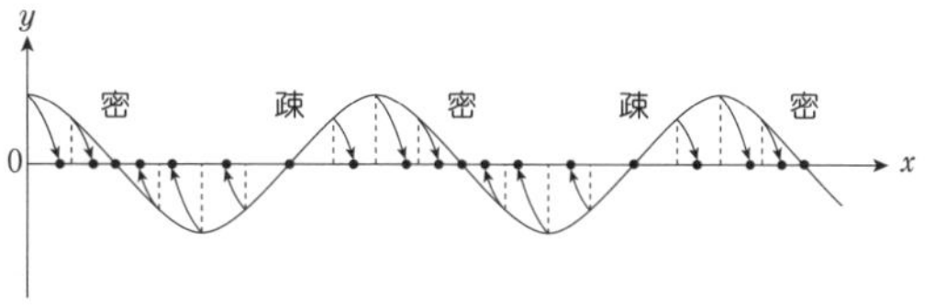

図 1.2

図 1.2 の黒丸の位置からわかるように，縦波では，媒質の密度が高いところ(**密**な位置)と，密度の低いところ(**疎**な位置)が交互に並び，それらが波の速度で進行する。このように，縦波は媒質の疎密が伝わる波であるから，**疎密波**とも呼ばれる。

1.1.3　縦波における媒質の変位と密度の関係

前項で縦波を考えたとき，各点の媒質の変位をグラフ上に記入することによって媒質の密度の疎密を考えたが，ここでは，もう少し定量的に考察してみよう。

図 1.3 のように，断面積 S の円筒の中を，x 軸正方向へ縦波が進行しているとしよう。接近した位置 x_1 と x_2 をつり合いの位置とする媒質の変位を，それぞれ y_1，y_2 とし，波がないときの媒質の密度を ρ_0，位置 x_1+y_1 と x_2+y_2 の間の媒質の密度を $\rho_0+\rho$ とする。波がないときの x_1 と x_2 の間の媒質の質量と，波があるときの x_1+y_1 と x_2+y_2 の間の質量は等しいから，

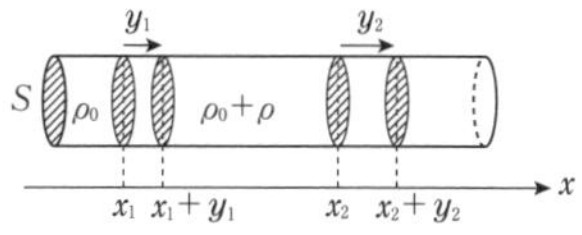

図 1.3

$$\rho_0(x_2-x_1)S=(\rho_0+\rho)\{(x_2+y_2)-(x_1+y_1)\}S$$

が成り立つ。ここで，$K=\dfrac{y_2-y_1}{x_2-x_1}$ とおき，媒質の変位は小さく，K は 1 より十分小さい($|K|\ll 1$)とすると，媒質の密度の変化 $\dfrac{\rho}{\rho_0}$ は，

$$\frac{\rho}{\rho_0}=-\frac{y_2-y_1}{(x_2+y_2)-(x_1+y_1)}=-\frac{K}{1+K}\fallingdotseq -K$$

となる。いま，$(x_2-x_1)\to 0$ とすると，$K\to\dfrac{dy}{dx}$ となることから，

$$\rho\propto-\frac{dy}{dx}\quad(\propto：「比例」を意味する)\qquad\cdots\cdots(1.2)$$

であることがわかる。

例えば，ある時刻における縦波の波形が，

$$y(x)=A\cos kx\ (k\text{ は定数})$$

と表される場合，各点での媒質の密度の平均値 ρ_0 からのずれ $\rho(x)$ は，

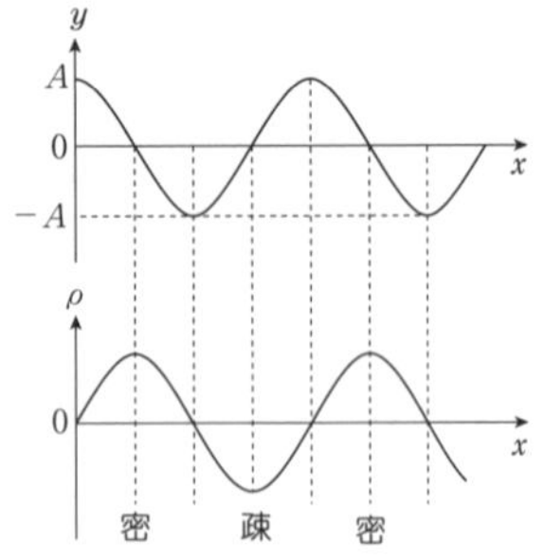

図1.4

$$\rho(x) \propto -\frac{dy}{dx} \propto \sin kx$$

となり，図1.4に示される。図1.4を図1.2と比べてみれば，(1.2)式が確かに媒質の密度変化を与えていることが直観的に理解できるであろう。

1.2　正弦波

一般に媒質の振動は，媒質にはたらく力によって複雑な振動をするのであろうが，媒質の振動が単振動で表される波を**正弦波**という。実際，多くの波は正弦波で表される場合が多い。正弦波は，変位が正弦関数(sin関数)または余弦関数(cos関数)で表現される。

1.2.1　正弦波の式の導出

正弦波の式の導出方法には2通りの方法がある。1つは，ある点での媒質の単振動が順次伝わっていくのが正弦波であると考え，まず単振動を表す式を書き，続いて，任意の位置での変位を求めることによって正弦波の式を求めるものである。他の1つは，ある時刻における正弦的な波形を描き，それを波の進行方向へ平行移動させることによって正弦波の式を求めるものである。そこで，まず前者の方法から具体的に考えていこう。

導出方法〈その1〉

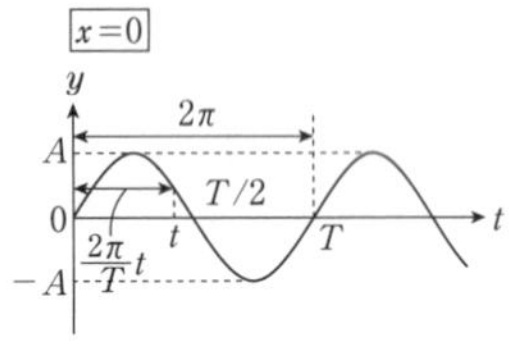

図1.5

波がないとき，原点に存在している(力がはたらかないときの平衡位置が原点である)媒質が，振幅A，周期Tで単振動をしており，その振動が図1.5で与えられるとき，時刻tにおける媒質の変位$y(0,\ t)$はどのような式で与えられるのであろうか。まず，図1.5より変位$y(0,\ t)$が，時刻$t=0$で変位が0であるtのsin関数で与えられることは明らかであろう。1周期だけ時間がたつと位相(sin関数の角度部分)は2πだけ進むので，時刻tでは位相は$2\pi\times\frac{t}{T}=\frac{2\pi}{T}t$だけ進む。したがって，変位$y(0,\ t)$は，

$$y(0,\ t) = A\sin\frac{2\pi}{T}t$$

で表される。

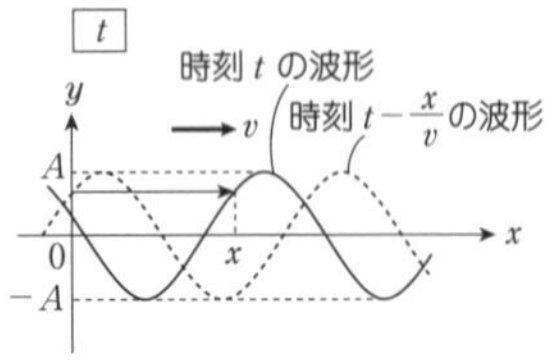

図1.6

いまこの正弦波がx軸正方向へ速さvで伝わっているとして，平衡位置(すなわち，振動中心の位置)がxである媒質の時刻tにおける変位$y(x,\ t)$を求めよう(図1.6)。

$x=0$での媒質の変位は，波の速さvでx軸正方向へ伝わるので，位置xまで伝わるのにかかる時間は$\frac{x}{v}$である。したがって，位置xで時刻tにおける変位$y(x,\ t)$は，原点における時刻$t-\frac{x}{v}$での変位に等しいから，

$$y(x,\ t) = y\left(0,\ t-\frac{x}{v}\right)$$
$$= A\sin\frac{2\pi}{T}\left(t-\frac{x}{v}\right) = A\sin 2\pi\left(\frac{t}{T}-\frac{x}{\lambda}\right) \qquad \cdots\cdots(1.3)$$

と表される。ここで，λは波の波長であり，T，v，λの間に成り立つ関係式

(1.1)を用いた。

(1.3)式は正弦波を表す式であるが，このように，波動を表す式を一般的に**波動関数**という。1次元的な波動すなわち直線的(いまの場合，x軸方向)に進行する波の波動関数は，位置xと時刻tの2つが変数である**2変数関数**となる。さらに一般的にx方向のみならずy方向，z方向へも伝わる波動を考えれば，波動関数は，空間座標x，y，zと時間tの4つが変数である4変数関数となる。従来高校数学で習う関数は，すべて1つの独立変数をもつ関数であるが，波動を表す波動関数は，最も簡単なものでも2変数関数となってしまうため，それを数学的に表現しようとすると，ただちに高校数学の範囲を超えてしまう。そのため，高校物理で波動を考える場合，現象の定性的考察が中心となり，定量的すなわち数式を用いた正確な議論はあまりできないことになる。そこで，本項では，定性的議論を中心としながらも，ある程度数式を用いた定量的議論も加えながら解説していこう。

◗ 導出方法〈その2〉

時刻$t=0$における波形が，図1.7で表されたとする。このときの波形$y(x, 0)$は，位置xの$-\sin$関数で表され，原点$x=0$から1波長λだけ進むと位相は2π進むから，

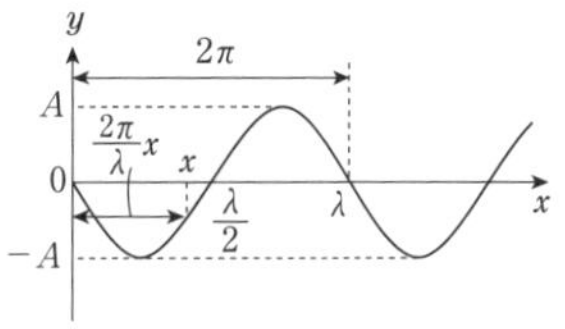

図1.7

$$y(x, 0) = -A\sin\frac{2\pi}{\lambda}x \qquad \cdots\cdots(1.4)$$

と表される。この波がx軸正方向へ速さvで伝わるとする。時間tの間に，波は距離vtだけ移動するから，時刻tにおける波形，すなわち，位置xで時刻tにおける変位を与える式(波の式，波動関数)は，(1.4)式をx方向へvtだけ平行移動して(図1.8)，

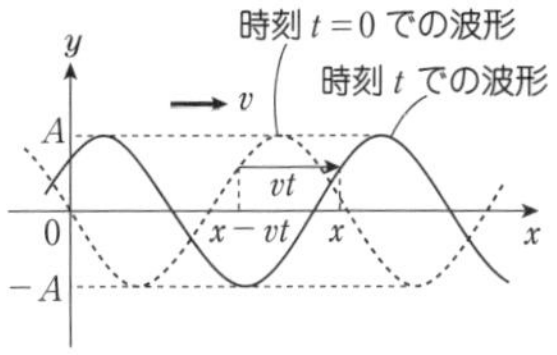

図1.8

$$\begin{aligned} y(x, t) &= y(x-vt, 0) \\ &= -A\sin\frac{2\pi}{\lambda}(x-vt) = A\sin\frac{2\pi}{\lambda}(vt-x) \\ &= A\sin 2\pi\left(\frac{t}{T}-\frac{x}{\lambda}\right) \end{aligned}$$

となる。これは，(1.3)式そのものに他ならない。

1.2.2 波の強さ

媒質中を波が伝播するとき，媒質の振動エネルギー（振動している媒質の運動エネルギーと位置エネルギーの和）は波の速さで波の進行方向へ伝わっていく。いま，単位時間に波の進行方向に垂直な単位面積を通過するエネルギーを**波の強さ**という。

密度ρの媒質中を振幅A，振動数fの正弦波が速さVで伝わる場合を考えよう。媒質を構成する粒子1個の質量をm，単位体積あたりの粒子数をNとする。粒子は単振動しており，その振動中心からの変位がxのとき，粒子にはたらく復元力を$-kx$とする。また，このときの粒子の速さがvであるとすると，粒子の振動エネルギーεは，単振動の振幅がAであるから(図1.9)，

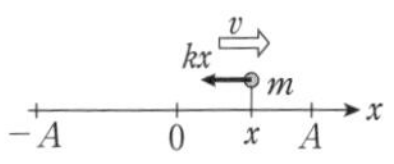

図1.9

$$\varepsilon = \frac{1}{2}mv^2+\frac{1}{2}kx^2 = \frac{1}{2}kA^2$$

となる。ここで，粒子の角振動数をωとすると，εは，

$$k = m\omega^2 = m(2\pi f)^2 \qquad \therefore \quad \varepsilon = 2\pi^2 mf^2A^2$$

と書ける。したがって，媒質の密度(単位体積あたりの質量) $\rho = mN$を用いて，単位体積あたりのエネルギーEは，

$$E = \varepsilon N = 2\pi^2 mNf^2A^2 = 2\pi^2\rho f^2A^2$$

となる。

速さVの波において，単位体積あたりEのエネルギーが速さVで伝わっていくので，単位時間に単位面積を通過するエネルギーIは，

$$I = E\cdot V = 2\pi^2\rho f^2A^2V$$

と表される1)。これより，

波の強さは振幅の2乗と振動数の2乗の積に比例する

ことがわかる。

1) このように，波において，単振動のエネルギーが伝わっていくと考えるのは，厳密には正しくない。なぜなら，単振動の力学的エネルギーは媒質の変位にかかわらずどこでも一定であるが，実際の波では，変位0の点でエネルギーは最大となり，変位最大の点でエネルギーは0となるからである(A.P. フレンチ著『MIT 物理 振動・波動』培風館，p.215～参照)。ただし，波の平均のエネルギーは，厳密に考えても，単純な単振動と考えても同じなので，ここでは，波の強さ(エネルギー)を本文のように考えておく。

1.2.3 正弦波の干渉と定常波

図1.10に示すように，左右から進んできた2つの波A，Bが出合うと，それぞれの波の変位が足し合わされて新たな波形が生まれ，通り過ぎた後は，元の波形のまま進む。このように，

“空間の1点に2つの波が到達したとき，
その点の変位はそれぞれの波の変位の和になる”

これを波の**重ね合わせの原理**という。重ね合わされた波を**合成波**という。また，2つの波が出合う前と出合った後で，それぞれの波形は変わらない。この性質を波の**独立性**という。

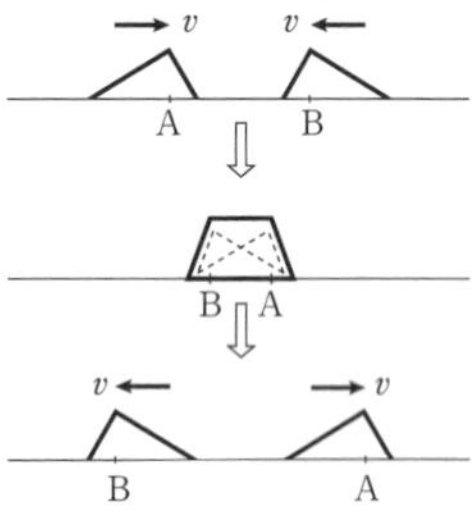

図1.10

2つの波が重ね合わされ，その変位が大きくなり強め合ったり，あるいは，変位が打ち消されて弱め合ったりする現象を波の**干渉**という。

振幅A，周期T，および波長λがいずれも等しい(したがって，波の速さ$v = \dfrac{\lambda}{T}$も等しい)逆向きに進行する正弦波の干渉を考えてみよう。右向きに進行する正弦波

$$y_1(x,t) = A\sin\frac{2\pi}{T}\left(t - \frac{x}{v}\right)$$

と左向きに進行する正弦波

$$y_2(x,t) = A\sin\frac{2\pi}{T}\left(t + \frac{x}{v}\right)$$

の合成波$y(x,t)$は，

$$\begin{aligned} y(x,t) &= y_1(x,t) + y_2(x,t) \\ &= \underbrace{2A\cos\frac{2\pi}{\lambda}x}_{\text{振幅項}}\cdot\underbrace{\sin\frac{2\pi}{T}t}_{\text{振動項}} \end{aligned} \qquad \cdots\cdots(1.5)$$

となる。ここで，三角関数の和積公式

$$\sin\alpha + \sin\beta = 2\sin\frac{\alpha+\beta}{2}\cos\frac{\alpha-\beta}{2}$$

および，$vT = \lambda$ を用いた。

図 1.11 には，$t = 0$，$t = \dfrac{T}{4}$，$t = \dfrac{T}{2}$，$t = \dfrac{3}{4}T$ における $y_1(x, t)$（細い実線），$y_2(x, t)$（破線），$y(x, t)$（太い実線）が示されている。この図からもわかるように，合成波(1.5)は，位置 x によって振幅が決まる波を表している。(1.5)式は，位置 x の媒質が，振幅 $2A\cos\dfrac{2\pi}{\lambda}x$ で，時刻 t と共に $\sin\dfrac{2\pi}{T}t$ で振動することを示しており，後者を**振動項**という。

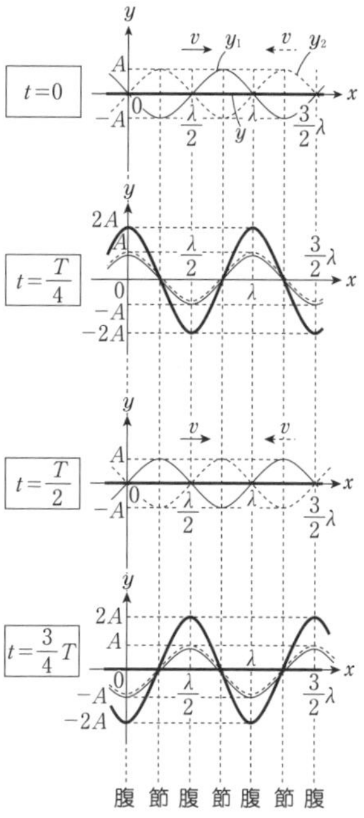

図 1.11

このように，位置 x で振幅が決まり，各点の媒質がすべて同位相で振動する波を**定常波**という。(1.5)式は定常波を表す式である。

定常波において，振幅が 0 となる位置を**節**，振幅が最大（いまの場合，$2A$）となる位置を**腹**という。定常波(1.5)で，節の位置 x_n（n：整数）は，

$$\cos\frac{2\pi}{\lambda}x_n = 0 \qquad \therefore \quad x_n = \left(n+\frac{1}{2}\right)\frac{\lambda}{2}$$

と決められる。よって，節と節の間隔 $\varDelta x$ は，

$$\varDelta x = x_{n+1} - x_n = \frac{\lambda}{2}$$

である。同様に腹と腹の間隔も $\dfrac{\lambda}{2}$ に等しい。

1.3 波の反射と透過

波が媒質の境界面で反射するとき，境界面に力がはたらかず自由に動ける場合，その境界面（端）を**自由端**，境界面が固定され動けない場合，その境界面（端）を**固定端**という。

1.3.1 自由端反射と固定端反射

正弦波が境界面に入射して反射する場合を考えよう。入射波と反射波の速さは等しく，進行する向きは逆向きである。また，それらの波の波長と振動数（周期）は等しい。よって入射波と反射波が重なると，どちら向きにも進行しない**定常波**ができる。そこでまず，波が自由端および固定端で反射するそれぞれの場合について，合成波としての定常波を作図によって求めてみよう。

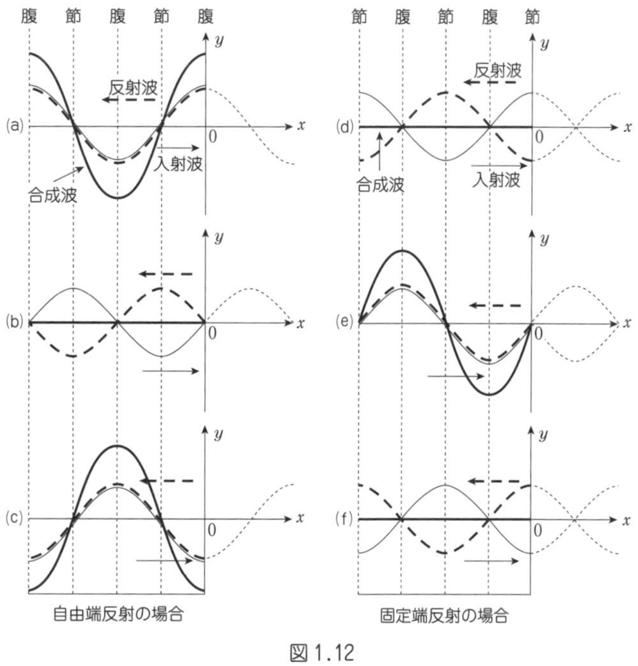

図 1.12

$x = 0$ が自由端の場合，図 1.12 のように，x 軸上 $x < 0$ の領域から $+x$ 方向へ向かった波が $x = 0$ の自由端に入射すると，端は自由に動けるから，入射波の変位がそのまま反射する。すなわち，反射点 $x = 0$ で反射波の**位相**

変化は 0 である。この場合の反射波を作図するには，入射波を端の先($x>0$ の領域)までそのまま延長し，延長した波を y 軸($x=0$)に関して折り返せばよい。図 1.12 では，入射波を細い実線で，反射波を波線で，合成波を太い実線で描いた。また，(a)を時刻 $t=0$ の状態とすると，(b)は時刻 $t=\dfrac{T}{4}$(T：周期)，(c)は $t=\dfrac{T}{2}$ の状態である。

$x=0$ が固定端の場合，端は固定されて動けないから，入射波と反射波の合成の変位はつねに 0 になる。そのため，端 $x=0$ での入射波と反射波の変位はつねに逆符号になる。すなわち，反射波の**位相変化は π** である。この場合の反射波を作図するには，入射波を端の先($x>0$ の領域)まで延長し，その波の変位の符号を逆転させ(波形を x 軸に関して折り返し)，さらに y 軸に関して折り返せばよい。図 1.12 では，(d)を時刻 $t=0$ の状態とすると，(e)は $t=\dfrac{T}{4}$，(f)は $t=\dfrac{T}{2}$ の状態である。

図 1.12 の合成波を見ればわかるように，入射波と反射波が重なると合成波として，入射方向へも反射方向へも進行しない定常波ができる。**自由端反射では，端は**定常波の**腹**に，**固定端反射では，端は**定常波の**節**になる。また，**節と節の間隔および腹と腹の間隔は共に $\dfrac{\lambda}{2}$**（λ：波長）となることも明らかであろう。

例題 3.1　正弦波の反射と定常波

原点 $x=0$ の媒質が振幅 A，周期 T で振動し，時刻 t における変位が，

$$y_1(0,t)=A\sin\frac{2\pi}{T}t$$

と表されるものとする。この振動が図 1.13 のように，x 軸正方向へ伝わり，$x=L(>0)$の端に入射し反射する。入射波も反射波もその伝わる速さは共に v である。

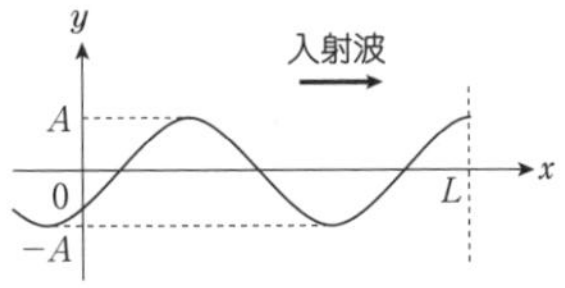

図 1.13

(1)　端 $x=L$ への入射波の式，すなわち，入射波の位置 x で時刻 t における変位 $y_1(x,t)$を求めよ。

(2)　端 $x=L$ が自由端の場合と固定端の場合について，反射波の式，すなわち，反射波の位置 x で時刻 t における変位 $y_2(x,t)$を，それぞれ求めよ。

(3)　合成波の式，すなわち，合成波の位置 x で時刻 t における変位 $y(x,t)$を，端 $x=L$ が自由端の場合と固定端の場合についてそれぞれ求め，固定端の場合，$x=0$ が腹になるための L に対する条件を求めよ。

解答

(1)　原点 $x=0$ の変位が位置 x まで伝わるのに時間 $\dfrac{x}{v}$ だけかかるから，

$$y_1(x,t)=y_1\left(0,t-\frac{x}{v}\right)=\underline{A\sin\frac{2\pi}{T}\left(t-\frac{x}{v}\right)}$$

(2)　入射波の $x=L$ での変位は，

$$y_1(L,t)=A\sin\frac{2\pi}{T}\left(t-\frac{L}{v}\right)$$

である。

（i）　$x=L$ が自由端の場合

$x=L$ での反射波の変位は，入射波の変位に等しく，$x=L$ から x まで伝わるのに $\dfrac{L-x}{v}$ だけ時間がかかるから，反射波の式 $y_2(x,t)$ は，

$$y_2(x,t)=y_2\left(L,t-\frac{L-x}{v}\right)=y_1\left(L,t-\frac{L-x}{v}\right)$$

$$=A\sin\frac{2\pi}{T}\left\{\left(t-\frac{L-x}{v}\right)-\frac{L}{v}\right\}=\underline{A\sin\frac{2\pi}{T}\left(t-\frac{2L-x}{v}\right)}$$

（ii）　$x=L$ が固定端の場合

$x=L$ での反射波の変位は入射波の変位と符号が逆転することが，自由端の場合と異なるだけであるから，反射波の式 $y_2(x,t)$ は，（i）と同様にして，

$$y_2(x,t)=\underline{-A\sin\frac{2\pi}{T}\left(t-\frac{2L-x}{v}\right)}$$

(3)　合成波 $y(x,t)$ は，$y(x,t)=y_1(x,t)+y_2(x,t)$

（i）　自由端の場合

$$y(x,t)=A\sin\frac{2\pi}{T}\left(t-\frac{x}{v}\right)+A\sin\frac{2\pi}{T}\left(t-\frac{2L-x}{v}\right)$$

$$=\underline{2A\cos\frac{2\pi}{T}\frac{L-x}{v}\cdot\sin\frac{2\pi}{T}\left(t-\frac{L}{v}\right)}$$

（ii）　固定端の場合

$$y(x,t)=A\sin\frac{2\pi}{T}\left(t-\frac{x}{v}\right)-A\sin\frac{2\pi}{T}\left(t-\frac{2L-x}{v}\right)$$

$$=\underline{2A\sin\frac{2\pi}{T}\frac{L-x}{v}\cdot\cos\frac{2\pi}{T}\left(t-\frac{L}{v}\right)}$$

固定端反射の場合に，$x=0$ が腹になる条件は，$\left|\sin\dfrac{2\pi}{T}\cdot\dfrac{L}{v}\right|=1$ である。これより，$L>0$ であるから，$n=0,1,2,\cdots$ として，

$$\frac{2\pi}{T}\cdot\frac{L}{v}=\left(n+\frac{1}{2}\right)\pi\qquad\therefore\quad L=\underline{\left(n+\frac{1}{2}\right)\frac{vT}{2}}$$

これは，$vT=\lambda$（波長）であるから，

$$L=\frac{1}{4}\lambda,\ \frac{3}{4}\lambda,\ \frac{5}{4}\lambda,\ \cdots$$

であることを示している。

[別解]

(2)　自由端反射の場合，反射に際し位相が変化せずそのまま反射するのであるから，入射波が反射せずそのまま進行すると考えると，位置 x での反射波の変位は，位置 $L+(L-x)=2L-x$ での入射波の変位に等しい（図 1.14）。よって，

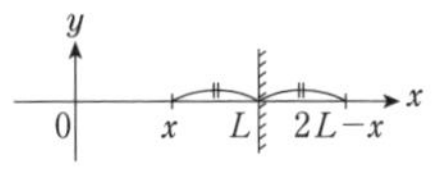

図 1.14

$$y_2(x,t)=y_1(2L-x,t)=\underline{A\sin\frac{2\pi}{T}\left(t-\frac{2L-x}{v}\right)}$$

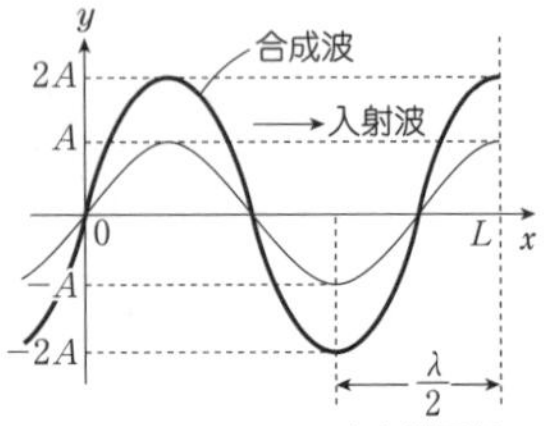

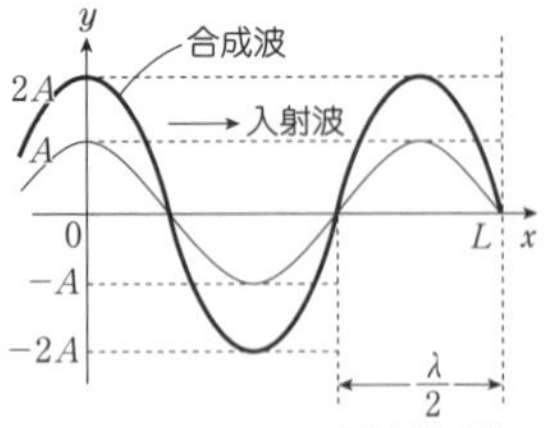

図 1.15

と求められる。

(3)　波の波長を λ とするとき，定常波の節と節の間隔が $\dfrac{\lambda}{2}$，節と腹の間隔が $\dfrac{\lambda}{4}$ であることを考えれば，図 1.15 より，固定端反射で原点 $x=0$ が腹になる条件は，

$$L=\left(n+\frac{1}{2}\right)\frac{\lambda}{2}$$

であることがわかる。

1.3.2　波が反射する場合の位相変化

上で求めたように，自由端反射であるか固定端反射であるかによる位相のずれは 0 か π であった。これは，端が完全に自由に動く自由端か端が全く動かない固定端の場合である。それでは，単に端が動きやすい，あるいは，動きにくいという場合はどうなるのであろうか。そのような場合，反射による位相のずれは，0 と π 以外の値をもつことがあるのであろうか。

実は，一般的に次のようなことが成り立つ。

透過波が存在するとき，反射波の位相の変化は 0 または π のいずれかに限られ，その中間の値をもつことはない。しかし，透過波の存在しな**い全反射では，位相変化は 0 と π の中間の値をとり得る。**

透過波が存在する場合の具体例（光波）は，下巻の「理論物理セミナー15」（反射光の位相変化と反射率）で考えることにし，次の「理論物理セミナー11」では，透過波が存在しない場合（全反射）の位相変化を具体例に即して考察する。

理論物理セミナー11　全反射における位相変化 —弦を伝わる横波の全反射—

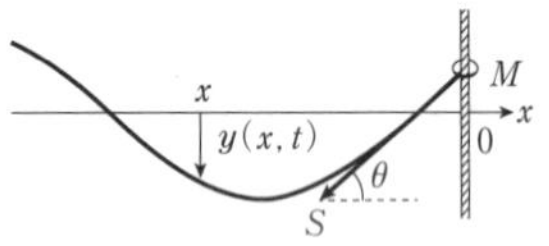

図 1

図 1 のように，線密度 ρ の弦の一端に質量 M のリングをつけ，リングを摩擦のない棒に通して，弦を張力 S で張る。この弦の他端から角振動数 ω，速さ u の正弦波を送ったときの，反射波の位相の変化を考える。

リングのつり合いの位置を原点 $x=0$ とし，弦は領域 $x \leqq 0$ に張られている。時刻 t，位置 x での弦の変位を $y(x, t)$ とする。

(1)　リングにつながれた点で弦が x 軸正方向となす角を θ とすると，

$$\tan\theta=\left.\frac{\partial y}{\partial x}\right|_{x=0}$$

と表される。θ は十分小さい角（$|\theta| \ll 1$）として，まず，リングが棒の方向へ動くときの運動方程式を考えよう。

リングが棒の方向へ受ける力は，$|\theta| \ll 1$ より $\sin\theta \fallingdotseq \tan\theta$ であるから，

$$-S\sin\theta \fallingdotseq -S\tan\theta = -S\left.\frac{\partial y}{\partial x}\right|_{x=0}$$

したがって，リングの運動方程式は，

$$M\left.\frac{\partial^2 y}{\partial t^2}\right|_{x=0} = -S\left.\frac{\partial y}{\partial x}\right|_{x=0} \qquad \cdots\cdots①$$

(2) 入射波の波数を $k=\dfrac{2\pi}{\lambda}$ (λ：波長) として，入射波の式を，

$$y_{\mathrm{i}}(x,t) = A\sin(\omega t - kx)$$

とする。反射波の振幅は変化しない。反射波の角振動数 ω および速さ u は入射波のものに等しいから，反射波の波数 k (波長 λ) も入射波のものに等しい。

反射波は，原点での変位が $-x$ 方向へ速さ $u=\dfrac{\omega}{k}$ で伝わるから[1)]，原点での反射波の位相の遅れを ϕ ($0 \leqq \phi \leqq \pi$) とすると，反射波の式 $y_{\mathrm{r}}(x,t)$ は，

$$y_{\mathrm{r}}(x,t) = A\sin\left\{\omega\left(t+\frac{x}{u}\right)-\phi\right\} = A\sin(\omega t + kx - \phi)$$

(3) 弦の変位 $y(x,t)$ は，

$$y(x,t) = y_{\mathrm{i}}(x,t) + y_{\mathrm{r}}(x,t) \qquad \cdots\cdots②$$

である。②式が，任意の時刻 t において，運動方程式①を満たすはずであることから，$\cos\phi$，$\sin\phi$ の値を求めよう。

$$y(x,t) = y_{\mathrm{i}}(x,t) + y_{\mathrm{r}}(x,t) = A\sin(\omega t - kx) + A\sin(\omega t + kx - \phi)$$

を①式へ代入すると，

$$-MA\omega^2\{\sin\omega t + \sin(\omega t - \phi)\} = SAk\{\cos\omega t - \cos(\omega t - \phi)\}$$

$$\therefore\quad \{M\omega^2(1+\cos\phi) - Sk\sin\phi\}\sin\omega t + \{-M\omega^2\sin\phi + Sk(1-\cos\phi)\}\cos\omega t = 0$$

これが任意の時刻 t で成り立つためには，$\sin\omega t$ と $\cos\omega t$ の係数が共に 0 でなければならない。よって，

$$M\omega^2(1+\cos\phi) - Sk\sin\phi = 0, \quad -M\omega^2\sin\phi + Sk(1-\cos\phi) = 0$$

$t=\dfrac{M\omega^2}{Sk}$ とおくと，

$$\cos\phi = \frac{1-t^2}{1+t^2}, \quad \sin\phi = \frac{2t}{1+t^2}$$

ここで，弦を伝わる横波の速さを u とすると[2)]，

$$u = \sqrt{\frac{S}{\rho}} = \frac{\omega}{k} \qquad \therefore\quad k = \omega\sqrt{\frac{\rho}{S}}$$

これより t は，

$$t = \frac{M\omega}{\sqrt{\rho S}}$$

(4) 反射波の位相の進み ϕ は，ρ と S を一定として，リングの質量 M，横波の角振動数 ω と共にどのように変化するか，定性的に考えよう。

はじめ，ω も一定とする。

$M\to 0$ のとき，$t\to 0$ で $\phi\to 0$ となり**自由端**，M が増加すると，t

1) $u=\dfrac{\omega}{k}$ は，2.2.2 で与えられる波の位相速度である。

2) 弦を伝わる横波の速さ $u=\sqrt{\dfrac{S}{\rho}}$ は，「理論物理セミナー12」で導かれる。

が増加し，ϕ も増加する。$t=1$ で $\phi=\frac{\pi}{2}$ となり，**$M\to\infty$ のとき，$t\to\infty$ で $\phi\to\pi$ となり固定端**となる。$M\to 0$ のとき，端は自由に動くから自由端であり，$M\to\infty$ のとき，端は全く動かないから固定端であることは明らかであろう。

次に M を一定とする。

$\omega\to 0$ のとき，$t\to 0$ となり，$\phi\to 0$，すなわち，弦の振動が十分遅いと，リングは弦とともに動くことができ，弦に対してリングは**自由端**として振る舞う。

ω が増大すると，ϕ も単調に増加し，**$\omega\to\infty$ のとき**，$\phi\to\pi$ となる。すなわち，弦の振動が十分速いと，リングは弦についていくことができず動かなくなり，弦に対してリングは**固定端**として振る舞う[3]。

3)　本セミナーでは，長岡洋介編著『基礎演習シリーズ　振動と波』(裳華房)p.133 を参照した。

1.4　空間内を伝播する波動

これまでは x 軸に沿って伝播する波のみを考えてきたが，一般的に波は3次元空間内を伝播する。そこで，ここでは2次元の平面内あるいは3次元の空間内を伝播する波を考えよう。

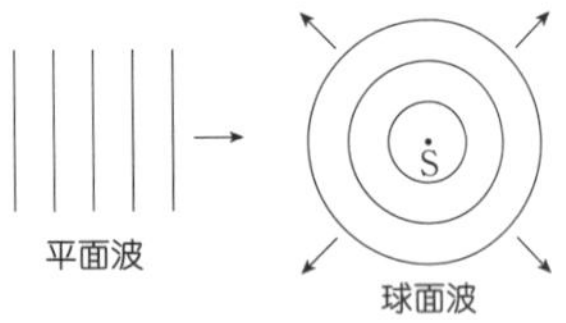

図 1.16

波が3次元空間を伝播する場合を考える。ある時刻において，位相の等しい点を連続的につないでできる面を**波面**，波面に垂直な線を**射線**という。そして，波面が平面になる波を**平面波**，波面が球面になる波を**球面波**という(図1.16)。

ある点Sの媒質が振動してそこから波が周囲に広がっていくとき，点Sを**波源**という。いま，1つの波源から発した波が3次元空間内を球面波として周囲に広がっていくとすると，波が広がるにつれて，波面の単位面積を通過するエネルギーは小さくなる。いま，波源から単位時間あたり E のエネルギーが発生しているとすると，半径 r の球面の波面上では，単位時間に単位面積あたり $\frac{E}{4\pi r^2}$ のエネルギーが通過する。これが波の強さ I に等しいから，

$$I\propto\frac{1}{r^2}$$

となる。波の伝わる速さがどこでも一定であるとすると，波の振幅 A は，

$$A\propto\sqrt{I}\propto\frac{1}{r}$$

となって，波が周囲に広がり，r が大きくなるにしたがって振幅は小さくなる。これを波の**減衰**という。

1.5　ホイヘンスの原理と反射，屈折，回折

1678年，ホイヘンスは，波が伝播しているとき，波の波面上の各点において，伝播してきた波と同じ振動数で同じ速さをもつ2次的な球面波が発生していると考えた。そして，波の進む前方で各2次的球面波に共通する面(包絡面)が新たな波面になって波は伝播するという原理を提

出した。これを**ホイヘンスの原理**という。また，このときの2次的球面波を**素元波**という。

ホイヘンスの原理によって平面波と球面波の伝播する様子を描いたのが図1.17である。この原理を用いると，波の反射，屈折，回折などの現象がうまく説明できる。

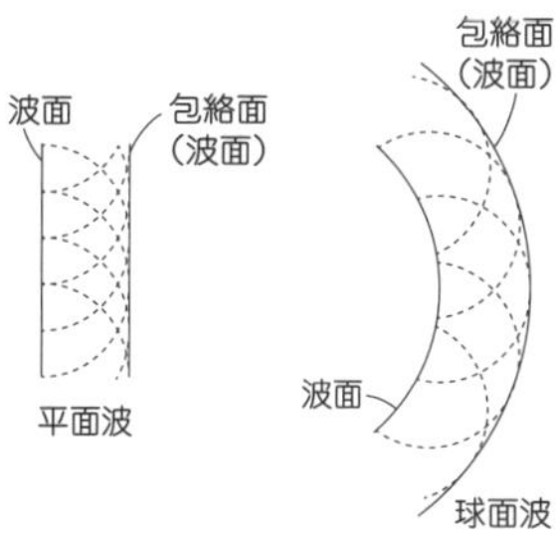

図1.17

1.5.1 波の反射と屈折

波が媒質の境界面に入射すると，一般的に，反射する波と屈折する波が同時に存在する。屈折する波が存在しない場合，入射波は，すべて反射する。これが**全反射**である。図1.18のように，波が媒質の境界面で反射・屈折をするとき，入射波の射線と境界面の法線のなす角を**入射角**，反射波の射線と法線のなす角を**反射角**という。また，屈折波の射線が法線となす角を**屈折角**という。

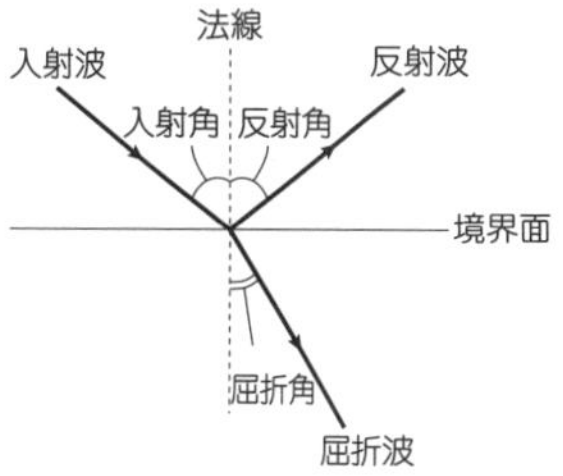

図1.18

◗ 波の反射

波が境界面に入射するとき，**入射角と反射角は等しい**。これを**反射の法則**という。すなわち，入射角を θ，反射角を θ' とするとき，

$$\theta = \theta'$$

が成り立つ。

[ホイヘンスの原理を用いる説明]

反射の法則は，ホイヘンスの原理を用いると，次のように説明できる。

図1.19のように，境界面XYに入射角 θ で入射した速さ v の平面波の波面をABとする。XY上の点Aに入射した波は，直ちにAから反射波の素元波が出る。点Bに入射した波がXY上の点B′に達するまでの時間を t とすると，時間 t の間に点Aから出た素元波はAを中心とする半径 vt の半球面を形づくる。このとき，境界面AB′上の各点から出た素元波もそれぞれ半球面を形づくり，それら素元波の包絡面が反射波の波面になる。したがって，△ABB′と△B′A′Aについて，

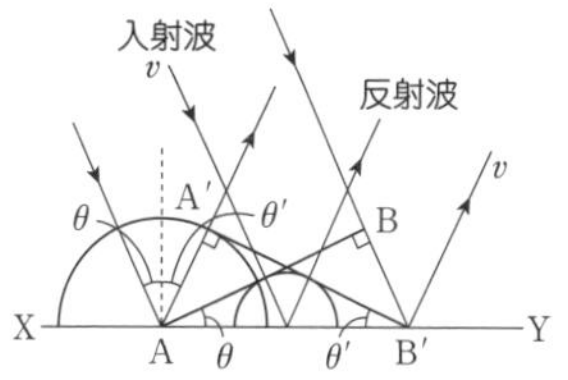

図1.19

$$BB' = AA' = vt$$
$$\angle ABB' = \angle B'A'A = 90°$$
$$\text{辺 } AB' \text{ は共通}$$

より，

$$\triangle ABB' \equiv \triangle B'A'A$$
$$\therefore \quad \angle BAB' = \angle A'B'A$$

となる。また，$\angle BAB' = \theta$，$\angle A'B'A = \theta'$ であるから，

$$\theta = \theta'$$

となる。

◗ 波の屈折

媒質Ⅰの中を伝播してきた波が境界面XYへ入射し，媒質Ⅱの中へ屈折する場合を考えよう。媒質Ⅰ中での波の波長を λ_1，速さを v_1，媒質Ⅱ中での波長を λ_2，速さを v_2 とする。また，境界面XYへの波の入射角を θ_1，屈折角を θ_2 とすると，

$$\frac{\sin\theta_1}{\sin\theta_2} = \frac{v_1}{v_2} = \frac{\lambda_1}{\lambda_2} = n_{12} \quad \cdots\cdots(1.6)$$

が成り立つ。これを**屈折の法則**あるいは**スネル**(Snell)**の法則**という。ここで，(1.6)式で定義される n_{12} を媒質Ⅰから Ⅱへの**相対屈折率**という。

[ホイヘンスの原理を用いる説明]

屈折の法則もホイヘンスの原理を用いると次のように説明される。

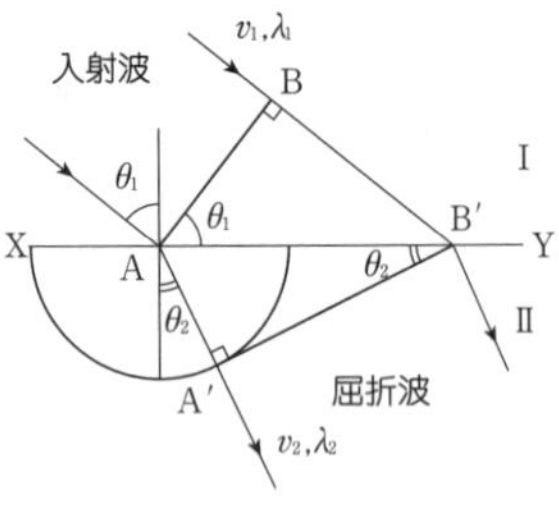

図 1.20

図 1.20 のように，媒質Ⅰの中を波長 λ_1，速さ v_1 で伝播してきた波が，境界面 XY に入射角 θ_1 で入射したときの波面を AB とする。点 B に入射した波が境界面上の点 B′に達するのにかかる時間を t とすると，時間 t の間に点 A から媒質Ⅱの中へ広がる素元波は，半径 v_2t の半球面を形づくる。このとき，境界面 AB′上の各点から出た素元波もそれぞれ半球面を形づくり，それら素元波の包絡面が屈折波の波面になる。いま，$\angle\mathrm{BAB'} = \theta_1$，$\angle\mathrm{A'B'A} = \theta_2$ であり，$\mathrm{BB'} = v_1t$，$\mathrm{AA'} = v_2t$ であるから，

$$\frac{\sin\theta_1}{\sin\theta_2} = \frac{\dfrac{\mathrm{BB'}}{\mathrm{AB'}}}{\dfrac{\mathrm{AA'}}{\mathrm{AB'}}} = \frac{\mathrm{BB'}}{\mathrm{AA'}} = \frac{v_1}{v_2}$$

また，前に説明したように，屈折に際し波の振動数は変化しない。その振動数を f とすると，

$$\frac{v_1}{v_2} = \frac{f\lambda_1}{f\lambda_2} = \frac{\lambda_1}{\lambda_2}$$

波の全反射

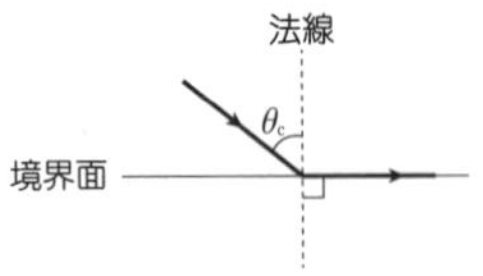

図 1.21

波が境界面に入射して屈折する場合，(1.6)式からわかるように，入射角が大きくなると屈折角も大きくなる。したがって，もし，入射角＜屈折角であると，入射角が 90° に達する前に屈折角が 90° に達してしまう。そうなると，もはや屈折波は存在できなくなる。このように，屈折波が存在せず，入射波がすべて反射する場合を**全反射**という。また，図 1.21 のように，屈折角がちょうど 90° になるときの入射角を**臨界角**という。よって，相対屈折率が n_{12} の場合，臨界角 θ_c は，

$$\frac{\sin\theta_c}{\sin 90^\circ} = n_{12} \qquad \therefore \quad \sin\theta_c = n_{12}$$

1.5.2　波の回折

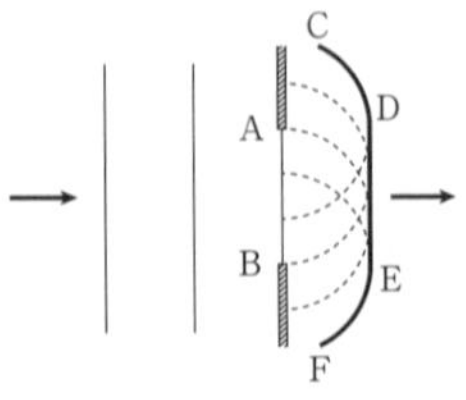

図 1.22

波が隙間や障害物の背後に回り込んで伝わる現象を**回折**という。回折は，ホイヘンスの原理を用いると理解しやすい。

図 1.22 のように，隙間 AB に入射した平面波は，AB を通過後，障害物の背後に回り込んで伝わる。これは，AB 上の各点が新たな波源となって素元波が発生し，その包絡面 CDEF が新たな波面となるからである。

§2 いろいろな波動

我々に最も身近な波動である音波や水面波，弦の振動など，いろいろな力学的な波動現象をまとめて考えてみよう。

2.1 ドップラー効果

音源に対し観測者が相対的に運動しているとき，観測者には音源が発する振動数とは異なる振動数の音が聞こえる。この現象をドップラー効果という。

2.1.1 同一直線上のドップラー効果

風はなく，音源と観測者が同一直線上を運動する場合を考える。

まず注意しなければならないのは，空気中を伝わる音波の速度は，空気に対する速度であり，音速は，空気の温度や組成で決まり，音源の速度によらないということである。したがって，音速は，音源がどちら向きにどのくらいの速さで動いているかということには関係しないのである。

さて一般に，音源が動くと音波の波長が変化し，観測者が動くと観測者に対する相対的音速が変化する。この波長の変化と相対的音速の変化によってドップラー効果は起こる。

音源が動く場合の波長の変化

音速 V の空気中において，音源Sが振動数 f の音を発し続けながら速さ v $(<V)$ で動く場合を考える。音源Sが位置 S_0 で音波を発してから単位時間経過した時刻で音波の球面波の各波面を描いてみよう。音源Sは時刻 $t=0$ に S_0 で音波を発してから1周期後 $t=T$ に S_1 に達し，その1周期後 $t=2T$ に S_2 に達し，…，f 周期後 $t=fT=1$ に S_f に達する。図2.1には，振動数 $f=3$ の場合について，位置 S_0，S_1，S_2 で発した音波の時刻 $t=1$ での波面 W_0，W_1，W_2 が描かれている。時刻 $t=1$ は，音源Sがちょうど位置 S_3 に達した瞬間である。図2.1より，音源の進行方向で音波の波長 λ' は短くなり，後方で音波の波長 λ'' は長くなっていることがわかるであろう。

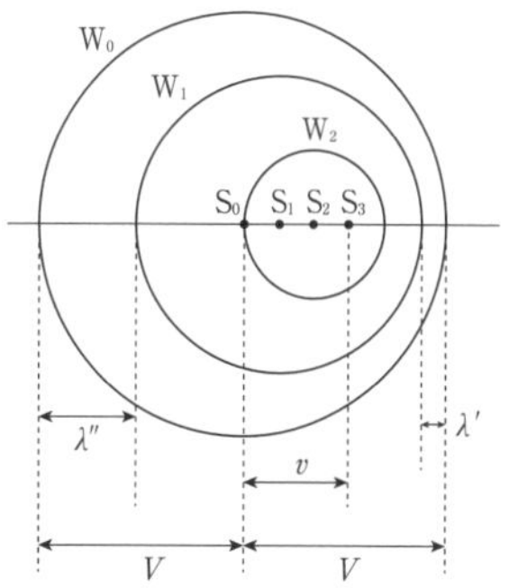

図2.1

一般に振動数 f の場合，図2.1より，音源Sの前方では，距離 $V-v$ の間に f 個の音波が入り，Sの後方では，距離 $V+v$ の間に f 個の音波が入るので，それぞれの波長 λ'，λ'' は，

$$\lambda'=\frac{V-v}{f},\quad \lambda''=\frac{V+v}{f}$$

と求められる。

観測者が動く場合の相対的音速

観測者Oが音波の進行方向へ速さ u $(<V)$ で動いている場合，単位時間にOを通過する音波の長さは，$V-u$ であり，Oが音波の進行方向と逆向きに動

いている場合，Oを通過する音波の長さは$V+u$である(図2.2)。音波の波長をλとすると，それぞれの場合に観測者の聞く音の振動数f'，f''は，

$$f' = \frac{V-u}{\lambda},\quad f'' = \frac{V+u}{\lambda}$$

となる。

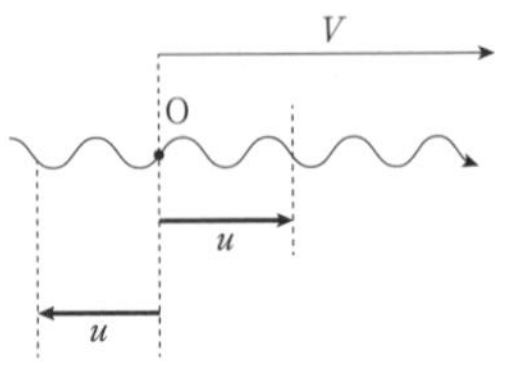

図2.2

ドップラー効果の式

いま，音源Sが観測者Oに向かって速度vで運動し，OがSから速度uで遠ざかっているとすると(図2.3)，Oに達する音波の波長λは，

図2.3

$$\lambda = \frac{V-v}{f}$$

であるから，Oの聞く音波の振動数f'は，

$$f' = \frac{V-u}{\lambda} = \frac{V-u}{V-v}f \quad \cdots\cdots(2.1)$$

と求められる。ここで，速度uとvは音源Sから観測者Oへ向かう向きを正としたので，SがOから遠ざかる場合，$v<0$，OがSに近づく場合，$u<0$となる。

(2.1)式は**ドップラー効果**の式と呼ばれ，右辺の分子は観測者Oに対する**相対的音速**を表し，右辺の分母は音源が動くことにより**変化した波長**に対応する。

2.1.2　斜めドップラー効果

風はなく，音源が静止している観測者に対して斜めの方向へ動く場合を考える。音源Sは直線XY上をXからYの向きに速さvで動きながら振動数fの音を発している。音源Sが時刻$t=0$に点Pにおいて発した音波を，観測者が点Oで聞く際の振動数を求めてみよう(図2.4)。

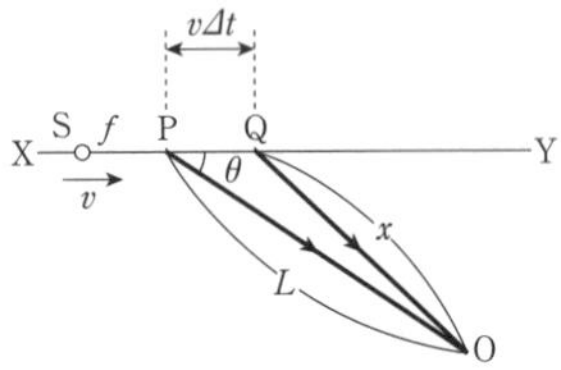

図2.4

時刻$t=\Delta t$における音源Sの位置を点Qとし，$\angle\mathrm{OPY}=\theta$，$\mathrm{OP}=L$，音速を$V\,(>v)$とする。$v\Delta t \ll L$とすると，余弦定理より，

$$\begin{aligned}\mathrm{OQ} = x &= \sqrt{L^2+(v\Delta t)^2-2v\Delta t\cdot L\cdot\cos\theta}\\ &\fallingdotseq L\sqrt{1-\frac{2v\Delta t}{L}\cos\theta}\\ &\fallingdotseq L-v\Delta t\cos\theta\end{aligned}$$

となる。

時刻$t=0$に音源Sが点Pで発した音を観測者が聞く時刻は，$t=\frac{L}{V}$であり，時刻$t=\Delta t$に点Qで発した音を観測者が聞く時刻は，$t=\Delta t+\frac{x}{V}$であるから，この間にSが発した音を観測者が聞く時間$\Delta t'$は，

$$\Delta t' = \Delta t+\frac{x}{V}-\frac{L}{V} = \left(1-\frac{v\cos\theta}{V}\right)\Delta t$$

となる。Δtの間に音源Sが発する音波の波の数と，観測者が$\Delta t'$の間に受け取る音波の波の数は等しいから，観測者が聞く音の振動数f'は，

$$f' = \frac{f\cdot\Delta t}{\Delta t'} = \frac{V}{V-v\cos\theta}f$$

となり，音源Sが静止している観測者に速さ$v\cos\theta$で近づいていると

き，観測者が聞く音の振動数と同じである。

2.2 うなりと群速度

振動数のわずかに異なる音が重なると**うなり**が聞こえる。日常生活の中でしばしば聞くのは，このような音のうなりであるが，うなりは音だけではなく，波動現象一般について起こる現象である。例えば，光についても，振動数のわずかに異なる光が重なると光に関するうなりが生じる。ここでは，音波を中心としながらも，うなり一般について考察しよう。

2.2.1 うなりの振動数

わずかに振動数の異なる波が重なる場合を考える。ある点Oでの2つの波による媒質の変位が，それぞれ，

$$y_1 = A\sin 2\pi f_1 t,\ \ y_2 = A\sin 2\pi f_2 t$$

と表されたとしよう。ここで，A は振幅であり，f_1 と f_2 はわずかに異なる振動数であり，$\dfrac{|f_1-f_2|}{f_1} \ll 1$ を満たしているとする。波の進行方向は，同じ方向(図 2.5(a))でも，逆方向(図 2.5(b))でもよい。合成波の変位 y は，三角関数の和積公式

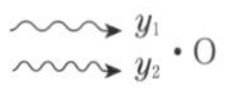

図 2.5(a)

図 2.5(b)

$$\sin\alpha+\sin\beta = 2\sin\frac{\alpha+\beta}{2}\cos\frac{\alpha-\beta}{2}$$

を用いて，

$$\begin{aligned} y &= y_1+y_2 \\ &= \underbrace{2A\cos\left(2\pi\frac{f_1-f_2}{2}t\right)}_{\text{ゆっくり変動する振幅項}}\cdot\underbrace{\sin\left(2\pi\frac{f_1+f_2}{2}t\right)}_{\text{振動項}} \end{aligned}$$

となる。ここで，sin( )は振動数 f_1 と f_2 の平均の振動数で振動する部分を表すが，cos( )は f_1 と f_2 の差が非常に小さいので，ゆっくり変化する部分を表す。そこで，sin( )は，時間 t と共に振動する項であり，cos( )は，振動項に対してゆっくり変化する振幅を表す項と考えられる。

波の強さは振幅の2乗に比例するから，m を整数とすると，以下に示される時刻 $t = t_m$ に音の強さは極大になり，時刻 $t = t_m'$，t_{m+1}' に極小になる(図 2.6)。

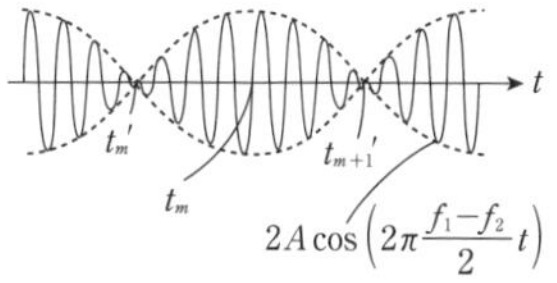

図 2.6

$$\left|\cos\left(2\pi\frac{f_1-f_2}{2}t_m\right)\right| = 1 \qquad \therefore\ \ t_m = \frac{m}{|f_1-f_2|}$$

$$\cos\left(2\pi\frac{f_1-f_2}{2}t_m'\right) = 0 \qquad \therefore\ \ t_m' = \frac{m-\dfrac{1}{2}}{|f_1-f_2|}$$

そこで，うなりの周期は，

$$T = t_{m+1}'-t_m' = \frac{1}{|f_1-f_2|}$$

振動数は，

$$n=\frac{1}{T}=|f_1-f_2|$$

となる。

例題 3.2　動く反射板によるドップラー効果

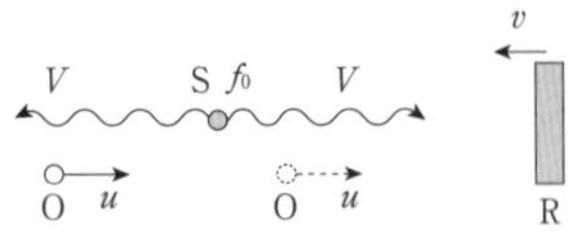

図 2.7

振動数 f_0 の音波を発する音源Sが静止し，Sの右方から反射板Rが速さ v でSに近づいている。また，観測者Oは右向きに速さ u で反射板に近づいている（図 2.7）。観測者Oが，

(1)　左側からSに近づいているとき

(2)　Sの右側で反射板に近づいているとき

に聞くうなりの振動数を，それぞれ求めよ。ただし，音速を V とし，u と v は V より十分小さいとする。

解答

観測者OはSからの直接音とRからの反射音の合成音を同時に聞く。

(1)　Oに対するSからの直接音の相対的音速は $V+u$ であるから，Oが聞く直接音の振動数は，

$$f_1=\frac{V+u}{V}f_0$$

一方，反射板が受け取る音波の振動数は，

$$f_R=\frac{V+v}{V}f_0$$

反射板は左向きに速さ v で動きながら，左向きに振動数 f_R の反射音を発する。観測者Oは，速さ u で右向きに動きながら反射音を聞く。その振動数 f_2 は，Oに対する相対的音速が $V+u$，反射板から発せられる音波の波長が $\frac{V-v}{f_R}$ であるから，

$$f_2=\frac{V+u}{V-v}f_R=\frac{(V+v)(V+u)}{V(V-v)}f_0$$

振動数の近い f_1 と f_2 の音波が重なることにより，観測者Oの聞くうなりの振動数は，

$$n_1=|f_1-f_2|=f_2-f_1=\underline{\frac{2v(V+u)}{V(V-v)}f_0}$$

(2)　Oに対する直接音の相対的音速は $V-u$ であるから，Oが聞く直接音の振動数は，

$$f_3=\frac{V-u}{V}f_0$$

他方，Oが聞く反射音の振動数は変化せず f_2 のままである。したがって，Oが聞くうなりの振動数は，

$$n_2=|f_3-f_2|=f_2-f_3=\underline{\frac{2(u+v)}{V-v}f_0}$$

2.2.2 波束の速度と波の速度—群速度と位相速度—

波長および振動数のわずかに異なる波の重ね合わせを，一般の波の式を用いて考えてみよう。

振幅 A は等しいが，波数 $k\left(=\dfrac{2\pi}{\lambda},\ \lambda:\text{波長}\right)$ と角振動数 $\omega\ (=2\pi f,\ f:$ 波動数)がわずかに異なる x 軸正方向へ伝わる 2 つの波の式を，

$$y_1 = A\sin(k_1x-\omega_1t),\quad y_2 = A\sin(k_2x-\omega_2t)$$

とする。この 2 つの波の合成波の式は，

$$\begin{aligned} y &= y_1+y_2 \\ &= 2A\cos\left(\frac{k_1-k_2}{2}x-\frac{\omega_1-\omega_2}{2}t\right)\cdot\sin\left(\frac{k_1+k_2}{2}x-\frac{\omega_1+\omega_2}{2}t\right) \end{aligned}$$

となる。k_1 と k_2，ω_1 と ω_2 は非常に近い値をもつので，時刻 $t=0$ においてグラフを描くと，図 2.8 のようになる。

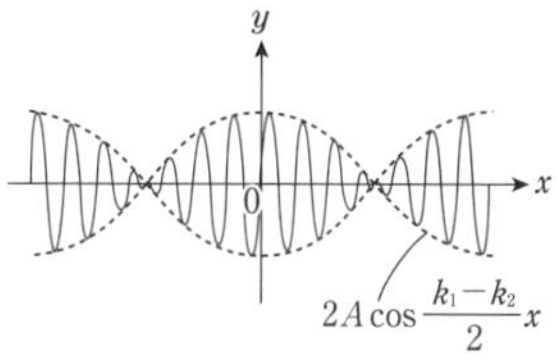

図 2.8

ゆっくり変化する振幅をもつ合成波を**波束**という。波束の速度すなわちゆっくり変化する振幅の速度を**群速度**といい，v_g と表そう。群速度は cos(　)の項の位相が一定になる点の速度であるから，

$$\frac{k_1-k_2}{2}x-\frac{\omega_1-\omega_2}{2}t = C_1 \quad (C_1:\text{定数})$$

とおき，この式の両辺を t で微分すると，

$$\frac{k_1-k_2}{2}\frac{dx}{dt}-\frac{\omega_1-\omega_2}{2} = 0 \qquad \therefore\quad v_g = \frac{dx}{dt} = \frac{\omega_1-\omega_2}{k_1-k_2}$$

となる。ここで，$\omega_1-\omega_2 \to 0$，$k_1-k_2 \to 0$ とすると，

$$v_g = \frac{d\omega}{dk} \qquad \cdots\cdots(2.2)$$

と書ける。したがって，波数 k と角振動数 ω が連続的に変化しているいろいろな波が重ね合わされた波束の速度(群速度)は，(2.2)式で与えられることがわかる。

一方，個々の波の速度を**位相速度**といい，v_k と表す。位相速度は，個々の波の位相が一定になる点の速度であるから，

$$kx-\omega t = C_2\ (=\text{一定})$$

とおき，両辺を t で微分すると，

$$k\frac{dx}{dt}-\omega = 0 \qquad \therefore\quad v_k = \frac{dx}{dt} = \frac{\omega}{k}$$

となる。

2.3 波動方程式と波の速さ

波の式(波動関数)の満たす微分方程式を**波動方程式**という。波動方程式は波の振動数や振幅という，波を起こさせるときの特殊事情によらずに成り立つ方程式であり，媒質の性質で決まる波の速さのみを含む。そのため，媒質の運動方程式を立て，それを波動方程式と比較することにより，いろいろな波の速さを求めることができる。

波動方程式

時刻 $t=0$ における波形が $y=f(x)$ と表され，速さ u で x 軸方向へ伝わる波を考える[1]。ここで，速さ u は媒質によって決まり，波の波長などによらない定数とする。時刻 t における波形は，$t=0$ における波形を ut だけ平行移動すればよいから，$+x$ 方向および $-x$ 方向へ伝わる波に対して，それぞれ，

$$y=f(x-ut),\quad y=f(x+ut)$$

一般に，$+x$ 方向と $-x$ 方向へ同じ速さ u で伝わる波形の異なる波が同時に存在するとき，位置 x での媒質の変位は，重ね合わせの原理により，

$$y=f(x-ut)+g(x+ut) \qquad \cdots\cdots(2.3)$$

で与えられる。

ここで，$s=x-ut$ とおき，$\dfrac{df}{ds}=f'$ と書くことにすると，合成関数の微分を用いて，

$$\frac{\partial f}{\partial x}=f',\quad \frac{\partial^2 f}{\partial x^2}=f'',\quad \frac{\partial f}{\partial t}=-uf',\quad \frac{\partial^2 f}{\partial t^2}=u^2f''$$

となる。ここで，x と t の2変数の関数である y に対して，$\dfrac{\partial y}{\partial x}$ は t を固定して y を x で微分することを表し，$\dfrac{\partial y}{\partial t}$ は x を固定して y を t で微分することを表す(これを偏微分という。「理論物理セミナー7」参照)。

(2.3)式を x と t で2回ずつ微分すると，

$$\frac{\partial^2 y}{\partial t^2}=u^2\frac{\partial^2 y}{\partial x^2} \qquad \cdots\cdots(2.4)$$

が成り立つ。

(2.3)式は，波の速さ u の他に，振幅や波長を含めた波形によって決まる式であるが，(2.4)式は，波の速さ u だけを含み，波形によらない。したがって，(2.4)式は速さ u で伝わる分散のない波すべてにあてはまる2階の微分方程式である。(2.4)の微分方程式を**波動方程式**という。(2.3)式は波動方程式(2.4)の解である。

1)　波形の式は正弦関数で表される場合が多いが，ここでは，どんな関数でもよいとして，一般に $f(x)$ を用いる。$f(x)=\sin x$ として，以下の式をすべて書き直してみよ。

2.4　弦と気柱の振動

2.4.1　弦の振動

両端を固定した弦が共振しているとき，弦にはその両端を節とする定常波ができている。これは，弦を左右に伝わる横波が両端で固定端反射し，両端が節となる波長をもつ波によって生じる。

固有振動

腹が1個の定常波ができているとき，その振動を**基本振動**，腹が2個のとき**2倍振動**，…，腹が n 個のとき $\boldsymbol{n}$ **倍振動**という(図2.9)。

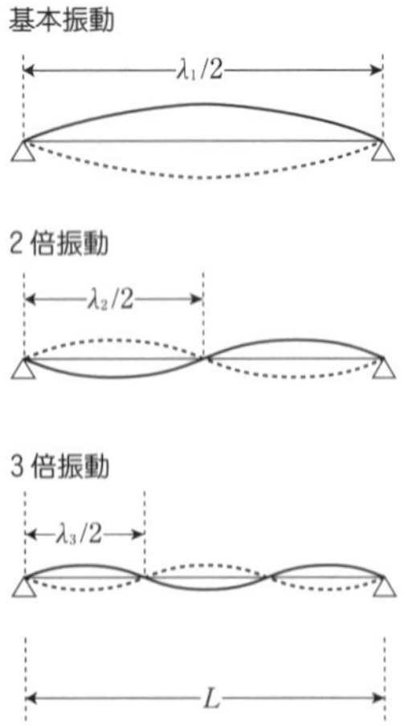

図2.9

弦の長さを L とすると，n 倍振動ができているときの波長 λ_n は，$L=n\times\dfrac{\lambda_n}{2}$ より，

$$\lambda_n=\frac{2L}{n}$$

となる。また，弦を伝わる波の速さ v は，弦の線密度を ρ，張力を S とすると，

$$v = \sqrt{\frac{S}{\rho}} \qquad \cdots\cdots(2.5)$$

と書けることを用いると(「理論物理セミナー12」参照)，n 倍振動の**固有振動数** f_n は，$v = f_n\lambda_n$ より，

$$f_n = \frac{v}{\lambda_n} = \frac{n}{2L}\sqrt{\frac{S}{\rho}}$$

となる。

理論物理セミナー12　弦を伝わる横波の速さ

波の速さは，媒質の運動方程式から決められる。弦を伝わる横波の速さも例外ではない。以下，2通りの方法で，水平軸上に張られた質量線密度(単位長さあたりの質量) ρ の弦を伝わる波の速さを与える表式を導いてみよう。ここで，弦にはたらく重力は弦の張力に比べて十分小さいので無視し，波の変位も十分小さいものとする。

[方法1]　特別な点に注目する方法

図1のように，弦を伝わる波の速さ v と同じ速さで動いている観測者が見ると，波形は変化せず，弦は波形に沿って，波の進行方向と逆向きに動いている。波形の頂点で，波の進行方向と逆向きに動いている弦の速さはちょうど波の速さ v に等しい。頂点で弦に重なる半径 r，中心Oの円(曲率円)を考えると，波形の頂点部分の円弧ABの弦は，この円周上を速さ v で円運動している。

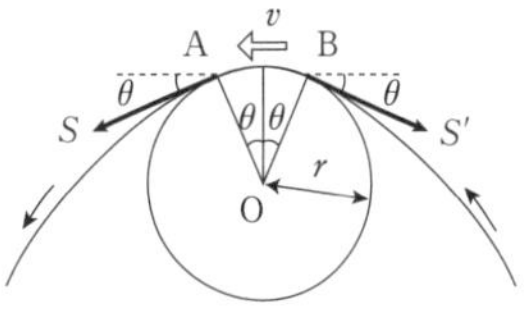

図1

点AとBで弦の張力をそれぞれ S，S' とすると，弦に沿った方向の力のつり合いより，$S = S'$ である。$\angle\mathrm{AOB} = 2\theta$（$\theta$ は1に比べて十分小さい，$\theta \ll 1$)とすると，微小な扇形AOB部分の弦の質量は $2\rho r\theta$ であるから，この部分の円運動の運動方程式は，

$$2\rho r\theta \cdot \frac{v^2}{r} = 2S\sin\theta \fallingdotseq 2S\theta$$

$$\therefore \quad v = \sqrt{\frac{S}{\rho}} \qquad \cdots\cdots①$$

ここで，$\theta \ll 1$ より，

$$\sin\theta \fallingdotseq \theta$$

であることを用いた。

[方法2]　波動方程式を用いる方法

図2のように，波がないとき x 軸上のPQにある弦が，ある瞬間にP′Q′にきたとすると，その部分の y 方向の運動方程式は，点P′での張力を S，点Q′での張力を S' とすると，

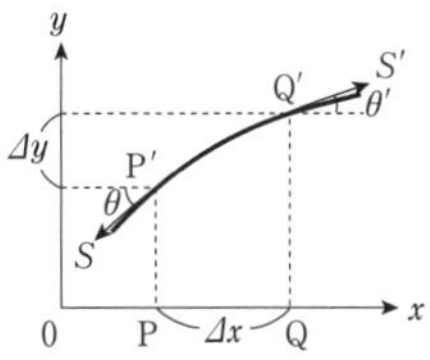

図2

$$(\rho\Delta x)\frac{\partial^2 y}{\partial t^2} = S'\sin\theta' - S\sin\theta \qquad \cdots\cdots②$$

一方，x 方向の力はつり合っているから，

$$S'\cos\theta' = S\cos\theta$$

これより②式の右辺は，

$$S'\sin\theta' - S\sin\theta = S\tan\theta'\cos\theta - S\sin\theta$$
$$= S\cos\theta(\tan\theta' - \tan\theta)$$

となる。$\tan\theta$ は点P′での弦の接線の傾きであるから，

$$\tan\theta' - \tan\theta = \left.\frac{\partial y}{\partial x}\right|_{x+\Delta x} - \left.\frac{\partial y}{\partial x}\right|_{x}$$
$$= \frac{\left.\frac{\partial y}{\partial x}\right|_{x+\Delta x} - \left.\frac{\partial y}{\partial x}\right|_{x}}{\Delta x}\Delta x$$

ここで，$\left.\frac{\partial y}{\partial x}\right|_{x}$ は，位置 x での微分係数を表す。

$\Delta x \to 0$ とすると，上式は $\frac{\partial y}{\partial x}$ の位置 x での微分係数，すなわち，y の位置 x での2階の微分係数に Δx をかけたものを表す。よって，

$$\tan\theta' - \tan\theta \to \frac{\partial^2 y}{\partial x^2}\Delta x \quad (\Delta x \to 0)$$

また，波の変位が小さいので，θ は1より十分小さいとみなしてよい。よって，$\cos\theta \fallingdotseq 1$ から $S\cos\theta \fallingdotseq S$。これらを②式へ代入して，

$$\frac{\partial^2 y}{\partial t^2} = \frac{S}{\rho}\cdot\frac{\partial^2 y}{\partial x^2} \quad \cdots\cdots ③$$

③式を2.3「波動方程式と波の速さ」で説明した波動方程式(2.4)と比較して，弦を伝わる横波の速さ v の表式①を得る。

2.4.2　気柱の振動

気柱が共鳴しているとき，管内には開端を腹，閉端を節とする音波の定常波が生じている。この場合，音波は縦波であるから，閉じた端では空気は動けないので音波は固定端反射をする。また開いた端では，管内の空気と管外の空気とでは振動の仕方が異なるので，2種類の媒質の境界のような音波の反射が起こる。そのとき，開端では空気は自由に動けるので自由端反射をする。そして，閉端が節，開端が腹となる波長をもつ波によって，定常波ができる。

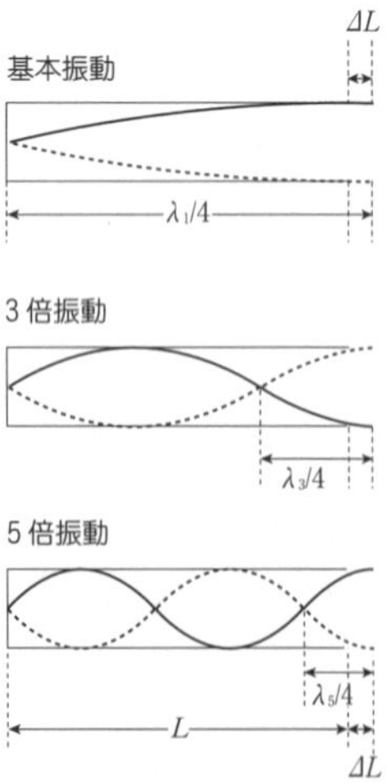

図2.10

開口端補正

開端での腹の位置は，実際には，管の影響が管外にまで及ぶので，腹の位置は開端から少し外へずれる。このずれを**開口端補正**という。

固有振動

一端を閉じた管を考える。腹が開端に1個だけできているとき，その振動を**基本振動**，開端以外にさらに1個の腹ができているとき，**3倍振動**，…，開端以外にさらに $n-1$ 個の腹ができているとき，**$2n-1$ 倍振動**という(図2.10)。

気柱の長さを L とし，開口端補正を ΔL とするとき，$2n-1$ 倍振動ができているときの波長 λ_{2n-1} は，隣り合った腹と節の間隔は $\frac{1}{4}\lambda_{2n-1}$ あるから，

$$L + \Delta L = \frac{\lambda_{2n-1}}{4}(2n-1)$$

より，

$$\lambda_{2n-1}=\frac{4(L+\varDelta L)}{2n-1}$$

よって，音速を V として，$2n-1$ 倍振動の固有振動数 f_{2n-1} は，

$$f_{2n-1}=\frac{2n-1}{4(L+\varDelta L)}V$$

となる。

気柱の開口端で反射が起こる理由

気柱の閉口端で反射した音波が開口端に達したとき，その音波は反射などせず，すべて外部へ散逸してしまうのではないかと，直観的に考える読者も多いのではないだろうか。開口端で反射が起こらなければ，上で述べたような固有振動は起こらない。

ここでは，気柱の内部を進んできた音波が開口端で反射する理由を考えてみよう。

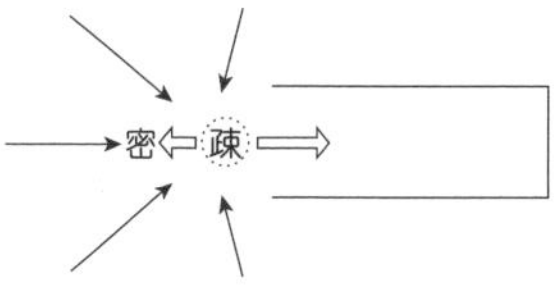

図 2.11

音波は縦波であり，疎な部分と密な部分が交互に並んで進行する疎密波である。いま，気柱の内部を進んできた音波の疎な部分が開口端に達したとする。疎な部分は空気の密度が小さいのであるから，圧力は低い。ところが，気柱の外部は平均的な圧力であるから，外部から疎な部分に空気が流れ込む(図 2.11)。

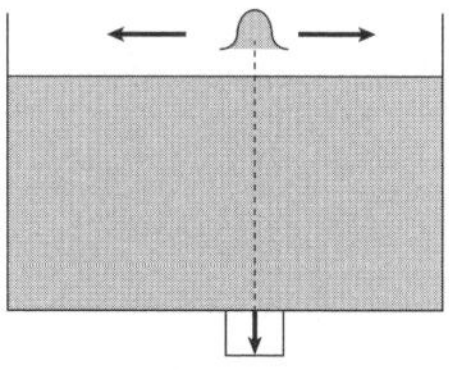
図 2.12

これは，水の溜められた水槽の底の一部が陥没したとき，そこに流れ込んだ水が水面に山をなし，周囲に広がっていく(図 2.12)のと同じ状況である。地震などで海底が陥没したときに発生する津波はその例である。

流れ込む空気は流れ込みすぎて疎な部分が密に変わると同時に，気柱の外部から集まってきた空気の全運動量は気柱の内部の方向を向く。その結果，開口端で音波は反射して気柱の内部へ向かう。気柱の内部から開口端に密な部分が到達したときは，上と逆に，空気は気柱の外部に広がりすぎてしまうため，密な部分は疎に変わって，やはり気柱の内部に向かう。こうして気柱の開口端での反射が起こる。

縦波(疎密波)の自由端反射と固定端反射

気柱の開口端での音波の反射では，疎と密は入れ替わる。一般に，縦波が自由端および固定端で反射するときの疎密の変化は，作図をすれば容易にわかる。

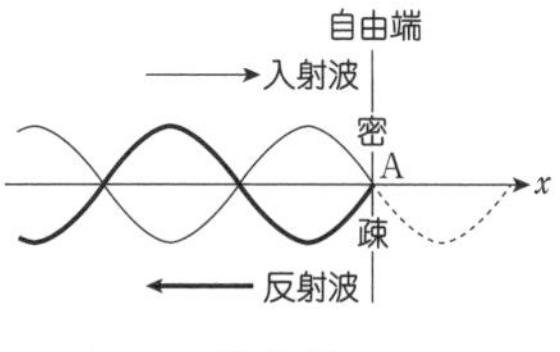

図 2.13

まず，図 2.13 のように，縦波の正弦波が自由端 A に x 軸負方向から入射したとしよう。いま，入射波は端 A が密であるが，同時刻の反射波では，x 軸上の各点の変位の符号が反転するので，端 A は疎になる。これより，自由端では，密は疎に変化して反射することがわかる。同様に，疎は密に変化して反射する。したがって，**自由端反射では，疎と密が入れ替わる**。

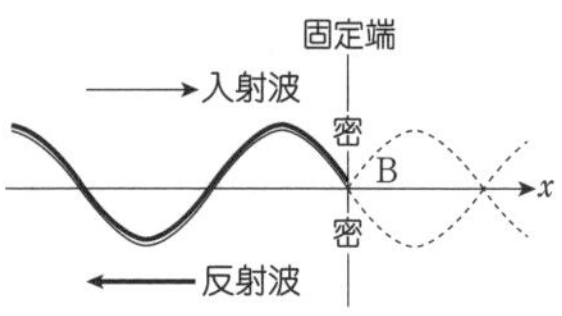

図 2.14

次に，図 2.14 に示すように，正弦波が固定端 B に x 軸負方向から入射したとしよう。端 B で入射波が密のとき，入射波と同じ変位を示す反射波も密になる。同様に，端 B で入射波が疎のとき，反射波も疎となる。したがって，**固定端反射では，密は密，疎は疎のまま反射する**。

例題 3.3　気柱の共鳴

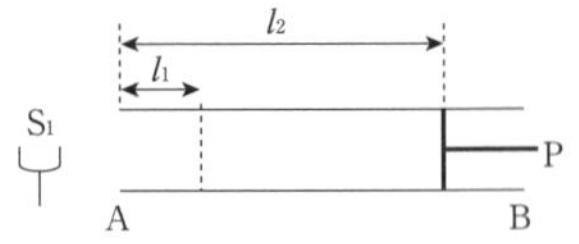

図 2.15

図 2.15 のように，円筒 AB 内にピストン P を入れ，P を端 A からゆっくりと端 B に向かって引く。それと同時に，端 A の外側に置かれたおんさ S_1 を叩いて音波を発生させた。ピストン P が端 A から距離 l_1 の位置にきたとき，共鳴が起こり大きな音が聞こえた。さらに P を右方に引き続けたところ，端 A から距離 l_2 の位置にきたとき，再び共鳴が起きた。その後，ピストン P が端 B に達するまで共鳴は起きなかったが，端 B から右方に引き抜いたところ，もう一度共鳴が起きた。ピストンを引くことによる円筒内の空気の乱れは無視でき，開口端補正は端 A と B で等しく，温度にもよらないものとする。

(1)　おんさ S_1 から発せられる音波の波長，端 A での開口端補正，および，円筒 AB の長さを求めよ。

次に，端 A の外側に置いていたおんさ S_1 をおんさ S_2 に替えて，ピストン P をゆっくりと端 A から B に向かって動かしたところ，先程と同じ位置(A，P 間の距離が l_1 と l_2 の位置)で共鳴が起きた。そこで，円筒装置の置かれている室温を測定したところ，おんさ S_1 を用いた実験をしたときより，温度が 5.5 ℃上昇していた。

(2)　おんさ S_2 から発生する音波の振動数は，S_1 から発生する音波の振動数より何％大きいか。ただし，S_1 を用いた実験をしたときの音速は 330 m/s であり，音速は空気の温度が 1 ℃上昇するごとに 0.6 m/s ずつ速くなる。

解答

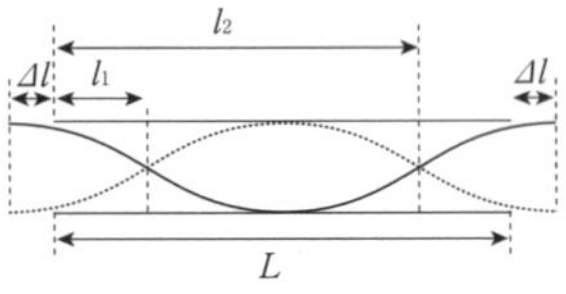

図 2.16

(1)　おんさ S_1 から発せられる音波の波長を λ，開口端補正を Δl とすると，最初の共鳴(基本振動)と 2 度目の共鳴(3 倍振動)が起きたとき，それぞれ関係式

$$l_1+\Delta l = \frac{\lambda}{4},\quad l_2+\Delta l = \frac{3}{4}\lambda$$

が成り立つ(図 2.16)。これらより，

$$l_2-l_1 = \frac{\lambda}{2} \qquad \therefore \quad \lambda = \underline{2(l_2-l_1)}$$

$$\Delta l = \frac{\lambda}{4}-l_1 = \underline{\frac{1}{2}(l_2-3l_1)}$$

また，P を抜いたとき，両端 A，B の外側および円筒 AB の中央に腹が生じて共鳴する。そのとき，定常波の波形は中央の腹の位置に関して左右対称になる。よって，円筒 AB の長さ L は，

$$L = \underline{l_1+l_2}$$

[別解]

$$L+2\Delta l = \lambda = 2(l_2-l_1) \quad \Rightarrow \quad L = 2(l_2-l_1)-2\Delta l = \underline{l_1+l_2}$$

(2)　おんさ S_1，S_2 から発生する音波の振動数をそれぞれ f，$f+\Delta f$ とする。実験時の音速はそれぞれ $V = 330$ m/s，$V+\Delta V = 330+0.6\times5.5$

$= 333.3\ \mathrm{m/s}$ である。S_1 と S_2 を用いたときの共鳴点が同じであるから，そのときの音波の波長は等しい。これより，

$$\lambda = \frac{V}{f} = \frac{V+\Delta V}{f+\Delta f} \qquad \therefore \quad \frac{\Delta f}{f} = \frac{\Delta V}{V} = \frac{3.3}{330} = 0.01$$

よって，S_2 から発生する音波の振動数は，S_1 から発生する音波の振動数より 1 % 大きい。

One Point Break **ホイヘンス（1629〜1695）**

ホイヘンス

ホイヘンス（C. Huygens）は，1629 年オランダに生まれ，父と親交のあったデカルトによってその才能を見出されたと言われている。後にフランスに留まり数学と物理学を研究した。ホイヘンスは，ニュートンとは異なり，光は媒質中を伝わる波であると考えた。光の波を伝える仮想的な媒質をエーテルという。彼はエーテルが弾性的な微粒子からできていると考えて，波の重ね合わせの原理を導いた。エーテルの微粒子はそれと接しているすべての微粒子に振動を伝えることができるから，エーテルの微粒子は各球面波の中心と考えることができる。こうして波の伝播は，無数の球面波（素元波）の重ね合わせと考えられる。これがホイヘンスの原理である。この原理を用いて，彼は，光の直進，反射，屈折の法則を導くことに成功した。

ホイヘンスは，波の伝播に関する研究以外にも，自ら望遠鏡を制作し，1655 年土星の環を発見した。また，振り子の周期が一定であることは，ガリレイによって論じられていたが，ホイヘンスは，振り子の減衰を防ぐ装置を考案し，振り子時計を発明した。

さらに，単振り子の周期は，振幅が小さいとき振り子の長さによらず一定になるが，振幅が大きくなると周期は異なってしまう。そこで彼は，振幅によらず厳密に周期が一定になる振り子はできないかと考え，サイクロイド振り子なるものを考案した。これは，図のようなサイクロイド曲線をなした天井の点 O から糸で小球 P を吊して振動させる振り子である。このとき，振り子の周期はその振幅によらず一定になる。

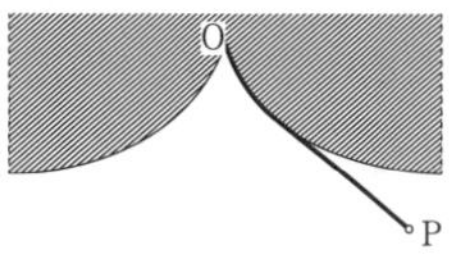

演習編

問題 3.1 縦波とグラフ

図1は縦波を横波で表したグラフである。x 軸はつり合いの位置を，y 軸は左右への媒質の変位(右方向を正)を表し，グラフは正弦曲線とみなすことができる。つり合いの位置を中心として媒質が単振動している波が，右方向へ速さ 4 m/s で連続的に進行するとき，この波の性質について，以下の設問に答えよ。ただし，波の先端が端 P($x = 5$〔m〕の位置)に達した時刻を $t = 0$〔s〕とし，反射に際し，振幅は変化しないものとする。

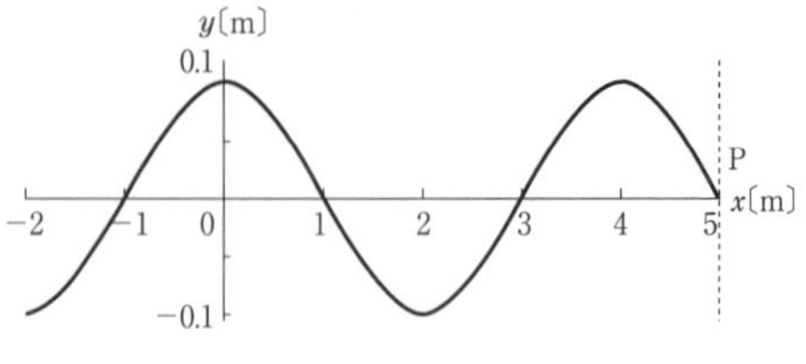

図1

(1) この波の周期はいくらか。

(2) 時刻 $t = 0$〔s〕において，媒質の密度が最も疎になる点のうち，図中に示す x 座標の値をすべて求めよ。

(3) この波が端Pで反射し，先端が点 $x = 0$〔m〕に達したときの入射波，反射波および，それらの合成波のグラフを，端Pが自由端の場合と固定端の場合についてそれぞれ描け。

(4) 点 $x = 0$〔m〕における媒質変位の時間的変化を，端Pが自由端の場合と固定端の場合のそれぞれについて，$t = 0$〔s〕から $t = 2.5$〔s〕までグラフに描け。

(名古屋市立大 改)

Point

自由端反射と固定端反射の場合，反射波と合成波の作図を正確にできるようにしておこう。

(3) 自由端反射の場合，反射波は入射波をそのまま波の進行方向へ延長し，端に関して折り返せばよい。固定端反射の場合，反射波は延長した入射波の変位の符号を逆にし，端に関して折り返せばよい。

(4) **自由端反射の場合**，合成波の定常波は，**端が腹**になり，**固定端反射の場合**，**端が節**になる。これより，$x = 0$〔m〕に合成波ができたとき，その点が腹になるか節になるかを考える。

解答

(1) この波の速さは $v = 4$〔m/s〕，波長は $\lambda = 4$〔m〕であるから，周期 T は，

$$T = \frac{\lambda}{v} = \underline{1\text{〔s〕}}$$

(2) $x = \underline{-1,\ 3\text{〔m〕}}$

(3) 【端Pが自由端の場合】

端Pで反射した波の先端が $x = 0$ まできたとき，媒質に端がなければ波の先端は $x = 10$〔m〕の位置まで達している。自由端Pがあると，この瞬間の反射波の波形は，$x = 10$〔m〕まで達した波形を直線 $x = 5$〔m〕に関してそのまま折り返したものになる。これより図2のように，入射波(実線)，反射波(破線)，合成波(太い実線)を得る。

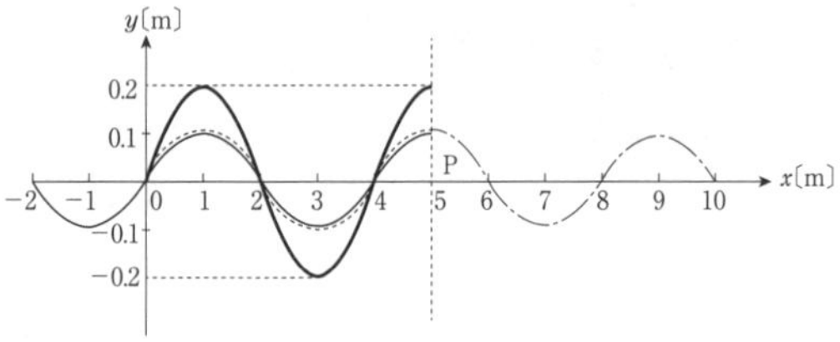

図2

【端Pが固定端の場合】

反射波の波形は $x \geqq 5$〔m〕の波形を上下逆にし，直線 $x = 5$〔m〕に関して折り返したものになる。これより図3のように，入射波(実線)，反射

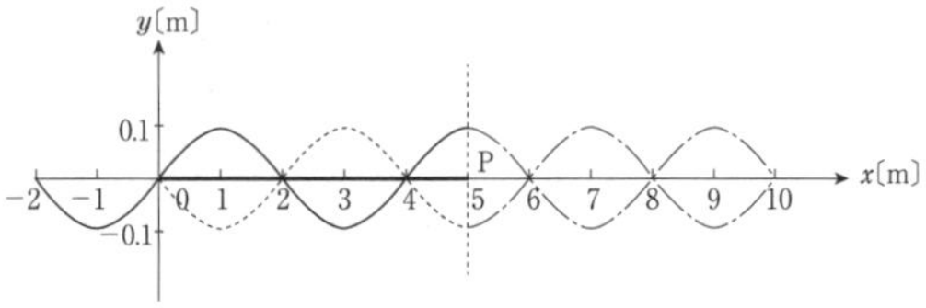

図3

波(破線)，合成波(太い実線)を得る。

ここで，反射波の先端が $x=-1$〔m〕に達したときの入射波(実線)，反射波(破線)，合成波(太い実線)を図4に示す。これより，端Pが固定端になる場合，合成波が定常波になる様子がわかるであろう。

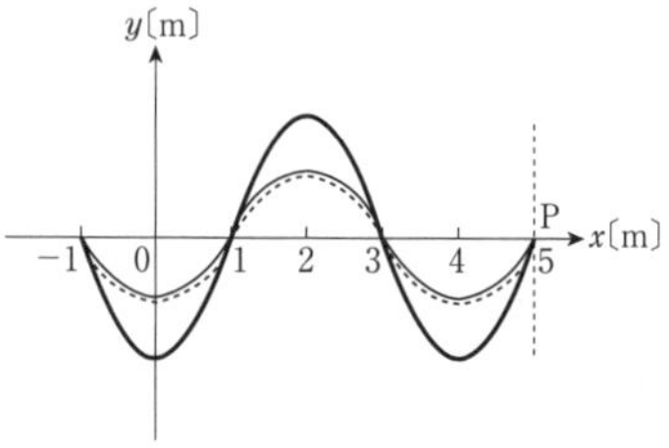

図4

(4) 反射波の先端が $x=0$ に達する時刻 t は $t=\dfrac{5}{v}=1.25$〔s〕である。端Pが自由端のとき，合成波は，$x=0$〔m〕で節，端Pが固定端のとき，腹になる(図2，図4参照)。また，$0 \leqq t < 1.25$〔s〕では，反射波は $x=0$〔m〕に達していない。よって，$x=0$〔m〕の媒質は，端Pが自由端でも固定端でも入射波と同じ変位($t=0$〔s〕で $y=0.1$〔m〕，周期 $T=1$〔s〕，振幅 $A=0.1$〔m〕)となる。1.25〔s〕$\leqq t$ では，自由端の場合，変位はつねに0，固定端の場合，振幅が入射波の2倍の振動をする。

以上より，図5，6を得る。

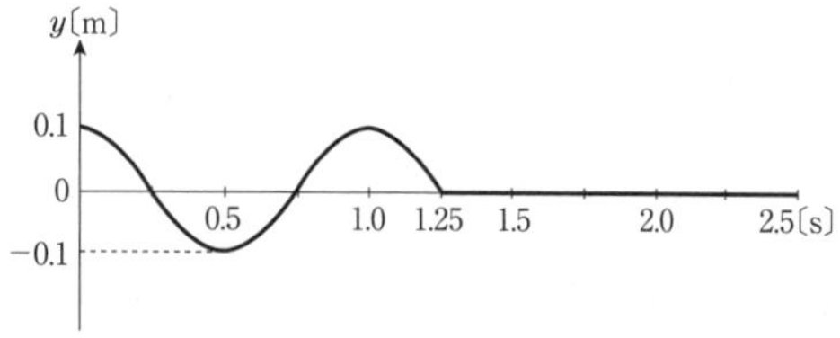

図5　自由端の場合

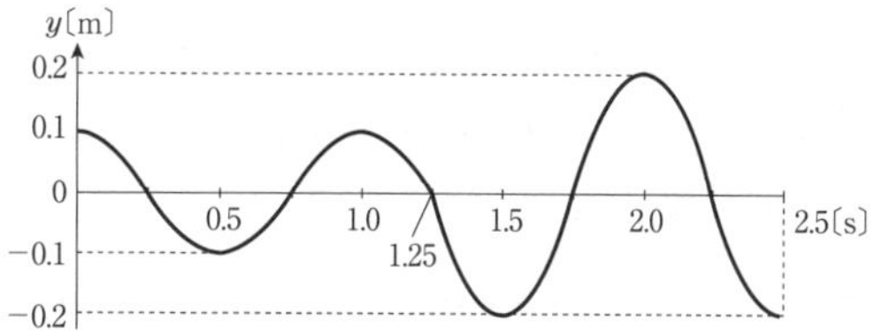

図6　固定端の場合

One Point Break　ソリトン

19世紀の中頃，スコットランドの造船技師J.スコット·ラッセル(J. Scott-Russell〔1808-1882〕)が狭い運河を引かれていく船を見ていたとき，船が急に止まった。そのとき船のへさきの水が盛り上がり，それが形を変えることなく運河に沿って進んでいくのが観察された。そこで彼は，このような波を水槽をつくって詳しく調べ，孤立波(solitary wave)と名付けた。この波は，図1に示されているように，一旦水槽の左端で盛り上がった水が，その形を変えず一定速度で右方向へ伝播していくものである。1895年になってコルテヴェーク(Korteweg)とド・フリース(de Vries)は，浅い水槽などを伝わる波を記述する方程式を見出した。この方程式は，彼らの名前の頭文字をとって，KdV方程式と呼ばれるようになった。

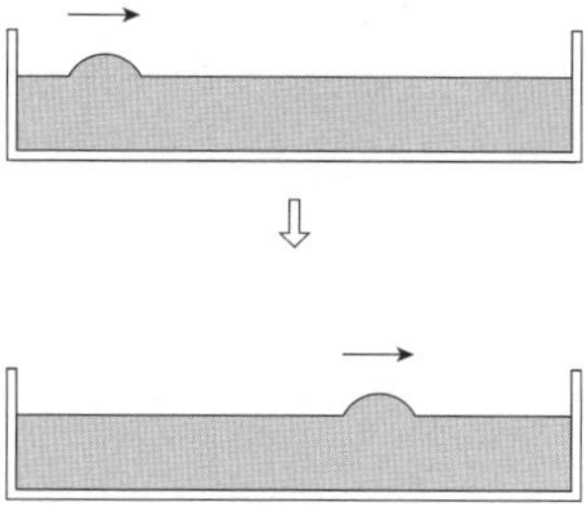

図1

時代は下って1965年，ザブスキー（Zubusky）とクルスカル(Kruskal)は，KdV方程式を数値計算することにより，2つの孤立波が衝突するとき，それらは形を変えずにすり抜け，あたかも粒子のように振る舞うことを見出し，ソリトン(soliton)と名付けた。ついで1967年には，ガードナー(Gardner)等によって，KdV方程式が，量子力学などで用いられる逆散乱法と呼ばれる方法で解けることが見つけられ，これ以来，ソリトンは多くの人々に注目され研究されるようになった。現在ソリトンは，現代物理学の中で，物性論や素粒子論などの多くの分野で重要な役割をはたしている。

問題 3.2　正弦波の合成

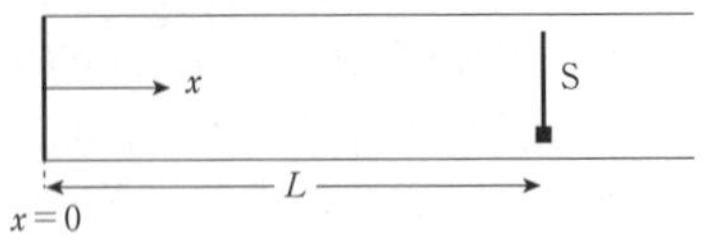

図1

図1のように，一端が非常に固い平面の壁で閉じられた長い管がある。閉じた一端を原点として右向きに x 軸をとる。いま，$x=L$ の位置に小さな振動板Sがあり，波長 λ，振動数 f の音波を左右に同位相で出している。音波は縦波であるから，気柱の微小部分は x 方向に振動する。Sから左方へ進む波について，位置 x，時刻 t における微小部分の変位 y_1 は，A を振幅として，

$$y_1 = A\sin 2\pi\left(ft+\frac{x}{\lambda}\right)$$

と表される。この波は，左端の固い壁で振幅を変えずに反射されるものとする。

(1)　$x=0$ において，入射波と反射波の位相差はいくらか。40字程度で理由を付けて答えよ。

(2)　$x=0$ での反射した波による，位置 x，時刻 t における変位を表す式を求めよ。また，入射波と反射波の合成波による，位置 x，時刻 t での変位を表す式を求めよ。

(3)　Sより右方での波の振幅はいくらか。また，その振幅が最大となるとき，L はどのように表されるか。　(大阪大　改)

Point

波の式を正確に，すばやく扱うことが求められる問題である。三角関数の和積公式を確実に理解しておくこと。

(3)　波動関数を三角関数の積で表したとき，**時間 t に依存する三角関数は振動を表し，t に依存しない三角関数は振幅を表す。振幅を表す三角関数が位置 x にも依存しないとき**，波動は，振幅が一定な**進行波**である。

解　答

(1)　位相差は π〔rad〕

理由：壁の位置で空気は動かず，入射波と反射波の合成波の変位はつねに0(固定端反射)となるから。(44字)

(2)　$x=0$ での入射波の変位は，$y_1=A\sin 2\pi ft$

$x=0$ での反射波の変位は，$y_2=-A\sin 2\pi ft$

よって，位置 x での反射波の変位 y_2 は，$v=f\lambda$ を波の速さとして，

$$y_2=-A\sin 2\pi f\left(t-\frac{x}{v}\right)=-A\sin 2\pi\left(ft-\frac{x}{\lambda}\right)$$

また，合成波の変位 y_3 は，

$$\begin{aligned}y_3&=y_1+y_2\\&=A\sin 2\pi\left(ft+\frac{x}{\lambda}\right)-A\sin 2\pi\left(ft-\frac{x}{\lambda}\right)\\&=2A\sin 2\pi\frac{x}{\lambda}\cdot\cos 2\pi ft\end{aligned}$$

(3)　Sから出る波のSでの変位は，左右に同位相で出るから，

$$y_1=A\sin 2\pi\left(ft+\frac{L}{\lambda}\right)$$

よって，Sより右方の直接波の，位置 x，時刻 t での変位 y_4 は，

$$\begin{aligned}y_4&=A\sin 2\pi\left\{f\left(t-\frac{x-L}{v}\right)+\frac{L}{\lambda}\right\}\\&=A\sin 2\pi\left(ft-\frac{x}{\lambda}+\frac{2L}{\lambda}\right)\end{aligned}$$

したがって，Sより右方での反射波 y_2 と直接波 y_4 の合成波 y_5 は，

$$\begin{aligned}y_5&=y_2+y_4\\&=A\sin 2\pi\left(ft-\frac{x}{\lambda}+\frac{2L}{\lambda}\right)-A\sin 2\pi\left(ft-\frac{x}{\lambda}\right)\\&=2A\cos 2\pi\left(ft-\frac{x}{\lambda}+\frac{L}{\lambda}\right)\sin 2\pi\frac{L}{\lambda}\end{aligned}$$

これより，振幅は，　$2A\sin 2\pi\dfrac{L}{\lambda}$

振幅が最大になるのは，$\sin 2\pi\dfrac{L}{\lambda}=\pm 1$ より，

$$2\pi\frac{L}{\lambda}=\left(m+\frac{1}{2}\right)\pi$$

$$\therefore\quad L=\left(m+\frac{1}{2}\right)\frac{\lambda}{2}\ (m=0,\ 1,\ 2\cdots)$$

問題 3.3 縦波の伝播

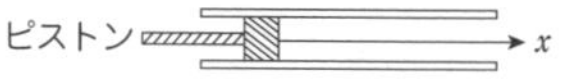

図 1

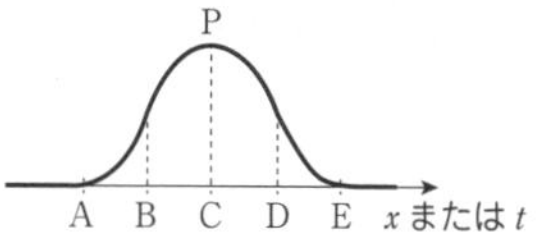

図 2

図 1 のように，無限に長い円筒の一端に付けたピストンを左右に動かして，円筒の中の気柱にパルス状の縦波をつくる。この気柱を伝わる音波の速さを v とし，円筒の中心軸を x 軸に選ぶ。空気の密度や変位は，時間により場所により変化するが，x 軸に垂直な面内では等しい値をもつとする。図 2 の曲線は，PC に関して左右対称であり，E より右，A より左では横軸に一致している。以下の設問でこの図を参照するとき，横座標は，図 1 の x を表す場合もあるし，時間 t を表す場合もある。縦座標はピストンや空気の変位 y を表すが，縦軸は横座標の原点位置が設問により異なるので，図には示していない。

はじめにピストンを静止させた。そのときのピストンの右端を $x = 0$ とする。$t = 0$ からピストンを右に変位させ，$t = t_1$ に元の位置に戻した。ただし，右向きの変位を正とする。

(1) 図 2 は，そのときのピストンの変位 y と t の関係を表すものとする。この場合，t 座標が 0 と t_1 に対応する点は，それぞれ A，B，C，D，E のどの点か。

(2) 図 2 は，$x = a$ の位置の空気の変位 y と t の関係を表すものとする。この場合，C 点の t 座標はいくらか。

(3) 図 2 は，$t = 3t_1$ における変位 y と x の関係を表すものとする。この場合，A 点と E 点の x 座標の値はいくらか。

縦波が伝わると媒質の密度の変化も波として伝わるので，縦波は疎密波とも呼ばれる。上で考えたパルス波によって，空気の密度変化が伝わる様子を考えよう。図 1 の一部を図 3 のように拡大する。この図の $x = x_F$，x_G の位置にあった空気がそれぞれ y_F，y_G だけ変位したとしよう。そのとき点線 F および G の間にあった空気は点線 F′ および G′ の間に移動する。空気の密度は変位が起こる前はいたるところ一定で ρ_0 であったが，移動後も点線 F′ と G′ の間ではいたるところ一定で ρ になったとする。

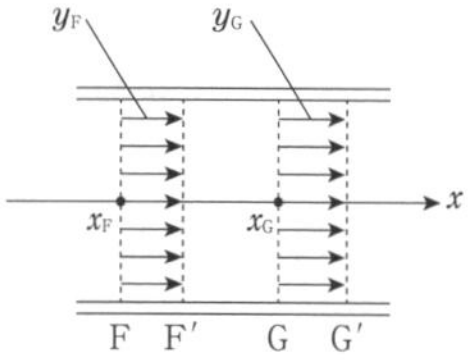

図 3

(4) このときの空気の密度の変化率 $\dfrac{\rho - \rho_0}{\rho_0}$ を点線で挟まれた空気の体積変化率 $\dfrac{y_G - y_F}{x_G - x_F}$ の関数として求めよ。

(5) (4)の結果から，疎密波が伝わるときのそれぞれの場所での密度の変化率は，変位 y を x の関数として表したグラフのその場所における傾きに比例することがわかる。その比例係数はいくらか。ただし，気柱の体積変化率は 1 に比べて十分小さく，また，b が 1 より十分小さいとき，$\dfrac{1}{1+b} \fallingdotseq 1-b$ と近似できるとしてよい。

(6) ある時刻に気柱の中を伝わる縦波の空気の変位 y を x の関数として表すと図 4 のようになった。そのときの密度変化 $\rho - \rho_0$ と x の関係を図 4 と対応させて，図 5 に描け。

図 4

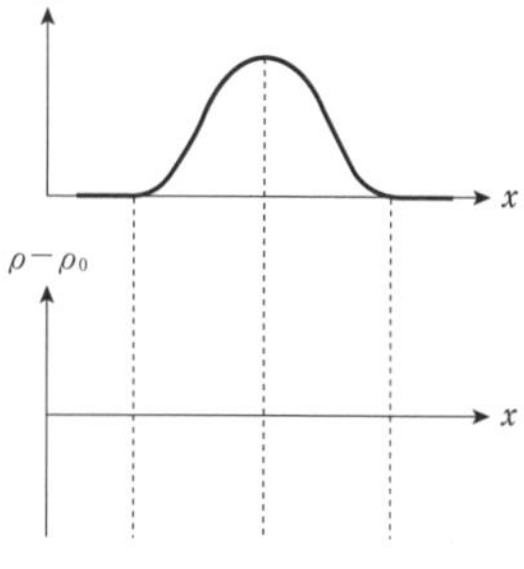

図 5

（慶應義塾大）

Point

(2)　原点 $x=0$ での変位が $x=a$ の位置まで伝わる時間は $\dfrac{a}{v}$ である。

(3)　変位は，時間 t_1 の間に距離 vt_1 だけ伝わる。

(4)　FG 間の空気の質量と F′G′ 間の空気の質量は等しい。

(5)，(6)　密度変化 $\rho-\rho_0$ は変位の変化率を $\dfrac{dy}{dx}$ とすると，$\rho-\rho_0 \propto -\dfrac{dy}{dx}$ となる。

解　答

(1)　$t=0$ と $t=t_1$ で変位が 0 だから，

$t=0$ に対応する点は，$\underline{\text{A}}$

$t=t_1$ に対応する点は，$\underline{\text{E}}$

(2)　$x=0$ の位置から $x=a$ の位置まで変位が伝わるのに時間 $\dfrac{a}{v}$ かかり，$x=0$ の位置で変位が最大になる時刻は $t=\dfrac{1}{2}t_1$ だから，C 点の t 座標は，

$$t=\underline{\frac{a}{v}+\frac{1}{2}t_1}$$

(3)　$x=0$ の位置で $t=0$ の変位 $y=0$ は，時刻 $t=3t_1$ では位置 $x=3vt_1$ まで伝わり，$x=0$ で $t=\dfrac{1}{2}t_1$ の最大の変位 y は，$t=3t_1$ では $x=\dfrac{5}{2}vt_1$ まで伝わる。

同様に，$x=0$ で $t=t_1$ の変位 $y=0$ は，$t=3t_1$ では $x=2vt_1$ まで伝わる。

これより，A 点の x 座標は，

$$x=\underline{2vt_1}$$

E 点の x 座標は，

$$x=\underline{3vt_1}$$

(4)　FG 間の空気の質量と F′G′ 間の空気の質量は等しいから，円筒の断面積を S として，

$$\rho_0 S(x_\text{G}-x_\text{F}) = \rho S\{(x_\text{G}+y_\text{G})-(x_\text{F}+y_\text{F})\} \quad \cdots\cdots①$$

求める体積変化率を $\dfrac{y_\text{G}-y_\text{F}}{x_\text{G}-x_\text{F}}=\kappa$ とおくと，①式より，

$$\frac{\rho}{\rho_0}=\frac{x_\text{G}-x_\text{F}}{(x_\text{G}-x_\text{F})+(y_\text{G}-y_\text{F})}=\frac{1}{1+\kappa}$$

$$\therefore\quad \frac{\rho-\rho_0}{\rho_0}=-\frac{\kappa}{1+\kappa}=\underline{-\frac{\dfrac{y_\text{G}-y_\text{F}}{x_\text{G}-x_\text{F}}}{1+\dfrac{y_\text{G}-y_\text{F}}{x_\text{G}-x_\text{F}}}}$$

(5)　体積変化率 κ が 1 に比べて十分小さい($|\kappa|\ll 1$)とき，密度変化率は，

$$\frac{\rho-\rho_0}{\rho_0}=-\frac{\kappa}{1+\kappa}\fallingdotseq -\kappa(1-\kappa)\fallingdotseq -\kappa$$

よって，比例係数は，$\underline{-1}$

(6)　$x_\text{G}\to x_\text{F}$ のとき，$\kappa\to\dfrac{dy}{dx}$ となるから，密度変化 $\rho-\rho_0$ は $-\kappa$ に比例する。これより図 6 を得る。

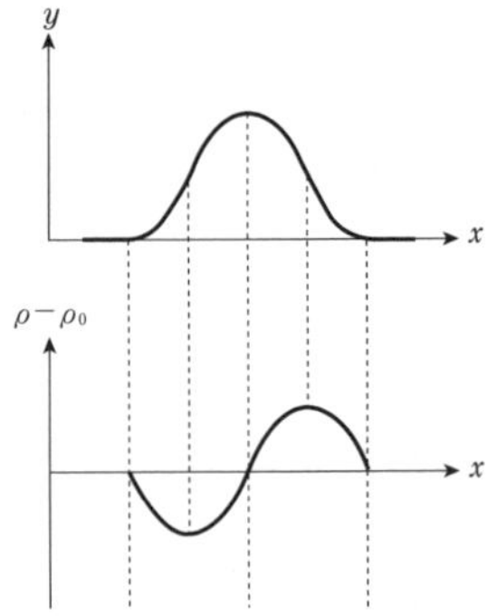

図6

問題 3.4　縦波のモデル

多数の質点が，互いにばねによってつながれて，直線状になっているものを考える。質点の質量を m，ばね定数を G とする。

平衡状態では，図1(平衡状態)のように，すべての質点が静止していて，隣り合う質点の間隔は d である。ある質点が直線に沿った方向に振動すると，それが音波などに見られる縦波(疎密波)となって次々に他の質点に伝わっていく。その振動の様子は，図1(振動状態)のように，各質点の平衡状態での位置 $\bar{x}_n = nd$ からの変位 $z_n = x_n - \bar{x}_n$ の時間的変化によって表される。この媒質中を x の正方向に進む波は，例えば，時刻 t での変位

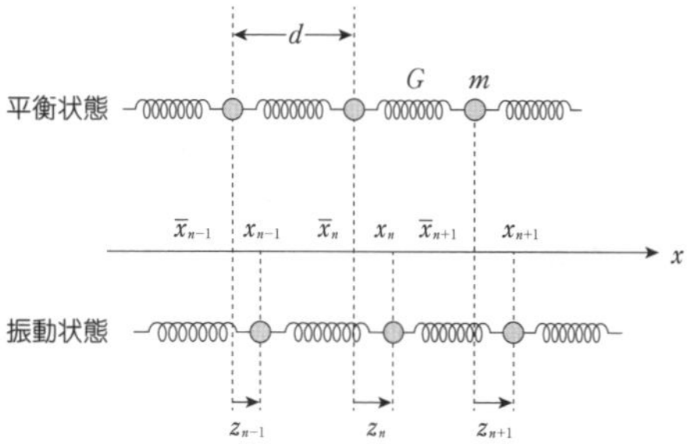

図1

$$z_n = A\sin(\omega t - k\bar{x}_n) \qquad \cdots\cdots①$$

で表される。ただし，$A > 0$，$\omega > 0$，$k > 0$ とする。波長が d よりもずっと長い場合のみを考えることにすると，①式の波は連続な媒質を伝わっていくと考えてよい。その場合，波の速さ v は，

$$v = \sqrt{\frac{G}{m}}d$$

で，また，①式の波が運ぶエネルギー S は，単位時間あたり

$$S = \frac{\omega^2}{2d}mvA^2$$

で与えられる。

(1)　①式の波の波長と振動数を求めよ。また，波の速さ v を ω と k で表せ。

次にばね定数 G，および質点の間隔 d が同じで，質点の質量が異なる $(M \neq m)$ 2つの媒質を図2のようにつないだものを考える。この媒質に上の①式で表される波が左から進入したとする。以下でも，波の波長は d に比べて十分長いものとする。

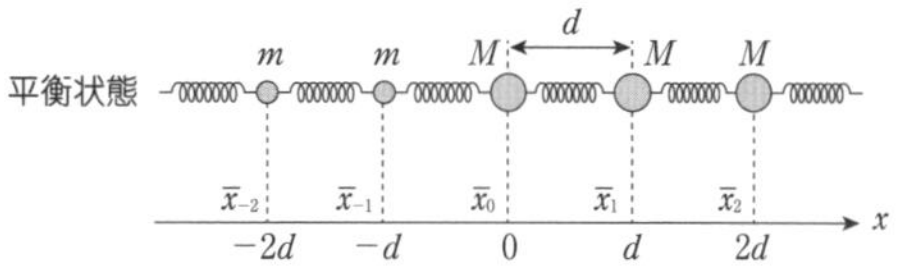

図2

〔A〕　質量 M が m に比べて非常に大きいときには，入射波①は $x = 0$ で完全に反射される。反射波は入射波と重ね合わされて定常波ができた。

(2)　この定常波における変位 $z_n (n < 0)$ の時間的変化を表す式を求め，$x \leqq 0$ の範囲で $x = 0$ に最も近い2つの節の位置を求めよ。ただし，波の波長 λ は d の偶数倍であると仮定する。

〔B〕　$M = 4m$ のとき，入射波の一部が反射されて振幅 B で x の負の向きに，残りは振幅 C で x の正の向きに伝わっていく。このとき，$x = 0$ での波の変位の連続性の条件より，$A - B = C$ が成り立つ。ここで，A，B，C は正である。

(3)　B と C を A で表せ。

(東京工業大　改)

Point

$+x$ 方向への進行波の式，$-x$ 方向への進行波の式を正確に書いた上で，あとは題意にしたがって求めていけばよい。

(3) **連続性の条件のほか，エネルギー保存則が成り立つことに注目する。**

解答

(1) 波長 λ，振動数 f の波の式

$$z_n = A\sin 2\pi\left(ft-\frac{x}{\lambda}\right)$$

と比較して，

$$\underline{\lambda = \frac{2\pi}{k}},\quad \underline{f = \frac{\omega}{2\pi}}$$

波の速さ v は，$v = f\lambda = \underline{\dfrac{\omega}{k}}$

(2) 質量 M が m に比べて非常に大きいとき，$x = 0$ の媒質は振動しないから，波は固定端反射する。反射波の $x = 0$ で時刻 t における変位 $z_n{}^{\mathrm{r}}(t,0)$ は，入射波の式 $z_n{}^{\mathrm{i}}(t,0) = A\sin\omega t$ を用いて，

$$z_n{}^{\mathrm{r}}(t,0) = -z_n{}^{\mathrm{i}}(t,0) = -A\sin\omega t$$

よって，位置 $\bar{x}_n$ における反射波の式 $z_n{}^{\mathrm{r}}(t,\bar{x}_n)$ は，

$$\begin{aligned}z_n{}^{\mathrm{r}}(t,\bar{x}_n) &= z_n{}^{\mathrm{r}}\left(t+\frac{\bar{x}_n}{v},0\right)\\ &= -A\sin\omega\left(t+\frac{\bar{x}_n}{v}\right)\\ &= -A\sin(\omega t+k\bar{x}_n)\end{aligned}$$

したがって，合成波の式 z_n は，

$$\begin{aligned}z_n &= z_n{}^{\mathrm{i}}(t,\bar{x}_n)+z_n{}^{\mathrm{r}}(t,\bar{x}_n)\\ &= A\sin(\omega t-k\bar{x}_n)-A\sin(\omega t+k\bar{x}_n)\\ &= \underline{-2A\sin k\bar{x}_n\cdot\cos\omega t}\end{aligned}$$

節の位置 x は，$\sin k\bar{x}_n = 0$ より，

$$x = 0,\ -\frac{\pi}{k}$$

$$\therefore\quad \underline{x = 0,\ -\frac{\lambda}{2}}$$

(3) 連続性の条件のほかに，エネルギー保存則が成り立つはずである。$x \geqq 0$ での波の速さを V とすると，

$$\frac{\omega^2}{2d}mvA^2 = \frac{\omega^2}{2d}mvB^2+\frac{\omega^2}{2d}MVC^2$$

ここで，$M = 4m$，$V = \sqrt{\dfrac{G}{4m}}d = \dfrac{v}{2}$，および，$A-B = C > 0$ を用いて，

$$\underline{B = \frac{1}{3}A},\quad \underline{C = \frac{2}{3}A}$$

解説

1. 波が単位時間に運ぶエネルギー

1個の質点のもつ単振動のエネルギー E は，質点の復元力の定数 K と振幅 A を用いて，

$$E = \frac{1}{2}KA^2$$

と表される。ここで，K は，質点の質量 m と角振動数 ω を用いて，$K = m\omega^2$ と書けるから，

$$E = \frac{1}{2}m\omega^2A^2$$

質点は，距離 d ごとに1個あるから，単位長さあたりのエネルギーは $\varepsilon = \dfrac{E}{d}$ となり，単位時間にある1点を通過するエネルギーすなわち波が運ぶエネルギー S は，

$$S = \varepsilon\cdot v = \frac{\omega^2}{2d}mvA^2$$

となる。

2. 波の連続性の条件

$M = 4m$ の場合の連続性の条件 $A-B = C$ は，$x = 0$ で波が固定端反射することを考慮して求められる。$x = 0$ への入射波，反射波，透過波の波の式をそれぞれ，

$$\begin{aligned}z_n{}^{\mathrm{i}}(t,0) &= A\sin\omega t\\ z_n{}^{\mathrm{r}}(t,0) &= -B\sin\omega t\\ z_n{}^{\mathrm{t}}(t,0) &= C\sin\omega t\end{aligned}$$

$$A > 0,\ B > 0,\ C > 0$$

とおく。ここで，固定端反射では，反射波は入射波と位相が π 変化し（変位の符号が逆になる），透過波の位相は変化しないことを用いた。

$x = 0$ で変位は連続であるから，

$$z_n{}^{\mathrm{i}}(t,0)+z_n{}^{\mathrm{r}}(t,0) = z_n{}^{\mathrm{t}}(t,0)$$

$$\therefore\quad A-B = C$$

3. 縦波の速さ

問題の図1のように，同じばねでつながれた同じ質量 m をもつ N 個の質点の振動を考える。質点に左から1，2，3，… と番号をつけ，各質点の平衡位置からの変位をそれぞれ z_1，z_2，z_3，… とする。このとき，質点 n の運動方程式は，各ばねのばね定数を G として，

$$m\ddot{z}_n = G(z_{n+1}-z_n)-G(z_n-z_{n-1})\qquad \cdots\cdots②$$

この系を伝わる**縦波の速さ v は**，連続体極限を用いて，**運動方程式②と波動方程式**（2.3「波動方程式と波の速さ」参照）

$$\frac{\partial^2 y}{\partial t^2}=v^2\frac{\partial^2 y}{\partial x^2} \qquad \cdots\cdots③$$

を比較することにより求められる。ここで，1つのばねの自然長をd，系の長さをLとすると，$L=Nd$だから，Lを一定にしたとき$N\to\infty$とすると$d\to 0$となる。連続体極限とは，$d\to 0$すなわち$N\to\infty$の極限をいう。

質点nと$n+1$の変位の差$\varDelta z_n$は，

$$\varDelta z_n=z_{n+1}-z_n$$

と書ける。また，質点nの平衡位置$\bar{x}_n$は，左端の壁の位置を原点$x=0$として，

$$\bar{x}_n=nd$$

$$\therefore\quad \varDelta\bar{x}_n=\bar{x}_{n+1}-\bar{x}_n=d,\ \varDelta\bar{x}_{n-1}=\bar{x}_n-\bar{x}_{n-1}=d$$

したがって，運動方程式②は，$z_n\to z$として，

$$m\frac{\partial^2 z}{\partial t^2}=G(\varDelta z_n-\varDelta z_{n-1})=Gd\left(\frac{\varDelta z_n}{\varDelta\bar{x}_n}-\frac{\varDelta z_{n-1}}{\varDelta\bar{x}_{n-1}}\right)$$

ここで，$d\to 0$のとき，

$$\frac{\varDelta z_n}{\varDelta\bar{x}_n}\to\left.\frac{\partial z}{\partial x}\right|_{x=\bar{x}_n},\quad \frac{\varDelta z_{n-1}}{\varDelta\bar{x}_{n-1}}\to\left.\frac{\partial z}{\partial x}\right|_{x=\bar{x}_{n-1}}$$

となるから，

$$m\frac{\partial^2 z}{\partial t^2}=Gd^2\frac{\left.\frac{\partial z}{\partial x}\right|_{x=\bar{x}_n}-\left.\frac{\partial z}{\partial x}\right|_{x=\bar{x}_{n-1}}}{\varDelta\bar{x}_{n-1}}=Gd^2\frac{\partial^2 z}{\partial x^2}$$

となる。これを波動方程式③と比較して，縦波の速さ

$$v=\sqrt{\frac{G}{m}}d$$

を得る。

ここで，$\left.\frac{\partial z}{\partial x}\right|_{x=\bar{x}_n}$は，$x=\bar{x}_n$における微分係数を表す。

One Point Break　地震波

地球内部で地殻の急激な破壊が起こると弾性波(地震波)が生じ，四方八方に伝わる。これが地震である。地震で伝わる弾性波には，地球表面を伝わる表面波と地球内部を伝わる実体波があり，実体波には，縦波であるP波と横波であるS波がある。これらの地震波は，密度の異なる層の境界で反射したり屈折したりするので，地球内部の構造を調べるのに役立つ(図1)。

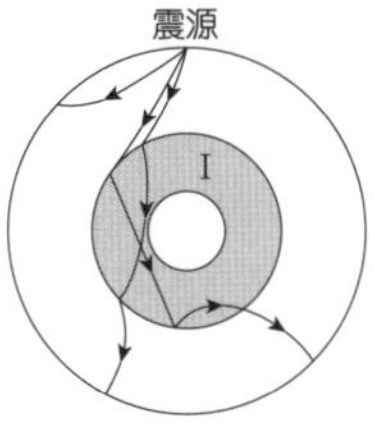

図1

縦波は，振動している媒質が隣の媒質を押すことによって伝わるのであるから，どんな媒質(固体，液体，気体)中でも伝わる。それに引きかえ，横波は固体中のみを伝わることができる。図2のように，粒子がばねでつながった状態を考え，1つの粒子Aが水平方向へ振動したとき，振動は，Aの振動方向には伝わるが(縦波)，振動に垂直な方向へ伝わるには(横波)，ばねがある程度固くなければならず，伝わりにくいことが理解できるであろう。気体や液体では，ばねが非常に柔らかく，横波は伝わらない。

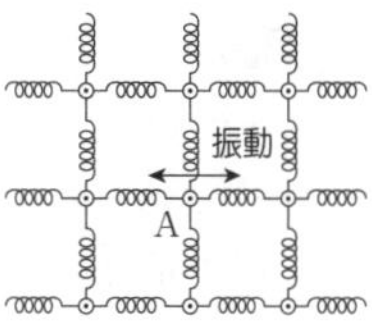

図2

図1の地球内部において，領域Iが液体であり，他のほとんどは固体である。

問題 3.5　水波の干渉

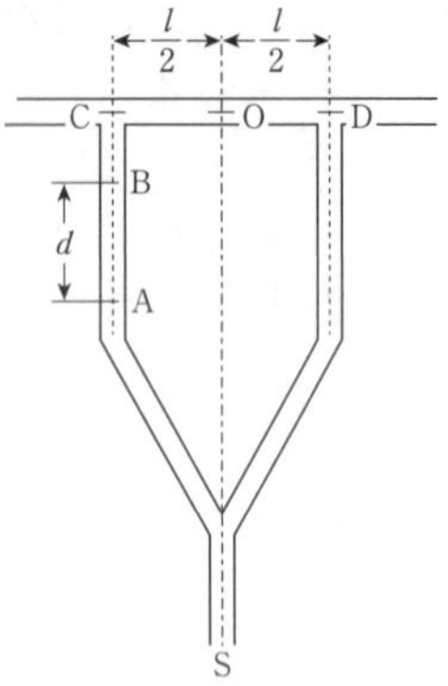

図1

大きな水槽中に，図1のような水深 h の水路を作る。ただし，長さ d の区間 AB の水深は変えられる。水路の形は線 OS に関して左右対称である。水路の一端 S から振動数 f の水面波を送り込む。この波の速さは水深の平方根に比例し，その波長は水路の幅より十分長く，AB 間の長さ d，CD 間の長さ l よりは十分短いとする。このとき，波は水路中を正弦波として伝わるものとし，以下の設問に答えよ。

(1)　全水路で水深を h としたとき，点 O 近くで波長 λ の定常波が見られた。点 O はこの定常波の腹か節かを理由を付して答えよ。また，AB を進む波の速さ V を求めよ。

(2)　区間 AB の水深をゆっくり変えると，定常波の腹や節の位置は徐々にずれる。水深が h' になったとき，O → D 方向に向かって測ったこのずれの距離は x となった。h' と h の比を求めよ。なお，深さが変わるところでの波の反射は無視してよい。

(3)　区間 AB の水深を再び h に戻し，直線部分 COD に水を C から D の向きに速さ v で流す。流れは一様で，この直線部分以外には及ばないとする。C → D に進む波と D → C に進む波の波長をそれぞれ求めよ。また，この 2 つの波の点 O での位相の差を求めよ。ただし，$V > v$ とする。

(4)　(3)で点 O が節となるような水流の速さ v の最小値を求めよ。

（東京大）

Point

2つの波が**同位相**（位相差が π の偶数倍）**で重なると腹**になり，**逆位相**（位相差が π の奇数倍）**で重なると節**になる。

(2)　**水波が S → D → O′と伝わる時間と S → C → O′と伝わる時間が等しくなる条件**を用いればよい。これは，点 O′で 2 つの水波の位相差が 0 になることを意味する。

(3)　C → D と D → C では波の速さは異なるが，振動数は f で等しい。

解　答

(1)　S → C → O と S → D → O の経路長は等しいので，点 O では左右の水路を通ってきた波が同時に同位相で重なる。よって，点 O で変位は強め合い，<u>腹</u>となる。また，AB 間を進む波の速さは，$V = \underline{f\lambda}$

(2)　A，B 間の水深を $h \to h'$ とすることによって，腹の位置が O → O′へ移動したとする。S → C → O の経路長を x_0 とすると，$\overline{OO'} = x$ より，S → D → O′の経路長が $x_0 - x$ となるから，水波が S → D → O′と伝わるのにかかる時間は $t_R = \dfrac{x_0 - x}{V}$，水深 h' の A，B 間を伝わる波の速さを V' とすると，時間は $\dfrac{d}{V'}$ であるから，水波が S → C → O′と伝わるのにかかる時間は $t_L = \dfrac{x_0 + x - d}{V} + \dfrac{d}{V'}$ となる。点 O′で水波が同位相で重なることから，$t_R = t_L$ である。よって，

$$\frac{x_0 - x}{V} = \frac{x_0 + x - d}{V} + \frac{d}{V'}$$

$$\therefore \quad \frac{V'}{V} = \frac{d}{d - 2x} \qquad \cdots\cdots①$$

一方，題意より，水波の速さは水深の平方根に比例するから，

$$\frac{V'}{V} = \sqrt{\frac{h'}{h}} \qquad \cdots\cdots②$$

①，②式より，　$\underline{\dfrac{h'}{h} = \left(\dfrac{d}{d - 2x}\right)^2}$

(3)　C → D と進む波の速さは $V + v$ で，振動数は変

化せず f であるから，波長 λ_1 は，

$$\lambda_1 = \frac{V+v}{f} = \underline{\lambda + \frac{v}{f}}$$

D→C と進む波の速さは $V-v$ で，振動数は f であるから，波長 λ_2 は，

$$\lambda_2 = \frac{V-v}{f} = \underline{\lambda - \frac{v}{f}}$$

点 C と点 D の波の位相は等しいから，点 O での位相差 $\varDelta\varphi$ は，OD 間と OC 間の波の数の差を用いて，

$$\varDelta\varphi = 2\pi\left(\frac{l/2}{\lambda_2} - \frac{l/2}{\lambda_1}\right) = \frac{2\pi flv}{V^2-v^2} = \underline{\frac{2\pi flv}{f^2\lambda^2-v^2}}$$

(4) 位相差 $\varDelta\varphi$ が π の奇数倍となるとき点 O は節となる。また，$\varDelta\varphi$ は v の増加関数であるから，節となるような v の値が最小のとき，$\varDelta\varphi=\pi$ である。よって，

$$\frac{2\pi flv}{f^2\lambda^2-v^2} = \pi \qquad \therefore\ v^2+2flv-f^2\lambda^2=0$$

ここで，$v>0$ であることから，

$$v = \sqrt{f^2\lambda^2+(fl)^2}-fl = \underline{f(\sqrt{\lambda^2+l^2}-l)}$$

解　説

浅水波の速さ

底の浅い水槽などに生じる水平右向きに進行する波で，波長が水深に比べて長く，振幅が水深に比べて十分小さいとき，同一鉛直面内の水は図 2 のように運動している。この水の運動の水平方向の速度成分は，波の速さ v より十分遅い同じ速度で左右に振動している。振動中心での速さを $\varDelta v(\ll v)$ とすると，波の山の部分の水は波の進行方向へ，波の谷の部分の水は波の進行方向と逆向きに，共に同じ速さ $\varDelta v$ で動いている（図 3）。この水波を，波と共に右向きに動く座標系で考える。この座標系で見ると，水は形状の定まった流管内を左向きに流れている。波の山の位置で水は速さ $v-\varDelta v$ で左向きに，波の谷の位置で水は速さ $v+\varDelta v$ で左向きに動いている（図 4）。水の密度がどこでも一定であるとすると，どの断面でも単位時間に通過する水の量は等しいから（連続条件），水波の振幅を $A(\ll h)$ として，

$$(h+A)(v-\varDelta v) = (h-A)(v+\varDelta v)$$

が成り立つ。ここで，$\dfrac{\varDelta v}{v}\ll 1$，$\dfrac{A}{h}\ll 1$ より，微小量の 1 次の項までで，

$$hv\left(1+\frac{A}{h}\right)\left(1-\frac{\varDelta v}{v}\right) = hv\left(1-\frac{A}{h}\right)\left(1+\frac{\varDelta v}{v}\right)$$

$$\therefore\ \frac{A}{h} \fallingdotseq \frac{\varDelta v}{v} \qquad \cdots\cdots③$$

となる。

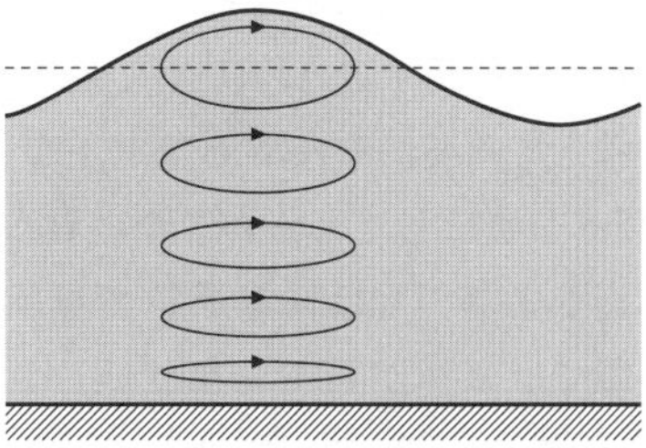

図 2

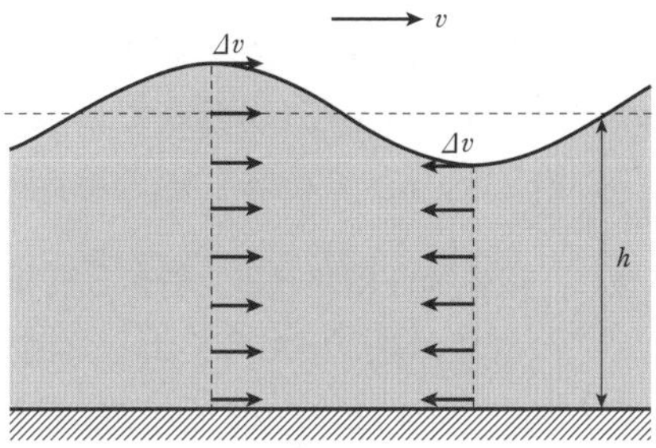

図 3

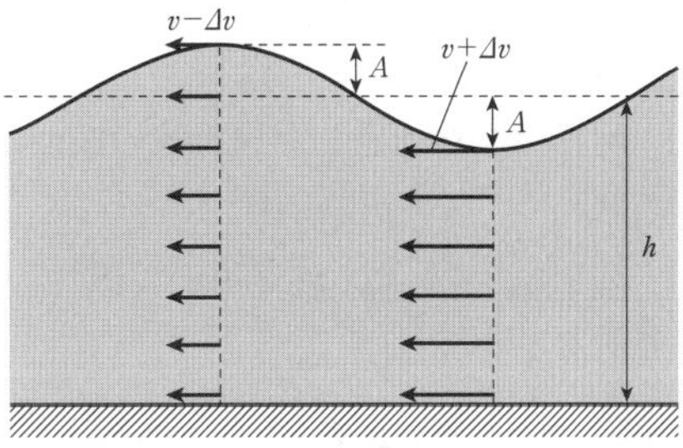

図 4

次に，水面に沿った流管内を流れる単位体積あたりの水に，力学的エネルギー保存則を適用する。水の密度を ρ，重力加速度の大きさを g として，

$$\frac{1}{2}\rho(v-\varDelta v)^2+\rho gA = \frac{1}{2}\rho(v+\varDelta v)^2-\rho gA$$

$$\therefore\ \frac{1}{2}\rho v^2\left(1-\frac{\varDelta v}{v}\right)^2 = \frac{1}{2}\rho v^2\left(1+\frac{\varDelta v}{v}\right)^2-2\rho gA$$

ここで③式を代入して，

$$v=\sqrt{gh} \qquad \cdots\cdots④$$

を得る。④式は，浅水波の速さが水深 h の平方根に比例することを示している。

問題 3.6　音波の反射と屈折

晴れた寒い夜や，上空に強い風が吹いているとき，地上の音源から遠く離れた場所でその音が大きく聞こえることがある。この現象を理解するために，大気の状態を図1のように簡単化して考えてみる。すなわち，水平な2つの境界面(境界面ⅠおよびⅡ)を境にして大気が3つの層から成っており，地表から境界面Ⅰまでの層は音速が v_1 で無風状態，境界面ⅠからⅡまでの層では音速が v_2 で無風状態，さらに境界面Ⅱ以上の層では(無風時の)音速が v_3 であって，風速 w の風が左から右に向かって水平方向へ吹いているとする。この状況において，地上の音源Xより，鉛直から右へ角度 θ_1 をなす方向に発せられた音波の，各境界面での反射・屈折を考えよう。境界面Ⅰでの音波の屈折角を θ_2，境界面Ⅱでの屈折角を θ_3 とする。

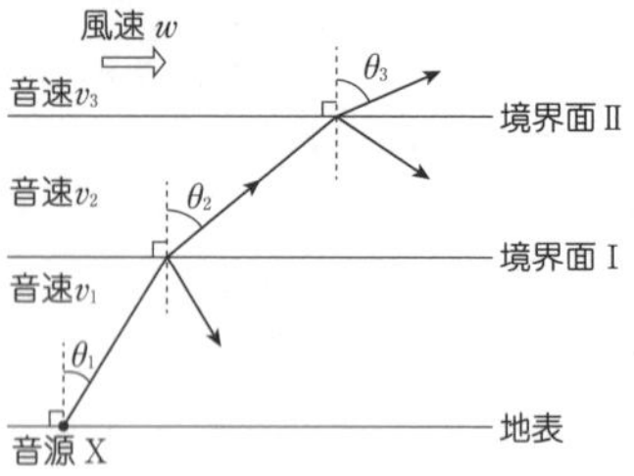

図1

境界面Ⅰは地表から十分離れており，そこに届いた音波は平面波とみなせる。

(1)　このとき，θ_1，θ_2 と v_1，v_2 の間の関係式を示せ。

次に，境界面Ⅱにおける入射角と屈折角の間の関係式をホイヘンスの原理に基づいて考えよう。図2において，速さ v_2 で進む入射波の波面PQが境界面Ⅱに達してから時間 t の後，Qが境界面上のSに達したとする。このとき，Pから発せられた素元波のなす半円の中心は，水平右方向の風のために点P′まで移動している。Sからこの半円に対して引いた接線RSが屈折波の波面である。

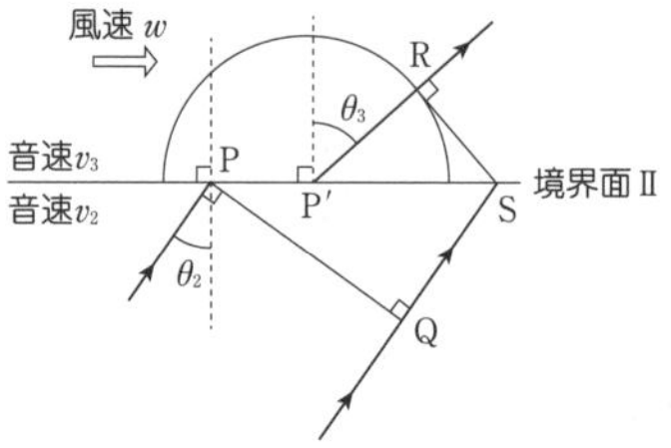

図2

(2)　境界面Ⅱを通過した屈折波の波面が，屈折角 θ_3 の方向へ進む速さを，θ_3，w，v_3 を用いて表せ。

(3)　w を θ_2，θ_3，v_2，v_3 を用いて表せ。これは，境界面Ⅱでの入射角と屈折角の関係を与える式である。

さて，音源から遠く離れた地点でその音が大きく聞こえるという現象は，いまの場合，音源Xから発せられた音波が，境界面で全反射されて地上に戻ってくる現象であると考えられる。

(4)　境界面Ⅰで全反射が起きるような角度 θ_1 が存在するためには，v_1，v_2 の間にどのような条件が成り立たねばならないか，その条件を求めよ。また，全反射が起きるためには，境界面ⅠとⅡの間の層の気温は，境界面Ⅰより下の層の気温より，高ければよいか，低ければよいか。理由を付けて答えよ。

(5)　境界面Ⅱで全反射が起きるような角度 θ_2 が存在するためには，風速 w と v_2，v_3 の間にどのような条件が成り立たねばならないか，その条件を求めよ。

(6)　音源Xで発した音波がすべて全反射せずに境界面ⅠとⅡの間の層に達し，かつ，境界面Ⅱで全反射するための条件を，w，v_1，v_2，v_3 を用いて表せ。

(京都大　改)

Point

各領域で実際に**波の進む速さは波面の進む速さ**である。

(2), (3) ホイヘンスの原理を用いて屈折の法則を導くときの作図を思い出そう。

(4), (5), (6) 境界面での屈折角を θ とすると，**屈折波が存在する条件は** $\sin\theta<1$ であり，**全反射する**(屈折波が存在しない)**条件は** $\sin\theta>1$ であることを活用しよう。

解 答

(1) 境界面Ｉでの音波の入射角は θ_1 であるから，屈折の法則より，

$$\frac{\sin\theta_1}{\sin\theta_2}=\frac{v_1}{v_2} \quad \cdots\cdots①$$

(2) 図3において，$\overline{\mathrm{P'R}}=v_3t$，$\overline{\mathrm{PP'}}=wt$ である。また，境界面Ⅱを通過した屈折波の波面の速さを V とすると，$\overline{\mathrm{PR'}}=Vt$ となるから，

$$\overline{\mathrm{PR'}}=Vt=v_3t+wt\sin\theta_3$$

$$\therefore\quad V=v_3+w\sin\theta_3$$

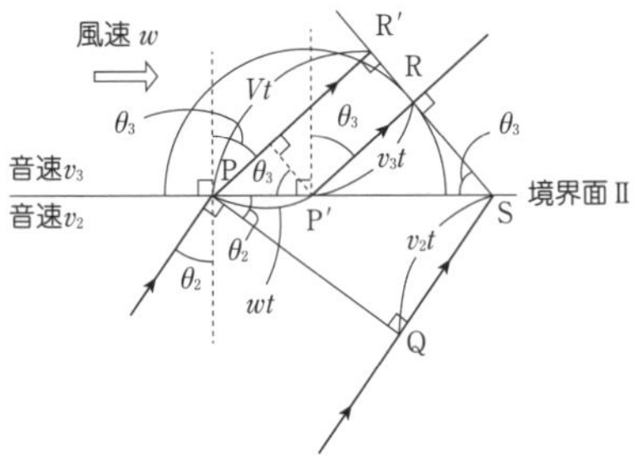

図3

(3) 図3より，

$$\frac{\sin\theta_3}{\sin\theta_2}=\frac{\dfrac{\overline{\mathrm{PR'}}}{\overline{\mathrm{PS}}}}{\dfrac{\overline{\mathrm{QS}}}{\overline{\mathrm{PS}}}}=\frac{\overline{\mathrm{PR'}}}{\overline{\mathrm{QS}}}$$

$$=\frac{v_3t+wt\sin\theta_3}{v_2t}=\frac{v_3+w\sin\theta_3}{v_2}$$

$$\therefore\quad w=\frac{v_2}{\sin\theta_2}-\frac{v_3}{\sin\theta_3} \quad \cdots\cdots②$$

(4) 境界面Ｉで音波が全反射するとき，屈折角 θ_2 は存在しない。よって，①式より，

$$\sin\theta_2=\frac{v_2}{v_1}\sin\theta_1>1 \qquad \therefore\quad \sin\theta_1>\frac{v_1}{v_2}$$

$\sin\theta_1\leqq 1$ であるから，角度 θ_1 が存在するためには，

$$\frac{v_1}{v_2}<1 \qquad \therefore\quad v_1<v_2 \quad \cdots\cdots③$$

音速は気温が高い方が速くなる。よって，③式より，境界面ＩとⅡの間の層の気温が境界面Ｉの下の層の気温より高ければよい。

(5) ②式より，$\sin\theta_3=\dfrac{v_3\sin\theta_2}{v_2-w\sin\theta_2}$ となるから，境界面Ⅱで全反射が起きる条件 $\sin\theta_3>1$ より，

$$\frac{v_3\sin\theta_2}{v_2-w\sin\theta_2}>1 \quad \therefore\quad \frac{v_2}{v_3+w}<\sin\theta_2<1 \cdots\cdots④$$

このような角度 θ_2 が存在する条件は，

$$v_2<v_3+w$$

(6) すべての音波が境界面ＩとⅡの間の層に達する条件は，③式が成り立たなければよいから，

$$v_2\leqq v_1 \quad \cdots\cdots⑤$$

境界面Ⅱで全反射するための角度 θ_1 に対する条件は，①，④式より，

$$\frac{v_2}{v_3+w}<\sin\theta_2=\frac{v_2}{v_1}\sin\theta_1 \qquad \therefore\quad \sin\theta_1>\frac{v_1}{v_3+w}$$

ここで，$\sin\theta_1\leqq 1$ であるから，角度 θ_1 が存在する条件は，

$$v_1<v_3+w \quad \cdots\cdots⑥$$

⑤，⑥式より，求める条件は，$v_2\leqq v_1<v_3+w$

問題 3.7　縦波と横波の反射・屈折

次のⅠ，Ⅱ，Ⅲの各問に答えよ。なお，角度の単位はラジアンとする。

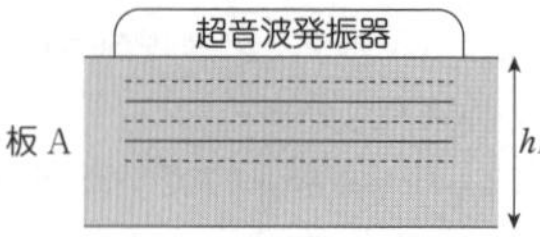

図 1

Ⅰ　図 1 のように，超音波発振器を用いて平面波に近い超音波を板 A に入射する(板中の直線は波面を表す)。振動数を変化させながら縦波の超音波を板面に垂直に入射したところ，振動数が f_0 の整数倍になるごとに板が共振した。板 A の厚さを h_A，板 A 内を伝わる縦波の超音波の速さを V_A とする。また，板の両面は自由端とする。

(1)　f_0 を h_A，V_A を用いて表せ。

(2)　$V_A = 5.0\times10^3\,\mathrm{m/s}$ のとき，振動数 $2.0\times10^6\,\mathrm{Hz}$ と $3.0\times10^6\,\mathrm{Hz}$ の両方で共振が起こった。h_A の最小値を求めよ。

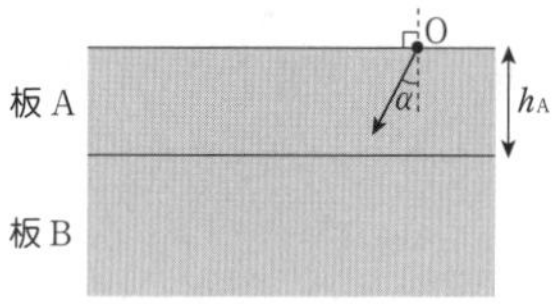

図 2

Ⅱ　固体中では縦波と横波の両方が存在する。縦波と横波は速さが異なり，縦波の方が k 倍($k>1$)速い。図 2 のように板 A と，それとは材質の異なる板 B を貼り合わせ，2 層構造をもつ板を作製した。板 B 内を伝わる縦波の速さを V_B とし，$\dfrac{V_B}{k} > V_A$ とする。また，k の値は物質の種類によらないとする。

板 A の表面上の点 O から，図 2 のように板 A 内を角度 α $\left(0<\alpha<\dfrac{\pi}{2}\right)$ で伝わる縦波を入射した。すると，境界面で縦波の反射波，屈折波のみならず，横波の反射波と屈折波も発生した。反射角は，縦波と横波についてそれぞれ θ と θ' であった。屈折角は，縦波と横波についてそれぞれ ϕ と ϕ' であった。

(1)　ホイヘンスの原理にしたがって，横波の反射角 θ' について，$\sin\theta'$ を求めよ。

(2)　縦波の屈折角 ϕ，横波の屈折角 ϕ' について，$\sin\phi$ と $\sin\phi'$ を求めよ。

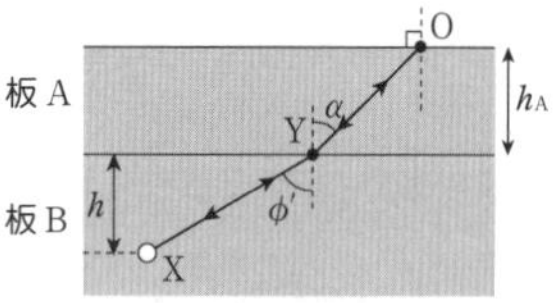

図 3

Ⅲ　Ⅱで作製した 2 層構造をもつ板の境界面から深さ h の位置に異物 X が存在している。図 3 のように，O より超音波を入射してから異物表面での反射波が O に戻ってくるまでの時間を t とする。t の測定値から h を求める方法を考えよう。

(1)　まず，入射角 α を調整し，板 B 中を伝わる屈折波が横波だけとなるようにしたい。$\sin\alpha$ の満たすべき条件を求めよ。

(2)　(1)の条件を満たすある入射角 α で O から縦波を入射したところ，境界上の点 Y で横波が屈折角 ϕ' で板 B 中に入射し X に到達した。その後，同じ経路をたどって反射波が O に戻ってきた。t を k，h，h_A，V_A，V_B，α，ϕ' を用いて表せ。ただし X の大きさは無視せよ。

(東京大　改)

Point

問題の設定にしたがって素直に解答すればよいが，Ⅰでは，「板が共振した」とは，板の両端が定常波の「腹」になればよいことに気づけばよい。Ⅱでは，波の速さに変化が生じた場合について，ホイヘンスの原理を正確に適用する。また，Ⅲでは，反射波が入射波と同じ経路をたどることに注意する。

解　答

Ⅰ(1)　板が共振するとき，板の両面が自由端で定常波の腹になる。このとき超音波の波長を λ とすると，腹と腹の間隔は $\dfrac{\lambda}{2}$ であるから，n を正

の整数として，

$$\frac{\lambda}{2}\cdot n = h_{\rm A} \qquad \therefore\ \ \lambda = \frac{2h_{\rm A}}{n}$$

振動数をfとすると，$f=\dfrac{V_{\rm A}}{\lambda}=\dfrac{nV_{\rm A}}{2h_{\rm A}}$となるから，$f_0=\dfrac{V_{\rm A}}{2h_{\rm A}}$のとき，$f$は$f_0$の整数倍となる。

(2)　振動数2.0×10^6 Hzと3.0×10^6 Hzの最大公約数の振動数として，f_0の最大値は$f_{0\max}=1.0\times10^6$ Hzとなる。$h_{\rm A}$が最小となるとき$n=1$となるので，f_0の最大値$f_{0\max}$を用いて，

$$h_{\rm A}=\frac{V_{\rm A}}{2f_{0\max}}=\frac{5.0\times10^3}{2\times1.0\times10^6}=\underline{2.5\times10^{-3}\,\rm m}$$

Ⅱ(1)　図4のように，板AとBの境界面上の点PとQでの反射を考える。縦波の入射波面が点HからQに達する時間Tに，点Pでの横波の反射波は，Rに達するから，HQ $=V_{\rm A}T$，PR $=\dfrac{V_{\rm A}}{k}\cdot T$となる。∠HPQ $=\alpha$と∠RQP $=\theta'$より，$\sin\alpha=\dfrac{\rm HQ}{\rm PQ}$，$\sin\theta'=\dfrac{\rm PR}{\rm PQ}$となるから，

$$\sin\theta'=\frac{V_{\rm A}T/k}{\rm PQ}=\frac{1}{k}\cdot\frac{V_{\rm A}T}{\rm PQ}=\underline{\frac{\sin\alpha}{k}}$$

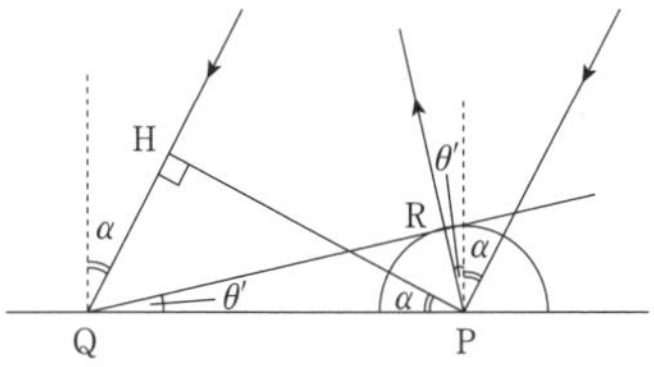

図4

(2)　屈折の法則より，

$$\underline{\sin\phi=\frac{V_{\rm B}}{V_{\rm A}}\sin\alpha}$$

$$\sin\phi'=\frac{V_{\rm B}/k}{V_{\rm A}}\sin\alpha=\underline{\frac{V_{\rm B}}{kV_{\rm A}}\sin\alpha}$$

Ⅲ(1)　縦波が全反射する条件は$\sin\phi>1$，横波の屈折波が存在する条件は$\sin\phi'<1$となるから，

$$\frac{V_{\rm B}}{V_{\rm A}}\sin\alpha>1,\quad \frac{V_{\rm B}}{kV_{\rm A}}\sin\alpha<1$$

$$\therefore\ \ \underline{\frac{V_{\rm A}}{V_{\rm B}}<\sin\alpha<\frac{kV_{\rm A}}{V_{\rm B}}}$$

(2)　反射波が入射波と同じ経路をたどって点Oに戻るのは，板A中では縦波，B中では横波となる。したがって，点Oに戻るまでの時間tは，

$$t=2\left(\frac{h_{\rm A}/\cos\alpha}{V_{\rm A}}+\frac{h/\cos\phi'}{V_{\rm B}/k}\right)$$

$$=\underline{2\left(\frac{h_{\rm A}}{V_{\rm A}\cos\alpha}+\frac{kh}{V_{\rm B}\cos\phi'}\right)}$$

問題 3.8　平面波の反射と屈折

I　図1のように，水槽の壁ABに壁とθの角をなす方向から，波長λ，周期Tで振幅Aの平面波が入射し，ABで自由端反射して入射波と反射波が重なり合成波が形成されている。図1には，時刻$t=0$における入射波と反射波の山の位置を実線で，谷の位置を点線で示している。いま，壁AB上で入射波と反射波の山の位置の1つを原点Oとし，ABに垂直に，紙面上で右向きにx軸，ABに沿って紙面上で上向きにy軸をとる。原点Oでの入射波の時刻tでの変位を，

$$y_0 = A\cos\frac{2\pi}{T}t$$

として，以下の設問に，λ，θ，A，T，x，y，tの中から必要な文字を用いて答えよ。

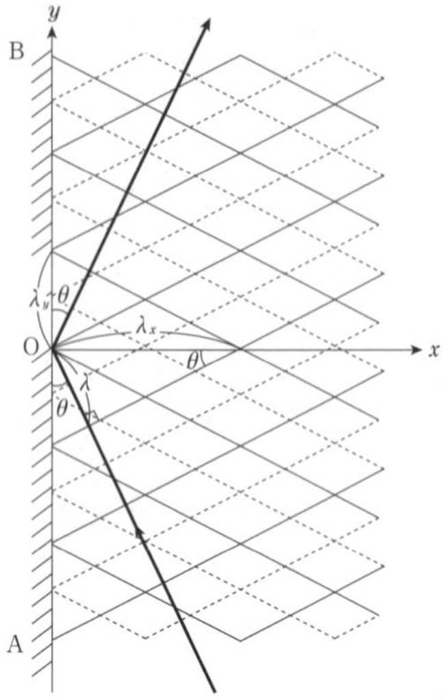

図1

(1)　x軸上で見ると，入射波は一定の波長λ_xで，x軸負方向へ一定の速さv_xで進行しているように見える。λ_xとv_xを求めよ。

(2)　y軸上で見ると，入射波は一定の波長λ_yで，y軸正方向へ一定の速さv_yで進行しているように見える。λ_yとv_yを求めよ。

(3)　図2のように，原点Oで反射した反射波の射線と点P(x, y)から射線へ引いた垂線の交点をQとすると，点Pにおける反射波の変位は，点Qにおける変位に等しい。ベクトル$\overrightarrow{\mathrm{OP}} = \boldsymbol{r} = (x, y)$とO→Q方向の単位ベクトル$\boldsymbol{e} = (\sin\theta, \cos\theta)$を用いて，反射波の点Pにおける時刻$t$での変位$y_2(x, y; t)$を求めよ。

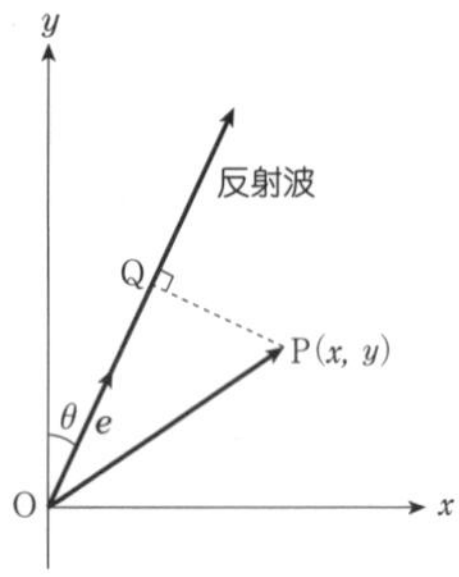

図2

(4)　点P(x, y)で，入射波と反射波の合成波の時刻tにおける変位$y(x, y; t)$を求め，x軸上およびy軸上で見ると，合成波はどのように見えるか説明せよ。

ただし，必要なら，三角関数の和積公式

$$\cos\alpha + \cos\beta = 2\cos\frac{\alpha+\beta}{2}\cos\frac{\alpha-\beta}{2}$$

を用いよ。

II　図3のように，深さhの水槽の底の一部に板を敷き，深さを$\dfrac{h}{2}$にした。深さhの領域をI，$\dfrac{h}{2}$の領域をIIとし，IとIIの境界をXYとする。いま，境界XYと45°の角をなす領域Iの側から波長λの平面波の水波が入射し，XYで屈折して領域IIへ進んでいる。水波の速さVは，水深Hの平方根に比例する$(V \propto \sqrt{H})$。

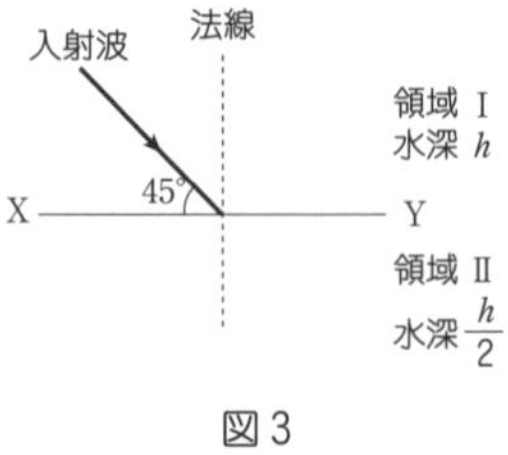

図3

(5)　屈折波の進行方向と境界XYのなす角はいくらか。また，屈折波の波長はいくらか。

(6)　境界XYで全反射を起こさせるためには，領域IとIIのどちら側から水波を入射させればよいか。また，入射波の境界XYとのなす角は，どのようにすればよいか。

Point

I　x 軸上で見た**波長は** λ **の** $\sin\theta$ **倍ではなく**，波の速さも元の波の速さ $\dfrac{\lambda}{T}$ の $\sin\theta$ 倍ではない。

II　波の速さを用いた**屈折の法則**を思い出そう。

解　答

I(1)　図4に示すように，時刻 $t=0$ において，入射波の原点Oの1つ手前の山の線が x 軸と交わる点を R_1，y 軸と交わる点を R_2 とする。$OR_1=\lambda_x$ であるから，

$$\lambda_x=\frac{\lambda}{\sin\theta}$$

1周期 T の間に x 軸上で入射波は点 R_1 からOまで進むから，

$$v_x=\frac{\lambda_x}{T}=\underline{\frac{\lambda}{T\sin\theta}}$$

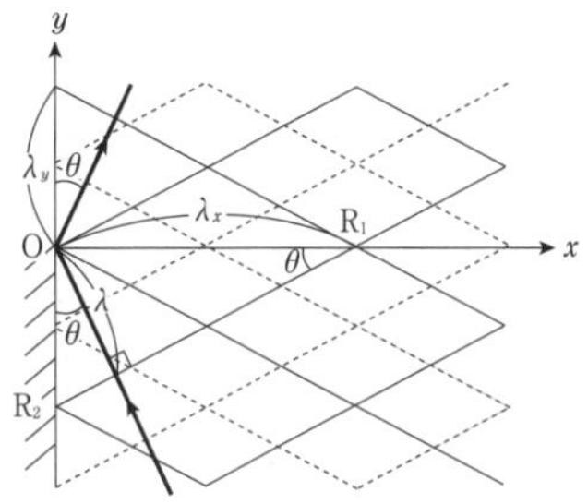

図4

(2)　$R_2O=\lambda_y$ であり，1周期 T の間に y 軸上では入射波は点 R_2 からOまで進むから，

$$\lambda_y=\underline{\frac{\lambda}{\cos\theta}},\quad v_y=\frac{\lambda_y}{T}=\underline{\frac{\lambda}{T\cos\theta}}$$

(3)　$OQ=r'$ とおき，反射波の速さを $v=\dfrac{\lambda}{T}$ とすると，点Qでの変位 y' は，時間 $\dfrac{r'}{v}$ だけ前の原点Oの変位に等しいから，

$$y'=A\cos\frac{2\pi}{T}\left(t-\frac{r'}{v}\right)$$

ここで，$r'=\boldsymbol{r}\cdot\boldsymbol{e}=x\sin\theta+y\cos\theta$ であり，題意より，点Pの反射波の変位 $y_2(x,y;t)$ は点Qの変位に等しいから，$y_2(x,y;t)$ は，

$$y_2(x,y;t)=A\cos\frac{2\pi}{T}\left(t-\frac{x\sin\theta+y\cos\theta}{\lambda/T}\right)$$

$$=\underline{A\cos2\pi\left(\frac{t}{T}-\frac{x\sin\theta+y\cos\theta}{\lambda}\right)}$$

(4)　入射波の進行方向の単位ベクトルは，

$$\boldsymbol{e}'=(\sin(-\theta),\ \cos(-\theta))=(-\sin\theta,\ \cos\theta)$$

となるから(図5)，点Pでの入射波 $y_1(x,y;t)$ は，$y_2(x,y;t)$ で $\theta\to-\theta$ として，

$$y_1(x,y;t)=A\cos2\pi\left(\frac{t}{T}-\frac{-x\sin\theta+y\cos\theta}{\lambda}\right)$$

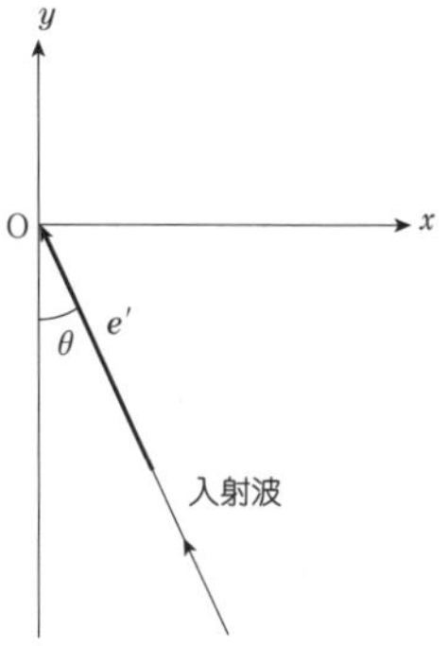

図5

よって，入射波と反射波の合成波 $y(x,y;t)$ は，

$$y(x,y;t)=y_1(x,y;t)+y_2(x,y;t)$$

$$=\underline{2A\cos2\pi\frac{x\sin\theta}{\lambda}\cdot\cos2\pi\left(\frac{t}{T}-\frac{y\cos\theta}{\lambda}\right)}\quad\cdots\cdots①$$

これから，x 軸上での振動は，①式で $y=0$ とおいて，

$$y(x,0;t)=2A\cos2\pi\frac{x\sin\theta}{\lambda}\cdot\cos2\pi\frac{t}{T}$$

となるから，$\underline{x\text{ 軸上で見ると，波長 }\lambda_x=\dfrac{\lambda}{\sin\theta}\text{ の定常波に見える}}$。

y 軸上での振動は，①式で $x=0$ とおいて，

$$y(0,y;t)=2A\cos2\pi\left(\frac{t}{T}-\frac{y\cos\theta}{\lambda}\right)$$

となるから，$\underline{y\text{ 軸上で見ると，波長 }\lambda_y=\dfrac{\lambda}{\cos\theta}\text{ で }y\text{ 軸正方向への進行波に見える}}$。

II(5)　領域Iでの水波の速さを v_1 とすると，領域IIでの水波の速さ v_2 は，題意より，

$$v_2=\sqrt{\frac{h/2}{h}}v_1=\frac{1}{\sqrt{2}}v_1$$

入射角は $90°-45°=45°$ であるから，屈折角を θ とすると，屈折の法則より，

$$\frac{\sin\theta}{\sin45°}=\frac{v_2}{v_1}=\frac{1}{\sqrt{2}}$$

これより，

$$\sin\theta = \frac{1}{2} \qquad \therefore \quad \theta = 30^\circ$$

よって，屈折波の進行方向と境界 XY のなす角は，

$$90^\circ - 30^\circ = \underline{60^\circ}$$

また，屈折波の波長を λ' とすると，屈折の法則より，

$$\frac{v_2}{v_1} = \frac{\lambda'}{\lambda} \qquad \therefore \quad \lambda' = \underline{\frac{\lambda}{\sqrt{2}}}$$

(6)　領域ⅠとⅡでの水波の速さ v_1，v_2 の大小関係は，$v_1 > v_2$ であるから，領域Ⅰでの屈折角 θ_1 は領域Ⅱでの入射角 θ_2 より大きい(図 6)。

よって，領域Ⅱの側から水波を入射させれば，境界 XY で全反射を起こさせることができる。

入射波の臨界角を θ_C とすると，屈折の法則より，

$$\frac{\sin\theta_C}{\sin 90^\circ} = \frac{v_2}{v_1} = \frac{1}{\sqrt{2}} \qquad \therefore \quad \theta_C = 45^\circ$$

よって，入射波の境界 XY となす角を 45° より小さくすればよい。

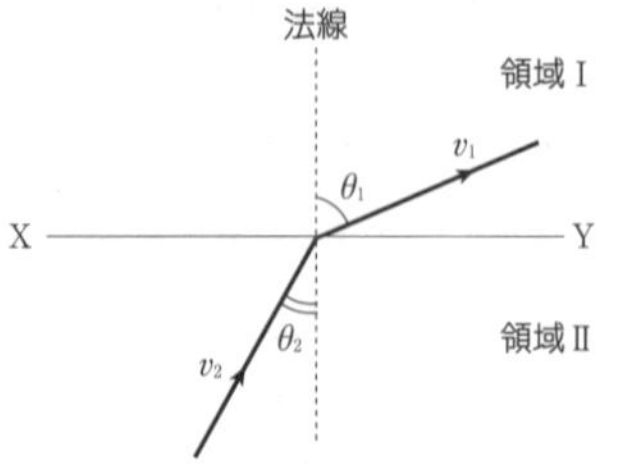

図 6

問題 3.9　動く反射板による平面波の反射

図 1 は速さ V で伝わる波長 λ の平面波が平面板 A に入射角 α で入射し，A によって反射しているところの一部を示す。波面を表す実線は山，点線は谷であるとする。そのうちの 1 つの波面の入射と反射の様子を参考として小さな矢印の列で示した。また，A 以外には反射面はない。次の設問に答えよ。

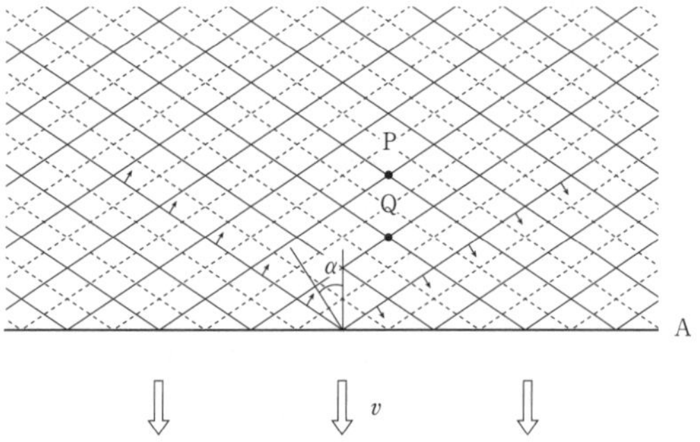

図 1

(1)　入射波の山と反射波の山が重なり合う点の間の距離 PQ はいくらか。

(2)　点 P において，入射波の波面と反射波の波面の交点はどの方向に移動するか。矢印で示せ。また，その速さ V' はいくらか。

(3)　図 1 を観察すると節が直線状になって現れることがわかる。それらはどこか。図 1 に書き入れよ。また，A 側から数えて n 本目の節と A との間の距離 l はいくらか。

(4)　A がそれに垂直に速度 v で⇩印の方向へ移動すると，反射波の波長 λ' はいくらか。

（九州芸術工科大）

Point

(1)，(2)　図 1 より求められる。

(3)　平面板 A の位置には，振幅が入射波あるいは反射波の 2 倍の波ができ，速さ V' で A に沿って右向きに進む。すなわち，A の位置が腹線になる。腹線と節線の間隔は $\frac{\lambda}{4}$ である。

(4)　反射角 α' は入射角 α と異なることに注意し，λ と λ' の関係を，α と α' を用いて 2 通りに表現しよう。

解　答

(1)　図 2 より，

$$PQ \cdot \cos\alpha = \lambda$$

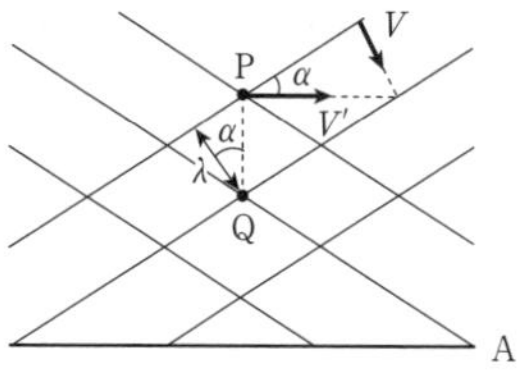

図2

$$\therefore\quad \mathrm{PQ}=\frac{\lambda}{\cos\alpha}$$

⑵　Pの移動方向は図2の矢印 V' である。V と V' の関係は，図2より，

$$V'=\frac{V}{\sin\alpha}$$

⑶　山(実線)と谷(点線)が重なると節になる。よって，節線は，図3の太い実線となり，隣り合う節線の間隔 d は，

$$d=\frac{\mathrm{PQ}}{2}=\frac{\lambda}{2\cos\alpha}$$

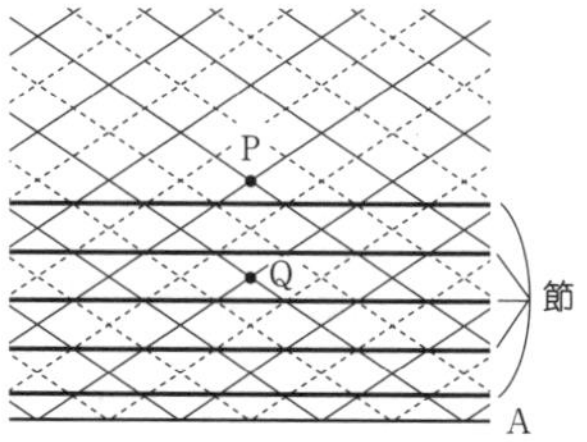

図3

平面板Aの位置は腹線になるから，求める距離 l は，

$$l=\left(n-\frac{1}{2}\right)d=\frac{(2n-1)\lambda}{4\cos\alpha}$$

⑷　平面板Aが入射波に対し後退する速さは $v\cos\alpha$ であるから，Aが受け取る波長 λ の波の振動数 f_1 は，

$$f_1=\frac{V-v\cos\alpha}{\lambda}\qquad\cdots\cdots①$$

反射角を α' とすると，Aは $v\cos\alpha'$ の速さで後退しながら，振動数 f_1 の波を出すから，反射波の波長 λ' は，

$$\lambda'=\frac{V+v\cos\alpha'}{f_1}\qquad\cdots\cdots②$$

よって，①，②式より，

$$\lambda'=\frac{V+v\cos\alpha'}{V-v\cos\alpha}\lambda\qquad\cdots\cdots③$$

一方，図4より，

$$\lambda=\mathrm{BC}\sin\alpha,\quad \lambda'=\mathrm{BC}\sin\alpha'$$

$$\therefore\quad \lambda'=\frac{\sin\alpha'}{\sin\alpha}\lambda\qquad\cdots\cdots④$$

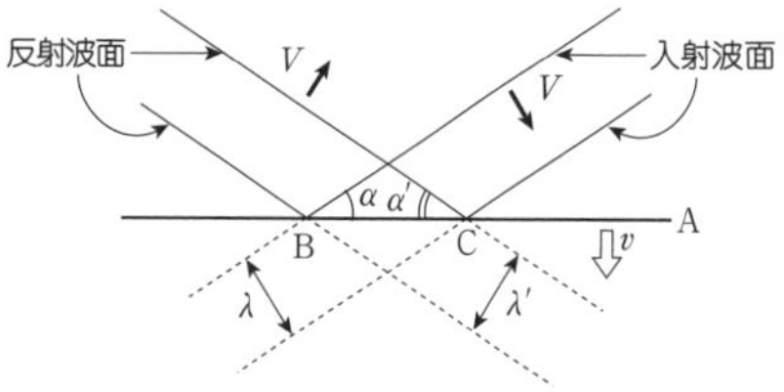

図4

③，④式より，$k=\dfrac{\lambda'}{\lambda}$ とおいて α' を消去すると，

$$(V^2-2Vv\cos\alpha+v^2)k^2$$
$$-2V(V-v\cos\alpha)k+(V^2-v^2)=0$$
$$\{(V^2-2Vv\cos\alpha+v^2)k-(V^2-v^2)\}(k-1)=0$$

$k>1\ (\lambda'>\lambda)$ より，

$$k=\frac{V^2-v^2}{V^2-2Vv\cos\alpha+v^2}$$

$$\therefore\quad \lambda'=\frac{V^2-v^2}{V^2-2Vv\cos\alpha+v^2}\lambda$$

問題 3.10　風がある場合のドップラー効果

図1のように，A駅を通って東西に走る鉄道がB点で北西に45°進路を変え，C駅を通っていく。BからABの延長上は道路で，それと，Cを通り鉄道と直交する道路との交点にD君がいる。

急行電車が一定の速さvで東からA駅，B点，C駅を通過し，A駅とC駅の通過時に警笛を鳴らした。無風状態での音の速さをVとして，以下の設問に答えよ。

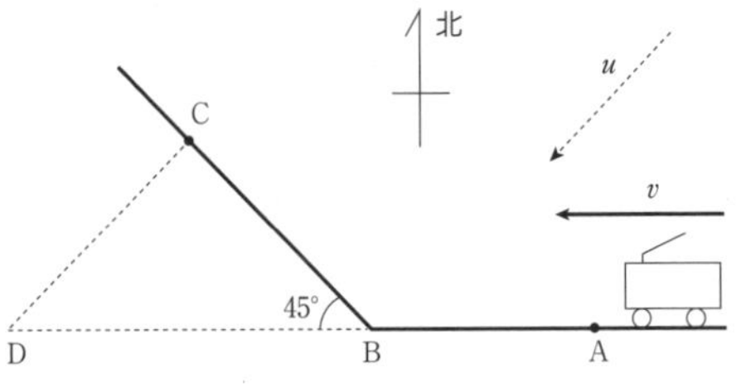

図1

(1)　まず無風状態の場合を考える。警笛の振動数をf_0とすると，D君がはじめて聞いた音の振動数f_Aと次に聞いた音の振動数f_Cはいくらか。

(2)　次に速さuの風が北東から吹いている場合を考える。

(イ)　Aで警笛から出る音のAD方向の速さ，および，Cで警笛から出る音のCD方向の速さは，それぞれいくらか。

(ロ)　D君が聞いたAからの音の振動数はf_A'，Cからの音の振動数はf_C'であった。このとき，電車の速さvは，f_A'，f_C'，V，uを用いてどのように表されるか。

（大阪大　改）

Point

風のある場合，**音が伝わる速さは方向によって異なる。** 音は，風の速さuで運ばれ，かつ，音速Vで四方八方へ伝わる。このことを作図し，それぞれの方向へ伝わる音の速さを求める。

解　答

(1)　振動数f_Aは，電車がD君に速さvで近づくから，

$$f_A = \frac{V}{V-v}f_0$$

振動数f_Cは，電車の速度のCD方向の成分が0だから，$f_C = f_0$

(2)(イ)　図2のように，音は1秒間に距離uだけ風で運ばれ，音速の距離Vだけ四方八方に伝わる。よって，AD方向の速さV_1は，

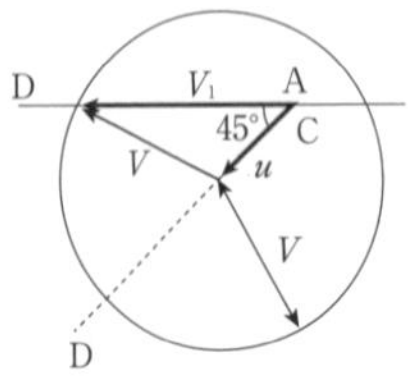

図2

$$V_1 = \sqrt{V^2-(u\sin 45°)^2}+u\cos 45°$$

$$= \sqrt{V^2-\frac{u^2}{2}}+\frac{u}{\sqrt{2}} \quad \cdots\cdots ①$$

CD方向の速さV_2は，$V_2 = V+u$

(ロ)　振動数f_A'は，音速V_1と電車の速さvを用いて，

$$f_A' = \frac{V_1}{V_1-v}f_0 \quad \cdots\cdots ②$$

また，　$f_C' = f_0$　……③

①～③式より，電車の速さvは，

$$v = V_1\left(1-\frac{f_C'}{f_A'}\right) = \left(\sqrt{V^2-\frac{u^2}{2}}+\frac{u}{\sqrt{2}}\right)\left(1-\frac{f_C'}{f_A'}\right)$$

問題 3.11　波の式とドップラー効果

無限に長い管の中での空気の振動について考える。x 軸を管に沿って図1のようにとる。平面波とみなせる音速 v の音波が x 軸正の向きに進んでいる。以降この波を入射波と呼び，簡単のため管の内壁の影響は考えないことにする。

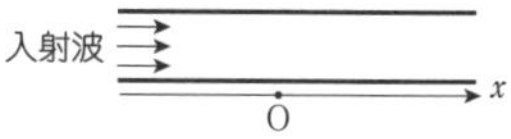

図1

(1)　x 軸の原点Oで入射波の変位 y_1 を調べたら，時刻 t の関数として，

$$y_1 = A\sin 2\pi ft$$

となっていた。ここで変位の正の向きは x 軸正の向きとし，A と f は正の定数である。

(イ)　位置 x，時刻 t における入射波の変位 y_1 を求めよ。

(ロ)　時刻 $t=0$ において，空気が最も密となる位置 x_A を求めよ。

(2)　次に，図2のように原点Oの位置に壁を作り，壁の左側における空気の振動について考える。空気の変位 y を入射波の変位 y_1 と反射波の変位 y_R の重ね合わせとして調べよう。

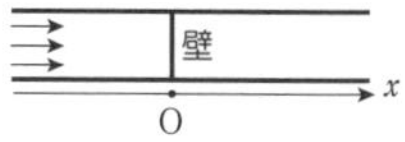

図2

(イ)　時刻 t における壁の位置での反射波の変位 y_R を求めよ。

(ロ)　一般の位置 x，時刻 t における反射波の変位 y_R を求めよ。

(ハ)　位置 x，時刻 t における変位 y を計算せよ。また，変位の腹の位置 x_B を求めよ。

(3)　最後に，図3のように壁が速さ $v_0(>0)$ で右に移動している場合，壁の左側の空気の振動について考える。時刻 t における壁の位置 X は $X=v_0t$ で与えられ，v_0 は音速より十分小さく空気の流れは起こらないとする。反射波の振動数 f_R，および位置 x，時刻 t における反射波の変位 y_R を求めよ。

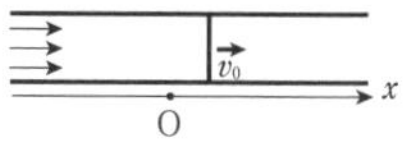

図3

(大阪大)

Point

(2)　腹は，定常波の式で振幅項が最大となる位置。

(3)　**時刻 t_0 に壁で反射した音波が時刻 t に位置 x に達するとすると，求める反射波の変位は，時刻 t_0 での壁での反射波の変位 y_2 に等しい。**よって変位 y_2 を，t_0 を消去して位置 x と時刻 t で表せばよい。

解　答

(1)(イ)　音波が x 軸正方向へ x だけ進むのに $\dfrac{x}{v}$ の時間がかかるから，位置 x で時刻 t における変位 $y_1(x, t)$ は，$y_1(0, t)=A\sin 2\pi ft$ を用いて，

$$y_1(x, t) = y_1\left(0, t-\frac{x}{v}\right)$$

$$= A\sin 2\pi f\left(t-\frac{x}{v}\right) \quad \cdots\cdots①$$

(ロ)　①式より，時刻 $t=0$ での変位は，

$$y_1(x, 0) = -A\sin 2\pi f\frac{x}{v}$$

となり，そのグラフは図4となる。密となる位置 x_A は，波長 $\dfrac{v}{f}$ を用いて，

$$x_A = m\frac{v}{f} \quad (m：整数)$$

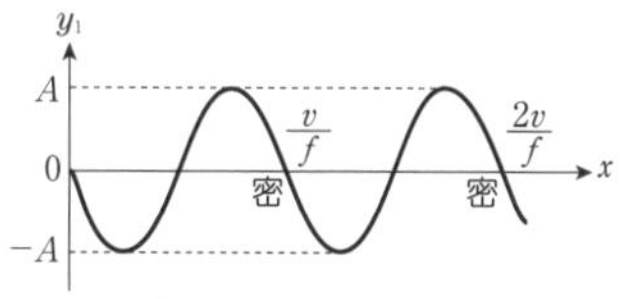

図4

(2)(イ)　壁で音波は固定端反射をするから，

$$y_R(0, t) = -y_1(0, t) = -A\sin 2\pi ft$$

(ロ)　位置 $x=0$ から $x\ (<0)$ まで音波が伝わる時間は，$\dfrac{|x|}{v} = -\dfrac{x}{v}$ だから，

$$y_R(x, t) = y_R\left(0, t+\frac{x}{v}\right) = -A\sin 2\pi f\left(t+\frac{x}{v}\right)$$

(ハ) 合成波の変位 $y(x,t)$ は,

$$y(x,t) = y_1(x,t) + y_R(x,t)$$
$$= A\sin 2\pi f\left(t-\frac{x}{v}\right) - A\sin 2\pi f\left(t+\frac{x}{v}\right)$$
$$= -2A\sin 2\pi f\frac{x}{v}\cdot\cos 2\pi ft$$

ここで,三角関数の公式

$$\sin\alpha - \sin\beta = 2\sin\frac{\alpha-\beta}{2}\cos\frac{\alpha+\beta}{2}$$

を用いた。

腹の位置 x_B は,振幅最大の条件より,$\left|\sin 2\pi f\frac{x_B}{v}\right| = 1$ を満たす。ここで,$x_B < 0$ であるから,n を自然数として,

$$2\pi f\frac{x_B}{v} = -\left(n-\frac{1}{2}\right)\pi$$

$$\therefore\quad x_B = -\left(n-\frac{1}{2}\right)\frac{v}{2f}\quad (n = 1, 2, 3, \cdots)$$

(3) 時刻 t_0 に壁で反射した音波が,時刻 $t\ (> t_0)$ に位置 x に達するとする。時刻 t_0 で壁の位置での音波の変位 y_1 は,

$$y_1 = A\sin 2\pi f\left(t_0-\frac{v_0t_0}{v}\right) = A\sin 2\pi\frac{v-v_0}{v}ft_0$$

壁での反射波の変位 y_2 は,

$$y_2 = -y_1 = -A\sin 2\pi\frac{v-v_0}{v}ft_0 \qquad \cdots\cdots②$$

位置 x で時刻 t での変位は,時刻 t_0 での反射波の変位 y_2 に等しいから,求める変位 y_R は,②式の t_0 を位置 x と時刻 t で表したものである。壁から位置 x まで反射波が伝わる時間は $\dfrac{v_0t_0-x}{v}$ だから,

$$t = t_0+\frac{v_0t_0-x}{v}\qquad \therefore\quad t_0 = \frac{vt+x}{v+v_0}$$

これを②式へ代入して,

$$y_R = -A\sin 2\pi\frac{v-v_0}{v+v_0}f\left(t+\frac{x}{v}\right)$$

これより,反射波の振動数は,$f_R = \dfrac{v-v_0}{v+v_0}f$

[別解]

反射波の振動数 f_R は,ドップラー効果と考えて導かれるものに一致していることは,下記のように,すぐにわかる。

壁が受け取る音の振動数は,$f_1 = \dfrac{v-v_0}{v}f$ であり,壁は速さ v_0 で遠ざかりながら振動数 f_1 の音波を発するから,反射波の振動数は,

$$f_R = \frac{v}{v+v_0}f_1 = \frac{v-v_0}{v+v_0}f$$

解説

波の式を用いた考察

ドップラー効果を波の式を用いて考えてみよう。風はなく,空気は静止しており,音波は空気に対して一定の音速 V で伝わるものとする。

1. 観測者が動く場合

静止座標系の原点 $x = 0$ に静止した音源Sから時刻 t での変位が

$$y_S(t) = A\sin 2\pi f_0t \qquad \cdots\cdots③$$

で表される音波が発せられている。この音波を x 軸正方向へ速さ v で動いている観測者Oが観測する場合を考える。ここで,A は音波の振幅,f_0 は発せられる音波の振動数である。また,音波の減衰は無視する。したがって,観測する音波の振幅は A のまま変化しない。

音速は V であるから,観測する音波の振動数 f は,ドップラー効果の式より,直ちに,

$$f = \frac{V-v}{v}f_0 \qquad \cdots\cdots④$$

と求められるが,ここでは,時刻 $t = 0$ に位置 $x = l$ を通過した観測者Oが時刻 t に観測する音波の振動 $y_O(l,t)$ を求めてみよう(図5)。

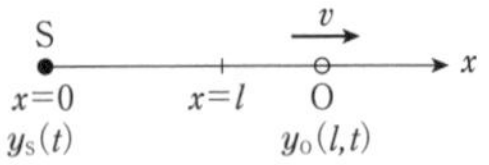

図5

時刻 t において,観測者Oは位置 $x = l+vt$ にいる。音波が原点から位置 x に達するのにかかる時間は $\dfrac{x}{V} = \dfrac{l+vt}{V}$ であるから,Oが時刻 t に観測する音波の変位は,音源Sが,時刻 $t-\dfrac{l+vt}{V}$ において原点で発する音波の変位に等しい。よって,

$$y_O(l,t) = y_S\left(t-\frac{l+vt}{V}\right)$$
$$= A\sin 2\pi f_0\left(t-\frac{l+vt}{V}\right)$$
$$= A\sin 2\pi\frac{V-v}{V}f_0\left(t-\frac{l}{V-v}\right)$$

$$= A\sin 2\pi f\left(t-\frac{l}{V-v}\right) \qquad \cdots\cdots⑤$$

となる。⑤式は，観測者Oの観測する振動数は，④式で与えられる振動数 f に等しいことも示している。

また，⑤式は，ドップラー効果の式④を用いて，次のように導くこともできる(図6)。

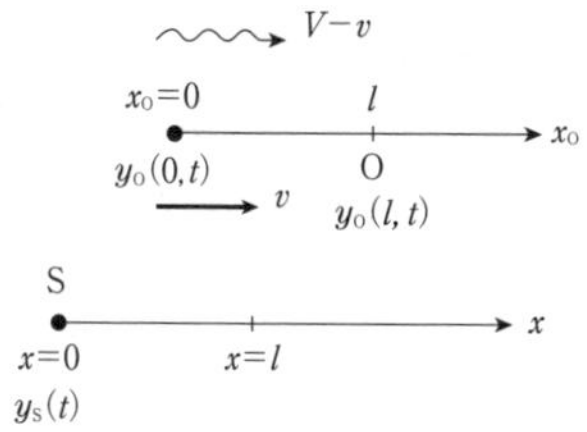

図6

時刻 $t=0$ に x 軸正方向へ速さ v で動く座標系 x_O の原点 $x_O=0$ が静止座標系 x の原点 $x=0$ に一致し，観測者Oは位置 $x_O=l$ で座標系 x_O に対してつねに静止している。座標系 x_O での音速は，$V-v$ となるから，観測者Oが時刻 t に観測する音波の変位 $y_O(l, t)$ は，$x_O=0$ で時刻 $t-\dfrac{l}{V-v}$ の音波の変位に等しい。座標系 x_O での振動数は，④式で与えられ，時刻 $t=0$ で $x=0$ での位相と $x_O=0$ での位相は一致することから，$x_O=0$ で時刻 t の変位 $y_O(0, t)$ は，

$$y_O(0, t)=A\sin 2\pi ft$$

となる。よって，

$$y_O(l, t)=y_O\left(0, t-\frac{l}{V-v}\right)$$

$$=A\sin 2\pi f\left(t-\frac{l}{V-v}\right)$$

を得る。

2.　音源が動く場合

時刻 $t=0$ に静止座標系の原点 $x=0$ を通過し，一定の速さ u で x 軸正方向へ動く音源Sから，③式で与えられる振動の音波が発せられている。この音波を位置 $x=l$ に静止している観測者Oが時刻 t に観測する変位 $y(l, t)$ を求めよう(図7)。

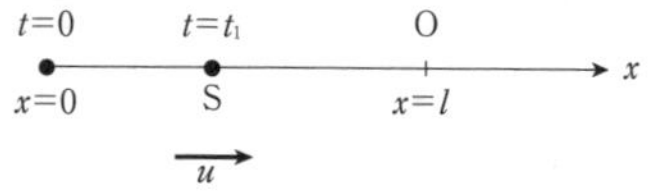

図7

時刻 t_1 に位置 $x=ut_1$ を通過した音源Sから発せられた音波が時刻 t に観測者Oに達したとすると，t_1 は，

$$l=ut_1+V(t-t_1) \qquad \therefore \quad t_1=\frac{V}{V-u}\left(t-\frac{l}{V}\right)$$

となる。したがって，変位 $y(l, t)$ は，

$$y(l, t)=y_S(t_1)$$

$$=A\sin 2\pi\frac{V}{V-u}f_0\left(t-\frac{l}{V}\right)$$

と求められる。

問題 3.12　音波の位相

音源とマイクロフォンを準備した。マイクロフォンは受けた音波(密度変化の波)の振幅 A ($A>0$)，振動数 f，位相を測定することができる(位相とは，t を時刻として波形を $A\sin(2\pi ft-\theta)$ と表したときの $2\pi ft-\theta$ のことである)。音源での波形は $A_1\sin 2\pi f_1t$ で表される。音速を V として，以下の設問に答えよ。

Ⅰ　図1のように音源を $x=-L$ に，マイクロフォンを原点に固定する。

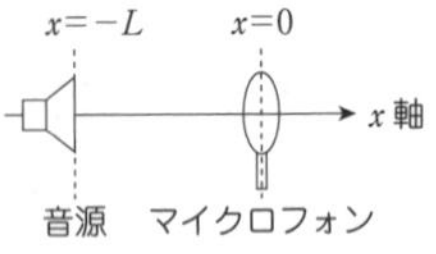

図1

(1)　マイクロフォンで測定した波形は $A_2\sin(2\pi f_1t-\alpha)$ であった。α を L，f_1，V を用いて表せ。

Ⅱ　図2のように，原点にマイクロフォンを固定した状態で，音源が x 軸の正の方向に速さ u ($u<V$) で動いている。時刻 $t=0$ に音源が $x=-L$ を通過した。

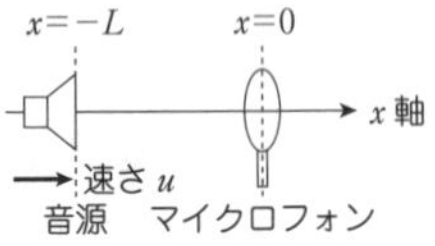

図2

(2)　時刻 $t=0$ に音源から出た音波が，マイクロフォンに到達する時刻を求めよ。

(3)　マイクロフォンで測定した波形は $A_2\sin(2\pi f_2t-\beta)$ であった。β を L，f_2，V を用いて表せ。

(4)　時刻 $t=t_1$ に音源から出た音波が，マイクロフォンに到達する時刻 t_2 を求めよ。ただし，時刻 $t=t_1$ で音源は x 軸の負の領域にあるものとせよ。

(5)　時刻 $t=t_1$ に音源から出た音波の位相と，時刻 $t=t_2$ にマイクロフォンが受けた音波の位相を比べることにより f_2 と f_1 の関係を求めよ。

Ⅲ　図3のように，2台の音源をそれぞれ $x=-L$ と $x=L$ に固定した。それぞれの音源が単独に音を出したとき，原点に置いた，マイクロフォンで測定した波形はどちらも同じで，$A_2\sin(2\pi f_1t-\alpha)$ であった。

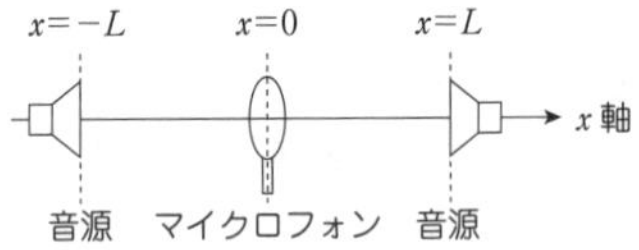

図3

(6)　両方の音源が同時に音を出した。マイクロフォンで測定する波形を求めよ。ただし，ここでは α はそのまま用いよ。

(7)　次にマイクロフォンの位置を x 軸の正の方向に少しずらして測定したところ，振幅は0になった。このときのマイクロフォンの x 座標を f_1，V を用いて表せ。ただし，この位置は原点に最も近い振幅が0になる位置である。また，片側の音源だけが音を出しているとき，マイクロフォンを少しぐらい動かしても，マイクロフォンで測定する振幅は変化しないと考えてよい。

(大阪大)

Point

位相の考え方に習熟しよう。

Ⅰ(1)，Ⅱ(3)　時間 $\dfrac{L}{V}$ だけ前の時刻での音源の位置の位相に等しいとして求めることもできるが，**時刻 $t=\dfrac{L}{V}$ にマイクロフォンで測定した位相は，$t=0$ での音源の位相0に等しい。**

Ⅲ(7)　右側の音源から出た音波の位置 x での位相は，時間 $\dfrac{x}{V}$ だけ後の原点での位相に等しい。

解　答

Ⅰ(1)　音源からマイクロフォンまで音波が伝わるのにかかる時間は，$\dfrac{L}{V}$ であるから，時刻 $t=\dfrac{L}{V}$ にマイクロフォンで測定した位相は，$t=0$ で

の音源の位相0に等しい。よって，

$$2\pi f_1 \frac{L}{V} - \alpha = 0 \qquad \therefore\ \ \alpha = \underline{\frac{2\pi f_1 L}{V}}$$

[別解]

音源の位置で，時刻 t での位相を $\phi_0(t) = 2\pi f_1 t$ とおく。時刻 t におけるマイクロフォンの測定する位相 $\phi_1(t)$ は，時刻 $t-\frac{L}{V}$ における音源での位相に等しい。よって，

$$\phi_1(t) = \phi_0\left(t-\frac{L}{V}\right) = 2\pi f_1\left(t-\frac{L}{V}\right)$$

$$= 2\pi f_1 t - \frac{2\pi f_1 L}{V}$$

$$\therefore\ \ \alpha = \underline{\frac{2\pi f_1 L}{V}}$$

Ⅱ(2) 音波は音源の速度に関係なく音速 V で伝わるから，到達時刻 $= \underline{\frac{L}{V}}$

(3) 時刻 $t = \frac{L}{V}$ にマイクロフォンで測定した音波の位相は，$t = 0$ での音源の位相0に等しいから，

$$2\pi f_2 \frac{L}{V} - \beta = 0 \qquad \therefore\ \ \beta = \underline{\frac{2\pi f_2 L}{V}}$$

[別解]

時刻 t に音源の位置に静止して観測した位相を $\phi'(t) = 2\pi f_2 t$ とおく。時刻 t におけるマイクロフォンの測定する位相 $\phi_2(t)$ は，時刻 $t-\frac{L}{V}$ において音源の位置に静止して観測した位相に等しい。よって，

$$\phi_2(t) = \phi'\left(t-\frac{L}{V}\right) = 2\pi f_2\left(t-\frac{L}{V}\right)$$

$$= 2\pi f_2 t - \frac{2\pi f_2 L}{V}$$

$$\therefore\ \ \beta = \underline{\frac{2\pi f_2 L}{V}}$$

(4) 時刻 $t = t_1$ での音源の位置は，$x_1 = -L + ut_1$ であるから，$t = t_1$ に音源から出た音波が $x = 0$ にあるマイクロフォンに到達する時刻 t_2 は，

$$t_2 = t_1 + \frac{0 - x_1}{V} = \underline{t_1 + \frac{L - ut_1}{V}}$$

(5) 時刻 $t = t_1$ における音源での音波の位相は，$\phi_0(t_1) = 2\pi f_1 t_1$ であり，時刻 t_2 におけるマイクロフォンでの音波の位相は，$\phi_2(t_2) = 2\pi f_2 t_2 - \beta$ である。これらの位相は等しいから，$\phi_2(t_2) = \phi_0(t_1)$ として，(3)，(4)の β と t_2 を代入して，

$$2\pi f_2\left(t_1 + \frac{L - ut_1}{V}\right) - \frac{2\pi f_2 L}{V} = 2\pi f_1 t_1$$

$$\therefore\ \ f_2 = \underline{\frac{V}{V-u} f_1}$$

Ⅲ(6) マイクロフォンには両方の音源から同位相の音波が到達するから，重ね合わされた音波の波形は，

$$\underline{2A_2 \sin(2\pi f_1 t - \alpha)}$$

(7) 位置 x における左側と右側の音源からの音波の波形 $y_1(x, t)$，$y_2(x, t)$ は，それぞれ，

$$y_1(x, t) = A_2 \sin\left\{2\pi f_1\left(t - \frac{x}{V}\right) - \alpha\right\}$$

$$y_2(x, t) = A_2 \sin\left\{2\pi f_1\left(t + \frac{x}{V}\right) - \alpha\right\}$$

三角関数の和積公式を用いて，

$$y_1(x, t) + y_2(x, t)$$

$$= 2A_2 \cos\left(\frac{2\pi f_1 x}{V}\right)\sin(2\pi f_1 t - \alpha)$$

ここで，振幅は0であるから，

$$\cos\left(\frac{2\pi f_1 x}{V}\right) = 0$$

$$\therefore\ \ \frac{2\pi f_1 x}{V} = \left(n + \frac{1}{2}\right)\pi \quad (n：整数)$$

x が正で最小となるのは，$n = 0$ のときであるから，

$$x = \underline{\frac{V}{4f_1}}$$

[別解]

両音源間 $(-L \leqq x \leqq L)$ には，波長 $\frac{V}{f_1}$ の定常波ができ，$x = 0$ は定常波の腹である。求める振幅0の位置 x は，$x = 0$ に最も近い節の位置であり，腹と節の間隔は $\frac{1}{4}$ 波長であるから，

$$x = \underline{\frac{V}{4f_1}}$$

問題 3.13　水面波の群速度

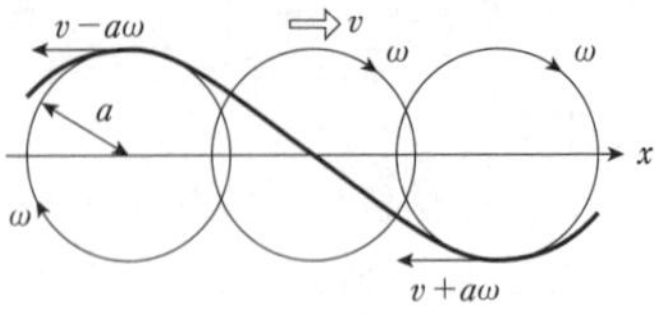

図1

波長が水深に比べて十分に小さく，水平右向きに速さ v（この速度を位相速度という）で進む水面波を考える。表面張力は無視する。

波の振幅を a とするとき，水面上の各点の水は，鉛直面内で半径 a，角速度 ω，周期 $T = 2\pi/\omega$ で右回りに等速円運動しているとみなすことができる。重力加速度の大きさは g である。

(1) 水平右向きに波の速さ v で波と共に動く座標系（観測者）から見る。このとき，波は止まり，図1の太線で示した水面の水は，水面に沿って左向きに流れ，波の山の位置での水は，速度 $v-a\omega$ で，波の谷の位置での水は，速度 $v+a\omega$ で共に左向きに運動している。水の密度を ρ とし，波の山と谷で単位体積あたりの水に力学的エネルギー保存則を適用することにより，位相速度 v を，g と波の周期 T を用いて表せ。ただし，波と共に動いている座標系で見て，水面の水には，重力のみが作用する。

波の波長を λ とするとき，$k = 2\pi/\lambda$ を波数という。波数 k，角振動数 ω の波と，波数 $k+\Delta k$（$|\Delta k|$ は k に比べて十分小さい〔$|\Delta k| \ll k$〕），角振動数 $\omega+\Delta\omega$（$|\Delta\omega| \ll \omega$）の波が重なると，合成波の振幅は，速度 $v_g = \dfrac{\Delta\omega}{\Delta k}$ で移動することがわかる。このときの v_g を群速度という（2.2.2 参照）。

(2) 位相速度 v を波数 k と角振動数 ω で表せ。また，水面波の群速度 v_g を位相速度 v で表せ。

（類題　京都大）

Point

題意にしたがってエネルギー保存則の式を立てて，微小量の1次の項までの近似計算をしよう。

解　答

(1) 水面の単位体積あたりの水の力学的エネルギー保存則は，

$$\frac{1}{2}\rho(v-a\omega)^2+2\rho ag = \frac{1}{2}\rho(v+a\omega)^2 \qquad \therefore\ \omega v = g$$

題意より，波の周期は円運動の周期 $T = \dfrac{2\pi}{\omega}$ に等しいから，

$$v = \frac{g}{\omega} = \underline{\frac{gT}{2\pi}} \qquad \cdots\cdots①$$

(2) 水面上の水が円軌道を1回転する T の間に，波は1波長 λ だけ進むから，波の位相速度 v は，

$$v = \frac{\lambda}{T} = \frac{2\pi/k}{2\pi/\omega} = \underline{\frac{\omega}{k}} \qquad \cdots\cdots②$$

①，②式より，$\omega = \sqrt{gk}$ となるから，

$$\omega+\Delta\omega = \sqrt{g(k+\Delta k)}$$

$$= \sqrt{gk}\cdot\sqrt{1+\frac{\Delta k}{k}} \fallingdotseq \omega\left(1+\frac{\Delta k}{2k}\right)$$

$$\therefore\ \frac{\Delta\omega}{\omega} = \frac{1}{2}\cdot\frac{\Delta k}{k}$$

こうして，

$$v_g = \frac{\Delta\omega}{\Delta k} = \frac{1}{2}\cdot\frac{\omega}{k} = \underline{\frac{1}{2}v}$$

解　説

波の波数 k と角振動数 ω の間に成り立つ関係式を，**分散関係**あるいは**分散式**という。また，個々の波の速さ v が波長 λ によらない（すなわち，v が k によらない）波を，分散のない波，v が波長 λ による波を分散のある波という。また，分散のある波を伝える媒質を**分散性媒質**，それ以外の媒質を**非分散性媒質**という。

速さ v が波長 λ によらないとき，p.201 の (2.2) 式に②式を用いると，

$$v_g = \frac{d\omega}{dk} = v$$

となり，群速度と位相速度が一致することがわかる。

音の速さは波長によらず，伝わる媒質によって決まる。したがって，音波は分散のない波であり，同じ方向に伝わる振動数と波長がわずかに異なる音波が重なると，音波と同じ速さで伝わる波束が形成され，その波束を観測するとうなりが聞こえる。

また，真空中を伝わる光も分散のない波であり，光にも音波と同様のうなりが生じる。

分散のある波では，速さ v が k によるので②式より，

$$v_g = v + k\frac{dv}{dk} \qquad \cdots\cdots③$$

となる。したがって，分散のある波では，③式の右辺第2項の分だけ，群速度は位相速度と異なる。

本問で得た関係式 $\omega = \sqrt{gk}$ を①式に代入して，

$$v = \frac{g}{\sqrt{gk}} = \sqrt{\frac{g}{k}} = \sqrt{\frac{g\lambda}{2\pi}} \qquad \cdots\cdots④$$

となるから，ここで考えた水面波の速さ v は $\sqrt{\lambda}$ に比例し，v が波長 λ によって異なることがわかる。この水面波は分散のある波である。

水面波の群速度 v_g と位相速度 v の関係は，③，④式を用いて，

$$v_g = v + k\cdot\left(-\frac{1}{2}\right)\sqrt{\frac{g}{k}}\cdot\frac{1}{k} = v - \frac{1}{2}v = \underline{\frac{1}{2}v}$$

と求めることもできる。

問題 3.14　気柱と弦に生じる定常波

図1に示すように，壁に固定された円柱に車付きの支柱で支えられた管が差し込まれている。管を左右に移動させることにより気柱の長さ L を変えることができ，管はその位置にねじで固定される。気柱の固有振動を調べるため，気柱の近くに音源としてスピーカーを置く。開口端補正は無視できるものとし，空気中の音速を V として以下の設問に答えよ。

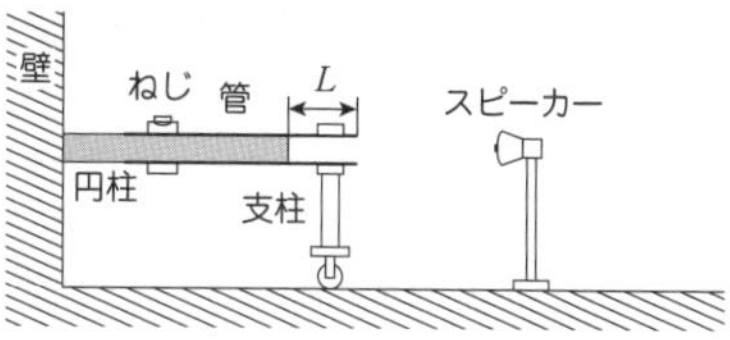

図1

(1)　気柱の長さを L に固定し，スピーカーから発生する音波の振動数 f を変えて共鳴を観測する。共鳴を起こす閉管内の気柱の n 倍振動の振動数 f_n は，

$$f_n = \frac{nV}{4L} \quad (n = 1, 3, 5, \cdots)$$

と表されることを示せ。

次に，図2に示すように，スピーカーのかわりに音源として弦を用いる。弦 PQ は管と支柱でつながっており，管を右に移動させ気柱の長さ L を x だけ長くすると，弦の長さ l は逆に x だけ短くなる。ただし，余分な弦は右側にあるリールに巻き取られ，おもりにより弦には一定の張力がかかっている。ここで重力加速度を 9.8 m/s，空気中の音速を 340 m/s とする。

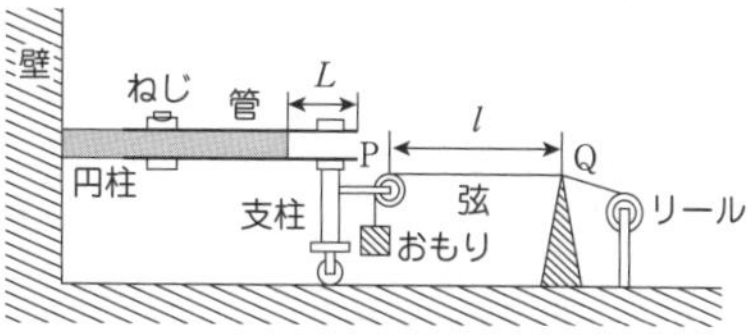

図2

(2)　弦を伝わる横波の速さ v は，弦の張力 S と弦の線密度 ρ を用いて，

$$v = \sqrt{\frac{S}{\rho}}$$

で与えられる。弦の長さが 0.50 m，弦の線密度が 1.4×10^{-3} kg/m，おもりの質量が 2.8 kg であるとき，弦の基本振動の振動数はいくらか。

(3)　いま気柱の長さLを0.25 mにしたとき，弦の長さlは0.50 mであった。弦を基本振動させながら気柱の固有振動の共鳴点を探すため，気柱の長さLを0.25 mから0.65 mまで増加させた。弦を伝わる波の速さが170 m/sのとき，観測される共鳴点の数はいくつあるか。また，その中で，一番大きい共鳴振動数を求めよ。

（広島大　改）

Point

気柱の共鳴と弦の共振の基本を思い出そう。気柱の共鳴では，気柱の長さは音波の$\frac{1}{4}$波長の奇数倍であり，弦の基本振動では，弦の長さは弦を伝わる波の$\frac{1}{2}$波長に等しい。

(3)　気柱の長さがxだけ増加すると，弦の長さはxだけ減少する。また，**気柱と弦が共鳴するとき，音波と弦を伝わる波の振動数は一致する**。気柱がn倍振動をするとして，支柱を動かす距離xの範囲から，整数値nを定めればよい。

解答

(1)　n倍振動のときの音波の波長をλ_nとすると，$L = n\times\frac{\lambda_n}{4}$であるから，

$$f_n = \frac{V}{\lambda_n} = \frac{nV}{4L}$$

(2)　おもりの質量がmのとき，弦の張力Sは$S = mg$と表されるから，弦を伝わる波の速さv_1は（「理論物理セミナー12」参照），

$$v_1 = \sqrt{\frac{S}{\rho}} = \sqrt{\frac{2.8\times9.8}{1.4\times10^{-3}}} = 1.4\times10^2\,〔\mathrm{m/s}〕$$

長さlの弦に基本振動が生じたとき，その波の波長λ_sは$\lambda_s = 2l$であるから基本振動の振動数f_sは，

$$f_s = \frac{v_1}{\lambda_s} = \frac{1.4\times10^2}{2\times0.50} = \underline{1.4\times10^2\,〔\mathrm{Hz}〕}$$

(3)　気柱に生じる固有振動の振動数f_nは，$L_0 = 0.25$〔m〕として，

$$f_n = \frac{nV}{4(L_0+x)} \quad (n = 1, 3, 5, \cdots) \quad \cdots\cdots①$$

弦に生じる基本振動の振動数f_sは，弦を伝わる波の速さを$v_2 = 170$〔m/s〕，$l_0 = 0.50$〔m〕として，

$$f_s = \frac{v_2}{2(l_0-x)} \quad \cdots\cdots②$$

共鳴を起こす条件は，$f_n = f_s$であるから，①，②式へ与えられた数値を代入して，

$$x = \frac{2n-1}{4(n+1)} \quad ただし，0 \leqq x \leqq 0.40\,〔\mathrm{m}〕$$

これより，共鳴点は，

$n = 1$（$x = 0.125$〔m〕），$n = 3$（$x = 0.313$〔m〕），$n = 5$（$x = 0.375$〔m〕）の<u>3つ</u>

共鳴振動数の最大値f_{max}は，②式より，xが最大のときで，

$$f_{max} = \frac{170}{2\times(0.50-0.375)} = \underline{6.8\times10^2\,〔\mathrm{Hz}〕}$$

問題 3.15　音波の速さ

断面積Sの長いパイプの左端O_0にピストンがはめ込まれ，右端は大気中に開放されている。パイプおよびピストンは断熱材でできている。ピストンを速さvで右へ動かすと，少しずつ遅れながら次々と右側の空気が押されて速さvで右へ動き始める。動いている空気と静止している空気との境界面の移動する速さをUとする。

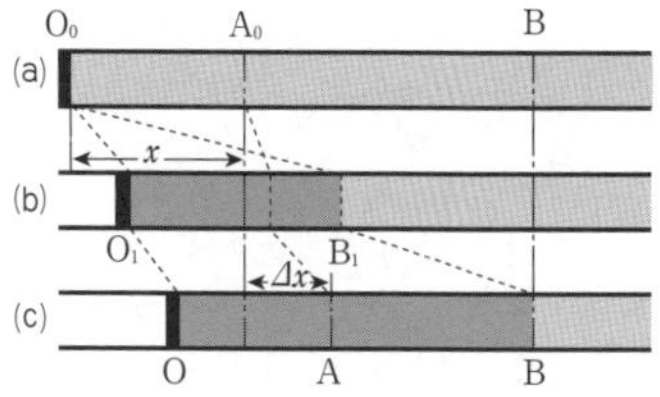

図 1

ピストンを動かし始めてから時間t経過後には，境界面はB点まで到達している。図1(a)は初期の，また図1(b)は時間$t_1(t_1 < t)$経過後の，さらに図1(c)は時間t経過後の，それぞれの時刻におけるピストンの位置$O_0 \to O_1 \to O$と境界面の位置$O_0 \to B_1 \to B$とを示している。

(1)　はじめ，O_0点からxの距離にあったA_0点の空気は時間t経過後にはA点に移動している。その移動距離Δxは$\overline{A_0B}$の何倍か。

これは，OB内の空気が一様に圧縮されていることを意味している。この過程を断熱圧縮とみなそう。そのとき，γを定数，また空気を理想気体として，

$$(O_0B\text{内の空気の圧力})\times(O_0B\text{間の体積})^{\gamma}=(OB\text{内の空気の圧力})\times(OB\text{間の体積})^{\gamma}$$

なる関係が成り立つ。ここでは，$U \gg v$である場合を考えよう。

なお，近似計算を行う際には，微小なyに対する近似式

$$(1+y)^{\alpha} \fallingdotseq 1+\alpha y$$

を用いよ。また，数値計算には，

0℃，1気圧の空気の密度：1.29 kg/m^3，$\gamma = 1.40$，1気圧$= 1.01\times10^5$ N/m^2，0℃ = 273 K

を用いよ。

(2)　大気圧をp_0として，OB内の空気の圧力pを，上の近似式を用いて求めよ。

(3)　大気の密度をdとすれば，時間tの間にパイプ内の空気が得た運動量は右向きにいくらか。d，S，t，U，vを用いて表せ。また，その間に与えられた力積は右向きにいくらか。p，p_0，S，tを用いて表せ。

(4)　境界面の移動の速さUを，γ，d，p_0を用いて表せ。

(5)　0℃，1気圧の場合，境界面の移動の速さ(空気中の音速)はいくらか。また，気温が1℃上昇するごとに，空気中の音速はいくら増加するか。それぞれ上に与えた数値，および近似式を用いて求めよ。

(大阪府立大　改)

Point

(1)　境界面がA_0点に達するまでの時間をt_Aとして用いよう。

(5)　理想気体の状態方程式と空気の密度$d = \dfrac{m}{V}$(質量m，体積Vの空気)を活用する。

解　答

(1)　境界面がA_0点に達するまでの時間をt_Aとすると，A_0点の空気は，時間$t-t_A$の間に，速さvでA点まで移動する。また，A_0点に達した境界面は，時間$t-t_A$の間に，速さUでB点まで移動する。よって，

$$\frac{\Delta x}{\overline{A_0B}} = \frac{v(t-t_A)}{U(t-t_A)} = \underline{\frac{v}{U}}\text{〔倍〕}$$

(2)　題意より，

$$p\{(Ut-vt)S\}^{\gamma}=p_0\{(Ut)S\}^{\gamma}$$

$$\therefore\quad p=p_0\left(\frac{U}{U-v}\right)^{\gamma}=p_0\left(1-\frac{v}{U}\right)^{-\gamma}$$

$$\fallingdotseq \underline{p_0\left(1+\gamma\frac{v}{U}\right)}\qquad\cdots\cdots①$$

(3)　O_0B 間の質量 $d\,(\overline{O_0B}\cdot S)$ の空気が速さ v をもつから，時間 t の間にパイプ内の空気が得た運動量 P は，

$$P=d(\overline{O_0B}\cdot S)v=d\{(Ut)S\}v=\underline{vUSdt}$$

ピストンは一定の速さ v で動いているから，ピストンにはたらく力はつり合っている(図2)。よって，ピストンに右向きに加える力 f は，

$$f=pS-p_0S$$

したがって，与えられた力積 I は，

$$I=ft=\underline{(p-p_0)St}$$

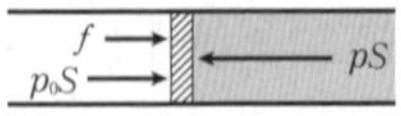

図2

(4)　$P=I$ とおいて，①式を用いると，

$$vUSdt=(p-p_0)St\fallingdotseq\gamma\frac{v}{U}p_0St$$

$$\therefore\quad U=\underline{\sqrt{\frac{\gamma p_0}{d}}}\qquad\cdots\cdots②$$

(5)　②式に数値を代入して，0℃の音速 U_0 は，

$$U_0=\sqrt{\frac{1.40\times1.01\times10^5}{1.29}}=\underline{3.31\times10^2\,〔\mathrm{m/s}〕}\cdots\cdots③$$

質量 m，モル数 n，圧力 p_0，体積 V，絶対温度 $273+T$ の空気を考える。空気の密度は $d=\dfrac{m}{V}$ だから，気体定数を R とすると，音速 U は，②式より，

$$U=\sqrt{\frac{\gamma p_0}{d}}=\sqrt{\frac{\gamma p_0V}{m}}=\sqrt{\frac{\gamma nR(273+T)}{m}}$$

$$=\sqrt{\frac{\gamma nR\cdot273}{m}}\left(1+\frac{T}{273}\right)^{1/2}$$

$$\fallingdotseq U_0\left(1+\frac{T}{546}\right)$$

ここで，③式を用いると，1℃上昇するときの音速の増加 $\varDelta U$ は，

$$\varDelta U=\frac{U_0}{546}=\frac{331}{546}\fallingdotseq\underline{0.6\,〔\mathrm{m/s\cdot℃}〕}$$

One Point Break　音響学

音を物理的に研究する学問は，音響学と呼ばれている。音響学は元々音楽のために発達したものであった。それが，科学的に研究されるようになったのは，ガリレイが弦と板の振動を数学的に扱い，また，ニュートンが音速の理論を研究するようになってからである。

ニュートンは，空気を弾性体と考え，理論的に音速 v を，

$$v=\sqrt{\frac{p}{\rho}}\qquad\cdots\cdots①$$

と求めた。ここで，p は空気の圧力であり，ρ は空気の密度である。

しかし，①式から求められる音速 v は0℃で 280 m/s となり，この結果は実験値 332 m/s と異なってしまった。誤りの原因は，振動する空気が等温変化をするとしたことであった。振動する空気は断熱変化すると考え，ニュートンの結果を修正したのは，ラプラスである。彼は，空気の比熱比(定圧比熱と定積比熱の比) γ を用いて，

$$v=\sqrt{\gamma\frac{p}{\rho}}$$

とした。この結果は実験結果をうまく説明する。

音響学の理論は，19世紀に入り，レイリー卿やヘルムホルツによって大成された。

Appendix A 物理のための数学

§1 ベクトルの外積(ベクトル積)

ベクトルのかけ算には，高校数学で習う内積の他，**外積(ベクトル積)**と呼ばれるものがある。内積は，よく知っているように，ベクトルとベクトルをかけるとスカラーになるかけ算であるから，別名スカラー積とも呼ばれる。一方，外積は，ベクトルとベクトルをかけるとベクトルになるかけ算であり，ベクトル積とも呼ばれる。

1.1 定義と演算規則

2つのベクトル$\boldsymbol{A}$，$\boldsymbol{B}$が与えられたとき，$\boldsymbol{A}$，$\boldsymbol{B}$を相隣り合う2辺とする平行四辺形の面積に等しい大きさをもち，$\boldsymbol{A}$，$\boldsymbol{B}$を含む平面に垂直で，$\boldsymbol{A}$をπ以内回転して$\boldsymbol{B}$に重ねるとき，右ねじの進む方向をその向きとするベクトルを，$\boldsymbol{A}$，$\boldsymbol{B}$の外積あるいはベクトル積といい，$\boldsymbol{A}\times\boldsymbol{B}$で表す(図1)。

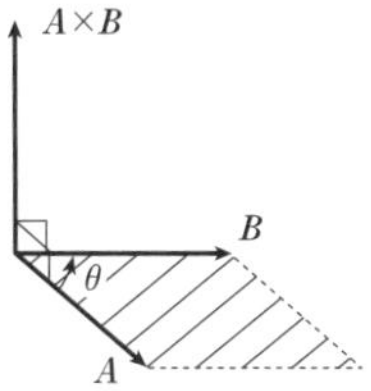

図1

$\boldsymbol{A}$，$\boldsymbol{B}$のなす角をθ $(0\leqq\theta\leqq\pi)$とすると，

$$|\boldsymbol{A}\times\boldsymbol{B}|=|\boldsymbol{A}||\boldsymbol{B}|\sin\theta$$

である。したがって，$\boldsymbol{A}$，$\boldsymbol{B}$が平行$(\theta=0)$のとき，$\boldsymbol{A}\times\boldsymbol{B}=\boldsymbol{0}$であり，$\boldsymbol{A}$，$\boldsymbol{B}$のなす角が$\theta=\dfrac{\pi}{2}$のとき，$|\boldsymbol{A}\times\boldsymbol{B}|=|\boldsymbol{A}||\boldsymbol{B}|$となる。内積の場合，$\theta=0$のとき，$\boldsymbol{A}\cdot\boldsymbol{B}=|\boldsymbol{A}||\boldsymbol{B}|$，$\theta=\dfrac{\pi}{2}$のとき，$\boldsymbol{A}\cdot\boldsymbol{B}=0$となることと，対照的である。

また，次式が成り立つ。

$$\boldsymbol{A}\times\boldsymbol{B}=-\boldsymbol{B}\times\boldsymbol{A} \qquad \cdots\cdots①$$

$$(k\boldsymbol{A})\times\boldsymbol{B}=k(\boldsymbol{A}\times\boldsymbol{B}) \qquad \cdots\cdots②$$

$$\boldsymbol{A}\times(\boldsymbol{B}+\boldsymbol{C})=\boldsymbol{A}\times\boldsymbol{B}+\boldsymbol{A}\times\boldsymbol{C} \qquad \cdots\cdots③$$

ここで，kは任意のスカラーである。

①，②式が成り立つことは，外積の定義からすぐに理解できるであろう。

③式は，外積の**分配法則**である。

▶③式の証明

(i) $\boldsymbol{A}$に垂直な平面αへの$\boldsymbol{B}$の正射影を$\boldsymbol{B}'$とする(図2)と，ベクトルの外積の定義より，

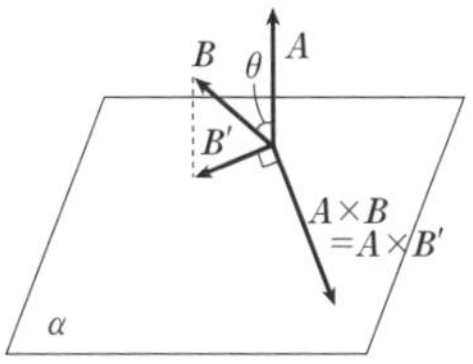

図2

$$\boldsymbol{A}\times\boldsymbol{B}'=\boldsymbol{A}\times\boldsymbol{B}$$

(ii) $\boldsymbol{A}\times\boldsymbol{B}=\boldsymbol{A}\times\boldsymbol{B}'$は，$\boldsymbol{B}'$を平面$\alpha$上で$\dfrac{\pi}{2}$回転して$|\boldsymbol{A}|$倍したものである(図2)。$\boldsymbol{C}$の平面$\alpha$への正射影を$\boldsymbol{C}'$とすれば，$\boldsymbol{A}\times\boldsymbol{C}=\boldsymbol{A}\times\boldsymbol{C}'$は，$\boldsymbol{C}'$を平面$\alpha$上で$\dfrac{\pi}{2}$回転して$|\boldsymbol{A}|$倍したものである。同様に，$\boldsymbol{A}\times(\boldsymbol{B}+\boldsymbol{C})=\boldsymbol{A}\times(\boldsymbol{B}'+\boldsymbol{C}')$は$\boldsymbol{B}'+\boldsymbol{C}'$を$\alpha$上で$\dfrac{\pi}{2}$回転して$|\boldsymbol{A}|$倍したものである。いま，$\boldsymbol{B}'$，$\boldsymbol{C}'$を2辺とする平行四辺形と$\boldsymbol{A}\times\boldsymbol{B}'$と$\boldsymbol{A}\times\boldsymbol{C}'$を2辺とする平行四辺形は相似であり，$\boldsymbol{B}'+\boldsymbol{C}'$と$\boldsymbol{A}\times(\boldsymbol{B}'+\boldsymbol{C}')$はそれぞれの平行四辺形の対角線になるから(図3)，

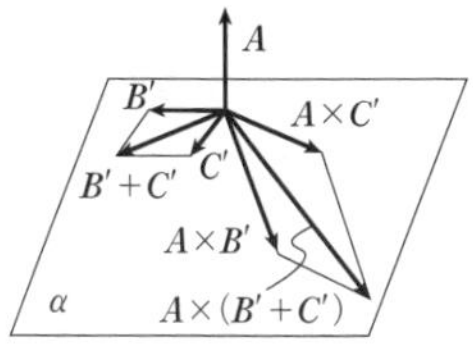

図3

$$\boldsymbol{A}\times(\boldsymbol{B}'+\boldsymbol{C}')=\boldsymbol{A}\times\boldsymbol{B}'+\boldsymbol{A}\times\boldsymbol{C}'$$

が成り立つ。これより，③式を得る。

1.2 外積の成分表示

$\boldsymbol{A}$，$\boldsymbol{B}$の成分を$\boldsymbol{A}=(A_x, A_y, A_z)$，$\boldsymbol{B}=(B_x, B_y, B_z)$とし，$x, y, z$方向の単位ベクトルをそれぞれ$\boldsymbol{i}, \boldsymbol{j}, \boldsymbol{k}$とする(図4)。このとき，

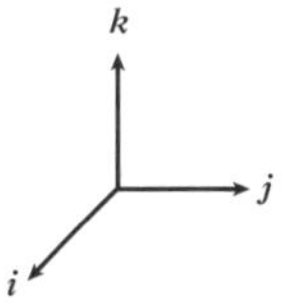

図4

$$\boldsymbol{i}\times\boldsymbol{i}=\boldsymbol{0},\ \boldsymbol{j}\times\boldsymbol{j}=\boldsymbol{0},\ \boldsymbol{k}\times\boldsymbol{k}=\boldsymbol{0}$$
$$\boldsymbol{j}\times\boldsymbol{k}=\boldsymbol{i},\ \boldsymbol{k}\times\boldsymbol{i}=\boldsymbol{j},\ \boldsymbol{i}\times\boldsymbol{j}=\boldsymbol{k}$$
$$\boldsymbol{k}\times\boldsymbol{j}=-\boldsymbol{i},\ \boldsymbol{i}\times\boldsymbol{k}=-\boldsymbol{j},\ \boldsymbol{j}\times\boldsymbol{i}=-\boldsymbol{k}$$

が成り立つ。

いま，$\boldsymbol{A}=A_x\boldsymbol{i}+A_y\boldsymbol{j}+A_z\boldsymbol{k}$，$\boldsymbol{B}=B_x\boldsymbol{i}+B_y\boldsymbol{j}+B_z\boldsymbol{k}$であるから，③式を用いて，

$$\begin{aligned}\boldsymbol{A}\times\boldsymbol{B}&=(A_x\boldsymbol{i}+A_y\boldsymbol{j}+A_z\boldsymbol{k})\times(B_x\boldsymbol{i}+B_y\boldsymbol{j}+B_z\boldsymbol{k})\\&=(A_yB_z-A_zB_y)\boldsymbol{i}+(A_zB_x-A_xB_z)\boldsymbol{j}\\&\quad+(A_xB_y-A_yB_x)\boldsymbol{k}\end{aligned}$$

$$\begin{aligned}\therefore\quad \boldsymbol{C}=\boldsymbol{A}\times\boldsymbol{B}&=(A_yB_z-A_zB_y,\ A_zB_x-A_xB_z,\\&\qquad A_xB_y-A_yB_x)\end{aligned}$$

§2 関数のベキ級数展開と近似式

2.1 関数$f(x)$のベキ級数展開

何回でも微分可能な関数$f(x)$は，適当な係数a_0，a_1，a_2，a_3，…を用いて次のようにベキ級数に展開することができる。ただし，ここでは，ベキ級数の

収束性の問題には立ち入らない。

$$f(x)=a_0+a_1x+a_2x^2+a_3x^3+\cdots \quad \cdots\cdots①$$

ここで，各係数は次のように求められる。

係数 a_0 は，①式の両辺に $x=0$ を代入して，

$$a_0=f(0)$$

係数 a_1 は，①式の両辺を x で微分して，

$$f'(x)=a_1+2a_2x+3a_3x^2+\cdots \quad \cdots\cdots②$$

$x=0$ を代入すると，

$$a_1=f'(0)$$

係数 a_2 は，②式の両辺をさらに x で微分して，

$$f''(x)=2a_2+6a_3x+\cdots$$

$x=0$ を代入すると，

$$a_2=\frac{f''(0)}{2}$$

以下同様にして，

$$a_n=\frac{f^{(n)}(0)}{n!}$$

となる。これより，関数 $f(x)$ は，

$$f(x)=f(0)+f'(0)x+\frac{f''(0)}{2}x^2+\cdots$$

$$+\frac{f^{(n)}(0)}{n!}x^n+\cdots \quad \cdots\cdots③$$

③式の展開を，関数 $f(x)$ の $x=0$ のまわりの**テイラー展開**という。

2.2 関数 $f(x)=(1+x)^\alpha$（α：実数）のテイラー展開と近似式

$f(0)=1$

$f'(x)=\alpha(1+x)^{\alpha-1}$ より，$f'(0)=\alpha$

$f''(x)=\alpha(\alpha-1)(1+x)^{\alpha-2}$ より，$f''(0)=\alpha(\alpha-1)$

⋮

$f^{(n)}(x)=\alpha(\alpha-1)\cdots(\alpha-n+1)(1+x)^{\alpha-n}$ より，

$f^{(n)}(0)=\alpha(\alpha-1)\cdots(\alpha-n+1)$

⋮

これらおよび③式より，

$$f(x)=1+\alpha x+\frac{\alpha(\alpha-1)}{2}x^2+\cdots$$

$$+\frac{\alpha(\alpha-1)\cdots(\alpha-n+1)}{n!}x^n+\cdots$$

したがって，x の絶対値が1より十分小さい（$|x|\ll 1$）とき，$(1+x)^\alpha$ の1次の近似式および2次の近似式は，それぞれ，x の高次の項は十分小さくなるので落とすことができ，

$$(1+x)^\alpha \fallingdotseq 1+\alpha x$$

$$(1+x)^\alpha \fallingdotseq 1+\alpha x+\frac{\alpha(\alpha-1)}{2}x^2$$

2.3 指数・対数関数のテイラー展開と近似式

$f(x)=e^x$ において，$f(0)=1$，$f'(x)=f''(x)=\cdots=f^{(n)}(x)=\cdots=e^x$ より $f'(0)=f''(0)=\cdots=f^{(n)}(0)=\cdots=1$，よって，

$$e^x=1+x+\frac{1}{2}x^2+\cdots+\frac{1}{n!}x^n+\cdots$$

したがって，x の絶対値が1より十分小さい（$|x|\ll 1$）とき，e^x の1次の近似式および2次の近似式は，それぞれ，

$$e^x \fallingdotseq 1+x$$

$$e^x \fallingdotseq 1+x+\frac{x^2}{2}$$

$f(x)=\log(1+x)\ (x>-1)$ において，$f(0)=0$，$f'(x)=\dfrac{1}{1+x}$ より $f'(0)=1$，$f''(x)=-\dfrac{1}{(1+x)^2}$ より $f''(0)=-1$，これらより，$|x|\ll 1$ のとき，1次および2次の近似式は，それぞれ，

$$\log(1+x)\fallingdotseq x$$

$$\log(1+x)\fallingdotseq x-\frac{x^2}{2}$$

2.4 三角関数のテイラー展開と近似式

$f(x)=\sin x$ において，$f(0)=0$，$f'(x)=\cos x$ より $f'(0)=1$，$f''(x)=-\sin x$ より $f''(0)=0$，$f^{(3)}(x)=-\cos x$ より $f^{(3)}(0)=-1$，これらより，$|x|\ll 1$ のとき，1次および3次の近似式は，それぞれ，

$$\sin x\fallingdotseq x$$

$$\sin x\fallingdotseq x-\frac{x^3}{3!}=x-\frac{x^3}{6}$$

$f(x)=\cos x$ において，$f(0)=1$，$f'(x)=-\sin x$ より $f'(0)=0$，$f''(x)=-\cos x$ より $f''(0)=-1$

これらより，$|x|\ll 1$ のとき，0次および2次の近似式は，それぞれ，

$$\cos x \fallingdotseq 1$$
$$\cos x \fallingdotseq 1-\frac{x^2}{2}$$

$f(x)=\tan x$ において，$f(0)=0$，$f'(x)=\dfrac{1}{\cos^2 x}$ より $f'(0)=1$，$f''(x)=\dfrac{2\sin x}{\cos^3 x}$ より $f''(0)=0$，

$f^{(3)}(x)=\dfrac{2(\cos^2 x+3\sin^2 x)}{\cos^4 x}$ より $f^{(3)}(0)=2$

これらより，$|x|\ll 1$ のとき，1次および3次の近似式は，それぞれ，

$$\tan x \fallingdotseq x$$
$$\tan x \fallingdotseq x+\frac{x^3}{3}$$

$\tan x$ の近似式は，$\sin x$ と $\cos x$ の近似式から導くこともできる。

§3　微分方程式

3.1　微分方程式

未知の関数の導関数を含む方程式を**微分方程式**といい，その方程式を満足する関数を**解**という。また，微分方程式の解を求めることを**微分方程式を解く**という。

▶曲線群と微分方程式

例1　C を任意定数とするとき，y を x で1回だけ微分することにより，曲線群

$$y=x^2+C \qquad \cdots\cdots①$$

に共通な性質を満たす微分方程式を求めてみよう。

①式の両辺を x で微分して，

$$\underline{y'=2x} \qquad \cdots\cdots②$$

①式のような曲線群が与えられたとき，任意定数 C によらずその曲線群によらない微分方程式を求めることを，**微分方程式をつくる**という。微分方程式②の解は①式で与えられる。①式で C の値を1つ決めると1つの解が得られる。①式のように，微分方程式の解を一般的に表す解を**一般解**，1つ1つの解を**特殊解**という。

例2　A，B を任意定数として，曲線群

$$y=A\sin x+B\cos x \qquad \cdots\cdots③$$

を考える。③式の両辺を x で1回微分すると，

$$y'=A\cos x-B\sin x$$

もう1回微分すると，

$$y''=-A\sin x-B\cos x=-(A\sin x+B\cos x)$$
$$=-y$$

$$\therefore\quad \underline{y''+y=0} \qquad \cdots\cdots④$$

微分方程式において，未知関数の導関数の最高の次数(**階数**)をその**微分方程式の階数**という。②式の階数は1で，②式は**1階微分方程式**，④式の階数は2で，④式は**2階微分方程式**である。一般に階数が n の微分方程式を n 階微分方程式という。1階微分方程式②の一般解①は1つの任意定数 C を含み，2階微分方程式④の一般解③は2つの任意定数 A，B を含む。これは，解を求めるとき，1階微分方程式であれば1回積分するため，任意定数である積分定数が1つ入り，2階微分方程式であれば2回積分するため，任意定数が2つ入るためである。一般に，**n 階微分方程式の一般解は n 個の任意定数を含む**。

3.2　変数分離形微分方程式

$P(x)$ を x のみの連続関数，$Q(y)$ を y のみの連続関数とし，$Q(y)\neq 0$ とするとき，微分方程式

$$y'=\frac{dy}{dx}=P(x)Q(y) \qquad \cdots\cdots⑤$$

を**変数分離形微分方程式**という。

⑤式は，

$$\frac{1}{Q(y)}\cdot\frac{dy}{dx}=P(x) \qquad \cdots\cdots⑤'$$

と変形し，両辺を x で積分することにより解くことができる。

$$\int\frac{1}{Q(y)}\cdot\frac{dy}{dx}dx=\int P(x)\,dx$$

$$\therefore\quad \int\frac{1}{Q(y)}dy=\int P(x)\,dx \qquad \cdots\cdots⑥$$

⑥式は，⑤′式で導関数 $\dfrac{dy}{dx}$ をあたかも分数のように考えて，

$$\frac{1}{Q(y)}dy=P(x)\,dx$$

と変形し，左辺を y で，右辺を x で積分したと考えることもできる。

積分定数(任意定数)は，曲線上の任意の1点での値を決めること(これを**初期条件**という)により定めることができる。

例3 微分方程式 $\dfrac{dy}{dx}=-xy$ を，初期条件「$x=0$ のとき $y=1$」のもとに解いてみよう。

$$\int\frac{1}{y}\cdot\frac{dy}{dx}dx=-\int xdx$$

$$\therefore\quad \log|y|=-\frac{x^2}{2}+C'$$

ここで，左辺と右辺の不定積分から出る積分定数 C_1，C_2 を，1つの任意定数 $C'=C_1+C_2$ にまとめることができる。

$$y=Ce^{-\frac{x^2}{2}}\quad(C=\pm e^{C'})$$

初期条件「$x=0$ のとき $y=1$」より，$C=1$

$$\therefore\quad \underline{y=e^{-\frac{x^2}{2}}}$$

ここで次のことを注意しておこう。ある初期条件のもとに微分方程式を解くということは，**初期条件で与えられた点を通る1つの連続曲線の方程式を求めること**である。この場合，$\log|y|$ が $y=0$ で不連続になってしまうから，初期条件を満たす解は，$y>0$ のものだけ，すなわち，上で求めたものだけが解となる。

例4 大気中に置かれた物体の冷却する速さは，その物体と周囲の温度差に比例する。時刻 t における物体の温度を T，一定な大気の温度を T_0，k を正の比例定数とすると，次の微分方程式が成り立つ。

$$\frac{dT}{dt}=-k(T-T_0)$$

時刻 $t=0$ において，物体の温度が $T=T_1$ であったとして，温度 T が時刻 t と共にどのように変化するかを求めてみよう。

上式より，

$$\frac{dT}{(T-T_0)}=-kdt\qquad\therefore\quad\int\frac{dT}{(T-T_0)}=-\int kdt$$

$$\log|T-T_0|=-kt+C'\quad(C'\text{: 任意定数})$$

$$\therefore\quad T-T_0=Ce^{-kt}\quad(C=\pm e^{C'})$$

ここで，初期条件「$t=0$ のとき $T=T_1$」より，

$$C=T_1-T_0$$

これより，

$$\underline{T=T_0+(T_1-T_0)e^{-kt}}$$

十分に時間がたつと，$e^{-kt}\to 0\ (t\to\infty)$ から，物体の温度 T は，

$$\lim_{t\to\infty}T=T_0$$

となり，周囲の大気の温度と一致することがわかる。

以上より，物体の温度は，時刻 t と共に図5のように変化する。

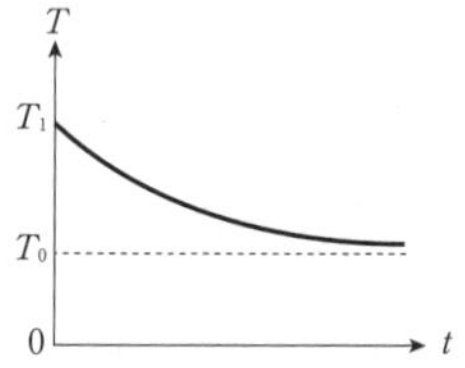

図5

3.3 1階線形微分方程式

$P(x)$，$Q(x)$ をそれぞれ x の連続関数とするとき，

$$\frac{dy}{dx}+P(x)y=Q(x)\qquad\cdots\cdots⑦$$

の形の微分方程式を，**1階線形微分方程式**という。線形の意味は，x の関数である y およびその導関数についてその**1次の項のみ**を含むということである。

⑦式において，右辺が $0\ (Q(x)\equiv 0)$ のとき，その微分方程式

$$\frac{dy}{dx}+P(x)y=0\qquad\cdots\cdots⑦'$$

は変数分離形であり，3.2の方法で解くことができる。⑦′式を⑦式の**同次(斉次)方程式**という。そこで⑦式を解くには，まずその同次方程式⑦′を解く。次に，⑦′式の一般解における任意定数 C を x の任意関数 $z(x)$ に置き換えて⑦式へ代入し，$z(x)$ を定める。このようにして微分方程式を解く方法を**定数変化法**という。

例5 微分方程式

$$y'-y=x\qquad\cdots\cdots⑧$$

を初期条件「$x=0$ のとき $y=1$」のもとに解いてみよう。

⑧式の同次方程式 $y'-y=0$，すなわち，

$$\frac{dy}{dx}=y$$

の一般解を求める。

$\int \frac{dy}{y} = \int dx$ より，

$$\log|y| = x + C' \quad (C'：任意定数)$$

$$\therefore \quad y = Ce^x \quad (C = \pm e^{C'})$$

ここで，$C \to z(x)$ と置き換え，$y = z(x)e^x$ を⑧式へ代入すると，

$$z'(x)e^x + z(x)e^x - z(x)e^x = x$$

$$\therefore \quad z'(x) = xe^{-x}$$

両辺を x で積分し，

$$z(x) = \int xe^{-x}dx = -xe^{-x} + \int e^{-x}dx$$

$$= -(x+1)e^{-x} + C'' \quad (C''：積分定数)$$

これより，⑧式の一般解は，

$$y = \{-(x+1)e^{-x} + C''\}e^x$$

となる。初期条件より，$1 = -1 + C''$　$\therefore C'' = 2$

よって，求める解は，

$$\underline{y = 2e^x - (x+1)}$$

3.4　2階線形定数係数微分方程式

c，d を定数とするとき，

$$y'' + cy' + dy = 0 \quad \cdots\cdots⑨$$

の形の微分方程式は，物理の中でよくあらわれる方程式である。この形のものを**2階線形定数係数微分方程式**という。

微分方程式⑨は次のようにして解くことができる。

まず，⑨式の解として $y = e^{\alpha x}$ の形の特殊解を求める。そこでこれを⑨式へ代入してみる。$e^{\alpha x} > 0$ であるから，

$$\alpha^2 + c\alpha + d = 0 \quad \cdots\cdots⑨'$$

⑨′式を微分方程式⑨の**特性方程式**という。

(1)　特性方程式が2つの実数解をもつとき

⑨′式の2つの実数解を α_1，α_2 とすると，

$$y = e^{\alpha_1 x}, \quad y = e^{\alpha_2 x}$$

は，⑨式の2つの特殊解である。一般に，**n 階線形微分方程式では，n 個の独立な特殊解がわかれば，一般解はそれらの1次結合**，すなわち，それらに任意定数をかけて加えたもの**で表される**ことが知られている。このことから，⑨式の一般解は，A，B を任意定数として，

$$y = Ae^{\alpha_1 x} + Be^{\alpha_2 x} \quad \cdots\cdots⑩$$

A，B は，2つの適当な条件から決められる。

(2)　特性方程式⑨′が2つの虚数解をもつとき

⑨′式の2つの虚数解を $a+ib$，$a-ib$（a，b：実数）とすると，2つの特殊解は，

$$y = e^{(a+ib)x}, \quad y = e^{(a-ib)x}$$

と書ける。ここで，虚数の指数関数は次式で定義される。

$$e^{\pm i\theta} = \cos\theta \pm i\sin\theta$$

この式は**オイラーの公式**と呼ばれる。このとき一般解は，A_1，B_1 を任意定数（一般的には複素数）として，

$$y = A_1 e^{(a+ib)x} + B_1 e^{(a-ib)x}$$

$$= e^{ax}\{A_1(\cos bx + i\sin bx) + B_1(\cos bx - i\sin bx)\}$$

$$= e^{ax}(A_2\cos bx + B_2\sin bx)$$

となる。ここで，$A_2 = A_1 + B_1$，$B_2 = i(A_1 - B_1)$ である。

いま，実数係数（c，d：実数）の**微分方程式⑨が複素数の解 $z = z_1 + iz_2$（z_1，z_2：実数）をもつとき，解 z の実数部分 z_1 と虚数部分 z_2 は共に⑨式の解となる**。なぜなら，複素数解 z を⑨式へ代入すると，

$$(z_1 + iz_2)'' + c(z_1 + iz_2)' + d(z_1 + iz_2) = 0$$

$$\therefore \quad z_1'' + cz_1' + dz_1 = 0, \quad z_2'' + cz_2' + dz_2 = 0$$

となり，z_1 と z_2 は共に⑨式を満たす。

(3)　特性方程式⑨′が重解 α_0 をもつとき

⑨′式の重解を α_0 とするとき，

$$y = e^{\alpha_0 x}, \quad y = xe^{\alpha_0 x}$$

は⑨式の2つの特殊解である。このことは，$2\alpha_0 + c = 0$ が成り立つことに注意して，⑨式へ代入することによりわかる。したがって，一般解は，C，D を任意定数として，

$$y = Ce^{\alpha_0 x} + Dxe^{\alpha_0 x}$$

となる。

索引
Index